中国轻工业"十三五"规划教材

"十三五"江苏省高等学校重点教材
（编号：2019-2-118）

食品营养学 实验与技术

乐国伟　施用晖　主编

U0219864

中国轻工业出版社

图书在版编目（CIP）数据

食品营养学实验与技术/乐国伟，施用晖主编 . —北京：中国轻工业出版社，2021.7

中国轻工业"十三五"规划教材　"十三五"江苏省高等学校重点教材

ISBN 978-7-5184-3342-1

Ⅰ. ①食… Ⅱ. ①乐… ②施… Ⅲ. ①食品营养—营养学—实验—高等学校—教材 Ⅳ. ①TS201.4-33

中国版本图书馆 CIP 数据核字（2020）第 259080 号

责任编辑：马　妍　张浅予

策划编辑：马　妍　　　　责任终审：张乃柬　　封面设计：锋尚设计
版式设计：砚祥志远　　　责任校对：吴大朋　　责任监印：张　可

出版发行：中国轻工业出版社（北京东长安街 6 号，邮编：100740）

印　　刷：三河市万龙印装有限公司

经　　销：各地新华书店

版　　次：2021 年 7 月第 1 版第 1 次印刷

开　　本：787×1092　1/16　印张：22.25

字　　数：500 千字

书　　号：ISBN 978-7-5184-3342-1　定价：55.00 元

邮购电话：010-65241695

发行电话：010-85119835　传真：85113293

网　　址：http：//www.chlip.com.cn

Email：club@chlip.com.cn

如发现图书残缺请与我社邮购联系调换

171332J1X101ZBW

本书编写人员

主　　编　乐国伟（江南大学）

　　　　　施用晖（江南大学）

编写人员　（按姓氏拼音排序）

　　　　　成向荣（江南大学）

　　　　　丁寅翼（浙江工商大学）

　　　　　孙　进（江南大学）

　　　　　唐　雪（江南大学）

　　　　　王兰芳（同济大学）

　　　　　夏淑芳（江南大学）

　　　　　颜　彪（复旦大学）

　　　　　杨瑞丽（华南农业大学）

　　　　　杨玉辉（河南工业大学）

　　　　　朱建津（江南大学）

主　　审　邓泽元（南昌大学）

　　　　　刘学波（西北农林大学）

前言 | Preface

随着社会经济发展和民众健康意识的增强，人们对食品的营养和健康内涵提出了新的要求。食品既要满足食物营养成分、色、香、味等基本属性，又要保证其健康特性。食品营养学也成为研究和认识食物和加工对食品营养及功能成分的作用，最大限度实现食物健康功能的科学。深入研究加工、贮藏、烹饪对食物的营养素和功能成分影响及健康功效，为民众提供营养均衡的食品，维护机体正常的生理功能，成为食品科学与工程及相关学科研究面临的重要科学问题。认识食品的营养与健康功效，提高产品的健康内涵，需要借助营养与生物学的研究手段和技术，以提升食品营养的基础研究与综合实践能力。

食品营养学实验与技术是连接营养理论与食品营养功能认识的重要实践环节。本书在食品营养学理论课程基础上，为食品科学与工程，食品质量与安全以及相关专业的营养学实验课程、专业综合实验提供指导，也可为营养相关的研究者提供参考。考虑到食品相关学科学生的知识背景与教学、研究需要，本书选编了五章内容：第一章食品营养分析实验技术概述，介绍营养分析实验的样品的采集处理技术及营养学实验设计、统计分析；第二章食品营养成分及品质分析；第三章营养生化分析与营养状况测评；第四章营养与功能性评价实验，包括评价食物的营养素与功能成分对物质、能量代谢以及学习记忆行为学的影响的生物学效应实验；第五章营养调查及膳食设计。本书并附录介绍食品营养学研究相关仪器与设备的特点。列出了一些实验的参考数据，以便实验过程中查阅与参考。

每个实验简要介绍了实验的目的与要求，背景和基本原理；实验用的仪器及试剂和配制方法；提出了实验过程中需要注意的关键问题；为了引导学生从营养理论与实际问题相结合，分析总结实验结果，发现与提出问题，列出了思考题；在延伸阅读部分提供了与该实验相关的学术论文和参考资料，以帮助读者进一步理解该实验，并扩展其食品营养相关的知识和视野。第四、第五章实验具有综合性，希望通过开展食物的营养成分分析与功能学实验，帮助学生认识食物成分与健康的关系，进行膳食食谱的合理设计，培养学生的综合营养素质和实践能力。

本书由江南大学食品学院乐国伟教授和施用晖教授共同主编，配套英文版教材，以期构建实验课信息化、数字化和双语教学平台，全面的提高读者的科技英文水平和实践能力，也便于相关英语教学与同行的查阅和参考。第一章、第二章由江南大学施用晖，成向荣，王兰芳，朱建津编写；第三章由唐雪，丁寅翼，孙进，杨玉辉编写；第四章由乐国伟、孙进、施用晖，颜彪编写；第五章由夏淑芳、杨瑞丽编写。编写过程中得到了江南大学食品学院的关心和支持，食品营养与功能食品工程技术研究中心的各位教师和同学对本书的形成做出了重要贡献。在本书的编写过程中，编者也参考了国内外同行和学者的科研成果与著作，在此一并表示衷心的感谢。

　　编写食品营养学实验教材，需要丰富的理论和实践经验。虽然编者做了大量的工作，但是由于水平所限，时间仓促，难免会存在一些疏漏和不当之处，敬请各位专家同仁和读者提出宝贵的意见和建议，使其更加的完善。

编者

2021 年 5 月于无锡　江南大学

目录 | Contents |

第四章　营养学及功能性评价实验 …………………………………………… 156

第五章　营养调查及膳食设计 ……………………………………………… 210

第一章

食品营养分析实验技术概述

　　食品营养分析不仅包括食品中成分的分析，也包括食品的营养价值和功能评定。后者涉及机体对营养素消化、吸收与利用及其生理、生化功能性分析的营养学实验。营养学实验主要研究有机体摄入食物营养素和功能组分后，所产生的生物学效应。依据生物体的营养学实验需要合理的设计、正确的试验实施和样品采集、处理技术以及生物学统计分析。

第一节　食品分析的样品采集、制备

一、采样的原则和方法

　　从大批物品中采集少量能反映被测物品性质的一部分，经过处理制成供给分析样本的过程称为采样。样本应该具有足够的典型性和充分的代表性，使所引起的误差降至最低限度，才能保证检测结果如实反映被分析对象所具备的特性，因此，采样是食品分析和营养价值评定的基础，采样技术在食品分析工作中占有重要地位。

（一）采样原则

1. 采样方案

　　采样的方案需要与分析目的和要求相一致，针对不同性质的物料，制定和运用正确的采样技术，采样过程不带主观倾向性。

2. 采样要求

　　采集代表总体性质的样本，要根据物料的性质、均匀程度，从总体各部分均衡、随机性采样，使样本能够客观地反映被检物料总体的组成、质量和卫生水平。

　　在进行"四分法""几何法"采集样品时，应充分考虑总体各部位的组成和分布，保证物料被采集的机会均等，使样品具有代表性；对于加工包装的原料，采用随机表、掷骰子的方法从群体中随机抽取；对于不均匀性物料（如蔬菜根、茎、叶、花，肉类等），保证采集到各个部分。

3. 特定目的采样

对于特定检测目的的样本，如霉变、污染、掺假等，需要针对性、适时性采样，并注意保持样本的理化性质，防止成分的逸失、变化，保证样本足够的典型性。

4. 样本保存

采得的样本应保持原有品质和包装形态，无污染。对动、植物组织样本，按照正确部位采集后，应根据分析要求，尽快分析或低温保存，防止样本成分的分解、变化。

5. 微生物及微量元素采样

用于微生物检测样本或肠道菌群分析样本，应遵循无菌操作，防止交叉污染。用于微量元素分析的样本，所用容器、采样器具需洁净，避免残留的微量元素污染样品，宜采用塑料或不锈钢制品。

6. 采样数量

采集的样本数量适宜，样本的留样、复检及备份均来自同一样本。

7. 采样标注

详细注明样本的情况（名称、样本描述、采样时间、地点、采样者）。

（二）采样方法

1. 四分法

对于均匀性质的物品（如液体、粉末状物体或粮食籽实），它们每一小部分的成分与其全部的成分几乎相同。一般采用"四分法"采样。

将籽实或粉末置于一大张方形纸或塑料布上，提起纸或塑料布的一角，使粉末流向对角，随即提起对角使籽实或粉末流回，如法将四角反复提起，使籽实或粉末反复移动、混合均匀；然后用取样铲将物体铺平或置于一平坦的容器内，对角线画十字，除去对角两份，将剩余两份如前法充分混合，再分成四份。重复多次，直至剩余量接近所需取样量（250~500g）。

液态、半液态样品，采样前应搅拌液体使其尽量达到均质后，先将采样用具用液体润洗，再采取所需样品。对于流动的液体，可定时、定量从输出口取样，混合后留取分析样本。

2. 几何法

对于大量的整个一堆均匀物品，可看成为一种有规则的几何立体（立方形、圆柱形、圆锥形等）。取样时，首先把这个立体物品均匀分为若干体积相等的部分，从各分层外表面及中间部分（不只是在表面或只是在一面）中取出体积相等的样本，采得各部分的样本称为支样，再将这些支样混合，即得初级样本。然后采用"四分法"缩分，获得分析用样本。

对于较大的包装桶、容器中的液态、黏性液体物料，应充分考虑容器内液体分层、边缘及中间部分分布不均匀的情况，需要根据容器形状，用液体采样器采用三层五点法，采取桶中间、边缘4点的上、中、下层液体，得到支样，再混合获得分析用样本。

3. 不均匀性质物品采样

对于不均匀性质的物品（如蔬菜、水果、薯类及肉、加工食品等），采取代表性样本的原则是，应尽可能考虑到被检物品的各个不同部分及比例（如叶、茎、块根、水果的上、中、下、外周、中心等），进行整体等分切割，并把它们细碎至相当程度，以混合均匀，从而再以"四分法"获取分析用样本。

4. 采样量的确定

采样量与试样的均匀度、粒度、密度、被测成分含量和分析允许误差有关，可按照切乔特

（Qeqott Formula）采样公式（1-1）计算：

$$M_Q \geq Kd^2 \tag{1-1}$$

式中　M_Q——样本的最小质量，kg

　　　　d——样本中最大颗粒直径，mm

　　　　K——缩分常数的经验值，通常在 0.05~1.0kg/mm²，试样均匀性越差，K 越大

采样量与样品最大颗粒的直径平方成正比，样品的颗粒越粗、越不均匀，要求的采样量越大，如下例题所示。

例：有试样 30kg，粗粉碎后通过 10 号筛孔（最大颗粒度 2mm），设 K 为 0.2kg/mm²，

（1）则应保留试样量 M_Q 为多少？需缩分几次？

解：$M_Q \geq Kd^2 = 0.2$kg/mm² $\times$（2mm）$^2 = 0.8$kg，

设应缩分 n 次，则缩分 n 次后的实验质量：$M_Q = 30 \times$（1/2）$^n \geq 0.8$kg

当 $n = 2$ 时，$M_Q = 0.93$kg，可满足要求。

故应保留试样量 M_Q 为 0.8kg，应缩分 2 次。

（2）若要求粉碎至粒度 ≤ 0.42mm（40 目），则需要试样量为多少？

解：$M_Q \geq Kd^2 = 0.2$kg/mm² $\times 0.42 = 0.084$kg，需要粉碎后继续缩分。

0.93kg $\times$（1/2）$^n = 0.116$kg ≥ 0.084kg，$n = 3$ 次，继续缩分 3 次可满足要求。

二、分析样品的制备

采得的初级样本需要经过制备，成为供分析用的样品。

（一）风干样品的制备

风干样品按照"四分法"取得分析用的样品，需用粉碎机磨细，通过 0.42mm 孔筛（即 40 目网筛），装入磨口广口瓶，这样制备的风干样品需 200~500g。若磨碎时有极少量难以通过筛孔的残渣，也需全部收集，用剪刀仔细剪碎后，混匀在细粉中，以保证样品的代表性。样品筛孔直径与筛号对照表见表 1-1。

样品一式三份，供分析、复检和备查。

表 1-1　　　　　　　　　　　　　样品筛孔直径与筛号对照表

筛号/网目	3	6	10	20	40	60	80	100	120	140	200
筛孔直径/mm	6.72	3.36	2.00	0.83	0.42	0.25	0.177	0.149	0.125	0.105	0.074

（二）新鲜样品的制备

新鲜样品含有较多的游离水和吸附水，二者的总水分含量占鲜样的 70%~90%。例如，新鲜蔬菜、水果、鲜肉、鲜蛋等都属于水分多的新鲜样本。按照"四分法"和"几何法"由新鲜样本中取得初级样本，再将其分为两部分：

一部分鲜样 300~500g，进行半干样本制备及水分的测定（见实验二食品中水分测定），得到半干样本。然后将半干样本经粉碎机磨细，通过 0.42mm 孔筛，装入磨口广口瓶中，瓶上贴标签，标签内容与风干样本相同。

另一部分鲜样直接供作热敏、易氧化、易挥发物质如胡萝卜素等某些维生素、氮含量及酶

活力等的分析测定。新鲜样本可在低温条件下进行匀浆或均质化处理，再用于分析。测定酶活力的样本需要冷藏，在酶活力保持期限内完成测定。

对于待分析的鲜样，应根据分析指标的要求，冷藏或冷冻、液氮保存；这类样本的干燥，应采用低温冻干或真空干燥处理的方法，以保留样品中的有效成分，避免成分改变或损失。

第二节　营养实验的生物样品采集与处理方法

营养学实验研究各种营养素及功能成分的生理、生化代谢过程及其机理，需要按照分析指标的要求，正确采集血液、组织及尿液等生物样品，并进行相应的制备处理和保存。

一、动物实验基本操作技术

（一）动物的抓取与固定

在抓取固定动物时，要保持环境安静，首先应友好地接近动物 ，并注意观察其反应，使其有一个适应过程。抓取时的动作力求准确、迅速、手法轻柔，减少动物不安和惊恐，同时注意防止被动物咬伤。

1. 小鼠的抓取与固定

（1）小鼠的抓取　先用右手拇指和食指抓住鼠尾根中部（不可抓尾尖），放在鼠笼盖上，轻轻提起鼠尾向后拉，待小鼠前肢抓爬时，用左手拇指抓住小鼠两耳及头颈部皮肤，将小鼠置于左手心中，翻转抓住颈背部皮肤，右手将后肢、鼠尾拉直，用左手无名指和小指按住小鼠尾巴和后肢，手掌心夹住背部皮肤，将小鼠固定在手中（图1-1）。可进行灌胃，肌肉、腹腔和皮下注射实验操作。

（2）小鼠的固定　进行尾部采血、血压测量等操作，可将小鼠固定在圆桶固定器中；若进行手术操作，可将小鼠固定于固定板上。

2. 大鼠的抓取与固定

大鼠的抓取方法同小鼠类似，但大鼠牙比小鼠尖利、性猛，受到惊吓或激怒时易产生攻击性，所以不宜用袭击方式抓取，防止咬伤。抓取大鼠前最好戴上防护手套，抓住鼠尾中部，提起放在铺有纱布的试验台上，用纱布（20cm×40cm）在大鼠颈部以下将其四肢自然卷裹、固定（露出头部，不可裹太紧），即可进行尾静脉注射、取血、灌胃操作；也可将大鼠放在固定架内。

进行腹腔、肌肉、皮下注射等技术操作时，可采取左手固定法，用拇指和食指捏住鼠耳，余下三指紧捏大鼠背部皮肤，这样便可进行各种简单的实验操作；若进行手术或解剖等操作，则需先行麻醉，然后将大鼠背卧位放在固定板上将头、四肢固定。

3. 家兔的抓取与固定

家兔较温顺、易于驯服，一般不会咬人，但其脚爪较锐利，应防止被抓伤。抓取时先让兔子在笼内安静下来，然后打开笼门，用右手抓住颈部的被毛和皮肤，轻轻将其提起，拉至笼门口，头朝外，然后迅速用左手托起兔的臀部，让其体重重量的大部分集中在左手上，给家兔以

图 1-1　小鼠的抓取与固定

舒适安全感，切忌直接抓、拎兔子的耳朵、腰部或四肢。

家兔可采用兔台或兔盒进行固定。盒式固定适用于兔耳采血、耳静脉血管注射等操作；台式固定用于血压测定、手术等操作。

（二）实验动物编号的标记方法

1. 被毛染色法编号

用 30~50g/L 苦味酸溶液（黄色）或 5g/L 中性红溶液（红色）在小鼠不同部位染色，编号方法如下。

左侧：前肢为 1，腹部为 2，后肢为 3；头颈部为 4，背部为 5，尾根部为 6；右侧：前肢为 7，腹部为 8，后肢为 9。若编号超过 10，可用两种颜色配合使用，黄色代表个位数，红色代表十位数，可编号至 99。

2. 大、小鼠剪趾法编号

用手术剪剪缺相应脚趾，进行编号（图 1-2）。后肢数字为个位数，前肢十位数，比如 64 号，应剪缺左前肢 1 趾，右后肢 4 趾。剪趾时，注意术部消毒。

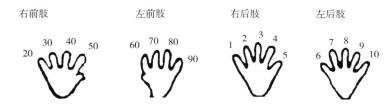

图 1-2　剪趾法编号示意图

（三）实验动物的给药途径和方法

给药途径可包括经口灌胃法、注射给药法（皮内注射，皮下、肌肉注射，腹腔注射，静脉注射）以及经呼吸道吸入、皮肤吸入法。

1. 灌胃法

灌胃法是用灌胃器将所要投给动物的药剂灌入动物胃内的方法，灌胃法可以较准确地掌握给药剂量。灌胃体积小鼠通常为 0.020~0.025mL/g・BW，大鼠灌胃体积为 0.015~0.020mL/g・BW，灌胃方法如下。

取灌胃针及针头，吸取待灌胃样液；用左手固定鼠，使头、口腔和食道呈一直线，右手持灌胃针,将灌胃针从鼠的嘴角侧边进入,压住舌头,沿咽后壁轻轻向食道方向推进,感到轻微的阻力,当针头进入食管后有一个刺空感,即可将灌胃样液慢慢注入胃内。一般灌胃针插入小鼠深度为3~4cm(图1-3)。

图1-3　小鼠灌胃示意图　　　　　图1-4　腹腔注射示意图

2. 腹腔注射

先将动物固定,腹部用酒精棉球擦拭消毒,然后在左或右侧腹部将针头刺入皮下,沿皮下向前推进约0.5cm,再使针头与皮肤呈45°角方向穿过腹肌刺入腹腔,此时有落空感,回抽无肠液、尿液后,缓缓推入灌胃样液(图1-4)。

3. 皮下注射

注射时用左手拇指及食指轻轻捏起皮肤,右手持注射器,食指固定针栓,针头斜面向上与皮肤成30°~40°角,快速将针梗的1/2刺入皮下(不可刺穿皮肤)。注射完毕拔针时,轻按针孔片刻,防止药液逸出。一般小鼠注射位置在背部、前肢腋下或肩胛皮下,大鼠在背部或侧下腹部(图1-5)。

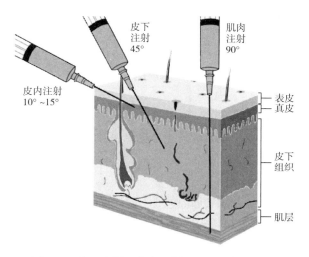

图1-5　皮下注射、皮内注射、肌肉注射示意图

（四）实验动物的麻醉

麻醉给药途径包括吸入性麻醉和注射给药。

1. 注射给药麻醉

小鼠、大鼠一般采用腹部麻醉，用水合氯醛按照 300mL/kg·BW 给药，注射方法同腹腔注射。注入麻药后 5~8min 小鼠失去知觉。

2. 吸入麻醉

可用小动物麻醉机，异氟烷吸入麻醉（图 1-6）。异氟烷吸入麻醉具有诱导快，苏醒迅速，麻醉深度可控制等优点，异氟烷在动物体内部不参与代谢，几乎完全由肺泡经呼吸排除，不影响实验结果，获得国际认可。

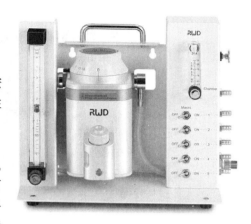

图 1-6　小动物麻醉装置

二、实验动物血液样品的采集、制备与保存

（一）采血的部位与方法

血液是进行营养、生理生化分析的重要样品，血液中各成分的生化分析结果是了解机体代谢变化的重要指标。实验动物的采血部位与方法，须视动物的种类、检测项目、试验方法及所需血量而定。

1. 小鼠和大鼠血液的采集

（1）尾部取血　常用于需血量较少的测定，如血糖试纸检测、血液涂片等。把鼠置于固定器上，露出尾巴，将尾巴浸入 45~48℃ 的热水中 2~3min，使血管充盈，用酒精消毒尾巴、搽干。用剪刀剪去其尾尖，血液滴出、进入试管中，取血完毕，用干棉球压迫止血，可采血 0.05~0.1mL。也可不剪尾，用 7~8 号注射针头直接刺入尾静脉，拔出针头时，有血滴出。若需反复采血，应先靠近尾末端穿刺，逐次朝向近心端穿刺，见图 1-7。

（2）眼球静脉血管丛取血（内眦取血）　穿刺位于眼窝内的眼球静脉血管丛。其方法是一手抓住鼠的背部，用大拇指和食指轻轻按捏颈部使血管充血、眼球稍微凸出，然后用细毛细玻璃管在眼球上方与眼眶之间以适当的角度插入，穿过眼结膜向喉头方向或视神经出口处刺入 4~5mm 即可到达血管丛，血液随即自然流入毛细玻璃管。采集到足够的血量后，解除颈部的压迫，拔出毛细管，用干棉球压迫止血。小鼠和大鼠的最大安全采血量分别为 0.1mL 和 1mL。

（3）穿刺心脏取血　可得到较多血量，多用于大鼠。一般用乙醚或者麻醉机麻醉，仰卧保定，然后剪去胸部被毛，常规消毒。术者在胸骨正中偏左 3~4 肋间摸到心尖搏动，在心搏最明显处作穿刺点；右手持注射器，注射器针尖斜面朝上，在胸骨左缘将针头插入肋间隙，针头进入体内后，稍抽针芯，给予一点负压，观察有无血液流入注射器，如果没有则保持负压稍稍向后退针，见到血液流入注射器后，保持注射器位置不动，匀速慢慢向后抽注射器，直至取完血。小鼠可采血 0.5~0.7mL，大鼠采血量 1~1.5mL。

（4）摘眼球取血　此采血方法致死，可以采得较多血液样品。一般麻醉后会收集更多血液，在不影响实验结果的前提下，推荐使用。将小鼠倒置 5s 后，抱定、捏紧后颈部皮肤（勿影响呼吸），使眼球突出，用镊子摘取眼球，血液从眼眶中流入 EP 离心管。

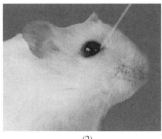

图1-7　鼠尾采血（1）、眼眶静脉丛采血部位（2）

2. 兔

通常在耳静脉采血，首先压迫耳根部，使静脉怒张，术部消毒，针尖朝耳尖方向刺入，可多次取血，由远心端逐次靠近耳根。

颈静脉采血，需用毛剪或剃须刀将采血部位的毛剃干净，用手指压迫颈静脉使其怒张，术部消毒，然后用细针尖由远心端方向刺入。

穿刺心脏可采集到多量的血液，穿刺部位在左侧第三肋间距胸骨4mm处。

（二）采血量

一只体重25g的小鼠，总血量为2~2.5mL，由心脏穿刺可采血约0.7mL。一只体重325g的大鼠，可采得9~12mL血液（占体重的3%~5%）。

非终末单次采血量低于动物总血量的15%，通常对动物不会产生明显影响，可在3~4周后重复采血。若采血量高于重量的20%~30%，可能导致心输出量或血压降低，40%或引起死亡。

采血体积与恢复时间的关系见表1-2，实验动物血容量及允许采血量要求见表1-3。

表1-2　　　　　　　　　　　　　　采血体积及恢复时间

一次采血		多次采血（代谢动力学研究）	
采血量占循环血量/%	大致恢复时间	24h内循环采血占循环血量/%	大致恢复时间
7.5%	1周	7.5%	1周
10%	2周	10%~15%	2周
15%	4周	20%	3周

表1-3　　　　　　　　　　　　实验动物血容量及允许采血量

种类	全血量/（mL/kg·BW）	血量占体重	一次最大安全采血量/（mL/kg·BW）	血浆量/（mL/kg·BW）	受检血液量/mL
小鼠	74.5±17.0	6.00%~7.00%	7.70	48.8±17.0	0.10
大鼠	58.0±14.0	6.00%~7.00%	5.50	31.3±12.0	0.50
豚鼠	74.0±7.00	6.00%~7.00%	7.70	38.8±4.50	1.00

续表

种类	全血量/ （mL/kg·BW）	血量占体重	一次最大安全采血量/ （mL/kg·BW）	血浆量/ （mL/kg·BW）	受检血液量/mL
家兔	69.4±12.0	6.00%~7.00%	7.70	43.5±9.10	1.00
鸡	95.5±24.0	8.0%~10.00%	9.90	65.6±12.5	1.00

（三）血液样品变异因素的控制

为保证血液样品检测结果符合客观情况，必须尽可能地控制影响血液的变异因素，在采血过程中应注意以下 5 个方面：

1. 动物采血时间

对于单胃动物，通常在禁食 8~12h 后采血，可以使食物对血液中各种成分的浓度的影响降低到最低程度。刚进完食动物的血液样中，往往出现血糖、甘油三酯增高、无机磷降低的现象，进食高脂肪的饲料，常引起暂时性乳糜微粒造成的脂血症，导致血清混浊而干扰很多项目的生化检测。同时，应注意血液中有些化学成分具有明显的昼夜波动性，如生长激素、血清铁、皮质醇等，皮质醇晨时高，午夜降到最低水平。

2. 血液样品来源一致

动脉血和静脉血的化学成分略有差异，除血氧饱和度、二氧化碳分压等有明显不同外，动脉血中葡萄糖被组织利用并部分代谢成乳酸，因而静脉血中乳酸浓度比动脉血中略高；在饥饿时，毛细动脉血中的葡萄糖比静脉血高 0.05mg/mL 血液，做糖耐量试验时，这种差异可达 0.3~0.5mg/mL 血液。因此，整个实验过程中，采取的血液样品来源必须一致。

3. 防止成分分解变化

血液内若干化学成分，离体后由于氧化酶或细菌的作用，容易分解导致含量有所改变。比如血液在室温下久置，血液中葡萄糖、含氮成分均有损耗；同时，血清中电解质的交换可引起红细胞渗透压的变化；一些不稳定的酶类的活力也会逐渐下降（如谷胱甘肽过氧化物酶等）。所以，血液样品被采集后应立即按分析要求处理，及时检测或按规定保存。血清样品各检测项目在不同温度下的稳定性，见表 1-4 和表 1-5。

在测定血液 pH 及气体时，需要密闭采血。以免由于血液暴露于空气中，二氧化碳迅速逸出，吸收氧气以提高血氧饱和度，进而引起溶血。

4. 防止污染

采血器具及样品容器都必须清洁，如测定蛋白结合碘由静脉采血时，勿用碘酊消毒采血部；测定血氨及血清中微量元素如铜、铁等，器具须做相应化学处理、重蒸馏水冲洗，以防因污染而影响结果。

5. 防止溶血

由于红细胞内和血浆中有许多成分的浓度不一样，因此，溶血可以影响许多生化检测项目的结果，应予以防止。例如，红细胞内谷草转氨酶、乳酸脱氢酶、酸性磷酸酶、钾以及镁等含量高于血浆几十倍，溶血后，血清中这些成分就会显著增高；而血浆中钠、氯化物、钙浓度高于红细胞内，溶血后可能被稀释而浓度减低。此外，促肾上腺皮质激素、非蛋白氮、尿素氮、汖化物、血清 β-羟丁酸脱氢酶、黄疸指数、血清铁、乳酸、脂肪酸、酸碱度、磷、白蛋白和丙酮等物质的测定都不宜用已溶血的血清样品。

防止溶血的方法：采血用的注射器、针头、试管等器具须清洁干燥；采血后卸下针头、将血液沿管壁徐徐注入试管内，轻轻倒转试管使血液与抗凝剂混合，切忌强力振摇；血清、血浆分离后，及时取出，放于冷冻保存。

（四）血清、全血和血浆样品的制备

1. 血清样品

血清成分接近于组织液的化学组成，能较好地反映机体的情况。分离血清一般宜在血凝后半小时内完成，以减少细胞内成分、血清（或血浆）成分的变化。

采血后分离血清时，应将血液放于37℃中预温0.5h，再用牙签贴管壁将血凝块剥离，中速（3000r/min）离心，使血清析出，尽快将分离的血清取出测定或保存。

2. 全血和血浆样品

全血成分的测定，需要进行抗凝处理，可以分离出血浆和血细胞成分。在测定碳氧血红蛋白、高铁血红蛋白、硫化血红蛋白等的含量时，须用全血。

血浆与血清相比，前者不含纤维蛋白，而且，经采血、抗凝处理后，血浆可较短时间内分离得到，进行测定或保存。血浆也常用于分析许多生物化学指标，游离血红蛋白、变性血红蛋白、纤维蛋白原的测定须用血浆。

样品制备方法如下：

（1）采集的血液放入含有适宜抗凝剂的试管内或采血用的肝素离心管［参见（五），表1-6］；

（2）轻轻转动离心管或试管，使血液和抗凝剂充分混合；

（3）抗凝血可立即供全血分析。若需分离血浆，则在离心机中3000r/min离心，上层为血浆，血浆与血细胞（白细胞、红细胞等）应及时分离。

血清的许多化学成分与其中的酶在室温下会发生反应，导致成分发生变化（表1-4、表1-5），因此，制备的血清、血浆应立即测定，或尽快冷冻、冷藏保存。

表1-4　　　　　　　　血清样品检测项目在不同温度下的稳定性

检测项目	室温	冷藏	冻结
钾	14d	30d	稳定
钠	14d	30d	稳定
钙	7d	稳定	稳定
无机磷	4d	7d	稳定
镁	7d	7d以上	稳定
氯化物	7d	7d	稳定
二氧化碳	4d（结合力强）	7d	稳定
胆红素	2d（置于暗处）	4~7d（置于暗处）	90d

续表

检测项目	室温	冷藏	冻结
尿素氮	3~5d	7d	稳定
胆固醇	7d	7d 以上	稳定
肌酸酐	1d	1d	稳定
葡萄糖	45min	2d	稳定
	（10mg/mL 氯化钠溶液中稳定）		
磺溴酞钠清除试验	稳定	稳定	稳定
蛋白结合碘	30d	30d	稳定
总蛋白	7d	30d	稳定
白蛋白	4d	30d	稳定
球蛋白	4d	30d	稳定
甘油三酯	4d	7d 以上	稳定
尿酸	3d	3~5d	稳定
酸碱度（pH）	30min	5h	不稳定

表 1-5　　　　　　　　检测样品中常用酶在不同温度下的稳定时间

酶	体液	25℃	4℃	-20℃	抗凝剂
酸性磷酸酶	血清 尿液（未透析过）	4h 7d	14d 15d	115d 不稳定	被氟化物、草酸盐抑制
碱性磷酸酶	血清 尿液（未透析过） 尿液（透析过）	12h 可增 5%~30% 6h 24h	<10d 6h 24h	20 个月 不稳定 不稳定	被乙二胺四乙酸（EDTA）、草酸盐抑制
醛缩酶	血清	—	<10d	—	—
淀粉酶	血清 尿液	27d 2d	7 个月 2 个月	2 个月 2 个月	被柠檬酸盐、草酸盐抑制
过氧化酶	红细胞	—	4d	—	肝素
葡萄糖-6-磷酸脱氢酶	红细胞	—	7d	—	酸性柠檬酸、己糖、EDTA、草酸盐、肝素
异柠檬酸脱氢酶	血清	>5d	几乎	21d	—

续表

酶	体液	25℃	4℃	−20℃	抗凝剂
乳酸脱氢酶	血清 尿液（未透析过） 尿液（透析过） 脑脊液	7d 6h 24h 4h	不稳定 12h 24h 14d	不稳定 不稳定 不稳定	被草酸盐抑制
脂肪酶	血清	7d	21d	—	被溶血抑制
磷酸己糖异构酶	血清	8h	14d	—	—
核糖核酸酶	血清 脑脊液	—	1d	几个月	被肝素抑制
转氨酶	血清	2d	14d	1个月	—
血清天门冬酶	脑脊液	6h 30min	14d	2d	

（五）抗凝剂的选用

不同抗凝剂的抗凝机理和对血液化学分析的影响不一致，在全血和血浆样品制备过程中，正确选用抗凝剂是很重要的。此外，抗凝剂用量也会影响抗凝效果，用量不足，达不到抗凝效果；用量过多，影响细胞与血浆之间水及电解质的分布，引起红细胞破裂，妨碍分析。例如含草酸钾过多，可导致钨酸法制备无蛋白血滤液时蛋白沉淀不完全；常用抗凝剂的配方、用量及应用注意事项见表1-6。

表1-6　　　　　　　　　　常用的抗凝剂及选用注意事项

抗凝剂	配方	每毫升血样所需量	选用注意事项
草酸盐	草酸铵 1.2g 草酸钾 0.8g 加蒸馏水到 100mL	0.10mL	不能用作血小板计数和非蛋白氮、尿素、血氨等含氮物质的检测
柠檬酸钠	柠檬酸三钠 3.8g 加蒸馏水到 100mL	0.15mL	用作血沉测定和凝结试验（如促凝时间测定）
ACD 溶液	柠檬酸三钠 2.20g 柠檬酸 0.80g 葡萄糖 2.45g	0.15mL	用作血小板计数、血库血液保存和同位素研究
EDTA	EDTA 钾盐 1.5g 溶于 100mL 蒸馏水中	0.10mL	能保持血细胞形态和特征，适宜血液有形成分的检查，不适于凝血象检查和血小板功能试验

续表

抗凝剂	配方	每毫升血样所需量	选用注意事项
肝素	储存液： 100mL 生理盐水中加入肝素钠 12500U	0.1~0.2mL （用其溶液湿润注射器壁即可）	适用于血液电解质测定，血液 pH 及气体分压测定和红细胞脆性试验，生化指标测定。但其引起白细胞聚集，故不适于血液学一般检查
氟化钠	—	2.5mg	抑制血糖分解，作为血糖测定的保存剂
脱纤作用	玻璃珠（φ3~4mm）	25mL 血液中放入 20 粒	制备血清

（六）血液样品的保存

采集到血液样品后，最好立即处理、检测。然而，有时样品多、检测项目多，往往不能及时完成的情况下，血液样品必须做适当的保存，以防止其成分发生大的变化。

全血样品采集后，试管口应塞紧，以防水分的蒸发及污染，并放在 4℃冰箱内冷藏。通常，血小板计数、红白细胞计数、血沉测定的血液样品保存时间不得超过 2h。

分离的血浆或血清可根据检测项目需要，冷藏或冷冻（4℃、−20℃或−80℃）保存。冷冻的血清或血浆在做任何项目的检测之前，必须将样品恢复至室温，徐徐转动试管或颠倒数次充分混匀，再行测定。如果测定指标多，每个指标取样需要反复冻融，会影响血清（血浆）蛋白、酶活力测定值，可事先将血清或血浆分装成几个小管，分管取用。

三、其他生物液样品的采集与保存

实验动物的许多生理、病理研究和检测，有时需要检查其尿液、脑脊液、关节液、羊水及精液等材料。测定器官、组织的生化指标。

（一）尿液样品

1. 尿液样品的采集

许多代谢物通过尿液排出，其浓度与代谢具有相关关系。营养代谢实验需要收集 24h 动物尿液样品，用于尿液成分分析或尿代谢组学研究。小鼠、大鼠等小动物尿液采集通常在代谢笼中用代谢笼配置的粪尿分离漏斗直接收集尿液。尿液的收集方法应根据分析项目要求进行，例如测定尿液中氮，应及时加 1% 的 100mL/L HCL 溶液防腐、防止氨逸失；在代谢组学分析用的尿液收集时，收集管应置于低温或冰浴中，且应及时收取，置于−20℃冷冻保存，避免污染或成分变化、损失。

尿液也可即时直接在腹底部耻骨前缘穿刺膀胱采集。穿刺过程中应避免血液和组织液污染尿液样品，所用的注射器、针头应灭菌，穿刺部的皮肤都应消毒。采集尿液的容器应无菌处理，容器上应贴上标签。

尿液量和成分含量可能受饮水量、运动及生理状态等多种因素的影响，必要时需要采用比重法和（或）肌酐法进行校正，以减少成分变化带来的影响。

2. 尿液样品的保存

尿样的保存方法应与分析指标相配合，尿液是一种良好的细菌培养基，采集的尿样若不能及时测定，应置于4℃或-20℃冰箱保存或进行防腐处理，常用的尿液样品防腐剂见表1-7。

用于氮代谢实验的尿液，可按照1%剂量加入100mL/L盐酸防止氨氮释放损失；若测定尿中挥发性成分，应尽快分析。用于微生物学等检测的尿样，一般不宜加防腐剂，最好放于4℃或-20℃冰箱保存。

表1-7　　　　　　　　　　　　　　常用的尿液样品防腐剂

名称	用法	注意事项
盐酸	每100mL尿液中加100mL/L盐酸1mL	用于总氮、尿素、氨及17-羟类固醇、17-酮类固醇、3-甲氧基-4羟-苦杏仁酸、儿茶酚胺测定等
三氯甲烷（氯仿）	尿液中加少许	干扰尿糖和尿沉渣的测定
麝香草酚	每100mL尿液中加其结晶或粉末0.1g	影响蛋白质、尿蓝母、胆酸、17-酮类固醇及酚的检测，对磷酸盐或镁的定量测定也有影响
甲苯	每100mL尿液加1mL	如尿液中已有细菌存在，则不能制止其繁殖
混合防腐剂	磷酸二氢钾10.0g，苯甲酸钠5.0g苯甲酸0.5g，乌洛托品5.0g，碳酸氢钠1.0g，红色氧化汞0.1g研细混匀，每100mL尿液中加0.5g	不影响蛋白质和糖的定性检测
叠氮化钠	100mL尿液加入0.02~0.06g	可用于代谢组学（NMR）研究测定

（二）脑脊液、精液

脑脊液、精液、羊水等样本采集均应注意无菌操作，通常应及时送检。

脑脊液样本应收集于无菌处理的试管中，避免污染，并立即4℃冷藏送检，一般不超过1h，以免标本放置时间过长导致成分变化，如脑脊液中葡萄糖分解，会导致葡萄糖含量降低。

精液样本收集后，30min内送到实验室，最迟不得超过1h，运送过程中应保持在20~40℃，可紧贴身体放置以保温。

四、生物组织样品的制备

生物组织样品主要用于组织生理、生物化学指标测定，分子生物学分析如DNA、RNA、蛋白质提取，进行测序及表达分析。也可制作切片，观察组织结构、形态及免疫组化等。

（1）组织样品的采集应部位准确、迅速，并防止器械、环境及样品间的污染。

（2）动物活体或处死后剖检取样，均应先去除血液等成分的影响。动物处死后，首先用预冷、灭菌的生理盐水进行心脏灌流，排出器官和组织中残余的血液、再取样。

（3）动物解剖、组织取样通常应在冰浴条件下进行。取样后需及时进行样本制备，避免新鲜组织中生化反应导致的成分变化与酶活力降低。

（4）用于免疫、微生物检测的样本采集，应按照要求在无菌操作下进行。

（5）用于生化及 RNA 等分析的组织样品，若不能及时制备的，取样后立即置于液氮速冻，置于−80℃或冷冻保存。

（一）组织匀浆样品制备

组织匀浆主要用于组织生化指标测定。动物处死后，先用预冷、灭菌的生理盐水心脏灌流，去除组织中残余的血液，用滤纸吸干水分。然后，称取组织样品（每个动物组织最好采取同一部位），在冰浴条件下，按照 1：9 比例，加入预冷的磷酸盐缓冲溶液（PBS），冰浴下用组织匀浆机匀浆，制备匀浆液。若分析指标较多且不能及时分析的，应将匀浆液分装成数个小管，放入−80℃冰箱保存。

对于结缔组织含量较高或微生物样品厚壁菌，难以用普通匀浆方法磨碎，可采用多功能样品均质器匀浆。

PBS 缓冲液配方 pH7.4（1L）：磷酸二氢钾（KH_2PO_4）0.27g，磷酸氢二钠（Na_2HPO_4）1.42g，氯化钠（NaCl）8g，氯化钾（KCl）0.2g，加去离子水约 800mL 充分搅拌溶解，然后加入浓盐酸调 pH 至 7.4，最后定容到 1L。

（二）提取 RNA 的组织样品处理

在动物死后迅速灌流、取出组织，低温条件下，10min 内将分离出的组织放入 Trizol 试剂中（一般 30mg 组织样，加入 1mLTrizol 试剂），剪碎、匀浆，进行 RNA 提取。如样品不能及时提取 RNA，应将 Trizol 管液氮速冻后，−80℃冷冻保存。

需要注意的是，在取样过程中严格防止 RNA 酶（RNase）的污染。RNA 酶存在于组织和环境中（皮肤、飞沫等），性质稳定，用常规的高温高压蒸气灭菌和蛋白酶抑制剂不能使其完全失活。RNase 在一些极端的条件可以暂时失活，但限制因素去除后又迅速复性。因此，提取 RNA 所用玻璃、金属器械、试管、吸头均需进行灭酶（RNA 酶）处理，操作者需戴手套、口罩。

组织中的 RNA 酶在组织离体后，会很快降解组织中 RNA，影响提取的 RAN 分子完整性和进一步的测序、PCR 等操作。因此，取样需要及时、快速、避免污染（参见实验三十二）。

（三）提取 DNA 的组织、粪便等样品

可直接对新鲜样品进行基因组 DNA 提取，也可以在−20℃冷冻保存，再提取 DNA（参见实验三十一）。粪便中微生物样品厚壁菌难以用普通的匀浆方法磨碎，需采用多功能样品均质器匀浆、破壁，再进行 DNA 提取。

（四）组织切片观察的样品采集固定

组织切片用于观察组织结构、形态。不同的组织样品离体后，必须及时进行适当和有效的固定，以避免产生细菌腐蚀和组织的自溶，使细胞或组织基本上保持与活体时相同的结构形态。固定液可使组织硬化，便于切块，以便完成随后的切片制作过程。

动物屠宰后，先用预冷的生理盐水心脏灌流，去除组织中血液，然后取样。如果动物组织单纯只进行冷冻切片取样（不做生化、分子生物学等取样），可继续用 40g/L 多聚甲醛（0.1mol/L，pH 7.4 的 PBS 溶液配制）灌流组织，使其固定。

1. 石蜡切片固定

取新鲜组织用手术刀切取组织块，迅速放入固定液（100mL/L 福尔马林固定液）中固定，使固定液能迅速而均匀地渗入组织内部，保证其原有的形态学结构。取样时用的刀要锋利，勿

挤压组织块，防止变形。组织块的大小为 1.0cm×1.0cm×0.3cm，若动物小则组织块可以薄取 0.1~0.2cm。

2. 冷冻切片固定

新鲜组织块于 40g/L 多聚甲醛（PBS 溶液配制）中固定 24h，然后用 200g/L 蔗糖溶液脱水 24h，至组织块沉底，再用 300g/L 蔗糖溶液脱水 48h 以上，然后在塑料或锡纸小盒（1~2cm）中，将组织块用 OCT 包埋胶包埋、液氮速冻，置于-80℃保存。

3. 电镜切片固定

新鲜组织离体后，1min 内快速放入滴有预冷的 25mL/L 戊二醛固定液（pH4.0~4.5）的玻片或硬纸片上，低温条件下用锋利切割器材切取组织，组织块为 1mm³ 或截面为 1mm² 的长条、薄片状，然后用牙签将组织块转移到 25mL/L 戊二醛固定液中 4℃，2~3h 或放于 10mL/L 锇酸溶液中 4℃固定 2h。然后用 PBS 溶液反复清洗、去除醛，加满 PBS，4℃放置直接送检。

操作中使组织细胞尽可能保持原来的状态，取采器械应锋利，避免牵拉、挤压组织，避免机械损伤、组织结构发生位移。固定液主要作用是使蛋白、脂质等大分子发生交联，保持原有组织形态。固定液较常用的有锇酸、醛类（戊二醛、甲醛）和高锰酸钾，各种固定液作用特点不同，单独使用时弊病较多，所以配合应用效果较好（参见延伸阅读［5］）

五、延伸阅读

［1］卢宗濂. 家畜及实验动物生理生化参数［M］. 北京：农业出版社，1983.
［2］施文，孙永强. 小鼠尾静脉注射和采血装置［J］. 免疫学杂志 2011，27（9）：807-809.
［3］柏乃庆. 血液保存［M］. 上海：上海人民出版社，1978.
［4］苗明三. 实验动物和动物实验技术［M］. 北京：中国中医药出版社，1997.
［5］凌诒萍，俞彰. 细胞超微结构与电镜技术——分子细胞生物学基础［M］. 上海：上海医科大学出版社，2004.

第三节　食品营养学实验设计与分析

营养学实验是研究复杂的食物营养素和功能组分与人、动物相互作用产生的生物学效应及其机制的重要手段。在大多数情况下，营养学研究必须先在动物中进行探索性实验，动物实验是人类直接认识生命现象与各种规律的重要手段。由于不同动物及品系在遗传背景与生理上的差别，可能产生个体易感性差异，而影响实验数据和结果。因此，动物实验通常在群组效应的基础上，进行数据的统计分析评价。进行动物的营养学实验需要根据试验目的，遵循动物实验设计的原则，合理选择模型动物、进行实验设计与实施方案。

一、营养学实验设计的原则

1. 对照性原则

在实验中通常设立实验组和对照组（Control）。实验组是施加实验变量处理的受试组，对照组不施加实验变量，除实验因子不同外，其他一切条件完全与实验组相同，以消除非实验因素对实验结果的影响。常见的对照组有：空白对照，阳性对照、阴性对照，自身对照（用药前后）、组间对照。

2. 一致性

实验的受试组与对照组除实验因素以外的其他条件均保持一致（突出变量唯一性），才能保证实验结果的可对比性。非实验影响因素包括实验动物的种类、品种、品系，体重、年龄、性别、饲料营养、环境温度、湿度、饮水及饲养管理技术等。

3. 重复性

重复性是消除非实验因素对实验结果影响的重要手段。动物实验通常在群组基础上统计分析进行评价，考虑到个体差异带来的组内数据变异，实验需要足够数量的动物和实验单元数，通常，样本量越大越有代表性，结果的可靠性就越强。但是动物数量过大，会增加实验的难度、工作量和经费等。一般估测的样本量：小动物每组 10~30 个，中等动物每组 8~20 个，大动物每组 6~20 个。

4. 随机性

随机性是按机会均等的原则进行分组，消除人为主观因素对实验的影响，以减少实验误差。一组数据中的变异，除了处理因素外，可能是由测量误差或抽样误差造成。选取随机样本的目的就是尽量缩小抽样误差。动物随机分组的方法很多，常见的是按体重随机分组，每组动物体重的平均值、标准差一致（动物品系、年龄、生长、生理状况应一致）。

5. 客观性

动物实验设计中要求尽可能客观，避免主观因素对实验的影响。动物实验研究中，有时尽管研究人员经过周密设计，实验结果也会有不确定性。在测试营养素、功能因子和功能食品时，不同的动物所测得的结果也会有差异。

实验动物的选择还要注意其生理、解剖的特点与实验目的相符，并考虑实验动物造模的难易等。如研究甲状腺时，采用甲状腺体散在分布的兔子作为模型，则不易采样；高血脂模型选用仓鼠，更易造成血脂异常。此外，豚鼠对维生素 C 缺乏敏感，易出现坏血病、后肢瘫痪；常用的实验动物有小鼠、大鼠、地鼠、豚鼠、兔等。对于特定的实验，还需注意选择相应适应的品系。

二、营养学实验设计的基本要素

实验设计的处理因素、受试对象和处理效应是影响实验结果的三个基本要素。实验应明确研究处理因素与目的，使结果能客观地体现处理效应。

1. 实验处理因素

实验效应通常是多种因素作用的结果，在设计方案确定前，充分分析论证实验效应产生的主要因素及其水平，可以减少实验所需的人力、物力与时间。实验处理分为单因素实验和多因素实验，相对于单因素实验，选择多因素实验可以研究处理因素的主效应和各因素间的交互作用。实验分组的目的是要科学地考察实验处理因素（受试物的种类、剂量、作用时间，动物年龄、品系等）的作用，设置对照组可以鉴别处理因素和非处理因素（实验误差）的差异。

制定实验处理因素标准化的要求与措施。实验设计与实施中应尽量保证处理因素，如所配制日粮的原料、配制方法、保存条件以及饲养管理在整个实验过程中应一致。实验要分清处理与非处理因素，如研究高脂日粮对肥胖的影响，不利的环境条件会加重动物的异常表现，因此，各组动物所处的环境温度、湿度、光照强度与时间、空气质量、采食、饮水等管理条件等应规范，并且各处理组尽可能的一致，避免非处理因素对动物的影响，真正体现实验处理的效应。

2. 受试对象

受试对象是处理因素作用的主体，在实验设计中必须对受试动物作出具体的严格规定和要求，如实验动物种类应与实验目的相适应，选择标准化、遗传背景（品种、品系）一致的动物，同时，要保证动物同质性（年龄、性别、体重、健康状况等），并确保足够的数量，以减少由此产生的实验误差的影响。

3. 实验处理效应

实验处理效应是实验因素作用于实验动物的反映。实验应选用客观性强、灵敏、特异性强的评价指标。既包括反映动物基本性能（体重、生长性能、采食量等）的指标，也包括针对性地确切反映实验处理作用的消化、代谢、行为学实验等生理生化指标以及基因、蛋白表达的变化的指标。此外，对测定数据应选用合理的统计分析方法，以保证数据的可靠性和分析结论的合理、科学、客观性。

三、实验数据分析与统计

（一）营养实验分析与统计学方法

1. 分析的精密度和准确度

分析的精密度是在规定的条件下，独立测量结果间的一致程度，即测量的再现性，是保证准确度的先决条件。通常以标准偏差（Standard Deviation，SD）、相对标准偏差（Relative Standard Deviation，RSD）、标准误差（SE）或变异系数（CV）来衡量重复性。值越小，测量值的重现性或精确度就越高。

准确度是指测定值与"真值"之间的差异程度（绝对值或相对值），"真值"往往难以确定。实际分析中可通过标准参考方法获得，或者是通过添加已知量的待分析食物样本的材料，然后计算回收率（%）。一般来说，在保证高的测量精密度、系统误差一致情况下，可获得良好的准确度。

回收率测定范例：将已知量的特定组分加入到实际样品中（其浓度满足方法的精确度），在该浓度下进行多次重复测定。重复结果的平均值作为每个浓度测定的回收百分率，然后计算加标量的回收率。准确度表示为加标样品最终浓度下的回收率。表1-8所示为牛乳中钙含量的回收率测定。

表1-8   牛乳及加样牛乳中的钙含量   单位：g/L

项目	牛乳	牛乳+0.75g/L 钙
1	1.29	2.15
2	1.40	2.12
3	1.33	2.20
4	1.24	2.27

续表

项目	牛乳	牛乳+0.75g/L 钙
5	1.23	2.07
6	1.40	2.10
7	1.24	2.20
8	1.27	2.07
9	1.24	1.74
10	1.28	2.01
11	1.33	2.12
平均值	1.30	2.10
SD	0.06	0.14
CV/%	4.8	6.6

准确度 ≈ 回收率（%）×100% = 102.44%

Ca^{2+}含量为 1.30g/L 的样品加入 0.75g/L Ca^{2+}后，加标样品浓度为 1.30g/L + 0.75g/L = 2.05g/L。该方法实际测量的加标样品为 2.10g/L，比实际高 2.44%。因此，精密度估计为 2.44%（相对误差）。

2. 统计量计算

由一组数据计算得的统计量有两种基本类型：①反映集中趋势的统计量（众数、中位数和平均数）；②反映离散程度的统计量（全距、方差和标准差）。均值、中位数、众数是表示一组数据集中趋势的量数，表 1-9 以 "1、2、3、3、5、7、7、8、9、10" 数据集为例说明了其计算方法。全距是一组数据中最大值和最小值之差，能粗略反映离散程度。

表 1-9　　　　　　　　　　　　　示例数据的均值、中位数和众数

统计量	计算方法示例	值	说明
均值（Mean）	(1+2+3+3+5+7+7+8+9+10)/10	5.5	算术平均数。求和，再除个数
中位数（Median）	(5+7)/2	6	选取平均数。从小到大排序；选取中间的数求算术平均数
众数（Mode）	3, 7	3, 7	数据集中出现次数最多的数

离散性或变异性可用方差（Variance）和标准差（SD）来反映。方差用来计算每一个变量（观察值）与总体平均数之间的差异，是每一个观察值（X_i）与平均值（X）之差（离均值）的平方的均数。SD 是方差的平方根，SD 计算方式如式（1-2）。一组完整的数据应包括一个集中趋势的指标（平均数）和一个离散程度指标，式中 n 为观测的数据个数。

$$标准差 = \sqrt{\frac{1}{n-1}\sum_{i=1}^{n}(X_i - \overline{X})^2} \tag{1-2}$$

在生物学领域中大多数数据符合"正态分布"，数据作成曲线图时呈钟型，其中心点既是众数、中位数、又是平均数。在曲线之下，从平均数到+1SD 或者到-1SD 之间的面积，占曲线下总面积的 34.13%。因此，从平均数-1SD 到平均数+ 1SD 的面积占总面积的 68.26%。在正态曲线之下，从平均数-2SD 到平均数+2SD 之间的面积占总面积的 95.44%。这些百分值可以用小数形式来表示，并用作概率值（P 值）。利用一组数据的平均数和 SD，就可以确定在这组数据中大于或小于某一数值的所有值的百分率。

在一特定的总体中，收集一个代表性的随机样本，对于确保结果的精确性和准确性极为重要。从一特定的总体中抽取一系列样本，并计算得一系列平均数，这些样本平均数围绕着总体平均数呈正态分布。样本平均数的 SD 就是平均数的标准误（Standard Error of Mean，SEM），其变异性既来自测量误差又来自抽样误差。SEM 是样本平均数围绕总体平均数的一种分布，可用来对总体进行推断。

3. 参数检验和单因素方差分析

营养学研究关注用一个样本平均数来代表总体平均数时的精确性。参数检验是已知总体分布形式的情况下，对总体分布的参数如均值、方差等进行推断的方法。置信区间（CI）可用来表示一个估计量的可靠性。在-1.96SEM 到 1.96SEM 之间的数据占全部数据的 95%，代表 95% 的 CI。随机抽样的一个数值落在此区间内的概率是 95%（$P = 0.95$），随机抽取一个数值，落在此区间之外的概率是 $P = 0.05$。95% CI 覆盖了曲线之下从-2.58SEM 到 2.58SEM 的面积。方差齐性检验是对两样本方差是否相同进行的检验。

方差分析（Analysis of Variance，ANOVA）用于 2 个及 2 个以上样本均数差别的显著性检验；将所有测量值间的总变异按照其变异的来源分解为多个部分，然后进行比较，评价由某种因素所引起的变异是否具有统计学意义。在科研实验中，通常应用方差分析来比较两个或多个样本均数差别的显著性，实验的总变异包括组内变异和组间变异，ANOVA 用离均差的平方和（Sum of Aquares of Deviations From Mean，SS）反映组间、组内变异的大小。组间变异远大于组内变异，则说明处理因素影响的存在，若二者相差无几，则该影响不存在。离均差平方和可分解为不同组成部分：来自实验中的自变量（处理、区组、交互作用等），或者来自抽样误差。变异程度除与 SS 大小有关外，还与其自由度有关，由于各部分自由度不相等，因此各部分离均差平方和不能直接比较，而需要除以各自相应的自由度，其比值称为均方（Mean Square，MS）。ANOVA 所包含的自变量数目，或者方差的来源，取决于实验设计。在比较三个或更多个样本的平均得分的变异性时，计算组间均方（Mean Square，MS）和组内均方 MS，$MS_{组间}$/$MS_{组内}$的比值，即观察的 F 值。F 值决定样本平均得分的变异性的大小，判断误差是否由抽样误差所引起，从而决定是拒绝还是接受无效假设。应用 ANOVA 就能够确定处理、区组或交互作用是否存在显著的效应。

如果涉及的平均值有三个或更多个，当 F 值显示具有显著差异时，生物学实验中常用来检验平均值差异显著的统计学方法有最小显著性差异法（LSD）、Duncan 氏多重极差法（SSR）和 Q 检验或称复极差检验（SNK/NK 测验）。

4. 非参数检验（Nonparametric Tests）

非参数检验是统计分析方法的重要组成部分，与参数检验共同构成统计推断的基本内容。

非参数检验是在总体方差未知或知道其少的情况下，利用样本数据对总体分布形态等进行推断的方法，包括卡方检验、二项分布检验等。在数据分析过程中，由于种种原因，人们往往无法对总体分布形态作简单假定，此时参数检验的方法就不再适用了。

两独立样本的非参数检验是在对总体分布不甚了解的情况下，通过对两组独立样本的分析来推断样本来自的两个总体的分布等是否存在显著差异的方法。独立样本是指在一个总体中随机抽样对在另一个总体中随机抽样没有影响的情况下所获得的样本。

营养学研究中常用两独立样本的曼-惠特尼 U 检验（Mann-Whitney U 检验）对两总体分布的比例判断。其原假设：两组独立样本来自的两总体分布无显著差异。曼-惠特尼 U 检验通过对两组样本平均秩的研究来实现判断。秩简单说就是变量值排序的名次，可以将数据按升序排列，每个变量值都会有一个在整个变量值序列中的位置或名次，这个位置或名次就是变量值的秩。

5. 相关性分析

相关和回归是两项经常应用于实验数据的统计检验。相关性测定两个变量之间关系的密切程度，以及这种关系是显著的还是由于机会所致。相关系数（r）测定因变量对自变量的接近程度。r 值的范围从 -1 ~ +1，-1 表示完全的负相关，1 表示完全的正相关，0 表示无相关性。根据欲分析相关性的两个变量的样本大小，可确定为达到显著性所需要的 r 值的大小。

回归是指自变量变化一个单位时，因变量变化的量。回归分析可得出预测方程，预测方程表示一条直线或二次曲线或形状更复杂的曲线。最简单的例子是 $Y = mX + b$，在这个方程中，m 是直线的斜率，又称回归系数，它反映自变量（X）每改变一个单位时，因变量（Y）变化的量。

（二）利用 SPSS 进行常用食品营养学研究数据的统计分析范例

1. 单因素方差分析范例

（1）范例数据 某研究者欲研究甲状腺功能低下婴儿血清中甲状腺素含量（nmol/L）见表 1-10。按病情严重程度分为三水平：轻度组、中度组、重度组，各组中随机选取 10 名婴儿，请分析不同病情程度的婴儿血清甲状腺素水平是否有不同？实验前研究者关心的重度组与中度组婴儿血清甲状腺素水平是否有不同？

表 1-10　　　　　　　　　30 名甲状腺功能低下的婴儿血清甲状腺素含量　　　　　　　单位：nmol/L

病情分类	例数	甲状腺素含量									
轻度	10	34	45	49	55	58	59	60	72	80	86
中度	10	8	25	35	36	40	42	53	65	55	74
重度	10	5	8	18	32	45	17	65	20	31	40

在 SPSS20 中输入以上范例数据。

（2）单因素方差分析过程 选择"分析"—"比较均值"—"单因素 ANOVA"（图 1-8），设定分析变量（图 1-9）。

设置"对比"参数、两两比较选项以及确定选项指标（图 1-10）。

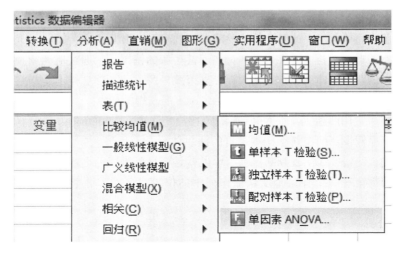

图 1-8 单因素 ANOVA 进入界面

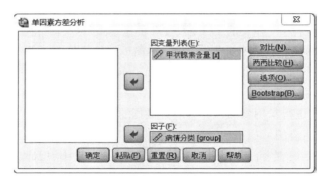

图 1-9 单因素 ANOVA 因变量和因子导入界面

图 1-10 单因素 ANOVA 参数设置界面

（3）结果输出

① 描述统计：描述统计内容见表1-11。

表1-11　　　　　　　　　　　描述统计

病情分类	例数	均值	标准差	标准误	均值的95%置信区间		极小差	极大值
					下限	上限		
轻度	10	59.80	15.89	5.02	48.44	71.16	34.00	86.00
中度	10	43.30	19.32	6.11	29.48	57.12	8.00	74.00
重度	10	31.10	18.81	5.95	17.64	44.56	5.00	65.00
总数	30	44.73	21.15	3.86	36.84	52.63	5.00	86.00

② 方差齐性检验：显著性>0.05，数据符合正态分布，可以用单因素方差分析（表1-12）。

表1-12　　　　　　　　　　　单因素方差分析

Levene 统计量	df1	df2	显著性
0.257	2	27	0.776

③ 多重比较：内容见表1-13。

表1-13　　　　　　　　　　　多重比较

病情分类			均值差	标准误	显著性	95%置信区间	
						上限	下限
Tukey HSD	轻度	中度	16.500	8.081	.122	-3，54	36.54
		重度	28.700[①]	8.081	.004	8.66	48.74
	中度	轻度	-16.500	8.081	.122	-36.54	3.54
		重度	12.200	8.081	.302	-7.84	32.24
	重度	轻度	-28.700[①]	8.081	.004	-48.74	-8.66
		中度	-12.200	8.081	.302	-32.24	7.84
Bonferroni	轻度	中度	16.500	8.081	.153	-4.13	37.13
		重度	-28.700[①]	8.081	.004	8.07	49.33
	中度	轻度	-16.500	8.081	.153	-34.13	4.13
		重度	12.200	8.081	.428	-8.43	32.83
	重度	轻度	-28.700[①]	8.081	.004	-49.33	-8.07
		中度	-12.200	8.081	.428	-32.83	8.43

续表

病情分类			均值差	标准误	显著性	95% 置信区间	
						上限	下限
Games-Howell	轻度	中度	16. 500	7. 910	. 122	−3. 75	36. 75
		重度	28. 700①	7. 786	. 005	8. 78	48. 62
	中度	轻度	−16. 500	7. 910	. 122	−36. 75	3. 75
		重度	12. 200	5. 825	. 347	−9. 57	33. 97
	重度	轻度	−28. 700①	7. 786	. 005	−48. 62	−8. 78
		中度	−12. 200	5. 825	. 347	−33. 97	9. 57
Dunnett t（双侧）②	轻度	重度	28. 700①	8. 081	. 003	9. 84	47. 56
	中度	重度	12. 200	8. 081	. 243	−6. 66	31. 06

注：①均值差的显著性水平为 0.5。

②Dunnett t 检验将一个组视为一个对照组，并将其与所有其他组进行比较。

统计描述结果中给出了每个实验分组的平均值、标准差和标准误，一般可用"平均值±标准差"表示。方差齐性检验显著性 $P > 0.05$，说明单因素方差分析的结果可信。多重比较选择用的 Tukey HSD、Bonferroni、Games-Howell 和 Dunnett t 四种方法都显示，轻度和重度组间比较的显著性 $P < 0.05$，具有显著差异。

2. 非参数分析

（1）案例数据 用三种药物（1、2 和 3）杀灭钉螺，得到各组死亡率（%），问 3 种药物杀灭钉螺的效果有无差别，实验数据见表 1-14。

表 1-14 药物与死亡率关系

药物种类	死亡率/%				
1	32. 50	35. 50	40. 50	46. 00	49. 00
2	16. 00	20. 50	22. 50	29. 00	36. 00
3	6. 50	9. 00	12. 50	18. 00	24. 00

（2）分析过程 选择"分析"—"非参数检验"—"独立样本"，在"字段"选项卡中设置"检验字段"和"组"变量；在"目标"选项卡中设置"目标"，如果选择"自定义分析"，则需要在"设置"选项卡中选择需要的检验方法（图 1-11）。本例选择自动比较不同组间的分布。

（3）结果输出 检验结果 $P = 0.008$，按 $\alpha = 0.05$ 标准，可认为 3 种药物的效果存在显著差异，根据独立样本测试视图（图 1-13），药物 1 的杀灭率最高，药物 3 的杀灭率最低。根据成队比较结果视图，药物 1 和药物 3 的杀灭率存在显著差异，而药物 2 的杀灭效果与 1、3 没有显著区别。

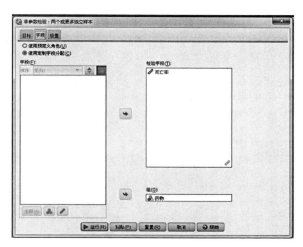

图 1-11　非参数检验进入和参数设置界面

假设检验汇总结果如图 1-12 所示。

假设检验汇总

	原假设	测试	Sig.	决策者
1	死亡率 的分布在 药物 类别上相同。	独立样本 Kruskal-Wallis 检验	.008	拒绝原假设。

显示渐进显著性。显著性水平是 .05。

图 1-12　非参数检验结果界面

独立样本测试视图如图 1-13 所示。

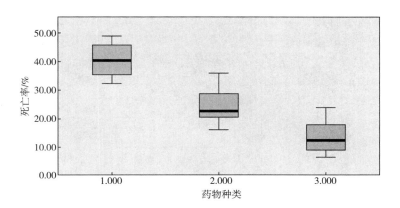

图 1-13　独立样本测试箱图显示界面

成对比较结果如图 1-14 所示。

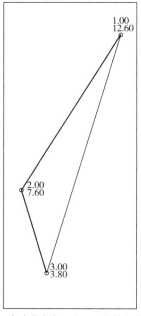

每个节点会显示group的样本平均秩

样本1-样本2	检验统计	标准错误	标准检验统计	显著性	调整显著性
3.00-2.00	3.800	2.828	1.344	.179	.537
2.00-1.00	5.000	2.828	1.768	.077	.231
3.00-1.00	8.800	2.828	3.111	.002	.006

每行会检验零假设：样本1和样本2分布相同。
显示渐进显著性（双侧检验）。显著性水平为.05。
Bonferroni 校正已针对多个检验调整显著性值。

图 1-14　成对比较结果

3. 相关性分析

分析体重和年龄之间是否具有相关性，具体操作如图 1-15：

点击"分析"—"回归"—"线性"。

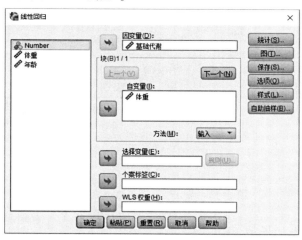

图 1-15　分析体重和年龄之间是否具有相关性界面

点击"统计",勾选"模型拟合"(图 1-16)

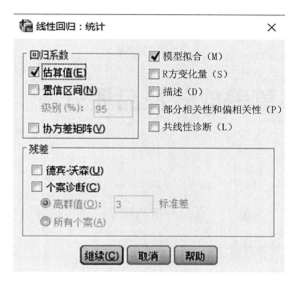

图 1-16 线性回归分析设置界面

模型拟合度:列出输入到模型中的变量以及从模型中除去的变量,并显示拟合优度统计:R、R^2 和调整 R^2、估计的标准误差以及方差分析表,如图 1-17 所示。

"继续" —— "确定",输出显示结果可知(图 1-17)。$P<0.05$,按照 $a=0.05$ 水准拒绝 H_0,差异有统计学意义,即回归方差是存在的。其结果可描述为:体重和年龄间存在显著正相关关系($r=0.964$,$P<0.01$)。

模型摘要

模型	R	R^2	调整后R^2	标准估算的误差
1	.964*	.930	.924	165.13113

*预测变量:(常量),体重

回归方差分析

ANOVA[①]

模型		平方和	自由度	均方	F	显著性
1	回归	4318227.549	1	4318227.549	158.361	.000[②]
	残差	327219.463	12	27268.289		
	总计	4645447.012	13			

①因变量:基础代谢
②预测变量:(常量),体重

系数*

模型		未标准化系数		标准化系数		
		B	标准误差	Beta	t	显著性
1	(常量)	1106.788	274.534		4.032	.002
	体重	61.423	4.881	.964	12.584	.000

*因变量:基础代谢

图 1-17 线性回归分析结果显示界面

第二章

食品营养成分及品质分析

实验一　食品分析的样品采集与制备

一、食品分析的采样与制备

（一）目的与要求

1. 掌握采样的基本技术规则和方法。

2. 掌握分析样品的制备方法。

3. 掌握新鲜样品的水分测定原理与方法。

（二）背景与原理

样本采集是食品成分分析的第一步。从一种物品总体中采集供给分析的样本的过程称为采样。食品分析的目的、项目和要求不尽相同，分析的对象种类繁多，包括各种原材料、农副产品、半成品、添加剂、辅料及产品，成分复杂；在采样时应根据分析的目的要求，遵循正确的采样技术，并详细注明样本的情况，使样本所得的分析结果能如实反映被检对象的性质、为生产和技术提供参考和应用，采的样品必须具有足够的代表性，使采样误差减至最低限度。

（三）样本采集方法和原则

虽然采样的方法随不同的物品而有不同，但一般来说可根据物品均匀性质分为下列两类：

（1）均匀性质的物品　如液体、粉末状物体或粮食籽实，按照随机采样原则，采用"四分法""几何法"采样。也可按照不同生产日期、在流水线上不同间隔抽样。

（2）不均匀性质的物品（如蔬菜、水果、薯类及肉、加工食品等）　应尽可能地考虑到采取被检物品的各个不同部分及比例（如叶，茎，块根，水果的上、中、下、外周、中心等），进行整体等分切割，并把它们细碎至相当程度后混匀。

采得的初级样本，采用四分法缩分，再进行粉碎，制备成分析样本（参见第一章第一节）。

（四）材料与仪器

1. 实验材料

新鲜胡萝卜一袋；玉米粉一袋。

2. 仪器及用具

（1）鼓风电热恒温干燥箱；

（2）天平（1000g±0.01g）；

（3）固体取样器，液体取样器，不锈钢剪刀、铲、刀；

（4）样品筛（40目，60目）；

（5）样品冷藏运输箱；

（6）样品粉碎机；

（7）干燥器（含工业用$CaCl_2$，凡士林），坩埚钳；

（8）一次性手套，记号笔，标签纸，塑料布，不锈钢盘，自封袋。

（五）实验步骤

1. 新鲜样本采集及初水分测定

（1）几何法采取支样　将胡萝卜倒在塑料布上，堆放成圆台形，按照上、中、下等分为三层，于圆台顶面的中心位置及边缘呈放射状等分为4~6份，在各层相交的部位采集胡萝卜1~2个，合并作为支样（应注意原料胡萝卜的完整程度，考虑到胡萝卜中心及上下不同部位养分含量差异，取样时不同部位应均衡）。

（2）缩分及制样　将所有胡萝卜以黄色芯为轴，纵向等分切开为6~8条，再横切为1cm左右长度小块；集中置于塑料布上，混合均匀，然后按照"四分法"进行样本缩分，至样品500g左右。

（3）半干样本制备及水分测定　将搪瓷盘或不锈钢盘洗净，70℃烘干、冷却，称重（精确值±0.01g）；

装入缩分好的样本200g（精确至±0.01g），称取质量（瓷盘+样本），然后放入100℃烘箱，杀酶20min，烘箱温度转为60~70℃，常压烘5~6h后取出搪瓷盘，移入干燥器内（以$CaCl_2$为干燥剂），冷却30min后，称重。再将搪瓷盘放入烘箱内，烘0.5~1h取出，移入干燥器内，冷却30min后称重。依此直至前后两次质量相差不超过0.5g，根据70℃干物质质量，按式（2-1）获得鲜样中70℃干物质质量分数。

$$干物质(\%) = \frac{70℃ 干物质质量(g)}{鲜样质量(g)} \times 100 \tag{2-1}$$

（4）样本保存　将半干样本进行粉碎、制样、磨口瓶内保存。瓶面标签注明样本名称、采样地点、采样日期、制样日期和分析日期。详细记录样本内容：样本名称、来源、外观性状、混杂度、采集部位、分析人和采样人。

2. 风干样品的采集、制备

（1）袋装玉米粉的风干样品按照"几何法"采样，可使用固体采样器按照"几何法"原则，在位于袋子上、中、下各层的中心及边缘等分点部位扒取物品，混合、获得支样。

（2）按照"四分法"缩分，取得分析用的样本约200g，用粉碎机磨细，通过0.42mm孔筛（即40目网筛），装入磨口广口瓶，难以过筛的残渣，也要全部收集，用剪刀仔细剪碎后，混匀在细粉中，供做营养成分分析用。

（3）瓶面标签，注明样本名称、采样地点、采样日期、制样日期和分析日期。详细记录样本内容：样本名称、外观性状、混杂度、采集部位、来源及原料或辅料的比例、加工方法、出厂时间、等级及容量、分析人和采样人。

（六）思考题

1. 采集用于微量元素含量测定的不均匀样本，应该注意哪些关键因素？

2. 检测一批食品的营养成分含量与检测其霉变情况，样本采集的方法有哪些异同。

（七）延伸阅读

王永华，戚穗坚．食品分析：第3版［M］．北京：中国轻工业出版社，2017.

二、实验动物解剖与组织样品采集

（一）目的与要求

1. 学习掌握实验动物的基本操作技术；

2. 掌握实验动物血液及组织样本制备方法。

（二）实验内容

（1）小鼠的抓取与固定；

（2）实验动物的给药（灌胃、腹腔注射）；

（3）实验动物的采血；

（4）小鼠的解剖、采样；

（5）组织样本制备。

（三）材料与仪器

1. 实验材料

小鼠每人1只或大鼠每组1只。

2. 实验仪器

（1）制冰机；

（2）离心机（3000r/min）；

（3）分析天平（200g±0.0001g）；

（4）组织匀浆器（研磨机）；

（5）小动物麻醉机；

（6）灌胃针及针头；EP管（1.5mL、5mL）、注射器，5.5号、6号静脉滴注针；手术刀、手术剪、弯头镊子、采血管、酒精棉球、记号笔、棉签、烧杯；

（7）30~50g/L苦味酸溶液，5g/L中性红溶液；

（8）PBS缓冲液（pH 7.4）　磷酸二氢钾（KH_2PO_4）0.27g，磷酸氢二钠（Na_2HPO_4）1.42g，氯化钠（NaCl）8g，氯化钾（KCl）0.2g，加去离子水约800mL充分搅拌溶解，然后加入浓盐酸调pH 7.4，最后定容到1L，冷藏；

（9）肝素钠抗凝液　100mL生理盐水中加入肝素钠2mg（12500U）。

（四）实验方法

1. 小鼠的抓取与固定

用右手拇指和食指抓住鼠尾中部或根部（不可抓鼠尾尖、以免损伤小鼠），放在鼠笼盖或粗糙表面上，轻轻提起鼠尾，待小鼠前肢向前抓爬时，用左手拇指抓住鼠两耳及头颈部皮肤，将小鼠置于左手心中，翻转、使腹部朝上，将鼠尾、后肢拉直，左手无名指和小指按住小鼠尾巴和后肢，将小鼠固定在手中。可进行灌胃、腹腔皮下注射、眼眶采血等操作。抓取过程中，动作迅速、轻柔，保持安静，防止损伤、惊吓动物，也要防止被动物咬伤。

2. 小鼠灌胃及腹腔注射

（1）小鼠称取体重，计算灌胃体积。

（2）取灌胃针及针头，吸取0.2mL生理盐水；用左手固定鼠，右手持灌胃器，压迫鼠的头部，使口腔与食道成一直线，将灌胃针从鼠的嘴角侧方伸入口腔，沿上颚壁慢慢进入食道，感到轻微的阻力，针头进入食管有刺空感时，将生理盐水注入胃内。

（3）腹腔注射　先将动物固定，腹部用酒精棉球擦拭消毒，然后在左或右侧腹部将针头刺入皮下，沿皮下向前推进约 0.5cm，再使针头与皮肤呈 45°方向穿过腹肌刺入腹腔，此时有落空感，回抽无肠液、尿液后，缓缓推入生理盐水。

3. 实验动物的采血及血浆制备

取 EP 管，将肝素抗凝液倒入，充分湿润 EP 管，然后将肝素液倒出。

小鼠摘眼球采血：用小动物麻醉机麻醉小鼠；将小鼠倒置 5s 后，抱定，用镊子摘取眼球，血液从眼眶中流入 EP 管，将试管中血液缓慢颠倒混匀，3000r/min 离心 10min，吸出上层血浆（勿将血细胞吸出）至另一干净的 EP 管中，编号、冷冻保存。

4. 小动物解剖及组织匀浆液制备

（1）采用颈椎脱臼法处死小鼠，用眼科剪沿腹白线打开腹腔，观察腹部脏器，然后观察胸部脏器，并将各器官分离。

①消化系统：

a. 消化腺：肝、胆（肝门静脉）、胰腺。

b. 消化道：口腔、食管、胃、小肠（十二指肠、空肠、回肠）、大肠（结肠、盲肠、直肠）。

c. 排泄器官：肾脏、膀胱；输尿管。

②生殖系统：雌性（卵巢、输卵管、阴道）；雄性（睾丸、附睾、前列腺、输精管）。

③免疫器官：脾脏、胸腺。

④呼吸系统：鼻、喉、气管、肺。

⑤循环系统：心脏、主动脉。

（2）称取肝脏、胃、十二指肠、空肠、回肠、肾脏、脾脏、肺脏、心脏质量，脏器指数，按式（2-2）计算：

$$器官指数(\%) = \frac{器官质量(g)}{空腹体重(g)} \times 100 \tag{2-2}$$

（3）制备组织匀浆　在分析天平中，准确称取肌肉或肝脏待测组织约 0.1000g，放入加有研磨珠的 EP 管中，冰浴条件下，按照 1∶9（W∶V）加入预冷的 PBS 溶液，用组织研磨机或匀浆器冰浴匀浆，冷冻保存，用于测定酶活性。

（五）结果分析

（1）根据实验总结小鼠灌胃、腹腔注射、采血及制备血浆的操作要点。

（2）总结解剖小鼠和观察中的操作要点，计算脏器指数。

（六）思考题

1. 组织匀浆液用于生化分析，为什么要在冰浴条件下进行？

2. 组织匀浆的研磨程度会否影响实验指标测定结果？

实验二　食物中水分测定

一、目的与要求

1. 掌握直接干燥法测定食物水分的原理和方法。

2. 了解不同性状食物的水分测定方法特点及适用范围。

二、背景与原理

（一）背景

水分是影响食物品质、保存和腐败变质的重要因素，水分测定也是进行食物成分在干重基础上含量分析的必需环节。去除水分后余留的干物质（DM）通常被称为总固形物，包括食物中的营养物质（有机物质与无机物质）。干物质含量的多少与食品的营养价值、摄食量有密切关系，是衡量食品营养成分含量的基础。

水在食物中有多种存在形式，包括化学结合水（如结晶水或水合物）、物理结合水（与蛋白质、碳水化合物等吸附）以及毛细截留水和游离水。食物中水分蒸发的难易程度取决于它与其他成分的相互作用。游离水和毛细截留水较容易通过蒸发从食物中除去；而化学结合和物理结合的水相比游离水，具有较高的沸点和蒸发热，其电磁吸收光谱等方面也有较大不同。由于水分子存在于食品不同的分子环境中，测定不同状态的水分含量（如活度、物理结合水等）需采用不同技术。

（二）原理

常压烘干法测定食物水分含量是通过食物在水分蒸发之前和之后的质量测定来确定的，基本原理是基于水的沸点比食物中的其他主要成分低，如脂类、蛋白质、碳水化合物和矿物质。蒸发干燥通常需要在标准化的温度和时间（达到恒重）条件下，蒸发去除食物中水分，而尽量减少其他成分降解，以获得尽可能准确和可重复的结果。

食物在常压、温度101~105℃下，烘干至恒重，得到食物的干物质质量，样品干燥中减失的质量，包括吸湿水、部分结晶水及该条件下挥发的物质，通过干燥前后的称量数值计算出水分的含量。水分含量多的食品如新鲜蔬菜、水果等可先测定70℃初水分，制成半干样本，再在101~105℃温度下烘干，测得半干样本中的干物质质量，而后计算新鲜样本中的干物质质量和总水分含量。

测定液态乳、饮料等干物质时，为避免加热沸腾损失，以及干燥过程容易结块或形成半透性表面结壳，限制水分去除，可先进行浓缩，然后在盛有海砂为载体的称量皿中测定。

食物通常含有的其他挥发性成分，在加热过程中也会丢失，比如味道或气味。常压烘干法适于对不含或含挥发物质甚微、热稳定的食品水分测定。对胶体、高脂肪、高糖食品及高温下易氧化、易挥发物质含量高的样品水分测定可参照 GB 5009.3—2016 第二、第三法。

三、仪器与材料

（一）仪器

（1）分析天平（200g±0.1mg）；

（2）电热鼓风恒温干燥箱；

（3）干燥器（内附干燥剂）；

（4）扁形铝制或玻璃称量瓶；

（5）坩埚钳，手套。

（二）试剂与材料

（1）试剂　盐酸（HCl），氢氧化钠（NaOH），海砂，均为分析纯。

（2）材料　玉米粉，豆乳。

（3）试剂配制

①盐酸溶液（6mol/L）：量取 50mL 盐酸，加水稀释至 100mL。

②氢氧化钠溶液（6mol/L）：称取 24g 氢氧化钠，加水溶解并稀释至 100mL。

③海砂：石英砂或海砂，用 6mol/L 盐酸煮沸 0.5h，用水洗至中性，再用 6mol/L 氢氧化钠溶液煮沸 0.5h，用水洗至中性，经 105℃ 干燥备用。

四、实验步骤

（一）固体试样

（1）取洁净铝制或玻璃的扁形称量瓶，置于 101~105℃ 鼓风干燥箱中，开盖烘 1.0h（对流通风），用坩埚钳移入干燥器内冷却 0.5h，称重（称量瓶放入烘箱时须启盖，冷却和称重时须严盖，精确至 0.0001g），再将称量瓶置于干燥箱，开盖烘 0.5h，按上法冷却、称重，至前后两次质量差 ≤2mg，即为恒重。

（2）称取 2~5g（精确至 0.0001g）混合均匀、磨细（颗粒<1mm）的玉米粉，放入恒重的称量瓶中，试样厚度 ≤5mm，如为疏松试样，厚度 ≤10mm，加盖称量（如用已测定过粗水分的半干样本，则在称样时，须将半干样本重新放入 70℃ 烘箱中烘 1h，而后移入干燥器中冷却 30min，再称样，以减少半干样本在磨碎制样过程中由于吸收空气中水分而引起的误差）。

（3）置于 101~105℃ 鼓风干燥箱中，将瓶盖揭开少许，对流通风、干燥 2~5h 后，紧盖瓶盖，移入干燥器冷却 0.5h，进行第一次称量。

（4）按照上述方法，样品放入干燥箱中继续干燥 1h，干燥器内冷却 0.5h，进行第二次称量。直至前后两次质量差 ≤2mg，即为恒重。

两次称量值在最后计算中，取最后一次的称量值，计算干物质含量（g/L）和水分含量（g/L）。

（二）半固体或液体试样

（1）取洁净的称量瓶，内加 10g 海砂及一根小玻棒，置于 101~105℃ 干燥箱中，对流通风干燥 1.0h 后取出，放入干燥器内冷却 0.5h 后称量，并重复干燥至恒重。

（2）称取 5~10g 豆乳（精确至 0.0001g），置于恒重的称量瓶中，用小玻棒搅匀放在沸水浴上蒸干，并随时搅拌，擦去皿底的水滴，置于 101~105℃ 干燥箱中，对流通风干燥 4h，加盖取出，移入干燥器内冷却 0.5h，进行第一次称量。

（3）按照"固体试样（4）"方法操作，至恒重。

（三）尿液试样

（1）取洁净的称量瓶，内加定量滤纸片 2~5g，置于 101~105℃ 干燥箱中，对流通风、干燥 1.0h 后取出，放入干燥器内冷却 0.5h，称取质量（精确至 0.0001g），并重复干燥至恒重。

（2）恒重的称量瓶及滤纸中，加入定量的尿液，滤纸吸收尿液，置于 101~105℃ 干燥箱中干燥 5~6h，加盖、取出，移入干燥器内冷却 0.5h（盖好盖子），进行第一次称量。

（3）按照"固体试样（4）"方法操作，至恒重。烘干滤纸重量减去原滤纸质量即为吸收液总量中的干物质量。

五、结果与计算

（1）风干样品（或半干样本）中 105℃ 下干物质质量分数按式（2-3）计算。

$$Y = \frac{105℃ \text{ 干物质质量(g)}}{\text{风干样品质量(g)}} \times 100 = \frac{M_3 - M_1}{M} = \frac{M_3 - M_1}{M_2 - M_1} \times 100 \qquad (2-3)$$

式中　Y——风干样品（或半干样本）中 105℃ 下干物质质量分数,%；

　　　M——风干样品质量，g；

　　　M_1——称量瓶质量，g；

　　　M_2——称量瓶质量+风干样品质量，g；

　　　M_3——称量瓶质量+105℃ 干物质质量，g。

在重复性条件下获得的两次独立测定结果的绝对差值不得超过算术平均值的 5%。

（2）试样中水分含量按式（2-4）计算。

$$X = \frac{M_1 - M_2}{M_1 - M_3} \times 100 \qquad (2-4)$$

式中　X——试样中水分的含量，g/100g；

　　　M_1——称量瓶（加海砂、玻棒）和试样的质量，g；

　　　M_2——称量瓶（加海砂、玻棒）和试样干燥后的质量，g；

　　　M_3——称量瓶（加海砂、玻棒）的质量 g。

水分含量 ≥1g/100g 时，计算结果保留三位有效数字；水分含量<1g/100g 时，结果保留两位有效数字。

六、注意事项

（1）减重法称取样品，将待测样品放于称量纸上，称取质量，天平清零，将纸中样品倒入干燥的称量瓶中，再将剩余样品连同称量纸放回天平，所得负值，为待测样品的质量。

（2）GB 5009.3—2016《食品安全国家标准　食品水分测定》有三种方法：第一法（直接干燥法）适用于在 101~105℃ 下，谷物及其制品、水产品、豆制品、乳制品、肉制品、卤菜制品、粮食（水分含量<18%）、油料（水分含量<13%）、淀粉及茶叶类等食品中水分的测定，不适用于水分含量<0.5g/100g 的样品；第二法（减压干燥法）适用于高温易氧化、分解的样品及水分较多的样品（如糖浆、蜂蜜、味精、油脂等）中水分的测定；第三法（蒸馏法）适用于含水较多又有较多挥发性成分的香辛料及调味品、水果、油类、肉与肉制品等食品中水分的测定，蒸馏法相比直接干燥法，可减少热交换过程中组分发生的氧化、分解挥发作用，不适用于水分含量<1g/100g 的样品。

七、思考题

1. 食品水分测定的直接干燥法和蒸馏法各有何特点?

2. 为什么要用减重法称量样品? 为保证直接干燥法的测定的准确性，应注意哪些环节?

3. 简述水分测定在食品分析中的意义。

八、延伸阅读

［1］Mauer，L. J.，and Bradley，R. L.．Jr. Moisture and total solids analysis，Ch. 15，in Food Analysis：5th ed ［M］. New York：Springer，2017.

［2］王永华，戚穗坚．食品分析：第 3 版 ［M］. 北京：中国轻工业出版社，2017.

［3］C. S. Suzanne Nielsen. Food Analysis Laboratory Manual：4th al ［M］. New York：Springer International Publishing，2017.

实验三　食物燃烧热测定

一、目的与要求

1. 学习氧弹量热计的测定原理。

2. 掌握氧弹量热计测定食物燃烧热的操作技术。

二、背景与原理

（一）背景

食物的碳水化合物、蛋白质、脂肪三大营养素在体内完全消化、吸收、氧化分解产生能量、生成 CO_2 和水，等于其完全燃烧产生的能量和氧化产物，根据热力学第一定律，不同食物测定的燃烧热即为食物所含总的能量。由此，可以结合动物消化代谢实验，测定食物的总能、消化能与代谢能。

（二）原理

氧弹量热仪可用于测量固体或液体样品的热值。测量样品在一个密闭的容器中（氧弹），在充满高压氧气的环境里，有机物燃烧并氧化，燃烧所产生的热量，会聚集并传给氧弹周边的内筒水，使具有隔热装置的内筒水温度上升，依据热力学第一定律，通过内筒的温度传感器测量燃烧的升温值，可得到样品的燃烧热，或称为燃烧值、热值。

量热系统由氧弹、内筒、外筒、温度传感器、搅拌器、点火装置、温度测量和控制系统以及水构成。绝热式氧弹量热仪还具有独立的外筒加热、冷却控制系统，为整个量热体系创造一个相对稳定的测量环境。

将一定质量的固体或液体样品压片，准确称取质量后，连同引火棉线接好电极放入坩埚中，将坩埚置于不锈钢的容器（氧弹）中，向氧弹中充满 3MPa 压力的氧气（3.5 级：理论纯度 99.95%），然后放入充满定量水的内桶中，启动量热仪测热，样品在氧弹内通过点火丝和棉线引燃；在燃烧过程中坩埚的中心温度可达 1200℃，同时，氧弹内的压力上升。在此条件下，所有的有机物燃烧并氧化，氢生成水；碳生成二氧化碳；硫将氧化成 SO_2、SO_3，并溶于水，释放出一定的热量（硫酸生成热）；空气中的氮气在高压富氧的条件下，会有少量被氧化生产 NO_2，溶于水释放出一定热量（硝酸生成热）；燃烧时产生的所有热量聚集并传给氧弹周边的水。根据温度变化，可计算出样品的燃烧热（kJ/g 或 kcal/g）。

量热仪中点火电流每次点火产生的热量为 42J，点火棉线的燃烧热值为 16.73MJ/kg，长度约 10cm，质量约为 0.003g，故释放热量约 50J，较重棉线质量约为 0.010g，每次燃烧时释放热量约为 167J，这些需要予以扣除。因此，可采用已知热值的标准苯甲酸压片测定燃烧热，进行系统的热值校正。

图 2-1 所示为艾卡 C1 氧弹量热仪结构。包括一个静态等温夹套，温度的读取和实时的评

估依据瑞方公式（Regnault-Pfaundler）进行，依此对周边等温模式进行冷却校正，同时可以提供自动点火，并自动测量每次点火能量和自动扣除的功能，达到 0.15% 的测量精确度。

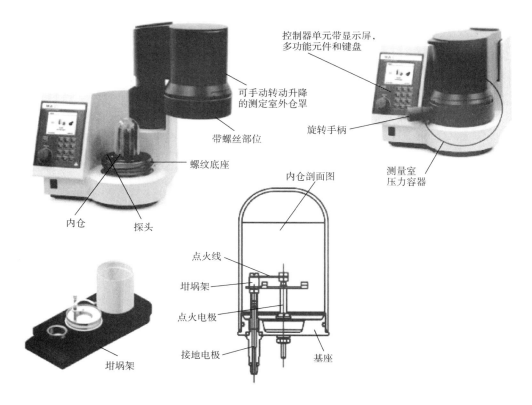

图 2-1　艾卡 C1 量热仪构造图

三、仪器与材料

（一）仪器

（1）艾卡 C1 型静态等温夹套式氧弹量热仪；

（2）电子天平（200g±0.1mg）；

（3）压片机；

（4）量筒，吸量管（5mL）；

（5）称量纸。

（二）材料与试剂

苯甲酸 30g、小鼠饲料 50g、高纯氧气。

四、实验步骤

（一）样品压片

（1）制备风干样品，使待测样品的水分含量在 10% ~ 15%。

（2）将风干样品粉碎成粉状物（通过 60 目），利用粉末压片机将约 1g 样品压成片状，准确称取样品片质量（1.0000g±0.0002g）。

（3）将已知质量的样品片放入坩埚中，待测。

（二）仪器使用及测定

（1）打开设备，使用前部电源开关打开和关闭设备。

（2）打开注水阀，按下主机后的电源开关（图2-2），设置水温为19℃（按 Temp），泵速设置为 3000r/min。

（3）等水温降到19℃后开主机前的电源开关。检查测量室外仓罩是否已完全安装好，检查安装线是否对齐（图2-3）。

图 2-2　电源开关　　　　　　　　　　图 2-3　安装对齐线

（4）按"OK"主键（图2-4），在点击"继续"开始自检（自检时不能打开测量室）。

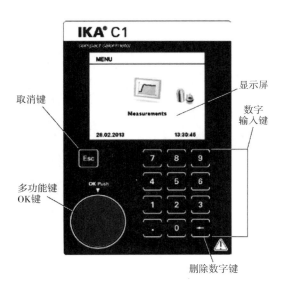

图 2-4　控制界面

（5）等操作界面显示"系统已经排空，可以打开"后开测量室，打开和关闭操作如图2-5所示。

（6）用"OK"键选择"新实验"，点击确定，如需修改按 ESC 返回上一级。

图 2-5　测量室打开和关闭

（7）卸载内仓，取出坩埚架，将装有已知质量的样品片及坩埚置于支架上（图 2-6）。

图 2-6　将装有已知质量的样品片及坩埚置于支架上

（8）取一根标准棉线，对折套入支架上的引火线，确保棉线与点火电极充分接触（图 2-7）。具体操作如下：

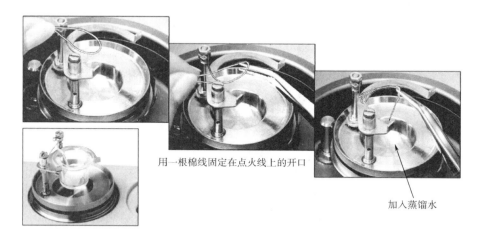

用一根棉线固定在点火线上的开口

加入蒸馏水

图 2-7　棉线与点火电极

①棉线的一端压到坩埚中的样品片下；
②取 5mL 蒸馏水加入底座盘内；
③将内仓罩扣上，拧紧至完全闭合；
④水平移动支架，对准探头置于测量室。

（9）旋转测量室盖，左旋手柄使之完全闭合对齐。

（10）点击操作界面的"实验"—"新实验"—输入已经准确称量的样品重量（精确度0.00000）（样品最大热量应该40000J）—选择"样品"，将"Calibration"设置为"off"—输入样品编号—选择外部热为50（点火棉线热量），操作界面如图2-8所示。

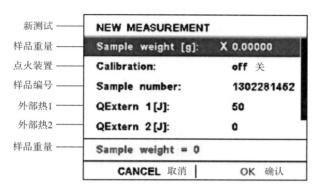

图2-8　操作界面-1

（11）点击"OK""继续"，确认。

（12）如果测量室外仓罩密封不完全，将显示图2-9左界面，重新闭合外仓，当显示图2-9右界面则开始正常工作。

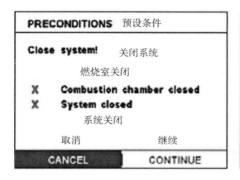

图2-9　操作界面-2

（13）开始测定时，系统将先检测测定条件是否满足，包括图2-10中所示的检测项。

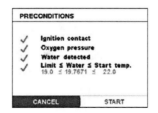

Ignition contest：检查点火触点是否可用
Oxygen pressure：检查系统是否有足够高的氧气压力
Water detected：检查系统是否检测到水
Limit≤Water≤Start temp：
检查当前水温是否在允许的温度范围内
Heater test：检查加热功能

图2-10　测定条件检测

（14）如果以上条件满足，仪器按图 2-11 和图 2-12 所示步骤自动进行充氧、注水、点火和热量测定。注意：如果设置"冷却"选项，测定后能量被吸收。测量时间和量热计的准确度取决于样品通量。

阶段1：用水填充量热计

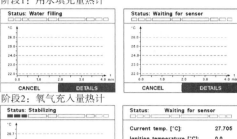

阶段2：氧气充入量热计

注：在启动之后或在填充期间中断之后，仍在进行中间水排空。一旦水传感器检测到水，就打开搅拌器。短暂等待后开始第2阶段。

此阶段显示以下信息：
· 当前温度：实际温度的平均值
· 点火温度：当前测量的温度
· 测量时间：测量持续时间
· 填充时间：用水填充内部容器。用户特定，每次测量时保持不变，如设定长时，需及时检查过滤器。

图 2-11　阶段 1~阶段 2

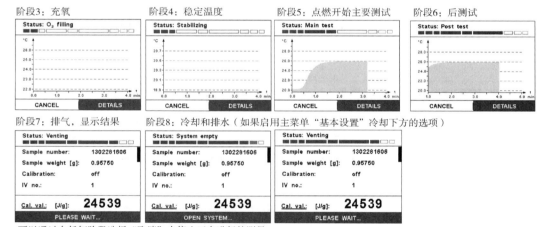

阶段3：充氧　　阶段4：稳定温度　　阶段5：点燃开始主要测试　　阶段6：后测试

阶段7：排气，显示结果　　阶段8：冷却和排水（如果启用主菜单"基本设置"冷却下方的选项）

可以通过在任何阶段选择"取消"来停止正在进行的测量

图 2-12　阶段 3~阶段 8

（15）显示结果，或可用 U 盘拷贝。

（16）旋转底座，拔出罩子，如图 2-13 操作打开内仓，清洗坩埚。

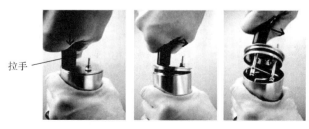

拉手

图 2-13　打开内仓

五、注意事项

（1）注意仪器的保养与维护　使用前检查水位，应该保持 4 格，检查水路、气路管线是否有泄漏、堵塞、折死等现象，以保证仪器正常工作。每天测试结束后，关掉所有仪器电源开关，尤其应注意拔掉水冷却器的电源插头。

（2）氧弹的维护　测试前用软纱布擦拭氧弹和弹头之间的密封圈，用去离子水润湿弹头与弹体之间的密封圈，以保证密封及良好的润滑。测量后应清洗氧弹底部燃烧灰烬和相关部位，避免生成的酸腐蚀表面；用橡皮清洁点火电极触点，拧紧固定点火丝的螺母。

（3）试样质量一般情况下 ≤1.1g。

（4）试样粒径约 60 目、压成片状时燃烧最好，粒径过大时易燃烧不充分，而粒径过小时，样品则容易被剧烈燃烧而生成的气流吹出坩埚。并且试样中应含有一定量水分，在多数情况下试样中水分含量应 ≤ 20%。对于不熟悉的材料，试样质量一般 ≤0.7g；对于含硫试样的测试，应保证硫含量 <50mg；对于含氯试样的测试，应通过添加助燃剂使试样中的氯含量 ≤100mg。

（5）设置水温为 19.0℃（按 Temp），泵速设置为 3000r/min。

（6）调节氧气瓶压力为 3MPa，每次使用前拧开氧气阀。

（7）仪器安放环境应为恒温、恒湿实验室。

六、思考题

1. 绝热量热仪如何保证内桶水温不与周围环境热交换？
2. 简述热能测定在营养分析中的意义与应用。

七、延伸阅读

[1] Meyer C W, Reitmeir P, Tschöp M H. Exploration of Energy Metabolism in the Mouse Using Indirect Calorimetry: Measurement of Daily Energy Expenditure (DEE) and Basal Metabolic Rate (BMR) [J]. Curr Protoc Mouse Biol, 2015, 5 (3): 205-222.

[2] Wierdsma N J, Peters J H C, Mulder C J J, et al. Bomb calorimetry, the gold standard for assessment of intestinal absorption capacity: normative values in healthy ambulant adults [J]. Journal of Human Nutrition & Dietetics, 2014, 27 (s2): 57-64.

[3] Lovelady H G, Stork E J. An improved method for preparation of feces for bomb calorimetry [J]. Clinical Chemistry, 1970, 16 (3): 253-264.

实验四　果蔬中维生素 C 的测定

一、目的与要求

1. 食物中维生素 C 的分布规律以及维生素 C 的理化特性。
2. 掌握荧光法测定维生素 C 的原理和方法。

二、背景与原理

（一）背景

维生素 C（又称抗坏血酸）是一种具有很强还原性的水溶性多羟基化合物，其两个相邻的烯醇式羟基极易解离、释出 H^+ 而具有酸性，维生素 C 能可逆地被氧化成脱氢维生素 C，后者也具有抗坏血酸同样的生理功能。但脱氢抗坏血酸继续氧化，则不可逆地生成二酮古乐糖酸，失去生理效能。维生素 C 在酸性环境中稳定，遇空气中氧、热、光、碱性物质，以及在蔬菜水果中存在的氧化酶及痕量铜、铁等重金属离子时，可加速其氧化、流失。因此，酸性、冷藏、隔氧，可延缓食品中维生素 C 的破坏。

目前食物中维生素 C 含量测定的主要方法有滴定法、光谱法、色谱法。利用氧化还原滴定的碘量法和 2，6-二氯酚靛酚的滴定法，可测定食物中还原型维生素 C。色谱法（高效液相色谱法）不受基质和颜色影响，灵敏度高，重现性好，但测定操作及仪器要求较高。光谱法包括比色法和荧光法：通过氧化反应生成的脱氢维生素 C，再检测其与显色剂（2，4-二硝基苯肼和邻苯二胺等）的缩合产物（脎和喹喔啉等），可测定食物中总维生素 C 含量。其中，荧光法灵敏度高于 2，4-二硝基苯肼比色法，荧光法利用硼酸对脱氢维生素 C 的掩蔽作用可测出杂质的荧光值，从而提高方法的专一性，因此，具有灵敏度较高、选择性好、易于操作等优点。

（二）原理

样品中还原型维生素 C 经活性炭氧化成脱氢型维生素 C 后，与邻苯二胺（OPDA）反应生成具有荧光的喹喔啉（Quinoxaline），其荧光强度与脱氢维生素 C 的浓度在一定条件下成正比，以此测定食物中维生素 C 和脱氢维生素 C 的总量。脱氢维生素 C 与硼酸可形成复合物而不与 OPDA 反应，以此可排除样品中荧光杂质所产生的干扰。本方法适用于蔬菜、水果及其制品中总维生素 C 的测定（参照 GB 5009.86—2016）。

三、仪器与材料

（一）仪器

（1）荧光分光光度计或具有 350nm 及 430nm 波长的荧光计；

（2）组织捣碎机；

（3）电子天平；

（4）电热干燥箱；

（5）回旋振荡器；

（6）玻璃仪器，三角瓶、烧杯、试剂瓶、研钵、吸量管、容量瓶（100mL）；

（7）微量移液器（1mL、5mL）、吸头。

（二）试剂及溶液配制

1. 材料与试剂

偏磷酸（HPO_3），乙酸（CH_3COOH），乙酸钠（CH_3COONa），硫酸（H_2SO_4），硼酸（H_3BO_3），盐酸（HCl），邻苯二胺（$C_6H_8N_2$），氢氧化钠（NaOH），百里酚蓝，活性炭。以上试剂均为分析纯试剂。

苹果或橘子（匀浆）。

2. 溶液配制

（1）偏磷酸-乙酸液　称取 15g 偏磷酸，加 40mL 乙酸及 250mL 水，加温，搅拌，使之逐渐溶解，加水至 500mL。4℃冰箱可保存 7~10d。

（2）0.15mol/L 硫酸溶液　取 10mL 硫酸，小心加入水中，再加水稀释至 1200mL。

（3）偏磷酸-乙酸-硫酸液　以 0.15mol/L 硫酸液为稀释液，其余同偏磷酸-乙酸液的配制。

（4）标准液

① 维生素 C 标准溶液（1mg/mL）：准确称取 50mg 维生素 C，用偏磷酸-乙酸液溶解，并定

容至 50mL。

② 维生素 C 标准使用液（100μg/mL）：取 10mL 维生素 C 标准液，用偏磷酸-乙酸溶液稀释至 100mL。定容前调节 pH>2.2。

③ 标准曲线的制备：取标准溶液（维生素 C 含量 10μg/mL）0.5 mL、1.0mL、1.5 mL 和 2.0mL，取双份分别置于 10mL 带盖试管中，再用水补充至 2.0mL。

（5）50% 乙酸钠溶液　称取 500g 乙酸钠（$CH_3COONa \cdot 3H_2O$），加水至 1000mL。

（6）硼酸-乙酸钠溶液　称取 3g 硼酸，溶于 100mL500g/L 乙酸钠溶液中。临用前配制。

（7）邻苯二胺溶液　称取 20mg 邻苯二胺，于临用前用水稀释至 100mL。

（8）0.4g/L 百里酚蓝指示剂溶液　称取 0.1g 百里酚蓝，加以 0.02mol/L 氢氧化钠溶液，在玻璃研钵中研磨至溶解，氢氧化钠的用量约为 10.75mL，磨溶后用水稀释至 250mL。变色范围：pH=1.2 红色；pH=2.8 黄色；pH>4.0 蓝色。

（9）活性炭的活化　加 900g 炭粉于 1L 盐酸溶液（1∶9 稀释）中，加热回流 1~2 小时，过滤，用水洗至滤液中无铁离子为止，置于 110~120℃ 烘箱中干燥，备用。

四、实验步骤

全部实验过程在避光条件下进行，测定步骤见表（2-1）。

（1）样品制备　称取 100g 鲜样，加 100g 偏磷酸-乙酸溶液，倒入捣碎机内打成匀浆，用百里酚蓝指示剂调试匀浆酸碱度。如呈红色，即可用偏磷酸-乙酸溶液稀释，若呈黄色或蓝色，则用偏磷酸-乙酸硫酸溶液稀释至 pH 1.2，匀浆的取量需根据样品中维生素 C 的含量而定。当样品液含量在 40~100μg/mL，一般取 20g 匀浆，用偏磷酸-乙酸溶液稀释至 100mL，过滤，滤液备用。

（2）氧化处理　分别取样品滤液及标准使用液各 100mL 于带盖三角瓶中，加 2g 活性炭，用力振摇 1min，过滤，弃去最初数毫升滤液，分别收集其余全部滤液，即样品氧化液和标准氧化液，待测定。

（3）各取 5mL 标准氧化液于 2 个 50mL 容量瓶中，分别标明"标准"及"标准空白"。

（4）各取 5mL 样品氧化液于 2 个 50mL 容量瓶中，分别标明"样品"及"样品空白"。

（5）在"标准空白"及"样品空白"溶液中各加 5mL 硼酸-乙酸钠溶液，混合摇动 15min，用水稀释至 50mL，在 4℃ 冰箱中放置 2h，取出备用。

（6）在"样品"及"标准"溶液中各加入 5mL 50% 乙酸钠溶液，用水稀释至 50mL，备用。

（7）荧光反应　取"标准空白"处理溶液、"样品空白"处理溶液及上一步中"样品"处理液各 2mL，分别置于 10mL 带盖试管中。在暗室中迅速向备管中加入 5mL 邻苯二胺，振摇混合，在室温下反应 35min，用激发波长 338nm、发射波长 420nm 测定荧光强度。标准系列荧光强度分别减去标准空白荧光强度的差值为纵坐标，对应的维生素 C 含量为横坐标，绘制标准曲线或进行相关计算，其直线回归方程供计算时使用。

表 2-1　　　　　　　　　　　　　　　维生素 C 实验测定步骤

	标准	标准空白	样品	样品空白
样品液	5mL	5mL	5mL	5mL

续表

	标准	标准空白	样品	样品空白
硼酸-乙酸钠溶液	—	5mL	—	5mL
50%乙酸钠溶液	5 mL	—	5 mL	—
加蒸馏水定溶至 50mL				
样品处理液	2mL	2mL	2mL	2mL
邻苯二胺	5mL	5mL	5mL	5mL
摇匀、避光反应 35min，于激发波长 338nm、发射波长 420nm 下测定荧光强度				

五、结果与分析

维生素 C 及脱氢维生素 C 总含量按式（2-5）计算：

$$X = \rho Vm \times f \times 1000 \tag{2-5}$$

式中　　X——样品中维生素 C 及脱氢维生素 C 总含量，mg/100g；

　　　　ρ——由标准曲线查得或由回归方程算得样品溶液浓度，$\mu g/mL$；

　　　　m——试样质量，g；

　　　　f——样品溶液的稀释倍数；

　　　　V——荧光反应所用试样体积，mL。

六、注意事项

（1）大多数植物组织内含有的氧化酶能破坏维生素 C，因此，维生素 C 的测定应采用新鲜样品，并尽快用偏磷酸-乙酸提取液将样品制成匀浆以保存维生素 C。

（2）某些果胶含量高的样品不易过滤，可采用抽滤的方法，也可先离心，再取上清液过滤。

（3）活性炭可将维生素 C 氧化为脱氢维生素 C，但它也有吸附维生素 C 的作用，故活性炭用量应适当，并且质量一致，一般情况下，2g 活性炭能使测定样品中还原型维生素 C 完全氧化为脱氢型，其吸附影响不明显。

（4）当样品取样量为 10g 时，L（+）-抗坏血酸总量的检出限为 0.044mg/100g，定量限为 0.7mg/100g。

七、思考题

1. 简述维生素 C 测定的生理意义。

2. 抗坏血酸具有 L（+）-抗坏血酸和 D（+）-抗坏血酸两种光学异构体，这两种异构体的化学反应活性、生物活性具有哪些差异？实验中的荧光法测定的是哪种光学异构体？

八、延伸阅读

[1] 李野，尹利辉，高尚，等. 食品和药品中维生素 C 含量测定方法的研究进展 [J]. 药物分析杂志，2016（5）：756-764.

[2] 童裳伦，项光宏，刘维屏. 间接荧光法测定维生素 C [J]. 光谱学与光谱分析. 2005，25（4）：598-600.

实验五　果蔬抗氧化能力测定

一、目的与要求

1. 了解果蔬抗氧化能力测定方法的原理及意义。

2. 学习、掌握果蔬抗氧化能力测定原理与方法。

二、实验背景

蔬菜和水果被认为是天然抗氧化物质的重要来源，此类物质对自由基有定向清除作用。果蔬的抗氧化物质包括维生素 C、维生素 E、类胡萝卜素、多酚类、儿茶素类、花色素类等。不同果蔬中抗氧化物质种类、含量不同，它们对不同的自由基清除能力也存在差异，并影响体内的氧化还原状态。引起人体氧化损伤的活性氧（ROS）包括：超氧自由基（ROO·）；羟基自由基（HO·）；超氧化物阴离子（·O_2^-）；单线态氧（$^1O^{2-}$）以及活性氮（RNS）包括·NO、过亚硝酸盐（ONOO$^-$）和次氯酸盐等，均可能影响机体氧化还原状态和代谢。目前，体外尚没有一种能够全面评价食物抗氧化能力的测量方法。

本实验将介绍不同的自由基清除能力检测方法，以水溶性维生素 E 类似物（Trolox）当量抗氧化能力（Trolox Equivalent Antioxidant Capacity，TEAC）评价各类抗氧化物质的抗氧化能力。

一、氧自由基清除能力（ORAC）测定

（一）原理

ORAC 氧自由基吸收能力（Oxygen Radical Absorbance Capacity）检测是一种经典的抗氧化评价方法。以 2，2-偶氮二（2-甲基丙基咪）二盐酸盐（AAPH）热分解产生的过氧自由基，与荧光探针 2，7-二氯荧光二乙酸盐（DCFH-DA）结合后，激发荧光。通过考察抗氧化物质加入后，探针荧光强度的衰退过程来考察待测物的自由基清除能力，该方法也适用于细胞内抗氧化评价（CAA）。

（二）仪器与材料

1. 仪器

（1）荧光酶标仪或荧光分光光度计；

（2）电子分析天平（200g±0.1mg）；

（3）组织破碎机；

（4）旋转蒸发仪；

（5）循环真空水泵；

（6）离心机（5000r/min）；

（7）玻璃仪器　棕色容量瓶（100mL、10mL）、吸量管（10mL、5mL）、烧杯等，移液器（1~5mL，200mL）及吸头；

（8）塑料离心管　50mL、1.5mL 锡纸。

2. 试剂与材料

氯化钠（NaCl），氯化钾（KCl），磷酸氢二钠（Na_2HPO_4），磷酸氢二钾（K_2HPO_4），盐酸（HCl），无水乙醇，均为分析纯。2，2-偶氮二（2-甲基丙基咪）二盐酸盐（AAPH），2，7-二

氯荧光二乙酸盐（DCFH-DA），水溶性维生素 E 类似物（Trolox），均为试剂级。苹果（匀浆）或橙汁。

3. 溶液配制

（1）PBS 磷酸盐缓冲液的配制（100mol/L） 准确称取 8g NaCl、0.2g KCl、1.44g Na_2HPO_4 和 0.24g K_2HPO_4，溶于 80mL 蒸馏水中，用 HCl 调节 pH 7.4，最后加入蒸馏水定容至 100mL。

（2）AAPH 溶液（6mmol/L） 分析天平称取 AAPH 34.88mg，溶于 15mL 100mmol/L 磷酸盐缓冲液，避光保存。

（3）DFCH-DA 荧光探针溶液（1mmol/L） 准确称取 DFCH-DA 粉末 50mg，用无水乙醇定容至 10mL 棕色容量瓶中制成储备液，避光冷藏保存。移取 1mL 该储备液用 75mmol/L 磷酸盐缓冲液定容至 10mL 容量瓶中，即为 DFCH-DA 工作液。

（4）Trolox 标准液（1mmol/L） 电子天平准确称取 Trolox 2.5mg，加入 100mmol/L PBS 缓冲液 8mL，超声振荡 15min 使其充分溶解，定容至 10mL 作为储备液，避光冷冻保存。实验时根据样品抗氧化活性用 PBS 稀释到所需要浓度。

（三）实验步骤

1. 标准曲线的测定

Trolox 按照所需浓度稀释至适宜浓度，设置空白组、对照组、标准组，加样方式如表 2-2 所示，加样至 96 孔板中，总反应体系为 200L。加样后立刻上机检测，在荧光半数衰减时间内，以测定的荧光值为纵坐标，反应时间为横坐标绘制标准曲线。

2. 样品的处理与检测

取表面洁净光滑的果蔬样品，在统一的部位取样 25g，切丁后立即浸泡于 500mL/L 乙醇溶液中，经过组织破碎机打浆后，60℃水浴提取 2h，抽滤，取滤液，减压浓缩后用 500mL/L 乙醇溶液定容至 10mL，4℃冷藏备用。振荡摇匀样品提取液后，按照表 2-2 的加样方式加样、混匀，在荧光半数衰减时间内，以测定的荧光值为纵坐标，反应时间为横坐标绘制标准曲线。

表 2-2   样品检测的加样示意

组别	AAPH/L	DCFH-DA/L	PBS/L	Trolox/L	样品/L
空白组	—	50	50	—	—
对照组	50	50	50	—	—
标准组	50	50	50	50	—
样品组	50	50	50	—	50

（四）结果与计算

样品的抗氧化能力与自由基作用下荧光曲线相对面积（Net AUC）直接相关，相对面积即样品作用下荧光衰退面积与空白组荧光衰退面积之差，见图 2-14。

结果 ORAC 值以 Trolox 当量 μmol Trolox/mL 表示，c 为浓度，按式（2-6）计算：

$$ORAC = \frac{AUC(sample) - AUC(-AAPH)}{AUC(Trolox) - AUC(-AAPH)} \times \frac{c(Trolox)}{c(sample)} \tag{2-6}$$

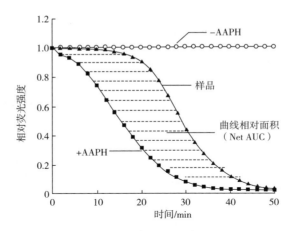

图 2-14 AAPH 荧光衰退曲线与曲线下面积示意图

（五）注意事项

（1）ORAC 使用 DFCH-DA 与 AAPH 自由基结合产生荧光的响应值进行检测，荧光信号衰减较快，实验时需要注意避光反应，并且加样后立即检测。

（2）本实验使用 Trolox 当量来反应 ORAC 的值，但较高浓度的 Trolox 会导致衰减时间较快，影响实验精确度。因此，实验前应当进行预实验，以确定适宜浓度的 Trolox 和样品进行比对。

二、总氧自由基清除能力的测定（TOSC）

（一）原理

α-酮-γ-（甲硫基）丁酸钠盐（KMBA）可以与氧自由基结合产生乙烯，抗氧化剂可以与 KMBA 竞争结合自由基，从而减少乙烯的产量。气相色谱测定乙烯的减少量来评价抗氧化剂对氧自由基清除能力的强弱，是一种高灵敏高效的检测方法。

（二）仪器与材料

1. 仪器

（1）气相色谱分析仪（GC）及微量进样针；

（2）组织破碎机；

（3）旋转蒸发仪；

（4）循环真空水泵；

（5）摇床；

（6）离心机（5000r/min）。

2. 试剂与材料

氯化钠（NaCl），氯化钾（KCl），磷酸氢二钠（Na_2HPO_4），磷酸氢二钾（K_2HPO_4），盐酸（HCl），无水乙醇，均为分析纯。2，2-偶氮二（2-甲基丙基咪）二盐酸盐（ABAP），α-酮-γ-（甲硫基）丁酸钠盐（KMBA），水溶性维生素 E 类似物（Trolox），均为试剂级。

鲜苹果或甘蓝。

3. 溶液配制

（1）PBS 磷酸盐缓冲液的配制（100mmol/L）　准确称取 8g NaCl、0.2g KCl、1.44g Na$_2$HPO$_4$ 和 0.24g K$_2$HPO$_4$，溶于 80mL 蒸馏水中，用 HCl 调节 pH 7.4，蒸馏水定容至 100mL。

（2）KMBA 溶液的配制（2mmol/L）　准确称取 3.4mg KMBA 粉末溶于 PBS 溶液中，充分溶解后定容至 10mL。

（3）ABAP（200mmol/L）的配制　准确称取 542.3mg ABAP 粉末溶于 PBS 中，充分溶解后定容至 10mL。

（4）Trolox 标准液（1mmol/L）　电子天平准确称取 Trolox 2.5mg，加入 100mmol/L PBS 缓冲液 8mL，超声振荡 15min 使其充分溶解，定容至 10mL 作为储备液，避光冷冻保存。实验时根据样品抗氧化活性用 PBS 稀释到所需要浓度。

（三）实验步骤

样品提取方式参照"氧自由基清除能力（ORAC）测定"。取 10mL 的带有胶盖密封垫的样品瓶，设置空白组、对照组、标准组和样品反应组。加入试剂及剂量如表 2-3 所示，总反应体系 1mL。混匀，在温度 35℃下进行反应。样品检测时间隔 12min，用进样针抽取样品瓶顶空部分气体样品，进行气相色谱分析。

表 2-3　　　　　　　　　　　　TOSC 实验加样量示意

组别	KMBA	ABAP	Trolox	样品	PBS
空白组	100 μL	100 μL	—	—	加至 1 mL
对照组	100 μL	100 μL	100 μL	—	加至 1 mL
标准组	100 μL	100 μL	100 μL	—	加至 1 mL
样品组	100 μL	100 μL	—	100 μL	加至 1 mL

气相色谱条件：Supelco Poropack N 色谱柱（2m×3 mm）或其他类似毛细管柱；载气为高纯度 N$_2$，恒流模式，流速 30mL/min；检测器为火焰离子检测器（FID），色谱柱温 60℃，进样口温度 280℃，检测器温度 190℃。

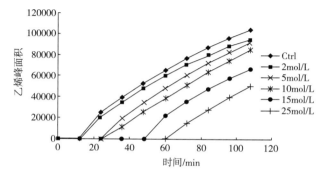

图 2-15　不同浓度 Trolox 的 TOSC 结果示意

（四）结果与计算

检测结果以时间为横坐标，乙烯峰面积为纵坐标作图见图 2-15。样品的总氧自由基清除能力与曲线相对面积（Net AUC）直接相关，相对面积即样品作用下曲线面积与空白组曲线面积之差。结果总氧自由基清除率以 Trolox 当量 μmol Trolox/mL 表示，按式（2-7）计算：

$$ORAC = \frac{AUC(sample) - AUC(-AAPH)}{AUC(Trolox) - AUC(-AAPH)} \times \frac{c(Trolox)}{c(sample)} \tag{2-7}$$

（五）注意事项

（1）TOSC 广泛应用于食品、药品、环境的抗氧化评价中，但是对于酶作用减少的 ROS 产生以及清除 ROS 前体物质导致 ROS 减少的抗氧化剂，此法并不能区分检测。

（2）实验操作中，反应体系需在密闭环境中进行，取样时注意间隔时间保持一致，吸取样品时不可吸到反应样品。

三、羟自由基清除能力的测定（Fenton 反应法）

（一）原理

Fenton 反应是以过氧化氢与 Fe^{2+} 发生氧化反应生成 Fe^{3+} 和羟自由基，利用水杨酸捕获羟自由基，在 510nm 下有最大吸收。在一定反应时间内通过检测吸光值的变化，考察样品清除羟自由基的能力。

（二）仪器与材料

1. 仪器

（1）组织破碎机；

（2）旋转蒸发仪；

（3）循环真空水泵；

（4）可见光分光光度计或酶标仪；

（5）恒温水浴锅（室温至 37℃）；

（6）可调移液器（1~5mL）及吸头；

（7）试管 10mL（玻璃或塑料）。

2. 试剂与材料

水杨酸（$C_7H_6O_3$），无水乙醇（C_2H_6O），硫酸亚铁（$FeSO_4$），30%过氧化氢溶液，均为分析纯。

新鲜水果、甘蓝。

3. 试剂配制

（1）水杨酸乙醇溶液（9mmol/L）　称取 1.243 g 水杨酸，乙醇溶解后定容至 100mL，制成储备液，低温避光保存，检测时稀释 10 倍使用。

（2）硫酸亚铁溶液（9mmol/L）　称取 2.502g $FeSO_4 \cdot 7H_2O$，蒸馏水溶解后定容至 100mL，制成储备液，检测时稀释 10 倍使用。

（3）过氧化氢溶液（8.8mmol/L）　称取 9.926mL 30% H_2O_2，蒸馏水溶解后定容至 100mL，制成储备液，检测时稀释 100 倍使用。

（三）实验步骤

样品处理参照上文。

　　样品组依次向试管中加入 1mL 硫酸亚铁溶液，1mL 水杨酸乙醇溶液，1mL H_2O_2 溶液，2mL 样品稀释液。标准品组依次向试管中加入 1mL 硫酸亚铁溶液，1mL 水杨酸乙醇溶液，1mL H_2O_2 溶液，2mL Trolox 标准液。空白组依次向试管加入 1mL 硫酸亚铁溶液，1mL 水杨酸乙醇溶液，1mL 过氧化氢溶液，2mL 蒸馏水。

　　37℃水浴加热 15 min 后取出，测其吸光度，分别记为 A_{Trolox} 和 A_0。

（四）结果与计算

　　结果羟基自由基清除率以 Trolox 当量 μmol Trolox/mL 表示，c 为浓度，按式（2-8）计算：

$$清除率 = \frac{A_0 - A_{Trolox}}{A_0 - A_{sample}} \times \frac{c_{Sample}}{c_{Trolx}} \tag{2-8}$$

（五）注意事项

　　分光光度法是一种简单便捷的检测羟自由基清除能力的方法，但是存在较多干扰因素，有高精度检测需求的可以选择高效液相或电子自旋共振（ESR）的方法进行检测。羟自由基非常活泼，其参与化学反应属于游离基反应，且反应速度极快，在检测时应注意分析实验原理，合理安排加样时间和加样顺序。

四、ABTS 自由基清除能力测定

（一）原理

　　ABTS 自由基清除实验是一种典型的间接评价抗氧化能力的方法。2，2-联氮-双（3-乙基-苯并噻唑-6-磺酸）二铵盐（ABTS）与过硫酸钾（$K_2S_2O_8$）反应后生成蓝绿色 ABTS 自由基（ABTS·+，图 2-16），ABTS·+ 自由基离子在 734nm 下可以直接被检测。通过检测抗氧化物质添加后荧光信号的衰减，得到待测样品的抗氧化能力。

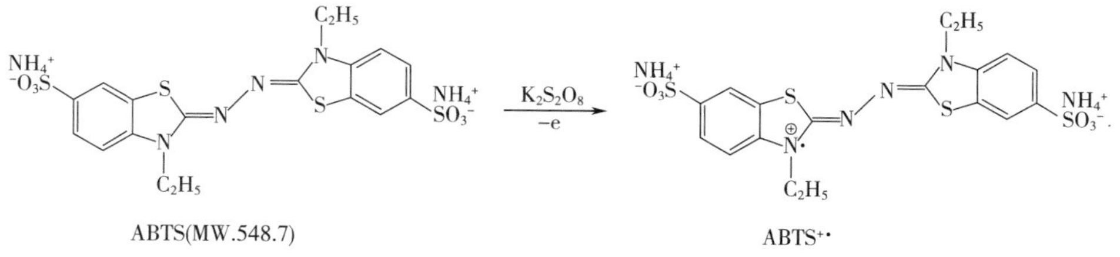

图 2-16　ABTS 自由基产生机理示意图

（二）仪器与材料

1. 仪器

（1）组织破碎机；

（2）旋转蒸发仪；

（3）循环真空水泵；

（4）可见光分光光度计；

（5）旋涡混合器；

（6）可调移液器（1~5mL、200μL）及吸头；

（7）塑料离心管。

2. 试剂与材料

ABTS、过硫酸钾（$K_2S_2O_8$），磷酸氢二钠（Na_2HPO_4），磷酸二氢钠（NaH_2PO_4）均为分析纯。Trolox 为试剂级。

3. 溶液配制

（1）ABTS 溶液（7.4mmol/L） 称取 ABTS 96mg，蒸馏水定容至 25mL。

（2）过硫酸钾溶液（2.6mmol/L） 称取过硫酸钾 378.4mg，蒸馏水定容至 10mL。

（3）Trolox 标准液（终浓度 10μmol/L） 电子天平准确称取 Trolox 2.5mg，溶于 100mL 75mmol/L PBS 缓冲液，超声振荡 15min 使其充分溶解，然后分装于洁净干燥小瓶中，作为储备液避光冷冻保存。实验时根据需要稀释到所需浓度。

（三）实验步骤

（1）ABTS 工作液的校准 将 5mL 7.4mmol/L ABTS 储备液与 88μL 过硫酸钾溶液混匀，静置 12~16h，配制成 ABTS 工作液。用 PBS 稀释 40 倍后，在 734nm 下检测吸光度，确保吸光度为 0.7±0.02。

（2）样品及空白对照的检测 样品溶液的制备参照上文。

（3）样品组 0.8 mL ABTS 工作液，0.2mL 样品溶液，最终反应体系 1mL。

（4）标准组 0.8 mL ABTS 工作液，0.2mL Trolox 标准液。

（5）空白组 0.8 mL ABTS 工作液，0.2mL 蒸馏水。

（6）常温避光静置 30min，在 734 nm 波长测吸光度 A_{Trolox} 和 A_0，每组 2~3 次平行测定。

（四）结果与计算

结果 ABTS 自由基清除率以 Trolox 当量 μmol Trolox/mL 表示，c 为浓度，按式（2-9）计算。

$$清除率 = \frac{A_0 - A_{Trolox}}{A_0 - A_{sample}} \times \frac{c_{Sample}}{c_{Trolx}} \tag{2-9}$$

（五）注意事项

ABTS 自由基是一种较稳定的 N 自由基，适合作为自由基清除能力评价实验。试剂需要现配现用，时间过长的过硫酸铵试剂会产生沉淀无法进行检测。

五、 DPPH 自由基清除实验

（一）原理

DPPH（1，1-Diphenyl-2-picrylhydrazyl radical）即 1，1-二苯基-2-苦基肼基自由基。DPPH 是以氮自由基为核心，周围存在多个吸电子的—NO_2 和苯环的大 π 键稳定整个化合物结构（图2-17）。

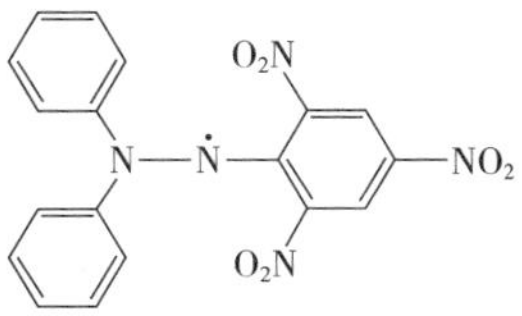

DPPH 自由基单电子在 517 nm 有稳定的吸收光，其醇溶液呈紫色，吸光强度随自由基的清除（即其接受的电子数量）呈线性减弱，因而可用分光光度计进行快速的定量分析。此外，DPPH 的水溶性和醇溶性较好，受干扰小，适合小体积反应体系下批量检测。

图 2-17 DPPH 结构示意图

（二）仪器与材料

1. 仪器

（1）组织破碎机；

（2）旋转蒸发仪；

（3）循环真空水泵；

（4）紫外分光光度计或酶标仪；

（5）旋涡混合器；

（6）可调微量移液器（100μL、200μL）及吸头；

（7）酶标板或0.5mL塑料离心管。

2. 试剂与材料

无水乙醇（分析纯），1, 1-二苯基-2-三硝基苯（DPPH），二甲基亚砜（DMSO）为试剂级。

甘蓝。

3. 溶液配制

（1）DPPH工作液的配制（约50 μmol/L）　取DPPH（M = 394.32）1mg，无水乙醇定容至50mL。临用时配制。

（2）样品液的配制　使用无水乙醇或纯水溶解，溶解性较差的样品可以适量添加DMSO（对照组也须相应添加DMSO）。

（三）实验步骤

1. DPPH自由基清除预实验

样品处理参照上文。在96孔板中依次加入100μL的DPPH溶液，不同浓度的待测样品溶液100μL，总反应体系200μL。振荡混匀后，观察溶液颜色变化，当溶液颜色基本褪去呈透明黄色时，为样品参与反应最大浓度。检测浓度应当在最大浓度以下。

2. DPPH自由基清除实验

同上文步骤，对照组加入不同浓度的Trolox溶液100μL，空白组加入蒸馏水或无水乙醇100uL。振荡混匀后，使用酶标仪在517nm下检测各孔吸光度，分别记为A_{sample}，A_{Trolox}，A_0。

（四）结果与计算

结果DPPH自由基清除率以Trolox当量 μmol Trolox/mL 表示，c 为浓度，按式（2-10）计算：

$$清除率 = \frac{A_0 - A_{Trolox}}{A_0 - A_{sample}} \times \frac{c_{Sample}}{c_{Trolx}} \tag{2-10}$$

（五）注意事项

（1）DPPH自由基清除法是一种较易操作的抗氧化能力评价方法，广泛应用于各种天然产物评价。值得注意的是DPPH的最大吸收波长在不同溶剂中不一样。DPPH为弱疏水性，因此反应多在有机溶剂中进行，如在丙酮中 λmax（nm）为517nm；在环己烷中为513nm；甲醇中为515nm；乙腈中为519nm；本实验根据文献综合结果选择了517 nm。进行测定对实验结果无显著影响。

（2）DPPH实验的预实验十分重要，有文献报道按照分光光度计灵敏度在0.221~0.698，以60%透光率计算，DPPH自由基浓度应在50mol/L左右比较适宜，抗氧化剂浓度应当相应调整。DPPH实验中的反应时间应当根据抗氧化物质种类来判断，一般的抗坏血酸、β-胡萝卜素和Trolox与DPPH反应较快，能在30min内达到平衡状态；而阿魏酸、表儿茶素等物质，需要1h左右使反应达到平衡。实验前应当仔细参考文献或者对所有反应时间进行监测。

六、结果讨论

体外抗氧化能力的检测与评价方法有多种，每一种方法清除自由基的机制不同，不能全面反映食物成分的抗氧化能力，特别是对生物体内的氧化还原状态的影响。对于组成复杂的食品，需要综合多种抗氧化检测指标，进行相关性分析和赋予权重后，才能得到相对完整抗氧化能力评价结果。

七、延伸阅读

［1］Chen C，Wang L，Wang R，et al. Phenolic contents，cellular antioxidant activity and antiproliferative capacity of different varieties of oats［J］. Food Chemistry，2018，239：260.

［2］Wolfe K L，Liu R H. Cellular antioxidant activity（CAA）assay for assessing antioxidants，foods，and dietary supplements［J］. Journal of Agricultural & Food Chemistry，2007，55（22）：8896.

［3］Winston G W，Regoli F，Jr D A，et al. A rapid gas chromatographic assay for determining oxyradical scavenging capacity of antioxidants and biological fluids［J］. Free Radical Biology & Medicine，1998，24（3）：480-493.

［4］Kang K W，Oh S J，Ryu S Y，et al. Evaluation of the total oxy-radical scavenging capacity of catechins isolated from green tea［J］. Food Chemistry，2010，121（4）：1089-1094.

［5］Li X，Huang Y，Chen D. Protective Effect against Hydroxyl-induced DNA Damage and Antioxidant Activity of Citri reticulatae Pericarpium［J］. Advanced Pharmaceutical Bulletin，2013，3（1）：175-81.

［6］Sharma O P，Bhat T K. DPPH antioxidant assay revisited［J］. Food Chemistry，2009，113（4）：1202-1205.

［7］Tabart J，Kevers C，Dardenne N，et al. Chapter 30-Deriving a Global Antioxidant Score for Commercial Juices by Multivariate Graphical and Scoring Techniques：Applications to Blackcurrant Juice［J］. Processing & Impact on Antioxidants in Beverages，2014，70（4）：301-307.

实验六 食物蛋白质含量测定

蛋白质承担着多种生物功能，是生命活动中最重要的物质基础。蛋白质的定量分析是蛋白质结构组成分析的基础，也是食品品质分析、营养价值评价、生化、临床诊断等的重要技术。

对蛋白质含量的测定，主要依据蛋白质中氮含量以及特定氨基酸的紫外吸收、与染料结合性质以及肽键的特性建立。本实验介绍蛋白质含量测定常用的三种方法，凯氏定氮法进行总氮测定、考马斯亮蓝法和福林酚法。

一、食物中总氮（粗蛋白）量的测定（半微量凯氏定氮法）

（一）目的与要求

1. 掌握半微量凯氏定氮法测定粗蛋白质的原理。
2. 学习用凯氏定氮法测定食物中粗蛋白质的操作方法。

（二）实验原理

食物中含氮物质包括纯蛋白质和氨化物（氨基酸、维生素、核苷酸、酰胺、硝酸盐及铵盐等），二者总称为粗蛋白质。凯氏定氮法的基本原理是在 K_2SO_4 和 $CuSO_4$ 的催化下，用浓硫酸加热分解天然含氮物，氮转变成氨，产生的氨与硫酸结合生成硫酸铵。通过碱化蒸馏消化液，释放出氨气，氨气随汽水经冷凝管被硼酸溶液吸收，结合生成四硼酸铵；后者用盐酸标准液滴定，测定放出的氨氮量，根据酸的消耗量乘以换算系数（一般为 6.25），即为粗蛋白质的含量。

上述过程中的化学反应如下：

$2CH_3CHNH_2COOH+13H_2SO_4 \longrightarrow (NH_4)_2SO_4+6CO_2+12SO_2+16H_2O$

$(NH_4)_2SO_4+2NaOH \longrightarrow 2NH_3+2H_2O+NaSO_4$

$4H_3BO_3+NH_3 \longrightarrow NH_4HB_4O_7+5H_2O$

$NH_4HB_4O_7+HCl+5H_2O \longrightarrow NH_4Cl+4H_3BO_3$

（三）仪器与材料

1. 仪器

（1）分析天平（200g±0.0001g）；

（2）样品消化炉（带温度控制器）；

（3）定氮蒸馏装置（图 2-18）或者半自动凯氏定氮仪；

（4）微量酸式滴定管；

（5）玻璃仪器　消化管，小漏斗，容量瓶，三角瓶，烧杯，玻棒。

2. 材料与试剂

硫酸（H_2SO_4），硫酸钾（K_2SO_4）或无水硫酸钠（Na_2SO_4），硫酸铜（$CuSO_4 \cdot 5H_2O$），硼酸（H_3BO_3），氢氧化钠（NaOH），95%乙醇（C_2H_5OH），硫酸铵（$(NH_4)_2SO_4$）均为分析纯；甲基红（$C_{15}H_{15}N_3O_2$），溴甲酚绿（$C_{21}H_{14}Br_4O_5S$），亚甲基蓝（$C_{16}H_{18}ClN_3S \cdot 3H_2O$）。

大豆蛋白或豆粕。

3. 试剂配制

（1）催化剂　2.5g K_2SO_4+ 0.25g $CuSO_4$。

（2）氢氧化钠溶液　40%（质量分数）NaOH，低氮（≤5μgN/g）。

（3）混合指示液　混合 10mL 0.1%溴甲酚绿乙醇溶液和 2mL 0.1%甲基红乙醇溶液。

（4）硼酸溶液 2%（W/V）。

（5）盐酸标准溶液 0.1000mmol，盐酸标准溶液用碳酸钠标定。

（6）硫酸铵标准液　将硫酸铵经 105℃烘箱中烘 1h，在干燥器中冷却。称取 0.661g 干燥的硫酸铵盐，定容至 1L。

（四）实验步骤

1. 消化

取四支消化管，编号。称取充分混匀的固体试样 0.2~2.0g、半固体试样 2~5g 或液体试样 10~25g（相当于 30~40mg 氮），精确至 0.001g。将样品加入 1 和 2 号管底，不要将其黏附在管壁上，将 0.5mL 蒸馏水加入 3 和 4 号管中作为空白对比。各管加入 2.5g 硫酸钾、0.13g 硫酸铜及 10mL 浓硫酸。

消化应在通风柜中进行。在消化管上加一个小漏斗，放于样品消化炉上，小火力加热，待内容物全部炭化，泡沫产生停止后，加强火力，并保持瓶内液体微沸，其间使样本全部浸入硫酸内。如有样品粒溅在瓶壁，应取下，待消化瓶冷却后加少量蒸馏水冲洗，再继续加热消化，直至液体呈蓝绿色并澄清透明后，再继续加热0.5~1h，消化完毕，切断电源并将消化管放在通风罩中冷却至室温。

将消化液无损地转移至100mL容量瓶中，用蒸馏水冲洗消化管数次，洗液注入容量瓶至接近容量瓶刻度，冷却后用蒸馏水定容，混匀后供蒸馏用。

2. 蒸馏

蒸馏可根据实验室条件选用组装定氮蒸馏装置或者凯氏定氮仪进行。

（1）定氮蒸馏装置蒸馏　按图2-18装好定氮蒸馏装置，水蒸气发生器内装水至2/3处，加入数粒玻璃珠，加热使发生器水（其中加几滴硫酸和甲基红乙醇液，保持水呈酸性）沸腾。让水蒸气通过装置反应室经冷凝管接收口9流出，洗涤十分钟；然后，在接收口放入盛有硼酸指示剂混合液的锥形瓶，液体浸没接收口，观察无颜色变化为洗净。停止加热、放出反应室内液体，打开夹子7，准备样品测定。

蒸馏装置可用标准硫酸铵溶液对其进行检查。

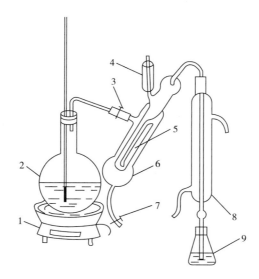

图 2-18　定氮蒸馏装置

1—电炉　2—水蒸气发生器（2L烧瓶）　3—橡皮管及螺旋夹　4—小玻杯及棒状玻塞
5—反应室及虹吸管　6—反应室外层　7—橡皮管及螺旋夹　8—冷凝管　9—蒸馏液接收瓶

洗净4个250mL的锥形瓶，各加10mL 2%的硼酸和2滴混合指示剂，接收液应呈紫灰色。松开紧钳7，在冷凝器下口8放置含有硼酸和指示剂的锥形瓶（注意将冷凝器底部浸入硼酸溶液中）。

根据试样中氮含量，准确吸取2.0~10.0mL试样消化液由小玻杯4注入反应室5，用少量蒸馏水冲洗小玻杯加样处，轻轻盖上棒状玻塞；将5.0mL氢氧化钠溶液倒入小玻杯，轻提起玻塞使其缓缓流入反应室，待反应室液体变色，立即将玻塞盖紧，并加水于小玻杯以防漏气。夹紧螺旋夹7，松开螺旋夹3，蒸汽通入反应室开始蒸馏。继续蒸馏3min，直到硼酸吸收液变为绿色。移动蒸馏液接收瓶9使硼酸液面离开冷凝管口并蒸馏1min。用蒸馏水清洗冷凝管的外壁。取下蒸馏液接收瓶。

蒸馏完毕后立即清洗蒸馏器，将小玻棒4提起，液体流入反应室5，并立即夹住橡胶管3切割气体，松开螺旋夹7，反应室的废液由7虹吸放出。将蒸馏水充分倒入小玻杯，以相同的方式洗涤数次，打开螺旋夹3，关闭螺旋夹7。

蒸馏下一个样品。空白分析以相同的方式操作。在4个消化液蒸馏完成后进行滴定。

（2）凯氏定氮仪蒸馏　严格根据设备厂家说明书使用。按照适当的程序启动蒸馏系统。（凯氏定氮仪示意图见图2-19）

配制适量硼酸溶液，加2滴混合指示剂放入接收瓶。将样品接收瓶放入设备指定位置，确保硼酸溶液没过冷凝管出口，以使蒸馏后的氨气和水蒸气经冷凝管后充分被硼酸溶液收集。

定量取消化定容好的样品放入凯氏定氮仪配套的管子中，将管子稳固在设备指定位置，确保管口卡紧，避免蒸馏过程中碱液或者样品溅出。按照设备要求设置蒸馏条件开始蒸馏。

在完成一个样品的蒸馏后，换新管子加入第二个消化好的样品，用新的装了硼酸的接收瓶进行下一个的蒸馏。

所有样品蒸馏完毕后，取下接收瓶，准备滴定。并按仪器指示步骤停机。

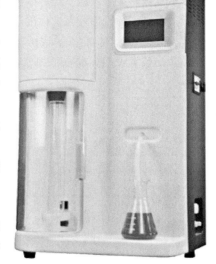

图 2-19　凯氏定氮仪

3. 滴定

（1）手动滴定　微量滴定管装入 0.0100mol/L HCl 标准液，用标准盐酸溶液滴定锥形瓶中收集的氨，至瓶中溶液由蓝色变成紫灰色，即为滴定终点。记录消耗盐酸体积，同时做空白校正。

（2）凯氏定氮仪自动滴定　根据设备要求自动滴定，溶液颜色由青色变为浅紫色终止滴定，同时做空白校正。

（五）结果与计算

蛋白质含量按式（2-11）计算：

$$X = \frac{(V_1 - V_2) \times c \times 0.0140 \times F}{m} \times 100 \tag{2-11}$$

式中　X——试样中蛋白质的含量，g/100g；

$\quad\quad V_1$——试液消耗盐酸标准滴定液的体积，mL；

$\quad\quad V_2$——试剂空白消耗盐酸标准滴定液的体积，mL；

$\quad\quad c$——盐酸标准溶液浓度，mol/L；

0.0140——1.0mL 1.000mol/L 盐酸标准液相当于 0.014g 氮；

$\quad\quad m$——试样的质量，g；

$\quad\quad F$——氮换算为蛋白质的系数，一般为 6.25。

（六）注意事项

（1）由于各种食物蛋白质中氨基酸组成以及非蛋白氮的含量不同，其粗蛋白质中氮含量变异范围可在 14.7~19.5%，平均为 16%。因此，一般食物氮换算系数为 6.25；纯乳与纯乳制品为 6.38；面粉为 5.70；玉米、高粱为 6.24；大豆蛋白制品、肉与肉制品为 6.25。

（2）K_2SO_4-$CuSO_4$ 混合物的作用是提高浓硫酸的沸点，促进消化，但混合物的量不能过多。

（3）消化过程中，样品及固体试剂要先于液体加入。将样品放在管底，不要黏在管壁上，以防止消化不完全。消化完毕后，切勿马上用湿布取出消化管，以防止爆裂和意外，应待消化液放冷后，才能开始转移定容。

（4）在蒸馏加入样品前，需松开紧钳，否则样品将被反应并吸收到反应室的外部。在加入 NaOH 之前，应保证冷凝器底部浸入接收瓶的硼酸溶液中。须缓慢加入 NaOH 以防止氨气挥发漏出。

（5）蒸馏器的检查 在使用定氮蒸馏器前，应做仪器的准确性检查。取 5mL 硫酸铵标准液放入蒸馏器中，操作与样品消化液的蒸馏相同，并用等量的蒸馏水代替硫酸铵标准液作为空白，滴定硫酸铵标准液耗用的标准盐酸溶液量扣除空白量后，应为 5mL，则该蒸馏装置准确性良好，可以使用。

（6）若样品中含有非蛋白氮，则向样品中加入三氯乙酸，分别测定上清液与未加三氯乙酸样品的含氮量，得出非蛋白氮及总氮量，进而得到蛋白氮量，进一步算出蛋白质含量。

（7）硫酸、氢氧化钠具有强腐蚀性，实验中戴手套，注意使用安全。

（七）思考题

1. 消化样品时加入浓硫酸和 K_2SO_4-$CuSO_4$ 混合粉末的作用是什么？

2. 实验中操作的关键包括哪些？

（八）延伸阅读

[1] Sheng C. Several Problems for Determining Protein by Kjeldahl [J]. China Brewing, 2002.

[2] Xiao bin L U, Jing long L I, Dong B L, et al. The Studying on Improving the Determination Rate of Protein with Kjeldahl [J]. Chinese Condiment, 2003.

[3] S. Suzanne Nielsen. Food Science Texts Series：Food Analysis Laboratory Manual [M]. Springer, 2017.

二、考马斯亮蓝法测定蛋白质含量

（一）目的与要求

1. 掌握考马斯亮蓝法测定蛋白质含量的原理和操作方法。

2. 了解多功能酶标仪的基本使用方法。

（二）实验原理

考马斯亮蓝测定蛋白质方法由 Bradford 于 1976 年建立，属于染料结合法。考马斯亮蓝 G-250 在游离状态下呈红色，最大光吸收波长在 488nm；与蛋白质反应（主要结合碱性及芳香族氨基酸残基）形成蓝色蛋白质染料复合物。该复合物在 595nm 处的吸光度大小与蛋白质含量成正比，因此可用于蛋白质的定量测定。该法试剂配制简单，操作简便快捷，干扰物质较少，测定蛋白质浓度在 0~1000μg/mL，是一种常用的微量蛋白质快速测定方法。

（三）仪器与材料

1. 仪器

（1）酶标仪或可见光分光光度计；

（2）酶标板；

（3）200μL 移液器及吸头；

（4）1mL 移液器及吸头。

2. 材料与试剂

（1）材料　肝脏组织匀浆液（10%）或血清，大豆蛋白。

（2）试剂　乙醇（C_2H_5OH），磷酸（H_3PO_4），氯化钠（NaCl），磷酸二氢钾（KH_2PO_4），磷酸氢二钠（Na_2HP_4），叠氮钠（NaN_3）为分析纯。考马斯亮蓝（CBB）G-250，溶菌酶，牛血清白蛋白（BSA）为试剂级。

3. 试剂配制

（1）考马斯亮蓝（CBB）G-250 试剂储备液　将 100mg 考马斯亮蓝 G-250 溶于 50mL 95% 乙醇，加入 100mL85% 的磷酸，然后，用去离子水补充至 1000mL，4℃ 避光保存，有效期 6 个月。

临用时按 1∶5 用双蒸水稀释储备液，如出现沉淀，过滤除去。

（2）氯化钠-磷酸缓冲液　称取分析纯磷酸氢二钠 2.0g，磷酸二氢钾 0.6g，氯化钠 7.0g，叠氮钠 0.2g 溶水中，稀释至 1000mL 定容。

（3）100 μg/mL 牛血清蛋白（BSA）　称取 5 mg BSA 溶于双蒸水并定容至 50mL。

（4）100 μg/mL 溶菌酶　称取 5mg 溶菌酶溶于双蒸水并定容至 50mL。

（四）实验步骤

（1）称取约含 20mg 蛋白质的大豆蛋白样品（通过 60 目），置于 150mL 具塞三角瓶中，加入 10mL 0.2% 氢氧化钾，缓慢振荡（40 次/min）15min，提取蛋白质。用中速滤纸过滤（最初几滴弃去）。吸取滤液 1mL 用缓冲液稀释，使蛋白质浓度与对照品溶菌酶溶液基本一致。

血清或组织匀浆液按照规定的方法制备，适当稀释，蛋白质浓度与 BSA 溶液基本一致。

（2）标准曲线的绘制　在酶标板中加入 50μL 系列浓度的 BSA，再加入 200μL 考马斯亮蓝 G-250 试剂。试剂空白用 50μL 双蒸水代替 BSA。室温静置 5~10min，于波长 595nm 处测量吸光度。双蒸水调零，以净吸光度（样品的吸光度-试剂空白吸光度）为纵坐标，蛋白质浓度为横坐标，绘制标准曲线（表 2-4）。

表 2-4　　　　　　　　　　　　　标准曲线绘制

编号	100μg/mLBSA/μL	ddH₂O/μL	CBB/μL
0	0	50	200
1	5	45	200
2	10	40	200
3	20	30	200
4	30	20	200
5	40	10	200

（3）待测蛋白质浓度测定　在酶标板中加入 $50\mu L$ 待测液，再加入 $200\mu L$ 考马斯亮蓝 G-250 试剂。室温静置 5~10min，于波长 595nm 处测量吸光度。

（五）结果与计算

由待测样品溶液的净吸光度查标准曲线即可求出蛋白含量。

（六）注意事项

（1）此方法的灵敏度高，为了使吸光度在标准曲线的线性范围内，高浓度的样品必须稀释。

（2）绘制标准曲线时使用的是净吸光度，净吸光度=样品的吸光度-试剂空白吸光度。

（3）蛋白质与考马斯亮蓝 G-250 结合的反应十分迅速，在 2min 左右反应达到平衡，其结合物在室温下 1h 内保持稳定。因此，测定时不可放置太长时间。

（4）酶标法只是为了方便检测更多的样品，该检测方法也适于分光光度计，只需要试剂和样品体积适当扩大即可。

（七）思考题

1. 考马斯亮蓝法测定蛋白质含量的优缺点。

2. 染料结合法测定不同蛋白的含量时，是否有必要对标准蛋白参照样品进行选择，为什么？

（八）延伸阅读

［1］Grintzalis K，Georgiou C D，Schneider Y J. An accurate and sensitive Coomassie Briliant Blue G-250-based assay for protein determination ［J］. Analytical Biochemistry，2015，480：28-30.

［2］Sedmak J J，Grossberg S E. A rapid，sensitive，and versatile assay for protein using Coomassie brilliant blue G250 ［J］. Analytical Biochemistry，1977，79（1-2）：544-552.

［3］国家药典委员会. 中国药典 2010 年版第一增补本 ［M］. 北京：中国医药科技出版社，2012.

三、福林酚法（改良 Lowry 法）测定蛋白质含量

（一）目的要求

1. 掌握福林酚法测定蛋白质含量的原理及步骤。

2. 熟悉使用分光光度计的操作。

（二）实验原理

蛋白质分子中含有的肽键在碱性溶液中与 Cu^{2+} 螯合形成紫红色的蛋白质-铜复合物（双缩脲反应）。该复合物使酚试剂的磷钼酸-磷钨酸还原，发生显色反应，产生蓝色（钨兰+钼兰）。同时，在碱性条件下酚试剂易被蛋白质中酪氨酸、色氨酸、半胱氨酸还原呈蓝色。在检测范围内，蓝色的深浅与蛋白质浓度成正比。以蛋白质对照品溶液作标准曲线，采用比色法测定供试品中蛋白质的含量。本法灵敏度高，比双缩脲法高 100 倍，测定范围为 20~250μg。

（三）仪器与材料

1. 仪器及用具

（1）可见光分光光度计；

（2）分析天平（200g±0.1mg）；

（3）试管，移液管，容量瓶，烧杯。

2. 材料与试剂

大豆蛋白或血清；

氯化钠（NaCl），磷酸二氢钾（KH$_2$PO$_4$），磷酸氢二钠（Na$_2$HP$_4$），叠氮钠（NaN$_3$），无水碳酸钠（Na$_2$CO$_3$），硫酸铜（CuSO$_4$），氢氧化钠（NaOH），酒石酸钾钠（C$_4$H$_4$KNaO$_6$·4H$_2$O），酚试剂，分析纯。

3. 试剂配制

（1）Folin-酚试剂（甲液——碱性铜溶液）

①A液：称取无水碳酸钠 2.0g，溶于 0.1mol/L 氢氧化钠溶液 100mL 中。

②B液：取硫酸铜（CuSO4·5H$_2$O）0.5g 溶于 1.0g/L 酒石酸钾溶液 100mL 中。

临用前取 A 液 50mL，B 液 1mL 混合，即为碱性铜试剂。

（2）Folin-酚试剂［乙液——酚试剂（可定购）］　将钨酸钠 100g、钼酸钠 25g、蒸馏水 700mL、85% 磷酸 50mL 与 100mL 浓盐酸置于 1500mL 的磨口圆底烧瓶中，充分混匀溶解后，接上磨口冷凝管，小火加热回馏 10h（烧瓶内加小玻璃珠数颗，以防溶液溢出），再加入硫酸锂 150g，蒸馏水 50mL 及液溴数滴，开口煮沸 15min，在通风橱内驱除过量的溴。冷却，定容至 1000mL，过滤，即为福林-酚试剂乙液储存液。此液应为黄色，不带任何绿色。储于棕色瓶中，可在冰箱长期贮存。使用前，以酚酞为指示剂，用 0.1mol/L NaOH 溶液滴定，求出酚试剂的摩尔浓度。然后根据此浓度，将酚试剂用蒸馏水稀释至最后浓度为 1mol/L（滴定时可将酚试剂稀释，以免颜色影响）。试剂放置过久，变成绿色时，可再加溴数滴煮沸 15min，如能恢复原有的金黄色仍可继续使用。

（3）缓冲液（氯化钠-磷酸）　称取分析纯磷酸氢二钠 2.0g，磷酸二氢钾 0.6g，氯化钠 7.0g，叠氮钠 0.2g 溶水中，定容至 1000mL。

（4）对照品溶液的制备　除另有规定外，取牛血清白蛋白对照品，加 9g/L NaCL 溶解成浓度为 0.25mg/mL 的溶液。

（5）供试品溶液的制备　称取约含 20mg 蛋白质大豆蛋白样品（通过 60 目），置于 150mL 具塞三角瓶中，加入 10mL 0.2% 氢氧化钾，缓慢振荡（40 次/min）15min，提取蛋白质。用中速滤纸过滤（最初几滴弃去）。吸取滤液 1mL 用缓冲液稀释，使蛋白质浓度与对照品溶液基本一致。

血清或组织匀浆液按照规定方法制备，适当稀释至与牛血清白蛋白溶液浓度基本一致。

（四）实验步骤

1. 标准曲线的绘制

取 6 支试管依次编号，按表 2-5 进行操作测定。以第 1 管为空白管调零点，在波长 650nm 比色，分别读取各管吸光度。以蛋白质浓度为横坐标，吸光度为纵坐标，绘制标准曲线。

表 2-5　　　　　　　　　　　　　　　　标准曲线绘制

溶液	编号					
	1	2	3	4	5	6
标准蛋白溶液 g/mL	0	0.2	0.4	0.6	0.8	1.0

续表

溶液	编号					
	1	2	3	4	5	6
9g/L NaCl/mL	1.0	0.8	0.6	0.4	0.2	0
碱性铜溶液/mL	5.0	5.0	5.0	5.0	5.0	5.0
分别混匀，室温放置 20min						
酚试剂/mL	0.5	0.5	0.5	0.5	0.5	0.5
立即振荡混匀，室温放置 30min 后测定						

2. 样品测定

精密量取供试品溶液适量，视蛋白质含量适当稀释，稀释样品待测。另取 3 支试管，标明测定管、标准管、空白管，按表 2-6 进行操作。

表 2-6 样品测定步骤

溶液	测定管	标准管	空白管
处理好的样品/mL	0.4	—	—
标准蛋白溶液/mL	—	0.4	—
9g/L NaCl/mL	0.6	0.6	1.0
碱性铜溶液/mL	5.0	5.0	5.0
分别混匀，室温放置 20min			
酚试剂/mL	0.5	0.5	0.5
立即混匀，室温放置 30min 后测定			

在波长 650nm 比色，以空白管调零点，读取各管吸光度。根据标曲计算供试品溶液中的蛋白质浓度，并乘以样品稀释倍数，即得样品中蛋白质浓度。

（五）实验结果计算

两种方法用于计算结果。

1. 标准曲线法计算

由待测样品溶液的净吸光度值查标准曲线，并乘以样品稀释倍数，即可求出样品中蛋白质含量（g/L）。

2. 标准管法

按式（2-12）计算：

$$X = \frac{A_1}{A_0} \times 0.25 \times Y \tag{2-12}$$

式中 X——样品蛋白质含量，g/L；

A_1——样品溶液净吸光度；

A_0——标准溶液净吸光度；

Y——样品稀释倍数。

（六）注意事项

（1）福林酚试剂仅在酸性 pH 条件下稳定，但第二步的还原反应只在 pH 10 的情况下发生，故当酚试剂加到碱性铜-蛋白质溶液中时，必须立即混匀，以便在磷钼酸-磷钨酸试剂被破坏之前，还原反应即能发生，否则会使显色程度减弱。

（2）Folin 试剂显色反应由酪氨酸、色氨酸、半胱氨酸引起，因此样品中的还原物质、酚类、柠檬酸、硫酸铵、Tris 缓冲液、甘氨酸、糖类、丙三醇等均有干扰作用。此外，不同蛋白质因酪氨酸、色氨酸含量的不同而使显色强度稍有不同。

本法干扰物质较多，所用仪器的洁净程度要求比较高。

（七）思考题

1. 蛋白质含量的测定还有哪些方法？其优缺点是什么？

2. 简述标准曲线法与标准管法定量蛋白质的优缺点。

（八）延伸阅读

［1］国家药典委员会. 中国药典 2010 年版第一增补本［M］. 北京：中国医药科技出版社，2012.

［2］Lowry O H, Rosebrough N J, Farr A L, Randall RJ. 福林酚试剂法测定蛋白质［J］. 食品与药品，2011，13（3）：147.

［3］邵泓，吕晶，陈钢. 蛋白质含量测定方法的规范化研究［J］. 中国药品标准，2011，12（2）：135-136.

实验七　食物中游离巯基含量测定

一、目的与要求

1. 掌握测定巯基含量（DTNB 法）的原理和操作方法。

2. 了解动、植物组织巯基含量变化的意义。

二、背景与原理

（一）背景

动、植物组织的巯基化合物包括小分子巯基化合物（谷胱甘肽、半胱氨酸、硫辛酸等）和大分子巯基蛋白（金属硫蛋白、硫氧还蛋白、谷胱甘肽过氧化物酶等）。半胱氨酸的巯基（—SH）是蛋白质中活泼的基团，可氧化形成二硫键（S—S）、次磺酸等，也可被一氧化氮亚硝基化。巯基化合物不仅直接参与和调节细胞内一系列氧化还原反应，而且对蛋白质的结构和功能、维持细胞内环境的稳定性、排毒、解毒方面有重要影响。此外，蛋白质中的巯基和二硫键在维持食品的功能性质中也起到重要作用，如面筋、凝胶的形成、蛋白质的成膜性能等。

（二）原理

目前较普遍采用 DNTB 法测定巯基含量。5，5'-二硫代-2-二硝基苯甲酸（DTNB）又称 Ellman 试剂，游离巯基可与 DTNB 反应，断裂的 DTNB 二硫键产生 2-硝基-5-硫代苯甲酸

（NTB⁻）（图 2-20），在中性或碱性 pH 条件下的水中可以离子化，生成 NTB²⁻二价阴离子、呈现黄色，在波长 412nm 处有最大吸收峰，通过可见光分光光度法测定、计算蛋白样品中游离巯基的含量。

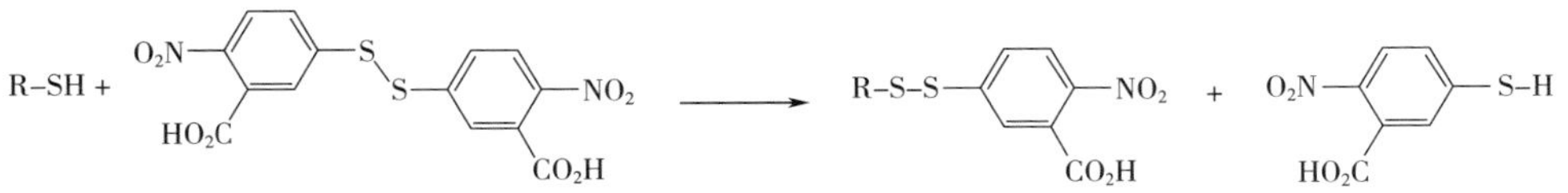

图 2-20　DTNB 反应原理

Ellman 法反应迅速且定量，加入 1mol 的巯基可以释放 1mol 的 NTB⁻。可以用于测定低分子质量的巯基化合物，如血液中谷胱甘肽（GSH），也可以测定蛋白质上巯基的基团的数目。

三、仪器与材料

1. 仪器

（1）可见分光光度计；

（2）离心机；

（3）恒温水浴锅；

（4）移液器（1mL，100μL）、吸头；

（5）旋涡振荡器；

（6）塑料离心管 10mL，1.5mL。

2. 材料与试剂

鲜牛乳（或巴氏杀菌乳），牛乳经微波加热 60s。

乙二胺四乙酸（EDTA），乙酸钠（NaAc），尿素（CH_4N_2O）为分析纯。5，5-二硫代-2-硝基苯甲酸（DTNB），甘氨酸，Tris 为试剂级。

3. 溶液配制

（1）缓冲液（pH 8.0）　称取 12.1g Tris，7.5g 甘氨酸，1.2g EDTA，480g 尿素（8mol），溶解，调整 pH 至 8.0，定容至 1L，4℃冷藏。

（2）10mmol/L DTNB 溶液　准确称取 DTNB 0.1982g，用 50mmol/L NaAC，配制成 50mL 溶液，存于棕色瓶中，低温保存。

四、实验步骤

（1）测定待测样品的蛋白质含量（参见实验六 考马斯亮蓝法）

（2）样品的处理

①准确称取 0.2g±0.0001g 固体样品，溶于 5mL 缓冲液中，若样品脂肪含量高，先进行预处理，去除脂肪，再进行以下操作进行测定。

②牛乳 1mL，缓冲液稀释至 5mL。

③吸取 500μL 待测样品，加入 1000μL 缓冲溶液，再加 10μL DTNB 溶液，同时以不加 DTNB 的样品溶液为空白对照，25℃水浴 1 h，在 412nm 下测定吸光度，加样步骤见表 2-7。

表 2-7　　　　　　　　　　　蛋白质游离巯基的测定加样步骤

项目	样品/μL	空白/μL
样品体积	500	500
缓冲溶液	1000	1010
DTNB 溶液	10	—

25℃水浴 1h，412nm 下测吸光度

五、结果与计算

巯基含量按式（2-13）计算：

$$X = \frac{73.53 \times A_{412} \times D}{c} \tag{2-13}$$

式中　X——巯基含量，mmol/mg prot；

　　　A_{412}——样品与相应空白的吸光度差值；

　　　D——稀释倍数，本方法中稀释倍数为 3.02×5＝15.1；

　　　c——蛋白浓度，mg/mL。

六、注意事项

（1）样品中蛋白质与脂肪乳化，容易导致浑浊度提高而产生比色偏差。采用丙酮预处理，降低待测样品的浑浊度。

（2）吸取样品溶液 1mL，加入 9mL 无水丙酮，旋涡振荡混匀，静置 10min，3000r/min 离心 15min，沉淀用 5mL 丙酮重新分散、离心（3000r/min，15min），重复 1 次，沉淀挥干丙酮后，加入 5mL 缓冲液，按照表 2-8 操作测定游离巯基含量。

七、思考题

1. 若测定总巯基（包括二硫键）含量，可否将 Ellman 法改进？应如何做？
2. 缓冲液中 8mol 尿素的作用是什么？

八、延伸阅读

［1］欧仕益，郭乾初，包惠燕，李爱军. 豆奶蛋白质中巯基含量的测定［J］. 中国食品学报，2003（02）：59-62

［2］Beveridge T，Toma SJ，Nakai S. Determination of SH- and SS-group in some food proteins using ellman's reagent［J］. Journal of Food Science，1974，39（1）：49-51.

实验八　蛋白质羰基含量测定

一、目的与要求

1. 掌握 2，4-二硝基苯肼（DNPH）法测定蛋白羰基含量的原理和操作方法。
2. 了解蛋白质氧化后羰基含量的变化与品质的关系。

二、背景与原理

（一）背景

羰基是指碳原子以双键和氧原子结合而成的官能团，蛋白质中敏感氨基酸残基（精氨酸、赖氨酸、脯氨酸、苏氨酸等）侧链的自由氨基或亚氨基，当受到活性氧（ROS）攻击、以及与非酶糖基化、脂质过氧化反应的醛基，经反应最终生成 NH_3 和相应羰基衍生物。蛋白羰基化合物的形成被认为是氧化蛋白最为显著的变化。食物体系中一些羰基化合物与食品的颜色、风味物质形成关系密切。机体组织的蛋白质羰基化主要通过自由基与金属离子催化氧化系统完成，蛋白质氨基酸残基侧链的氧化可导致羰基化合物增多，也成为蛋白质丧失功能或降解的重要原因。研究发现，高血脂、高血压机体中以及神经退行性等疾病的肝、肾、心、脑组织均可检测到蛋白羰基化及丙二醛（MDA）水平升高。羰基含量被广泛地用于评价生物机体的氧化程度，是蛋白质氧化损伤的敏感指标。

（二）原理

样品中羰基化合物组分可与2,4-二硝基苯肼（DNPH）在酸性溶液中应生成2,4-二硝基苯腙。2,4-二硝基苯腙为棕红色的沉淀，将沉淀洗涤、用盐酸胍溶解后，可在紫外分光光度计上读取370nm下的吸光度，从而测定蛋白质的羰基含量。

三、仪器与材料

（一）仪器

（1）紫外分光光度计；

（2）冷冻离心机（12000r/min）；

（3）旋涡混匀器；

（4）玻璃吸量管（0.5mL，5mL，10mL）；

（5）塑料离心管10mL。

（二）材料与试剂

巴氏杀菌牛乳，UHT牛乳或全脂乳粉。

氯化钠（NaCl），2,4-二硝基苯肼（DNPH），盐酸（HCl），三氯乙酸（TCA），盐酸胍，无水乙醇、乙酸乙酯均为分析纯。

（三）试剂配制

（1）生理盐水 0.9g NaCl溶入100mL蒸馏水中。

（2）2mol/L HCl 取浓盐酸83.3mL，加蒸馏水稀释至500mL。

（3）10mmol/L DNPH溶液 准确称取1.98g DNPH（相对分子质量198.136）溶于100mL 2mol/L HCl中。

（4）200g/L 三氯乙酸溶液 称取20g三氯乙酸，用蒸馏水定容至100mL。

（5）6mol/L 盐酸胍 称取28.659g盐酸胍（相对分子质量95.53），用蒸馏水定容至50mL。

（6）乙醇和乙酸乙酯混合液 量取相同体积无水乙醇和乙酸乙酯，进行1∶1混合。

四、实验步骤

（1）配制适宜浓度的样品溶液（参照实验六），测定蛋白质含量。

（2）吸取500μL样品溶液，加入2mL 10mmol/L DNPH溶液，同时做一组空白对照，即在样品中加入不含 DNPH 的 2mol/L HCl 溶液。

（3）将各反应体系置于避光放置 1h，每隔 10min 旋涡震荡一次。

（4）反应完毕后，加入 2.5mL 200g/L 三氯乙酸溶液沉淀蛋白质腙衍生物，4℃，12000r/min 离心 15min，弃上清。

（5）得到的沉淀用乙醇和乙酸乙酯混合物洗涤三次，最后沉淀用 6.25mL 的盐酸胍溶液溶解，37℃，水浴 15min，每 5min 振摇一次。

（6）12000r/min 离心 15 min，取上清液，以空白为对照，370 nm 波长下测定吸光度（见表 2-8）。

表 2-8   蛋白质羰基测定实验步骤

	样品组	空白组
蛋白样品	500μL	500μL
DNPH 溶液	2mL	—
HCl 溶液	—	2mL
避光放置 1h，每隔 10min 旋涡震荡 1 次		
200g/L 三氯乙酸	2.5 mL	2.5 mL
12000r/min 离心 15min，用乙醇和乙酸乙酯混合物洗涤沉淀三次		
盐酸胍溶液	6.25mL	6.25 mL
12000r/min 离心 15 min，取上清，370 nm 测定吸光度		

五、结果计算

羰基浓度用摩尔消光系数 $\varepsilon = 22.0 \text{mmol}/(\text{L} \cdot \text{cm})$ 来计算（$A = \varepsilon C L$）。羰基含量用每毫克蛋白中含有多少微摩尔的羰基来表示。

六、注意事项

（1）DNPH 不溶于水，只能溶于稀酸和稀碱等溶液。因此，用 2mol/L HCl 来溶解 DNPH。空白对照可避免 HCl 与反应体系中的一些物质反应生成对比色影响实验结果。

（2）DNPH 见光易分解，故 DNPH 溶液配制好应置于棕色瓶中，在整个反应过程中，将反应体系避光处理。

（3）DNPH 本身在 370nm 有强吸收，故在步骤（5）中要用乙醇和乙酸乙酯混合物洗去未与蛋白结合的 DNPH。

（4）二硝基苯肼 DNPH 遇明火易燃烧，与氧化剂混合可形成爆炸性混合物。干燥时震动、撞击会引起爆炸。使用时应注意安全。

七、思考题

若将 DNPH 法用于组织中蛋白质羰基含量测定，需要考虑哪些因素？

八、延伸阅读

[1] 胡燕，袁晓霞. 食品体系中活性羰基物质的研究进展 [J]. 粮食与油脂. 2017, 30 (5)：1-4.

[2] 陈燚，胡奥晗，杨凌毅，等. 活性羰基化合物荧光探针的研究进展 [J]，有机化学，2017, 37：1-4.

[3] GB 5009.230—2016《食品安全国家标准. 食品中羰基价的测定》。

[4] 段丽菊，刘英帅，朱燕，杨旭. DNPH 比色法：一种简单的蛋白质羰基含量测定方法 [J]. 毒理学杂志，2005（04）：320-322.

实验九　香菇多糖含量测定

一、目的与要求

1. 掌握测定香菇中多糖提取的原理和方法。

2. 掌握苯酚-浓硫酸法测定香菇中多糖含量的原理、方法。

3. 了解多糖的功能与生物学价值。

二、背景与原理

（一）背景

多糖的免疫调节功能已被广泛证实，研究表明，多糖在肠道中通过肠道免疫、肠道屏障修复、改变肠道菌群结构和功能等方面调节肠道功能，并影响机体代谢。香菇多糖是香菇实体中提取的活性成分——高分子葡聚糖，其以 1，3-β-D-葡聚糖残基为主链，以 1，6-葡聚糖残基的葡聚糖为侧链，香菇多糖组成以甘露糖为主，尚有葡萄糖、半乳糖、岩薄糖、木糖、阿拉伯糖等。

（二）原理

香菇干粉经乙醇加热回流提取、水提法制得香菇多糖。采用苯酚-浓硫酸法测定香菇中多糖的含量。

测定多糖常用的方法包括苯酚-硫酸法和蒽酮-硫酸法。两种方法均首先使糖在浓硫酸作用下，水解成单糖分子，后者迅速脱水生成糖醛糠醛或羟甲基糠醛。蒽酮试剂与糠醛或羟甲基糠醛反应可生成蓝绿色糠醛衍生物，颜色的深浅与糖的含量在一定范围内成正比，可用于几乎所有碳水化合物（淀粉、纤维素及其他多糖）的定量，但蒽酮试剂与不同种类的糖（葡萄糖、半乳糖、戊糖等）显色深度不同，常因糖类的比例不同造成误差，适于单一糖类含量测定。

苯酚可与生成的糠醛或羟甲基糠醛缩合成一种橙红色化合物，其颜色深浅与糖的含量成正比，在 485nm 波长左右有最大吸收峰，故而在此波长下测定的单糖含量来表示多糖的含量。苯酚-硫酸法可用于甲基化的糖、戊糖和多聚糖的测定。蒽酮-硫酸法对于测定不同糖组成的多糖，较苯酚-硫酸法有一定的优势，更为常用。

苯酚被氧化后对实验结果的准确性和重现性均有较大影响，为了保证苯酚的纯度，使用前须进行重蒸馏。

三、仪器与材料

（一）仪器

（1）紫外-可见分光光度计；

（2）电子分析天平；

（3）恒温水浴；

（4）粉碎机；

（5）40 目样品筛；

（6）超声提取器；

（7）高速冷冻离心机（4000r/min）；

（8）回流装置；

（9）100mL 容量瓶；

（10）50mL、20mL 具塞试管。

（二）试剂与材料

1. 试剂

蒸馏水，无水乙醇，80mL/L 乙醇，浓硫酸，苯酚，葡萄糖标准品。

2. 材料

干香菇（粉碎）。

3. 试剂配制

（1）葡萄糖标准溶液的配制　精密称取 105℃ 干燥至恒重的葡萄糖标准品 10.0mg，蒸馏水溶解并定容至 100mL，摇匀，配成浓度为 0.10mg/mL 标准葡萄糖溶液，备用。

（2）50g/L 苯酚溶液的配制　取苯酚 100g，加铝片 0.1g 和碳酸氢钠 0.05g，常压蒸馏，收集 182℃ 馏分。精密称取该馏分苯酚 2.5g 至棕色瓶中，加 50mL 蒸馏水溶解，摇匀置于冰箱中备用。

四、实验步骤

1. 标准曲线的绘制

精密量取 0，0.2，0.4，0.6，0.8，1.0mL 的标准葡萄糖溶液，分别置于 20mL 具塞试管中，用蒸馏水补至 1.0mL。向试液中加入 1.0mL 苯酚溶液，摇匀，然后快速加入 5.0mL 硫酸（与液面垂直加入，勿接触试管壁，以便与反应液充分混合），摇匀，静置 10min。将试管放置于 30℃ 水浴中反应 20min，490nm 测定吸光度。以吸光度为纵坐标，葡萄糖质量浓度为横坐标，绘制标准曲线。

2. 香菇多糖的提取

称取粉碎通过 40 目筛的干香菇样品 0.5~1.0g（精确至 0.001g），置于 50mL 具塞离心管内。用 5mL 水浸润样品，缓慢加入 20mL 无水乙醇，混合均匀后，置超声提取器中超声提取 30min。然后，于 4000r/min 离心 10min，弃去上清液。不溶物用 10mL 800mL/L 乙醇溶液洗涤、离心，弃上清。用水将上述不溶物转移入圆底烧瓶，加入 50mL 蒸馏水，装上磨口的空气冷凝管，于沸水浴中提取 2h。冷却至室温，过滤，将上清液转移至 100mL 容量瓶中，残渣洗涤 2~3 次，洗涤液转移至容量瓶中，加水定容，摇匀，获得多糖粗提取液。

3. 多糖的测定

准确量取 1.0mL 糖提取液，置于 20mL 具塞试管中，加入 50mL/L 苯酚溶液 1.0mL，摇匀，迅速加入硫酸 5.0mL，摇匀，静置 10min，置 30℃ 水浴中反应 20min，取出，迅速冷却至室温，以空白调零，在 490nm 的波长处测定吸光度。

代入标准曲线，计算多糖浓度。进行 3 次平行实验。

五、思考题

1. 测定过程中，硫酸的加入方式会否影响多糖的测定结果，为什么？
2. 香菇多糖具有哪些生物学功能？
3. 不同来源多糖提取方法是否相同？

六、延伸阅读

[1] 朱怡卿，刘玮，王虹，高向东，姚文兵. 多糖对肠道功能调节作用的研究进展 [J]. 药学进展. 2015，39（4）：293-299.

[2] 周勇，易延逵，杨晓敏，李亚平. 香菇中多糖含量测定方法的比较研究 [J]. 食品研究与开发. 2016，37（13）：124-128

[3] NY/T 1676-2008《食用菌种粗多糖含量的测定》。

实验十 茶叶中茶多酚含量测定

一、目的与要求

1. 掌握茶多酚测定的原理和方法。
2. 了解茶多酚的功能及应用。

二、原理与背景

（一）背景

茶多酚是茶叶中多酚类物质的总称，包括黄烷醇类、花色苷类、黄酮类、黄酮醇类和酚酸类等。其中儿茶素含量最高，包括酯化表儿茶素没食子酸酯（Epicatechin Gallate，ECG）和表没食子儿茶素没食子酸酯（Epigallocatechin Gallate，EGCG），以及游离型的表儿茶素（Epicatechin，EC）、表没食子儿茶素（Epigallocatechin，EGC）。

（二）原理

将茶叶磨碎，用 70%的甲醇于 70℃提取茶多酚；福林酚（Folin-Ciocalteu）试剂氧化茶多酚中—OH 基团并显蓝色，最大吸收波长为 765nm，用没食子酸作为校正标准，定量测定茶多酚含量。

三、仪器与材料

（一）仪器

（1）分析天平（200g±0.0001g）；
（2）可见光分光光度计；
（3）恒温水浴锅；
（4）离心机（4000r/min）；
（5）容量瓶、玻棒、20mL 刻度具塞试管。

（二）材料与试剂

1. 材料
绿茶粉，双蒸馏水。

2. 试剂

甲醇（CH₃OH），碳酸钠（Na₂CO₃），福林-酚（Folin-Ciocalteu）试剂，没食子酸，均为分析纯。

3. 试剂配制

（1）7∶3甲醇水溶液　甲醇与水按7∶3体积比配制。

（2）75g/L碳酸钠溶液　称取37.50g±0.01g碳酸钠，加适量水溶解，转移至500mL容量瓶中，用水定容、摇匀（可保存30d）。

（3）福林酚（Folin-Ciocalteu）应用液　25mL福林酚试剂转移到250mL容量瓶中，用水定容、摇匀（用前配制）。

（4）没食子酸储备液（1mg/mL）　称取0.100g±0.001g没食子酸（GA，MD188.14）于100mL容量瓶中溶解、定容（现配现用）。

四、实验步骤

（一）茶粉提取物制备

（1）精密称取0.2g（±0.0001g）均匀磨碎的试样于10mL离心管中，加入经70℃预热过的70%甲醇溶液5mL，用玻璃棒充分搅拌均匀湿润。

（2）立即移入70℃水浴中，浸提10min（隔5min搅拌一次），浸提后冷却至室温，转入离心机在3500r/min转速下离心10min，将上清液转移至10mL容量瓶。

（3）残渣再用5mL的70%甲醇溶液提取一次，重复以上操作。合并提取液定容至10mL，摇匀，过0.45μm滤膜，得到待测母液。

（4）移取母液1.0mL于100mL容量瓶中，用水定容至刻度，摇匀，待测。

（二）样品测定

（1）没食子酸标准曲线制作　移取1.0，2.0，3.0，4.0，5.0mL没食子酸储备液于100mL容量瓶中，蒸馏水定容，浓度分别为10，20，30，40，50μg/mL；

取25mL具塞试管，各管中加入上述各浓度没食子酸水溶液1.0mL，加5mL福林-酚试剂，混匀后加入75g/L碳酸钠溶液4mL，混匀，室温放置60min，加蒸馏水至20mL，765nm下测定吸光值（每个浓度做2个平行）。

以没食子酸的量为横坐标，对应的吸光度为纵坐标制作标准曲线，计算回归公式、斜率。

（2）用移液器分别移取水及待测液各1.0mL于20mL刻度具塞试管内，在每个试管内分别加入5.0mL的福林-酚试剂，按照表2-9操作加样。

表2-9　　　　　　　　　　　　　　　茶多酚测定步骤

试剂	测试液（样品）	蒸馏水（空白）
样品	1.0mL	1.0mL
福林-酚试剂	5.0mL	5.0mL
	摇匀。室温反应5min	

续表

试剂	测试液（样品）	蒸馏水（空白）
Na$_2$CO$_3$ 溶液	4.0mL	4.0mL
加水定容至 20mL，摇匀，室温下放置 60min		

用 10mm 比色皿、在 765nm 波长下测定吸光度。

每个样品做 2~3 个平行，取算术平均值为结果。

五、结果计算

茶多酚含量按式（2-14）计算：

$$X(\%) = \frac{A \times V \times d}{SLOPE_{std} \times m \times 10^6 \times m_1} \times 100 \qquad (2-14)$$

式中　X——茶多酚含量，%；

　　　A——样品吸光度；

　　　V——样品提取液体积，mL；

　　　d——稀释因子（通常为 1mL 稀释成 100mL，则其稀释因子为 100）；

$SLOPE_{std}$——没食子酸标准曲线的斜率；

　　　m——样品干物质含量，%；

　　　m_1——样品质量 g。

六、注意事项

若样品吸光度>50μg/mL 浓度的没食子酸标准工作液的吸光度，则应稀释样品，或应重新配置高浓度没食子酸标准工作液进行校准。

七、思考题

1. 茶多酚提取过程中，影响产量和质量的主要因素有哪些？是否会影响测定结果？

2. 简述茶多酚的生物学功能及其应用。

八、延伸阅读

[1] 钟兴刚，刘淑娟，郑红发，等．酒石酸亚铁法和福林酚法测定茶多酚的差异原因研究 [J]，茶叶通讯，2013，03：28-29，34.

[2] 杨爱萍，王清吉，索守丽，等．茶多酚提取、分离工艺研究 [J]，莱阳农学院学报 2002，19（2）：106-107.

实验十一　食品中反式脂肪酸的测定

一、目的与要求

1. 掌握气相色谱法测定反式脂肪酸的原理方法。

2. 学会利用保留值定性及面积归一化法定量的分析方法。

3. 熟悉气相色谱仪的使用、掌握微量注射进样技术。

二、背景与原理

（一）背景

反式脂肪酸（Trans Fatty Acids，TFA）是含有反式双键的不饱和脂肪酸的总称。包括天然存在和人工形成的反式脂肪酸两种情况。天然的反式脂肪酸可来自反刍动物（如牛、羊等）脂肪组织及其乳制品，主要由饲料中的不饱和脂肪酸经瘤胃中的丁酸弧菌属菌群的酶促生物氢化作用生成；反式脂肪酸也产生于加工处理过程，如植物油氢化改性、精炼植物油高温处理以及高温油炸过程。反式脂肪酸的摄入对人体健康造成多种危害，包括心脑血管疾病、糖尿病、乳腺癌和老年痴呆等。TFA还可通过胎盘和乳汁进入婴幼儿体内。我国目前在食品标签中已要求强制标注其含量。

（二）实验原理

通过酸水解法提取食品中的油脂样品，油脂样品在碱性条件下与甲醇进行酯交换反应生成脂肪酸甲酯，并通过强极性固定相毛细管色谱柱分离，用氢火焰离子检测器进行测定。面积归一化法定量（参考 GB 5009.257—2016 检测方法）。

在色谱条件一定时，物质有确定的保留参数（保留时间、保留体积及相对保留值），通过比较已知纯样和未知物的保留参数，可以确定未知物为何种物质；测出所有的组分的峰面积，按归一化法计算式，求出待测组分的含量。

归一化法的公式：百分含量＝待测组分的峰面积×待测组分的相对校正。

反式脂肪酸甲酯标准品（纯度>99%）。各种反式脂肪酸甲酯参考保留时间见表2-10。

表2-10　　　　　　　　　　各种反式脂肪酸甲酯参考保留时间

反式脂肪酸甲酯	参考保留时间/min
C16：19t	28.402
C18：16t	34.165
C18：19t	34.384
C18：111t	34.567
C18：29t，12t	36.535
C18：210t，12c	42.091
C18：39t，12t，15t	38.773
C18：39t，12t，15c+C18：39t，15t，15c	39.459
C18：39c，12t，15t+C18：39c，12c，15t	39.883
C18：39c，12t，15c	40.4
C18：39t，12c，15c	40.518
C20：111t	40.4
C22：113t	46.571

三、仪器与材料

（一）主要仪器

（1）气相色谱仪　配氢火焰离子化检测器恒温水浴锅（室温 100℃）；

（2）旋涡振荡器；

（3）离心机（5000r/min）；

（4）旋转蒸发仪；

（5）分析天平（200±0.0001g）；

（6）玻璃仪器　具塞试管（10mL、50mL），分液漏斗（125mL）、圆底烧瓶（200mL）。

（二）材料及试剂

盐酸（HCl，36%~38%），乙醚（$C_4H_{10}O$），石油醚（30~60℃），无水硫酸钠（Na_2SO_4），硫酸氢钠（$NaHSO_4$），氢氧化钾（KOH），均为分析纯。

异辛烷（C_8H_{18}），甲醇（CH_3OH），无水乙醇（C_2H_5OH），均为色谱纯。脂肪酸甲酯标准品，纯度>99%。

咖啡伴侣、植脂末。

（三）试剂配制

（1）氢氧化钾-甲醇溶液（2mol/L）　称取 13.2g 氢氧化钾，溶于 80mL 甲醇中，冷却至室温，用甲醇定容至 100mL。

（2）石油醚-乙醚溶液　量取 500mL 石油醚与 500mL 乙醚混合均匀后备用。

（3）80μg/mL 反式脂肪酸甲酯混合标准异辛烷溶液。

四、实验步骤

1. 试样采集与预处理

（1）油脂样品　取 50g 样品固体样品粉碎混匀，半固态样品在 60~70℃下水浴溶化，制备成均一稳定的样品。

（2）含油脂食品　固态和半固态样品取均匀的试样 2.0g（精确至 0.01g，保证脂肪含量不低于 0.125g）置于 50mL 试管中，加入 8mL 水充分混合，再加入 10mL 盐酸混匀。液体样品取 10mL 置于 50mL 试管中，加入 10mL 盐酸混匀。

将试管放入 60~70℃水浴中，每隔 10min 依次充分振荡，约 40min 至样品完全水解。取出试管，加入 10mL 乙醇充分混合，冷却至室温。

将混合物移入 125mL 分液漏斗中，以 25mL 乙醚分两次润洗试管，洗液一并倒入分液漏斗中。待乙醚全部倒入后，加塞振摇 1min，小心开塞，放出气体，并用适量的石油醚-乙醚溶液（1+1）冲洗瓶塞及瓶口附着的脂肪，静置 10~20min 至上层醚液清澈。

收集上层有机相，用乙醚重复萃取下层水相两次，合并有机相。将全部有机相过适量的无水硫酸钠柱，用少量石油醚-乙醚溶液（1+1）淋洗柱子，收集全部流出液于 100mL 具塞量筒中，用乙醚定容并混匀。

精准移取 50mL 有机相至已恒重的圆底烧瓶内，50℃水浴下旋转蒸去溶剂后，置（100±5）℃下恒重，计算食品中脂肪含量；另 50mL 有机相于 50℃水浴下旋转蒸去溶剂后，用于反式脂肪酸甲酯的测定。

2. 脂肪酸甲酯化衍生和检测

（1）脂肪酸甲酯化衍生　取 60mg 油脂样品或提取的脂肪，置于 10mL 具塞试管中，加入 4mL 异辛烷充分溶解，加入 0.2mL 氢氧化钾–甲醇溶液，旋涡混匀 1min，放至试管内混合液澄清。

加入 1g 硫酸氢钠中和过量的氢氧化钾，旋涡混匀 30s，于 4000r/min 下离心 5min，上清液经 0.45μm 滤膜过滤，滤液作为试样待测液。

（2）样品测定　将标准工作溶液和试样待测液分别注入气相色谱仪中，根据标准溶液色谱峰响应面积，采用归一化法定量测定。

仪器参考条件如下：

①毛细管气相色谱柱：SP-2560 聚二氰丙基硅氧烷；柱长 100m×0.25mm，膜厚 0.2μm，或性能相当者；

②检测器：氢火焰离子化检测器；

③载气：高纯氦气 99.999%；

④载气流速：1.3mL/min；

⑤进样口温度：250℃；

⑥检测器温度：250℃；

⑦程序升温：初始温度 140℃，保持 5min，以 1.8℃/min 的速率升至 220℃，保持 20min；

⑧进样量：1μL；

⑨分流比：30：1。

五、结果与计算

将检测样品和标准品分别上机进行检测后，根据标准品色谱峰响应面积，采用面积归一化法进行定量。

1. 食品中脂肪的质量分数

食品中脂肪的质量分数按照式（2-15）计算：

$$w_z = \frac{m_1 - m_0}{m_2} \times 100\% \tag{2-15}$$

式中　w_z——试样中脂肪质量分数，%；

$\quad\quad$ m_1——圆底烧瓶和脂肪的质量，g；

$\quad\quad$ m_0——圆底烧瓶的质量，g；

$\quad\quad$ m_2——试样的质量，g。

2. 相对质量分数的计算

各组分相对质量分数按照式（2-16）计算：

$$w_x = \frac{A_x}{A_t} \times 100\% \tag{2-16}$$

式中　w_x——归一化法计算的反式脂肪酸组分 X 脂肪酸甲酯的相对质量分数，%；

$\quad\quad$ A_x——组分 X 脂肪酸甲酯的峰面积；

$\quad\quad$ A_t——所有峰校准面积总和。

3. 脂肪中反式脂肪酸的含量

脂肪中反式脂肪酸的质量分数按照式（2-17）计算：

$$w_t = \Sigma w_x \tag{2-17}$$

式中　w_t——脂肪中反式脂肪酸的质量分数,% ;

　　　w_x——归一化法计算的组分 X 脂肪酸甲酯相对质量分数,% 。

4. 食品中反式脂肪酸的含量

食品中反式脂肪酸的质量分数按照式（2-18）计算：

$$W = W_t + W_z \tag{2-18}$$

式中　w——食品中反式脂肪酸的质量分数,% ;

　　　w_t——脂肪中反式脂肪酸的质量分数,% ;

　　　w_z——食品中脂肪的质量分数,% 。

六、注意事项

反式脂肪酸的种类有很多，常见的标准品可以检测约 15 种反式脂肪酸，但是在食用油中存在 $C_{18:2}$ 9t，12C 类似的并未出现在国标规定中的反式脂肪酸，需要用对应的标准品进行检测。此外，部分反式脂肪酸可能对人体有益，如结构为反式双烯式的共轭亚油酸就是可以提高人体免疫力、改善脂类消化吸收的一种特殊反式脂肪酸。所以在实际检测中，对于反式脂肪酸的评价还需要充分的证据。

七、思考题

1. 反式脂肪酸对机体有哪些不利影响？

2. 反式脂肪酸测定方法有哪些？

八、延伸阅读

[1] GB 5009. 257—2016《食品中反式脂肪酸的测定》。

[2] 郭林，李靖靖，宁建中. 反式脂肪酸测定方法的研究 [J]. 现代化工，2011，31（3）：87-93.

实验十二　油脂过氧化值测定

一、目的与要求

1. 了解油脂过氧化对油脂品质与人体健康的影响。

2. 掌握油脂过氧化值测定原理与方法。

二、背景与原理

（一）背景

油脂在光、热、金属离子等因素存在的条件下，可与自发性、光氧化反应形成的单线态氧、自由基链式反应，产生脂肪酸氢过氧化物以及由其分解、聚合产生的一系列氧化酸败产物，从而使油脂劣化、变质。摄入油脂的过氧化物会耗用人体消化道等组织的还原力，造成器官组织的氧化损伤。油脂的过氧化物是油脂开始酸败的初始产物，因此，过氧化值是评价油脂营养品质的重要指标之一。

（二）原理

油脂试样在三氯甲烷和乙酸中溶解，其中的过氧化物与碘化钾反应生成碘，用硫代硫酸钠标准溶液滴定析出的碘。用过氧化物相当于碘的质量分数或 1kg 样品中活性氧的毫摩尔数表示过氧化值。

三、仪器与材料

（一）仪器

（1）旋转蒸发仪；

（2）分析天平（200g±0.0001g）；

（3）电热恒温干燥箱；

（4）玻璃器皿 碘量瓶 250mL，滴定管 10mL、25mL。

（二）试剂与材料

乙酸（CH_3COOH），三氯甲烷（$CHCl_3$），碘化钾（KI），硫代硫酸钠（$Na_2S_2O_3 \cdot 5H_2O$），石油醚（沸点 30~60℃），无水硫酸钠（Na_2SO_4），可溶性淀粉，重铬酸钾（$K_2Cr_2O_7$）。

花生油，陈化花生油。

（三）试剂配制

（1）0.1mol/L 硫代硫酸钠标准溶液　称取 26g 硫代硫酸钠，加 0.2g 无水碳酸钠，溶于 1000mL 水中，缓慢煮沸 10min 后冷却。放置 2 周后过滤、标定。使用前分别用水稀释成 0.01mol/L、0.002mol/L 的标准工作液。

（2）三氯甲烷-乙酸混合液（体积比 4∶6）　量取 40mL 三氯甲烷，加 60mL 乙酸，混匀。

（3）10g/L 淀粉指示剂　称取 0.5g 可溶性淀粉，加少量水调成糊状。边搅拌边倒入 50mL 沸水，再煮沸搅匀后，放冷备用，冰箱保存（2~4 周）。

（4）碘化钾饱和溶液　称取 14g 碘化钾，加入 10mL 新煮沸冷却的水，摇匀后储于棕色瓶中，存放于避光处备用，确保溶液中有饱和碘化钾结晶存在。

四、实验步骤

（一）样品预处理

油脂样品熔化至均匀稳定的状态后取样。须从食品样品中取出均一稳定的待测部分，在研钵中研磨粉碎后置于广口瓶中，加入 2~3 倍样品体积的石油醚，充分摇匀。每隔 2h 超声 20min，重复浸提 12h 以上，经过装有无水硫酸钠的漏斗过滤，取滤液在低于 40℃ 的条件下，用旋转蒸发仪旋干溶剂，残留物为待测试样。

（二）样品的检测

准确称取预处理后样品 2~3g（精确至 0.001g），置于 250mL 碘量瓶中，加入 30mL 三氯甲烷-乙酸混合液，轻轻振荡使其完全溶解。准确加入 1.00mL 饱和碘化钾溶液，塞紧瓶盖后快速振荡 30s（使过氧化物与碘充分接触），在暗处静置 3min。取出加 100mL 水，摇匀后立即用硫代硫酸钠标准溶液滴定析出的碘，滴定至淡黄色出现时，加 1mL 淀粉指示剂，继续滴定并强烈振荡至溶液蓝色消失为终点。同时进行空白试验，空白试验消耗 0.01mol/L 硫代硫酸钠溶液体积不得超过 0.1mL。

五、结果与计算

结果用过氧化物相当于碘的质量分数表示过氧化值，按式（2-19）计算：

$$X = \frac{(V - V_0) \times c \times 0.1269}{m} \times 100 \qquad (2\text{-}19)$$

式中　X——过氧化值，g/100g；

　　　V——试样消耗的硫代硫酸钠标准溶液体积，mL；

　　　V_0——空白试验消耗的硫代硫酸钠标准溶液体积，mL；

　　　c——硫代硫酸钠标准溶液的浓度，mol/L；

0.1269——与1.00mL硫代硫酸钠标准滴定溶液（1mol/L）相当的碘的质量；

　　　m——试样质量，g；

　　　100——换算系数。

计算结果以重复性条件下获得的两次独立测定结果的算术平均值表示，结果保留两位有效数字。

六、注意事项

（1）实验前检查碘化钾饱和溶液，确保其中有碘化钾结晶存在。若碘化钾试剂放置一段时间后需要先检查后再使用，当加入2滴10g/L淀粉试剂，出现蓝色且需要1滴以上0.01mol/L硫代硫酸钠溶液才能消除时，需要更换试剂。

（2）石油醚在使用前也需要通过空白实验检查对滴定反应的干扰。

（3）由于油脂的氧化是一个自发性持续的过程，氧气、温度、反应时间对结果均有影响，整个实验应当在避光的环境下进行操作，样品制备取样后应当及时进行检测。

七、思考题

1. 氧化酸败的油脂对其营养价值有哪些影响？

2. 检测中碘化钾、淀粉和硫代硫酸钠试剂的质量控制对结果有哪些影响？

八、延伸阅读

［1］GB 5009.227-2016《食品安全国家标准 食品中过氧化值的测定》。

［2］黄晓青．论GB/T 5538—2005《动植物油脂 过氧化值的测定》的实践问题［J］．现代食品，2016，7（13）：32-34.

［3］程宁宁，贾颖萍，尹静梅．现代分析仪器检测油脂过氧化值的研究进展［J］．食品工业，2017（6）：266-269.

［4］梅江，陈奕，谢明勇．油脂氧化产生的氧化α，β不饱和醛的研究进展［J］．中国粮油学报，2016，31（3）：133-138.

实验十三　食品中氯化钠含量测定

一、目的与要求

掌握银量法测定食品中氯化钠的原理和方法。

二、背景与原理

（一）背景

合理地减少钠的摄入能够有效地降低罹患高血压、心脏病和中风等慢性病风险。我国居民钠摄入的重要来源是食品中添加与烹调过程的调味品，食品加工中应注意控制食盐量。食品中氯化钠的测定可通过滴定样品中的氯离子来表征含量。测定氯化钠含量的方法一般基于生成微溶性银盐的沉淀反应（银量法），用铬酸钾（K_2CrO_4）作为滴定指示剂的直接滴定法（摩尔法）或用铁铵矾［$NH_4Fe(SO_4)_2$］作为指示剂的间接滴定法（佛尔哈德法）以及用吸附指示剂指示终点的法扬司法。

（二）原理

摩尔法是以 K_2CrO_4 为指示剂的银量法。此法要求溶液为中性或弱碱性，最适宜的 pH 为 $6.5\sim10.5$。在含 Cl^- 溶液中加入指示剂铬酸钾，用硝酸银（$AgNO_3$）标准溶液滴定，形成溶解度小的白色氯化银（AgCl）沉淀，以及溶解度相对较大的砖红色铬酸银（Ag_2CrO_4）沉淀。根据分步沉淀原理，溶液中首先析出 AgCl 沉淀，AgCl 定量沉淀后，即接近达到反应等当点时，由于 Cl^- 浓度迅速降低，溶液中 Ag^+ 则不断增加，当增加到生成 Ag_2CrO_4 所需的 Ag^+ 浓度时则生成砖红色的 Ag_2CrO_4 沉淀，表明 Cl^- 已被定量沉淀，指示到达终点。根据硝酸银标准溶液消耗量，计算食品氯化钠含量。主要反应如下：

等当点前 $\qquad Ag^+ + Cl^- \Longrightarrow AgCl\downarrow$（白色）（$Ksp = 1.8\times10^{-10}$）

等当点时 $\qquad 2Ag^+ + CrO_4^{2-} \Longrightarrow Ag_2CrO_4\downarrow$（砖红色）（$Ksp = 2.0\times10^{-12}$）

三、仪器与材料

（一）仪器

（1）分析天平（200g±0.001g）；

（2）磁力搅拌器；

（3）电加热板；

（4）pH 计；

（5）移液器（1~5mL）及吸头，或玻璃吸量管 1mL；

（6）玻璃器材 滴定管 25mL，锥形瓶 250mL，漏斗，烧杯，棕色容量瓶、棕色试剂瓶 500mL。

（二）试剂与材料

硝酸银（$AgNO_3$），铬酸钾（K_2CrO_4），氢氧化钠（NaOH），硝酸（HNO_3），氯化钠（NaCl），氯化钾（KCl），乙醇，酚酞，均为分析纯。

薯片、腌萝卜干。

（三）溶液配制

（1）铬酸钾溶液（50g/L） 称取 5g 铬酸钾，加水溶解，并定容到 100mL。

（2）铬酸钾溶液（100g/L） 称取 10g 铬酸钾，加水溶解，并定容到 100mL

（3）氢氧化钠溶液（1g/L） 称取 0.1g 氢氧化钠，加水溶解，并定容到 100mL

（4）硝酸溶液（1+3） 将 1 体积的硝酸加入 3 体积水中，混匀。

（5）酚酞乙醇溶液（10g/L） 称取 1g 酚酞，溶于 60mL 800g/L 乙醇中，水稀释至 100mL。

（6）氯化钠基准溶液（0.01000mol/L） 基准试剂氯化钠经 500~600℃灼烧至恒重，称取 0.5844g（精确至 0.2mg）于小烧杯中，用少量水溶解，转移到 1000mL 容量瓶中，稀释至刻度，摇匀。

（7）硝酸银标准滴定溶液（0.1mol/L） 称取 17g 硝酸银，溶于少量水中，转移到 1000mL 棕色容量瓶中，用水稀释至刻度，摇匀，棕色试剂瓶储存。

（8）标定 称取 0.05~0.10g（精确至 0.2mg）经 500~600℃灼烧至恒重的基准试剂氯化钾，与 250mL 锥形瓶中，70mL 水溶解，加入 1mL 50g/L 的铬酸钾溶液，剧烈摇动时，用硝酸银标准滴定液滴定至砖红色（保持 1min 不褪色），记录消耗的硝酸银标准滴定液体积（V_s），计算硝酸银标准液浓度（mol/L），做 2 个平行测定。

四、实验步骤

（一）样品处理

（1）称取两份薯片样品各 5g（精确至 0.001g），分别放入 250mL 烧杯中，然后加入 95mL 沸蒸馏水。充分搅拌 30s，静置 1min，再次搅拌 30s，然后冷却到室温。溶液用滤纸过滤至 100mL 容量瓶中，蒸馏水洗涤沉淀、定容。

（2）称取两份 5g 腌萝卜干试样（精确至 0.001g），组织捣碎机破碎，置于 250mL 具塞三角瓶中，加入 50mL 70℃沸蒸馏水，振摇 5min（或用涡旋振荡器振荡 5 min），超声处理 20min，冷却至室温，用滤纸过滤到 100mL 容量瓶中，洗涤沉淀、定容，滤液用于测定。

（二）测定方法

首先测定待测滤液 pH，根据 pH 选取测定方法，如下所示。

（1）pH 6.5~10.5 的待测液　移取 50.00mL 待测试液（V_a），于 250mL 锥形瓶中，加入 50mL 水和 1mL 铬酸钾溶液（50g/L）。滴加 1~2 滴硝酸银标准滴定溶液，此时，滴定液应变为棕红色，如不出现这一现象，应补加 1mL 铬酸钾溶液（50g/L），再边摇动边滴加硝酸银标准滴定溶液，颜色由黄色变为橙黄色（保持 1 min 不褪色）。记录消耗硝酸银标准滴定溶液的体积（V_b）。

（2）pH<6.5 的试液　移取 50.00mL 试液（V_a），于 250mL 锥形瓶中，加 50mL 水和 0.2 mL 酚酞乙醇溶液，用氢氧化钠溶液滴定至微红色，加再 1 mL 铬酸钾溶液（100g/L），再边摇动边滴加硝酸银标准滴定溶液，颜色由黄色变为橙黄色（保持 1 min 不褪色），记录消耗硝酸银标准滴定溶液的体积（V_b）。同时做空白试验，记录消耗硝酸银标准滴定溶液的体积（V_0）。

五、结果与计算

食品中氯化物含量以质量分数表示，按以下式（2-20）计算：

$$X = \frac{0.0355 \times c(V_b - V_0) \times V}{m \times V_a} \times 100 \tag{2-20}$$

式中　X——食品中氯化物的质量分数（以氯计），%；

　0.0355——与 1.00mL 硝酸银标准滴定溶液 $[c(AgNO_3) = 1.000mol/L]$ 相当的氯的质量，g；

　　c——硝酸银标准滴定溶液的浓度，mol/L；

　　V_a——用于滴定的试样体积，mL；

　　V_b——滴定试液时消耗的硝酸银标准滴定溶液体积，mL；

　　V_0——空白试验消耗的硝酸银标准滴定溶液体积，mL；

　　V——样品定容体积，mL；

　　M——试样质量，g。

当氯化物含量≥1%时，结果保留三位有效数字；当氯化物含量<1%时，结果保留两位有效数字。

六、注意事项

不同食品试样溶液的制备应采用不同的方法。如蛋白质、淀粉含量较高的蔬菜制品、肉禽及水产制品应采用亚铁氰化钾溶液、乙酸锌溶液预沉淀蛋白质，鲜（冻）肉类、灌肠类、酱卤肉类、看肉类、烧烤肉和火腿类制品应先炭化或灰化处理。不同食物样品的处理方法可参考 GB

5009. 44—2016。

七、思考题

1. 比较直接沉淀滴定法和间接沉淀滴定法异同和优势。

2. 热水提取和灰化处理后氯化钠含量测定有哪些不同?

3. 简述膳食中氯化钠对人体的生理意义,过高或过低对人身体有何影响。

4. 将测定的结果与来自营养标签和食物营养数据库的数据进行比较,并解释观察到的差异。

八、延伸阅读

[1] GB 5009. 44—2016《食品安全国家标准　食品中氯化物的测定》。

[2] Allison A, Fouladkhah A. Adoptable Interventions, Human Health, and Food Safety Considerations for Reducing Sodium Content of Processed Food Products [J]. Foods, 2018, 7, 16.

实验十四　食品中微量元素铁、铜、锰、锌含量测定

一、目的与要求

1. 熟悉原子吸收分光光度计的工作原理和使用方法。

2. 掌握微量元素的分析试样预处理技术。

3. 掌握原子吸收分光光度法测定食物中微量元素含量的原理与方法。

二、背景与原理

(一) 背景

食品中与人体健康和生命有关的必需微量元素有 18 种,即铁、铜、锌、钴、锰、铬、硒、碘、镍、氟、钼、钒、锡、硅、锶、硼、铷、砷。在机体内其含量不及体重万分之一的元素称为微量元素。人体必需微量元素共 8 种,包括碘、锌、硒、铜、钼、铬、钴、铁。每种微量元素都有其特殊的生理功能。

动、植物来源食物中矿物元素多以金属有机化合物形式存在,因此,食品样品需要进行一定的预处理,使有机物消化分解、无机元素游离释放。然后,可采用原子吸收分光光谱仪、电感耦合等离子体质谱仪(ICP-MS)等进行微量元素分析。原子吸收分光光度法是最常用的微量元素分析方法。

(二) 原理

(1) 样品预处理　预处理消解方法通常有干式灰化法、湿式消化法以及微波消解法。

(2) 干式灰化法是将试样置于坩埚中加热,使有机物脱水、炭化,再于高温电炉中(450~550℃)灼烧灰化,将有机物烧灼后留下的无机残渣以酸提取溶解后制备成分析试液。该法具有设备简单、操作方便、适用于大量试样的分析等优点,但不适于某些高温下挥发的元素测定。

(3) 湿式消化法是利用氧化性酸混合液,如硝酸-高氯酸,硝酸-硫酸-高氯酸,加入消化管中在电炉上对样品加热消解,氧化分解试样中的有机物成为 CO_2、水和各种气体,使待测元素转化为无机物状态存在于消解液中,消解过程中可以加入氧化剂如过氧化氢催化反应。

（4）微波消解通常在密闭聚四氟乙烯消解罐中，加入样品、混合酸及催化剂，微波条件下加热消解试样，消解结束后，经冷却、加热赶酸、定容。湿法消化过程具有被测元素挥发溢散损失少、适用面广的优点。

原子吸收分光光度法是最常用的微量元素分析方法。原子吸收分光光谱仪的原子化装置可将样品液中待测原子转化为自由态原子蒸气，当每种微量元素导入原子吸收分光光度计中，光源辐射出的待测元素特征光谱，通过原子蒸气时，被待测元素的基态原子吸收，一定条件下，入射光被吸收而减弱的程度（吸收的能量值）与该元素的含量呈正相关，由此，通过标准溶液建立校正曲线，从而计算得到被测元素的含量。更换不同的光源，用特定波长的光照射这些原子，可测量该波长的光被吸收量，得到该元素含量。

原子化装置包括火焰原子化系统、石墨炉原子化系统和氢化物发生器三种类型。

三、仪器与材料

（一）仪器

（1）原子吸收分光光度计（铁、铜、锰、锌空心阴极灯）；

（2）电子天平；

（3）马弗炉；

（4）电热消化炉（温度控制器）；

（5）瓷坩埚 50mL；

（6）玻璃消化管 100mL、漏斗；

（7）容量瓶 25mL、50mL、玻棒。

（二）试剂与材料

硝酸，高氯酸，盐酸（优级纯），铁、铜、锰、锌标准品为高纯试剂。去离子水。

大豆粉或配方乳粉。

（三）试剂配制

（1）硝酸（500mL/L） 量取 50mL 硝酸，用水稀释至 100mL。

（2）盐酸（200mL/L） 量取 20mL 盐酸，用水稀释至 100mL。

（3）混合酸 硝酸+高氯酸（3+1），量取 10mL 高氯酸，加到 30mL 硝酸中。

（4）铁标准溶液（1.000mg/mL） 称取金属铁（光谱纯）1.0000g，用 500mL/L 硝酸 40mL 溶解，并用水定容于 1000mL 容量瓶中。也可直接购买该浓度的标准溶液。

（5）铜标准溶液（1.000mg/mL） 称取金属铜（光谱纯）1.0000g，用 500mL/L 硝酸 40mL 溶解，并用水定容于 1000mL 容量瓶中。也可直接购买该浓度的标准溶液。

（6）锰标准溶液（1.000mg/mL） 称取金属锰（光谱纯）1.0000g，用 500mL/L 硝酸 40mL 溶解，并用水定容于 1000mL 容量瓶中。也可直接购买该浓度的标准溶液。

（7）锌标准溶液（1.000mg/mL） 称取金属锌（光谱纯）1.0000g，用 500mL/L 硝酸 40mL 溶解，并用水定容于 1000mL 容量瓶中。也可直接购买该浓度的标准溶液。

四、方法与步骤

（一）样品处理

1. 干灰化法

待测试样粉碎（通过 60 目）、混合均匀后，准确称取样品 0.5~3g（精确至 0.001g）（含水量高的果蔬样品预先干燥，可适当增加用量），置于 50mL 瓷坩埚中，小火炭化至无烟，移入马弗炉中，（500±25)℃灰化约 8h，取出坩埚，如坩埚内仍有碳粒，加 2 滴盐酸小火加热、蒸干，继续在马弗炉消化，直至灰化物呈灰白色。坩埚放冷，加入 1mL 盐酸，用玻棒混合，小火加热至沸腾（不使干涸），溶解灰化物；待坩埚稍冷，用去离子水将溶解的灰化物无损转移到 50mL 容量瓶中，定容、混匀备用。

取与样品处理相同量的盐酸，按同一操作方法做试剂空白试验。

2. 湿法消化

称取适量食品试样 0.5~3g（精确至 0.001g）或液体试样 2~5mL，置于消解管中，加入 20mL 混合酸消化液，管口加盖小漏斗，于可调式电加热炉上消解，消解温度 150~200℃。如消化液呈棕色，再加硝酸，直至硝酸挥发、溶液开始冒白色浓雾状烟雾（高氯酸挥发），当无色透明溶液剩余 1~2mL 时，将消化管放于消化管架上放冷。用去离子水将消化后样品液无损地转移至 25 mL 容量瓶中，定容、混匀备用，同时做空白对照。

（二）混合标准工作液制备

分别向 5 个 100mL 容量瓶中移入铁、铜、锰、锌标准溶液各 0，80，160，320，640μL，用去离子水定容至刻度线，摇匀，得到浓度分别为 0，0.8，1.6，3.2，6.4 的混合标准工作液。

（三）微量元素含量测定

将混合标准工作溶液、试剂空白液、处理后的样液分别导入调至最佳条件的火焰原子化器进行测定。

铁、铜、锰、锌的参考测定条件如表所示。以微量元素含量对应吸光度，绘制标准曲线或计算直线回归方程，样品吸光度与曲线比较或代入方程求出含量。

表 2-11　　　　　　　　　　铁、铜、锰、锌的测定条件

元素	波长/nm	灯电流/mA	狭缝/nm	燃烧器高度/mm	乙炔流量/(L/min)	空气流量/(L/min)
Fe	248.3	10	0.2	5	1.5	5.5
Cu	324.8	8	0.4	6	1.5	6.0
Mn	279.5	6	0.4	5	2.0	6.0
Zn	213.9	6	0.7	6	1.5	5.5

五、结果与计算

各微量元素的含量按式（2-21）计算：

$$X = (A_1 - A_2) \times 1000 \times m \times 1000 \tag{2-21}$$

式中　X——样品中微量元素的含量，mg/kg 或 mg/L；

　　　A_1——测定用样品液中微量元素的含量，μg/mL；

　　　A_2——试剂空白液中微量元素的含量，μg/mL；

　　　m——样品质量（体积），g（mL）；

　　　V——样品处理液的总体积，mL。

结果的表述：平行测定的算术平均值，保留二位有效数字。

六、注意事项

（1）样品制备过程中应特别注意防止元素污染。制样所用器材应为不锈钢制品，所有容器必须使用玻璃、石英或聚乙烯制品。

（2）用于微量元素测定的玻璃仪器如容量瓶、消化管、移液管等最好专用，经洗涤剂充分洗刷、水冲洗干净，然后以盐酸溶液浸泡数小时，最后用去离子水反复冲洗后方可使用。

（3）干法消化的瓷坩埚对元素有吸留作用，可能导致结果偏低，每次测定后需要用稀盐酸煮沸处理，以减少残留。

七、思考题

1. 干式灰化法和湿法消解预处理各自有哪些特点？
2. 三种不同的原子化装置分别适用于哪些微量元素的原子化处理？

八、延伸阅读

陈升军；熊华；欧阳崇学，等 . 不同预处理方法测定米渣中 Zn、Fe、Se、Pb 元素的比较研究 ［J］. 中国卫生检验杂志，2007，17（10）：1746-1747.

第三章

营养生化分析与营养状况测评

实验十五　血清白蛋白测定

一、目的与要求

1. 了解血清白蛋白（Albumin）营养生理学的重要性。

2. 熟悉 AT-648 半自动生化多用仪的使用方法。

二、背景与原理

（一）背景

血清白蛋白是血清总蛋白的主要蛋白质成分，由肝脏合成，具有多种生理功能。在维持血液胶体渗透压，结合、转运多种营养素和代谢物质，提供血浆的大部分抗氧化活性等方面均起着很重要的作用。引起血清白蛋白含量变化的因素有很多，例如肝脏疾患、营养不良、严重出血、慢性消耗性疾病、脱水等。血清白蛋白过低，引起胶体渗透压下降，毛细管水分回收障碍，可导致水肿等症状。维持血清白蛋白（CP）稳态对机体健康有着非常重要的意义。

血清球蛋白（Serum Globulin）是一类具有免疫防护功能的物质，临床上白蛋白/球蛋白（A/G）作为协助诊断和判断预后的指标，具有重要的意义。A/G 的正常值为（1.5~2.5）：1。

（二）原理

白蛋白具有与阴离子染料结合的特性，在有表面活性剂的酸性环境下（pH 4 左右），血清中的白蛋白与溴甲酚绿结合，由黄色变成绿色。最大吸收峰 628 nm，呈色强度与样品中蛋白浓度成正比。

测定血清总蛋白含量，可以从其中减去白蛋白含量而得到球蛋白含量，从而计算白蛋白与球蛋白比值（A/G）。

三、仪器与材料

（一）仪器

（1）恒温水浴锅；

（2）自动生化分析仪或可见光分光光度计；

（3）旋涡混匀器；

（4）微量进样器（200 μL，5mL）；

（5）试管。

（二）试剂

枸橼酸（$C_6H_8O_7$），枸橼酸钠（$Na_3C_6H_5O_7 \cdot 2H_2O$），氢氧化钠（NaOH），叠氮钠（$NaN_3$），聚氧化乙烯月桂醚（$C_{38}H_{76}O_{11}$），溴甲酚绿（均为分析纯）。

（三）试剂配制

（1）溴甲酚绿储存液　在 25mL 烧杯中称取溴甲酚绿 419mg，加入 0.1mol/mL 氢氧化钠 10mL，用玻璃棒研磨使溴甲酚绿完全溶解。用蒸馏水将此溶液全部转入 1L 容量瓶里，再加入叠氮钠 100mg，最后加蒸馏水至 1L 刻度。

（2）0.1mmol 枸橼酸缓冲液，pH 4.2　分别配制 0.1mol/L 枸橼酸及 0.1mol/L 枸橼酸钠，然后按 12.3：7.7 的体积比例混合，每升混合液中加入叠氮钠 100mg。

（3）300g/L 聚氧化乙烯月桂醚溶液　称取聚氧化乙烯月桂酸醚 30g 加入适量蒸馏水，在约 60℃水浴中使其溶解，然后加蒸馏水至 100mL。

（4）溴甲酚绿应用液　取溴甲酚绿储存液 250mL，加 0.1mol/L、pH 4.2 枸橼酸缓冲液 750mL，再加 300g/L 聚氧化乙烯月桂酸醚溶液 8mL，混合。

四、方法与步骤

（1）测定血清及标准血清总蛋白含量（见考马斯亮蓝法测定蛋白含量）。

（2）将血清标本及标准血清用生理盐水做 10 倍稀释。

（3）取 EP 管，按照表 3-1 进行操作，每组样品做 2~3 个平行。

表 3-1　　　　　　　　　　溴甲酚绿法测定血清白蛋白　　　　　　　　单位：μL

项目	空白管	标准管	测定管
血清	—	—	20
标准血清	—	20	—
生理盐水	20	—	—
溴甲酚绿试剂	500	500	500
将各管溶液分别摇匀，置 37℃水浴中保温 10min，显色			

使用 721 分光光度计或 AT-648 半自动生化分析仪，以空白管校正吸光度为零，读取各管 628nm 处吸光度 OD。显色后 1h 内显色稳定。

五、实验结果与分析

血清蛋白浓度按式（3-1）计算：

$$血清蛋白(g/L) = \frac{OD_{样品}}{OD_{标准}} \times 标准血清白蛋白浓度(g/L) \tag{3-1}$$

线性范围：在 0~60g/L 线性良好。

六、注意事项

（1）血清溶血和黄疸，对结果干扰不大。

（2）溴甲酚绿试剂中的聚氧化乙烯月桂醚也可以用吐温 20 代替，用量为 2mL/L。

（3）血清白蛋白正常参考范围为 55~75g/L。

七、思考题

简述引起血清白蛋白浓度降低及 A/G 变化的原因。

八、延伸阅读

[1] 李明，王超，常玉. 溴甲酚紫与溴甲酚绿法测定血清白蛋白效果比较 [J]. 现代中西医结合杂志，2004，13（7）：858-859.

[2] Webster D，Bignell A H，Attwood E C. An assessment of the suitability of bromocresol green for the determination of serum albumin [J]. Clinica Chimica Acta，1974，53（1）：101-8.

[3] Neill J M. Oldsclarke P. A computer-assisted assay for mouse sperm hyperactivation demonstrates that bicarbonate but not bovine serum albumin is required [J]. Gamete Research，1987，18（2）：121-140.

实验十六　血清总胆固醇测定

一、目的与要求

1. 掌握总胆固醇测定的原理和方法。

2. 了解胆固醇的营养学与生理学意义。

3. 掌握多功能酶标仪的基本使用方法。

二、背景与原理

（一）背景

胆固醇是一种环戊烷多氢菲的衍生物，不仅参与细胞的膜结构形成、维持膜的功能；而且合成胆汁酸，促进脂类消化吸收，也是合成维生素 D 以及甾体激素（醛固酮、皮质醇、睾酮、雌二醇）的原料。血清总胆固醇包括低密度脂蛋白胆固醇和高密度脂蛋白胆固醇。血清总胆固醇（TC）增高，会导致高胆固醇血症。研究已证实，高胆固醇血症与动脉粥样硬化、静脉血栓形成及胆石症、高脂血症有密切的相关性，也是导致冠心病、糖尿病、高血压的重要危险因素。血清胆固醇浓度也作为肝功能、小肠吸收、胆汁功能的监测指标。成年人血清胆固醇水平范围是 2.86~5.98mmol/L（110~230mg/dL）。

（二）原理

CHOD-PAP 法（酶法）是目前临床测定总胆固醇的常规方法。总胆固醇（Total Cholesterol，TC）包括游离胆固醇（Free Cholesterol，FC，30%）和胆固醇酯（Cholesterol Ester，CE，70%）两部分，胆固醇酯经胆固醇酯酶（CEH）水解后生成 FC，其与原已经存在的 FC 一起，经胆固醇氧化酶（COD）氧化，所产生的 H_2O_2 与 4-氨基安替比林（4-AAP）、酚氧化缩合成红色醌亚胺。醌亚胺在 520nm 处有最大吸收峰，反应产生的颜色深浅与总胆固醇含量成正比。分别测定标准管和样本管的吸光度，可以计算胆固醇的含量具体反应过程如下：

$$胆固醇酯 + H_2O \xrightarrow{胆固醇酯酶} 胆固醇 + 脂肪酸$$

$$胆固醇 + O_2 \xrightarrow{胆固醇氧化酶} 胆甾-4-烯-3-酮 + H_2O_2$$

$$H_2O_2 + 4-氨基安替比林 + 对羟基苯甲酸 \xrightarrow{过氧化物酶} 醌亚胺 + H_2O$$

三、仪器与材料

（一）仪器

（1）多功能酶标仪及酶标板；

（2）微量移液器（1000μL，0.5~10μL）；

（3）恒温水浴锅（37℃）；

（4）离心机（3000r/min）；

（5）微量采血管；

（6）1.5mL离心管。

（二）试剂与材料

（1）血清或血浆。

（2）试剂　Good's缓冲液 pH 7.0，50mmol/L、苯酚 30mmol/L、4-AAP 1.0mmol/L、胆固醇酯酶 ≥250kU/L、胆固醇氧化酶 ≥500kU/L、过氧化物酶 ≥2.0kU/L、胆固醇标准品 5.17mmol/L（200mg/dL）。

四、实验步骤

（1）血清制备　采集200~500μL新鲜血液于1.5mL离心管中，37℃水浴静置30min，凝血后，3000r/min离心10min。吸取血清到另一支离心管中，准备测定。

（2）按照表3-2顺序分别加入各溶液。

表3-2　　　　　　　　　　　　CHOD-PAD法测定总胆固醇

溶液	空白	标准	样本
蒸馏水/μL	2.5	—	—
5.17mmol/L校准品/μL	—	2.5	—
血清样本/μL	—	—	2.5
工作液/μL	250	250	250

充分混匀后，37℃孵育5min，510nm，酶标仪测定各孔吸光度。

五、实验结果与计算

胆固醇含量按式（3-2）计算：

$$胆固醇含量(mmol/L) = \frac{OD_{样品} - OD_{空白}}{OD_{标准} - OD_{空白}} \times 标准液浓度(5.17mmol/L) \qquad (3-2)$$

六、注意事项

（1）蒸馏水作为空白对照；

（2）每组样品做2~3个平行实验；

（3）正常参考范围为3.10~5.70mmol/L（120~220mg/dL）。

七、思考题

1. 血清的制备过程中，若溶血对于实验结果是否会产生不利影响？

2. 游离胆固醇和酯化型胆固醇转化过程如何？如何分别测定二者的含量？

八、延伸阅读

[1] Koeth RA，Wang Z，Levison BS，Buffa JA，Org E，Sheehy BT，et al. Intestinal microbiota metabolism of l-carnitine，a nutrient in red meat，promotes atherosclerosis [J]. Nat Med 2013，19 (5)：576-585.

[2] Ikonen E. Cellular cholesterol trafficking and compartmentalization [J]. Nat Rev Mol Cell Biol 2008，9 (2)：125-138.

实验十七　血清总甘油三酯测定

一、目的与要求

1. 掌握血清中甘油三酯测定的原理与方法。
2. 了解血清中甘油三酯测定在营养、生理学的意义。
3. 掌握生化检测试剂盒分析方法。

二、背景与原理

(一) 背景

甘油三酯（Triglyceride，TG）主要在肝脏和脂肪组织中合成，也可在食物吸收中在小肠黏膜中合成。正常情况下，血清甘油三酯保持着动态平衡，但血脂的含量受到年龄、性别、生理状况和饮食的影响。血清甘油三酯浓度是临床血脂分析的常规指标，主要用于高脂血症、胰腺炎、肝肾疾病、动脉粥样硬化症等评价，高甘油三酯血症是心血管疾病的危险因素之一。人血清甘油三酯的正常参考值：0.45~1.69mmol/L。空腹（禁食12h）甘油三酯在1.70mmol/L以下为适宜水平，1.70~2.25mmol/L为边缘升高，>2.26mmol/L为升高。

(二) 原理

血清中甘油三酯经脂蛋白脂肪酶（LPL）水解后生成甘油和脂肪酸，甘油与ATP在甘油激酶的作用下产生甘油-3-磷酸，甘油-3-磷酸经甘油磷酸氧化酶（GPO）氧化，所产生的H_2O_2与N-乙基-N-（3-磺丙基）-3-甲氧基苯胺（ADPS）、4-氨基安替比林在过氧化物酶的作用下缩合形成红色醌亚胺 [4-（p-benzoquinone-monoimino）-phenazone]。该物质在550nm处有最大吸收峰，反应产生的颜色深浅与甘油三酯含量成正比。分别测定标准管和样本管的吸光度，可以计算甘油三酯的含量反应过程如下所示：

$$甘油三酯 + 3H_2O \xrightarrow{\text{脂蛋白脂肪酶}} 甘油 + 3\,脂肪酸$$

$$甘油 + ATP \xrightarrow{\text{甘油激酶}} 甘油-3-磷酸 + ADP$$

$$甘油-3-磷酸 + O_2 \xrightarrow{\text{甘油磷酸氧化酶}} 二羟基丙酮 + 磷酸 + H_2O_2$$

$$2H_2O_2 + 4-氨基安替比林 + ADPS \xrightarrow{\text{过氧化物酶}} 2H_2O + HCl + 红色醌类化合物$$

三、仪器与材料

(一) 仪器

(1) 多功能酶标仪及酶标板；
(2) 微量移液器（1000μL，50μL）及吸头；
(3) 恒温水浴锅；

（4）1.5mL 离心管。

（二）试剂与材料

1. 实验样本

血清（或血浆）。

2. 试剂

甘油激酶≥2kU/L；脂蛋白酯酶≥3kU/L；甘油磷酸氧化酶 ≥3kU/L；过氧化物酶≥2kU/L；ATP 1.8mmol/L；ADPS 2.0mmol/L；Good's 缓冲液 pH 7.0，50mmol/L；4-氨基安替比林 0.5mmol/L。

四、实验步骤

（1）于离心管中，按表 3-3 加入各溶液（做 2 个平行样）。

表 3-3　　　　　　　　　　测定甘油三酯步骤

加入物	空白管（B）	标准管（S）	样品管（T）
蒸馏水/μL	2.5	—	—
标准品/μL	—	2.5	—
样品/μL	—	—	2.5
试剂/μL	250	250	250

（2）混合均匀后，置 37℃水浴保温 5min。于波长 550nm 用酶标仪测定各孔吸光度值。

五、实验结果与计算

甘油三酯含量计算公式如下：

$$X = \frac{OD_{样品} - OD_{空白}}{OD_{标准} - OD_{空白}} \times 2.25 \tag{3-3}$$

式中　X——甘油三酯含量，mmol/L；

2.26——标准液浓度。

六、注意事项

（1）蒸馏水作为空白对照，每组样品做 2~3 个平行实验；

（2）正常参考范围为 0.565~1.695mmol/L（50~150mg/dL）。

七、思考题

1. 简述测定甘油三酯的原理，还有哪些方法能够检测血清甘油三酯含量。

2. 简述血清甘油三酯升高或降低的临床意义。

八、延伸阅读

[1] Young, DS.. Effects of Drugs on Clinical Laboratory Tests. 5th ed. [M]. Washington：AACC Press，2000.

[2] Makey C M, McClean M D, Braverman L E, et al. Polybrominated diphenyl ether exposure and thyroid function tests in North American adults [J]. Environmental Health Perspectives, 2016, 124

（4）：420-430.

[3] Ahmad R S, Butt M S, Sultan M T, et al. Preventive role of green tea catechins from obesity and related disorders especially hypercholesterolemia and hyperglycemia [J]. Journal of translational medicine, 2015, 13（1）：79-89.

实验十八 血清高密度脂蛋白含量测定

一、目的与要求

1. 掌握血清高密度脂蛋白测定原理与方法（磷钨酸镁沉淀法）。

2. 了解血清高密度脂蛋白的营养生理学意义。

二、背景与原理

（一）背景

血浆中脂类是与载脂蛋白结合以脂蛋白形式运输的，脂蛋白中的脂质主要包括甘油三酯及胆固醇及磷脂等。高密度脂蛋白（HDL）、低密度脂蛋白（LDL）和极低密度脂蛋白（VLDL）负责绝大多数脂蛋白胆固醇在血液中的运输。HDL 约占总胆固醇（TC）25%，运载周围组织中的胆固醇入肝，再转化为胆汁酸或直接通过胆汁从肠道排出。研究表明，高密度脂蛋白胆固醇（HDL-C）水平与心血管疾病的发病率和病变程度呈负相关。空腹血浆低密度脂蛋白水平和高密度脂蛋白水平与心血管疾病的风险增加密切相关。HDL-C 或 HDL-C/TC 比值较总胆固醇能更好地预测心脑动脉粥样硬化的危险性。

（二）原理

采用免疫沉淀法，将血清中高密度脂蛋白分离，然后直接测定 HDL 中的胆固醇。当试剂 R_1 与样品混合时，其中的 LDL、VLDL、乳糜微粒（CM）与聚阴离子、表面活性剂作用生成可溶性复合体，而与此同时生成的 HDL 复合体亲和力较弱。在试剂 R_2 加入后，其中的促进剂与 HDL 具有很强的亲和力，可以置换吸附在表面的少量抑制剂。然后，在胆固醇酯、胆固醇氧化酶、过氧化物酶催化下，生成过氧化氢，并与 4-氨基安替比林、色原反应生成色素。色素颜色的深浅与高密度脂蛋白胆固醇（HDL-C）浓度成正比，具体反应过程如下。

$$HDL, LDL, CM +H_2O \xrightarrow{\text{表面活性剂聚阴离子}} 复合体$$

$$HDL \xrightarrow{\text{表面活性剂}} HDL（解离的）$$

$$HDL-C +O_2 \xrightarrow{\text{胆固醇酯酶、胆固醇氧化酶}} 胆甾-4-烯-3-酮 + H_2O_2$$

$$H_2O_2 + 4-氨基安替比林+色原 \xrightarrow{\text{过氧化物酶}} 醌亚胺染料$$

三、仪器及材料

（一）仪器

（1）恒温水浴锅（37℃）；

（2）酶标仪或生化分析仪；

（3）微量移液器（20~200μL，0.5~10μL）及吸头。

（二）试剂与材料

（1）血清或血浆。

（2）试剂组成见表3-4。

表3-4　　　　　　　　　　　血清高密度脂蛋白测定试剂组成

试剂组成	规格	组分	浓度	保存条件
R₁	24mL	两性离子缓冲液（Good's缓冲液）	50mmol/L	
		N-乙基-N-（2-羟基 -3-磺丙基）-3 甲基苯胺钠盐	1mmol/L	
		六水合氯化镁	15mmol/L	
		胆固醇氧化酶	≥3kU	
		过氧化物酶	≥5kU	2~8℃ 避光保存
R₂	8mL	Good's缓冲液	50mmol/L	
		4-氨基安替比林	0.2mmol/L	
		六水合氯化镁	15mmol/L	
		胆固醇酯酶	≥3kU	
		表面活性剂	1g/L	
校准品	1mL×1瓶	胆固醇	1.8mmol/L	

四、方法与步骤

（一）酶标仪比色测定

取1.5mL塑料离心管，按照表3-5操作。

表3-5　　　　　　　　　　　　　酶标仪比色测定步骤

项目	空白孔	校准孔	样本孔
蒸馏水/μL	2.5	—	—
1.8mmol/L校准品/μL	—	2.5	—
样本/μL	—	—	2.5
R₁/μL	180	180	180
37℃孵育5min，546nm处，酶标仪测定各孔吸光度A_1			
R₂/μL	60	60	60
混匀，37℃孵育5min，546nm处，酶标仪测定各孔吸光度A_2			

（二）生化分析仪上机操作

在样品杯中按表3-6、表3-7加入试剂、操作：

表 3-6 生化分析仪上机操作步骤

溶液	步骤
样品（或水）/μL	2.5
R₁/μL	180
37℃孵育 5min，546nm 处，酶标仪测定各孔吸光度 A₁	
R₂/μL	60
37℃孵育 5min，546nm 处，酶标仪测定各孔吸光度 A₂	

表 3-7 生化分析仪参数设置

主波长/nm	反应类型	反应方向
546	终点法	升反应（+）

五、结果与计算

（一）酶标仪比色

HDL-C 含量按式（3-4）计算：

$$X = \frac{(\text{样本}\,A_2 - \text{样本}\,A_1) - (\text{空白}\,A_2 - \text{空白}\,A_1)}{(\text{标准}\,A_2 - \text{标准}\,A_1) - (\text{空白}\,A_2 - \text{空白}\,A_1)} \times \text{校准品浓度} \tag{3-4}$$

式中　　　　X——HDL-C 含量，mmol/L；

校准品浓度——1.8mmol/L。

（二）全自动生化分析仪

HDL-C 含量按式（3-5）计算：

$$X = \frac{\text{样本}\,A_2 - \text{样本}\,A_1}{\text{标准}\,A_2 - \text{标准}\,A_1} \times \text{校准品浓度} \tag{3-5}$$

式中　　　　X——HDL-C 含量，mmol/L；

校准品浓度——1.8mmol/L。

六、注意事项

（1）样品含量如超过检测范围上限时，可用生理盐水稀释样本后进行测定，测定结果乘以稀释倍数。

（2）试剂与样本量可按照全自动生化分析仪的要求，按比例增减。

七、思考题

1. 试剂 R₁、R₂ 的作用？测定中掌握哪些主要环节？

2. 高密度脂蛋白的结构、组成及来源有何特点？

3. 简述高密度脂蛋白与动脉硬化的关系。

八、延伸阅读

[1] 鄢盛恺，林其燧. 高密度脂蛋白胆固醇的检测方法及标准化研究进展 [J]. 中华检验

医学杂志, 1998, 21 (1): 19-22.

[2] Nauck M, März W, Haas B, et al. Homogeneous assay for direct determination of high-density lipoprotein cholesterol evaluated [J]. Clinical Chemistry, 1996, 42 (3): 424-9.

[3] Rubins H B, Robins S J, Collins D, et al. Gemfibrozil for the secondary prevention of coronary heart disease in men with low levels of high-density lipoprotein cholesterol. Veterans Affairs High-Density Lipoprotein Cholesterol Intervention Trial Study Group [J]. N Engl J Med, 1999, 341 (6): 410-418.

实验十九　血清低密度脂蛋白胆固醇含量测定

一、目的与要求

（1）熟悉血清低密度脂蛋白胆固醇测定的原理和方法；

（2）能及时发现和解决实验中出现的问题。

二、背景与原理

（一）背景

血清中低密度脂蛋白胆固醇（LDL-C）含量的上升，是动脉粥样硬化相关疾病以及冠心病的危险因素。LDL-C 已经被作为公认的冠心病检测的重要性标志指标。在判断病人的疾病程度时，精确地测定 LDL-C 至关重要。

（二）原理

胆固醇酯酶和胆固醇氧化酶经化学修饰后，对 HDL（高密度脂蛋白）、VLDL、CM（乳糜微粒）的反应性延迟，仅选择性地作用于 LDL-C。本方法反应原理如下：血清在试剂 R_1（含有胆固醇氧化酶、苯酚、胆固醇酯酶、过氧化氢酶、NaN_3 和表面活性剂）中的聚阴离子和表面活性剂的作用下，除 LDL-C 外的其他脂蛋白与胆固醇酯酶、胆固醇氧化酶等反应而被消除。当加入试剂 R_2（含有 4-氨基安替比林、过氧化物酶和表面活性剂）后，其中的另一表面活性剂迅速发生作用并释放 LDL，然后在酶作用下单一催化 LDL-C 与 4-氨基安体比林和酚发生显色反应，显色深浅与血清中 LDL-C 含量成正比具体反应过程如下所示：

$$\text{HDL, LDL, CM} \xrightarrow{\text{表面活性剂 1}} \text{胶束胆固醇}$$

$$\text{胶束胆固醇} \xrightarrow{\text{胆固醇酯酶、胆固醇氧化酶}} H_2O_2$$

$$H_2O_2 + 4\text{-氨基安体比林} \xrightarrow{\text{过氧化物酶}} \text{无色产物}$$

$$\text{LDL} \xrightarrow{\text{表面活性剂}} \text{胶束胆固醇} \xrightarrow{\text{胆固醇酯酶}} H_2O_2$$

$$H_2O_2 + 4\text{-氨基安体比林} + \text{色原} \xrightarrow{\text{过氧化物酶}} \text{红紫色色素}$$

三、仪器与材料

（一）仪器

（1）恒温水浴锅（37℃）；

（2）酶标仪及酶标板（或生化分析仪、比色板）；

（3）微量移液器（20~200μL，0.5~10μL）及吸头。

（二）试剂与材料

（1）实验样本　血清（或血浆）。

（2）试剂组成见表 3-8。

表 3-8　　　　　　　　　血清低密度脂蛋白胆固醇测定试剂组成

试剂组成	规格	组分	浓度	保存条件
R₁	18mL×1 瓶	Good's 缓冲液	50mmol/L	
		4-氨基安替比林	0.2mmol/L	
		六水合氯化镁	15mmol/L	
		胆固醇氧化酶	≥3kU	
		过氧化物酶	≥5kU	
		表面活性剂 1	1g/L	
R₂	6mL×1 瓶	Good's 缓冲液	50mmol/L	2~8℃避光保存
		N-乙基-N-（2-羟基-3-磺丙基）-3 甲基苯胺钠盐	1mmol/L	
		防腐剂	100mg/L	
		表面活性剂 2	1g/L	
校准品	0.1mL×1 瓶	胆固醇	见标签	

四、操作步骤

（一）酶标仪比色测定操作

酶标仪比色测定按表 3-9 操作。

表 3-9　　　　　　　　　酶标仪比色测定操作步骤

试剂	空白孔	校准孔	样本孔
蒸馏水/μL	2.5	—	—
1.8mmol/L 校准品/μL	—	2.5	—
样本/μL	—	—	2.5
R₁/μL	180	180	180
37℃孵育 5min，546nm 处，酶标仪测定各孔吸光度 A_1			
R₂/μL	60	60	60
混匀，37℃孵育 5min，546nm 处，酶标仪测定各孔吸光度 A_2			

（二）全自动生化分析仪上机操作

在样品杯中按表3-10、表3-11加入试剂、操作：

表3-10　　　　　　　　　全自动生化分析仪上机操作步骤

溶液	步骤
样品（或水）/μL	2.5
R_1/μL	180
37℃孵育5min，546nm处，酶标仪测定各孔吸光度A_1	
R_2/μL	60
37℃孵育5min，546nm处，酶标仪测定各孔吸光度A_2	

表3-11　　　　　　　　　　生化分析仪参数设置

主波长/nm	反应类型	反应方向
546	终点法	升反应（+）

五、结果与计算

（一）酶标仪比色

LDL-C含量按式（3-6）计算：

$$X = \frac{（样本 A_2 - 样本 A_1）-（空白 A_2 - 空白 A_1）}{（标准 A_2 - 标准 A_1）-（空白 A_2 - 空白 A_1）} \times 校准品浓度 \tag{3-6}$$

式中　X——LDL-C含量，mmol/L。

（二）全自动生化分析仪

LDL-C含量按式（3-7）计算：

$$X = \frac{样本 A_2 - 样本 A_1}{标准 A_2 - 标准 A_1} \times 校准品浓度 \tag{3-7}$$

式中　X——LDL-C含量，mmol/L。

六、注意事项

（1）试剂不使用时，应及时加盖，低温避光保存。

（2）参考范围为2.06~3.10mmol/L（80~120mg/dL）

七、思考题

1. 低密度脂蛋白与高密度脂蛋白测定有哪些不同？

2. 简述血清低密度脂蛋白变化的临床意义。

八、延伸阅读

[1] 胡大一. 降低密度脂蛋白胆固醇是硬道理 [J]. 中华心血管病杂志，2015，43（1）：3-4.

[2] 黄敏珍，陈瑷，周玫. 血清氧化修饰低密度脂蛋白检测的研究进展及意义 [J]. 国际检

验医学杂志，1999（4）：149-150.

　　[3] Fox K M, Tai M H, Kostev K, et al. Treatment patterns and low-density lipoprotein cholesterol（LDL-C）goal attainment among patients receiving high- or moderate-intensity statins.[J]. Clinical Research in Cardiology, 2018, 107（5）：1-9.

　　[4] Benamarie L, Ninaskall N, Charlotte J, et al. Antioxidant properties of modified rutin esters by DPPH, reducing power, iron chelation and human low density lipoprotein assays [J]. Food Chemistry, 2010, 123（2）：221-230.

实验二十　血液与组织中活性氧自由基测定

一、目的与要求

1. 了解活性氧自由基的概念及生理学意义；
2. 掌握活性氧自由基的鲁米诺化学发光检测方法；
3. 掌握多参数化学发光分析测试系统电化学分析仪的使用方法。

二、背景与原理

（一）背景

　　自由基，化学上又称"游离基"，是一类含有一个不成对电子的原子团。生物体内主要存在的是氧自由基，例如超氧阴离子自由基、羟基自由基、脂氧自由基、二氧化氮自由基、一氧化氮自由基，另外还有过氧化氢、单线态氧、臭氧等，统称为活性氧自由基（ROS）。ROS在体内具有一定的生理功能，在免疫和信号传导过程中起到"信号分子"的作用。但是，过多的ROS会影响机体健康，导致机体正常细胞和组织器官的损坏，引起各种疾病，例如心血管疾病、阿尔茨海默病、帕金森综合征、糖尿病、肥胖、肿瘤等。高脂高糖的饮食，以及外界环境中的阳光辐射、空气污染、抽烟、农药等都会使人体产生过多的自由基。

（二）原理

　　辣根过氧化物酶（HRP）能够催化氧自由基氧化鲁米诺产生内过氧化物，内过氧化物会迅速分解发光，其发光强度可由化学发光分析仪检测。其原理如图3-1所示。

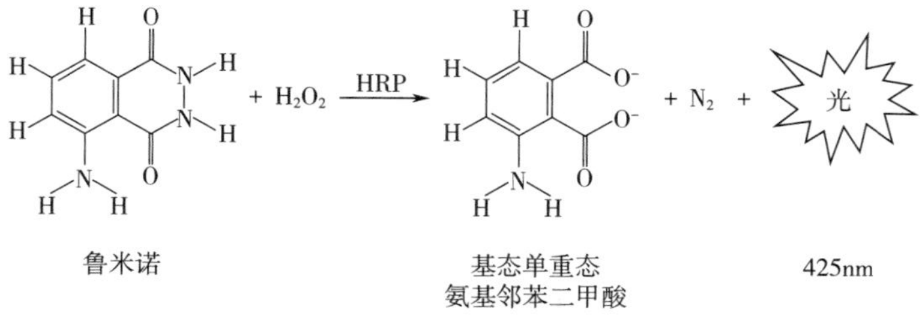

鲁米诺　　　　　　　　基态单重态　　　　　　425nm
　　　　　　　　　　氨基邻苯二甲酸

图3-1　ROS测定原理

三、仪器与材料

（一）仪器

（1）MPI-B型多参数化学发光分析测试系统电化学分析仪；
（2）匀浆机；

（3）采血针、测定瓶；

（4）微量移液器（10~200μL）及吸头。

（二）试剂与材料

（1）实验试剂　氯化钠（NaCl），氯化钾（KCl），氯化钙（$CaCl_2$），葡萄糖，硫酸镁（$MgSO_4$），磷酸二氢钾（KH_2PO_4），碳酸氢钠（$NaHCO_3$）均为分析纯。4-羟乙基哌嗪乙磺酸（HEPES），辣根过氧化物酶，3-氨基苯二甲酰肼（鲁米诺）试剂级。

（2）实验材料　全血或10%组织匀浆液（新鲜采集的血液和匀浆液，10min内完成测定）。

（三）试剂配制

（1）Krebs-HEPES缓冲液（pH 7.4）　成分见表3-12。

表3-12　　　　　　　　　　　Krebs-HEPES缓冲液成分表

试剂	含量/g	最终浓度/（mmol/L）
NaCl	6.90	118.0
KCl	0.35	4.7
$CaCl_2$	0.14	1.3
$MgSO_4$	0.12	1.2
KH_2PO_4	0.16	1.2
$NaHCO_3$	2.10	25.0
HEPES	2.38	10.0
葡萄糖	1.80	10.0

将上述物质溶于800mL双蒸水中，调节pH 7.4，定容至1L。（注：$MgSO_4$应在最后加入，避免产生沉淀）

（2）辣根过氧化物酶溶液（3 mg/mL）　准确称取3.8mg辣根过氧化物酶，溶于1.3mLPBS（pH 7.4）中。现用现配，避光保存。

（3）鲁米诺溶液　称取1.77 g鲁米诺溶于100mL浓度为5mmol/L的NaOH溶液中，避光保存。使用前一周配制。

四、实验步骤

1. 开机

顺次按下MPI-B型多参数化学发光分析测试系统电化学分析仪的各部件的电源开关。此时各部件的显示屏被点亮，其正常显示依次如图3-2。

2. 参数设定

打开软件"MPI-B型多参数化学发光分析测试系统"，选择"方法"—"光电倍增管高压"（图3-3），然后选择"设定高压"—600（图3-4）。

3. 上机测定

（1）进样　取洁净的样品瓶，按照表3-13加入Krebs-HEPES缓冲液、1.55 U/μL HRP溶

MPI–B CHEMICAL ANALYSIS POTENTIOSTA	MPI–B CHEMICAL LUMINESCENCE MEASUREMENT
电化学分析仪	多功能化学发光检测器

MPI–B CHEMICAL ANALYSIS CE MEASUREMENT	MPI–B MICROFLUIDIC CHIP ANALYZER POWER
数控毛细管电泳高压电源	微电流芯片多路高压电源

MPI–B DIGIT CONTROL FLOW–INJECT SYSTEM
流动注射进样器

图 3-2　操作界面

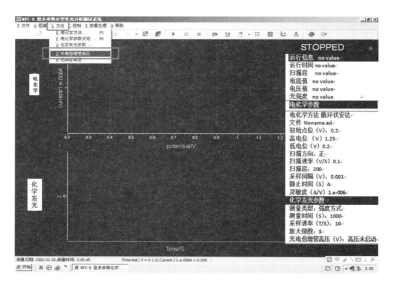

图 3-3　光电倍增管高压设定-1

液，混匀，加入动物全血或组织匀浆，在桌平面上滑动旋转混匀，立即放入检测仪静态注射小室，盖好静态注射小室盖子，避光注入鲁米诺溶液。

表 3-13　　　　　　　　　　　　进样量及操作流程　　　　　　　　　　　单位：μL

试剂	全血	10%组织匀浆液
样品	25	50
Kreb-HEPES 缓冲液	855	830
1.55 U/μL HRP 溶液	20	20
将混合液放入多功能化学发光检测仪的静态注射小室		
鲁米诺溶液	100	100

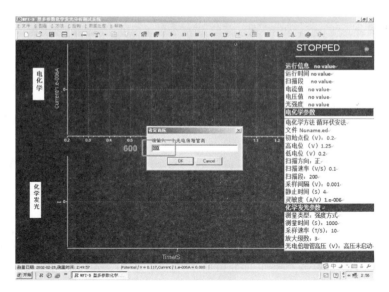

图 3-4　光电倍增管高压设定-2

（2）检测　连续测定化学发光强度，迅速升高然后下降，直至光强降至起始值。氧自由基水平表示为总发光强度（CL），总发光强度为发光强度对检测时间的积分面积。

五、结果与计算

得到类似图 3-5 的实验结果，将数据导入 Origin8.0 软件进行积分：

选择 Analysis—Spectroscopy—BaselineandPeaks—OpenDialog—选择积分区域—Next—Finish，实验结果（相对发光单位，RLUs）以发光峰积分值表示。

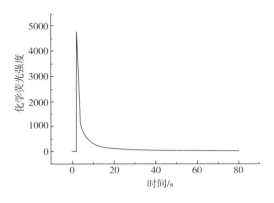

图 3-5　测定结果图

六、注意事项

（1）鲁米诺溶液需要活化后才能使用，因此需在实验前一周进行配制并避光低温保存。

（2）自由基在极短时间内就会被猝灭，因此取血后应尽快进行测定，新鲜组织也需要立刻进行匀浆，并立即测定。

（3）实验过程避免强光直射。

七、思考题

1. 为什么活性氧自由基在采血或解剖后需要立即测定？
2. 简述活性氧自由基（ROS）与机体氧化应激的关系。

八、延伸阅读

［1］汪启兵，许凡萍，魏超贤，等．人体内自由基的研究进展［J］．中华流行病学杂志，2016，37（8）：1175-1182.

［2］焦艳娜，任小蓉，马红琼，等．流动注射化学发光法快速测定中药黄芪中的痕量铬［J］．现代仪器与医疗，2008，14（2）：24-26.

［3］Marfella R，Quagliaro L，Nappo F，et al. Acute hyperglycemia induces an oxidative stress in healthy subjects［J］. Journal of Clinical Investigation，2001，108（4）：635-636.

［4］Stentz F B，Umpierrez G E，Cuervo R，et al. Proinflammatory cytokines，markers of cardiovascular risks，oxidative stress，and lipid peroxidation in patients with hyperglycemic crises［J］. Diabetes，2004，53（8）：2079-2086.

实验二十一　血清与组织总抗氧化能力测定

一、目的与要求

1. 掌握组织总抗氧化能力的测定原理及方法。
2. 了解总抗氧化能力测定在生理学上的意义。

二、背景与原理

（一）背景

机体组织通过超氧化物歧化酶（SOD）、过氧化氢酶（CAT）、谷胱甘肽过氧化物酶（GSH-Px）等抗氧化酶以及非酶的谷胱甘肽、辅酶Q10、维生素C、维生素E等组成的抗氧化体系，清除活性氧自由基，维持体内的氧化还原状态平衡。然而，由于年龄增长或某些病理条件以及环境因素，如膳食的高能、高糖而低抗氧化物质摄入，环境辐射、污染等会增加细胞、组织活性氧生成，可引起自由基生成量增加、能量代谢异常、组织抗氧化酶活力降低，导致氧化还原状态失衡，造成组织氧化损伤。氧化损伤与动脉粥样硬化、糖尿病以及肿瘤、中枢系统疾病等发生、发展具有密切联系。

测定血浆组织及细胞中的总抗氧化能力（T-AOC）对于了解组织的氧化还原状态具有重要的生物学意义。

（二）原理

铁离子还原抗氧化能力（Ferricion Reducing Antioxidant Power，FRAP）测定，是依据在酸性条件下，机体组织中抗氧化物质能够使橘黄色的 Fe^{3+}-TPTZ（Tri-Pyridyl-Tria-Zine，三吡啶基三嗪）还原成蓝色 Fe^{2+}-TPTZ，在593nm下测定 Fe^{2+}-TPTZ 的吸光度（A），即可得总抗氧化能力。以1.0mmol/L的 $FeSO_4$ 为标准，样品的 A 值与1.0mmol/L的 $FeSO_4$ 相同时，该样品的T-AOC为一个FRAP单位（FU）。

该反应在酸性条件下进行，可以抑制内源性干扰因素。另外，参与该反应的 Fe^{3+} 和 Fe^{2+} 是以 TPTZ 螯合的形式存在，而动物体内的 Fe^{3+} 和 Fe^{2+} 水平通常 $<10\mu mol/L$，且是以游离的形式存在（铁硫蛋白等是结合状态），因此一般不会影响 FRAP 法的反应。

$$Fe^{3+}-TPTZ \xrightarrow{\text{抗氧化剂}} Fe^{2+}-TPTZ$$

三、仪器与材料

（一）仪器

（1）可见光分光光度计；

（2）电子天平（200g±0.0001g）；

（3）恒温水浴锅（37℃）；

（4）冷冻离心机（4000r/min）；

（5）组织匀浆器；

（6）旋涡混匀器；

（7）微量移液器（200μL、1000μL）及吸头；

（8）离心管；

（9）10mL 试管，吸量管 10mL。

（二）试剂与材料

（1）材料　血清或血浆，肝脏组织匀浆液［肝脏：PBS 溶液（1:9）］

（2）试剂　乙酸（HAc），无水乙酸钠（NaAc），三吡啶基三嗪（TPTZ），氯化铁（$FeCl_3$），七水合硫酸亚铁（$FeSO_4 \cdot 7H_2O$），盐酸（HCl）均为分析纯。

（三）溶液配制

1. FRAP 工作液

（1）0.3mol/L 乙酸缓冲液（pH 3.6）　取 0.364g 无水乙酸钠溶于 3.2mL 乙酸，并用 1mol/LHCl 调节 pH 3.6。用双蒸水定容至 200mL。

（2）10mmol/L TPTZ 溶液　取 0.078gTPTZ 溶于 40mmol/L 的 HCl 中，并定容至 25mL。

（3）20mmol/L $FeCl_3$ 溶液　取 2.78g $FeCl_3$ 溶于纯净水中，并定容至 50mL。

将上述溶液按照 10:1:1 的比例混合，现配现用。

2. $FeSO_4$ 溶液

称取 27.8mg 的 $FeSO_4 \cdot 7H_2O$ 溶于蒸馏水，并定容至 1mL，浓度为 100mmol/L。$FeSO_4$ 中二价铁容易被氧化成三价铁，使用前配制。

3. 磷酸盐缓冲液（PBS）（0.2mol/L，pH 7.4）

配制浓度为 0.2mol/L 的 Na_2HPO_4 溶液 1920mL，以及浓度为 0.2mol/L 的 KH_2PO_4 溶液 40mL。将二者混合，调节 pH 7.4。

四、实验步骤

（一）样本预处理

（1）血浆　全血经肝素钠或柠檬酸钠抗凝处理（不要用 EDTA 抗凝管），4℃条件下 4000r/min 离心 10min 获得血浆。立刻测定，或将血浆置于-80℃保存，一个月之内完成测定。测定前对血浆进行适当稀释。

（2）组织匀浆液上清液　称取 0.40g 组织，加入 3.6mL 预冷的 PBS 溶液，制备 10%（质量分数）的组织匀浆液，4℃，3000 r/min 离心 15min 取上清液，立即测定或置于-80℃保存。测定前对上清液进行适当稀释。

（3）匀浆液中的蛋白浓度（mg prot/mL）　参照 BCA 法（或考马斯亮蓝法）测定。

（二）FeSO₄ 标准曲线制作

取 10mL 试管按照表 3-14 所示加入试剂。

表 3-14　　　　　　　　　　　FeSO₄ 标准曲线溶液配制

FeSO₄ 原液/（100mmol/L）	双蒸水/mL	总体积/mL	最终浓度/（mmol/L）
0	10.00	10.0	0
0.02	9.98	10.0	0.20
0.04	9.96	10.0	0.40
0.06	9.94	10.0	0.60
0.08	9.92	10.0	0.80
0.10	9.90	10.0	1.00
0.12	9.88	10.0	1.20

（三）方法与步骤

取离心管，按照表 3-15，分别在各管加入标准液、样品稀释液，生理盐水，然后加入 FRAP 工作液。

表 3-15　　　　　　　　　　　T-AOC 测定操作步骤　　　　　　　　　　单位：mL

试剂	对照管	标准管	测试管
样品稀释液	—	—	0.025
标准液	—	0.025	—
生理盐水	0.025	—	—
FRAP 工作液	0.9	0.9	0.9
旋涡混匀器充分混匀，37 ℃水浴 5min			

测定 593nm 处的 OD 值。

若样品为组织匀浆液，需用 BCA 法测定匀浆液中的蛋白浓度（mg prot/mL），以每毫克蛋白表示 FREP 单位（FU/mg prot）。

五、结果与计算

标准曲线制作：

$$OD = OD_{测定管}（或 OD_{标准管}）- OD_{对照管} \tag{3-8}$$

以标准液中 FeSO$_4$ 浓度为横坐标，各标准液的 OD 为纵坐标，获得标准曲线。

血浆中 T-AOC 的计算，最终以 FU 表示：

$$T - AOC = 血浆样品 OD 值对应 FeSO_4 标准液浓度 \times 稀释倍数 \tag{3-9}$$

组织匀浆液中 T-AOC 计算，最终以 FU/mg prot 表示：

$$T - AOC = 组织样品 OD 值对应 FeSO_4 标准液浓度 \times 稀释倍数 \div 匀浆液蛋白浓度 \tag{3-10}$$

FRAP 单位（FU）计算实例：某样品测定获得的 OD 值与 1mmol/L FeSO$_4$ 标准溶液的 OD 值相同，则该样品的 T-AOC 为 1 FU，若某样品测定获得的 OD 值与 0.65mmol/L FeSO$_4$ 标准溶液的 OD 值相同，则该样品的 T-AOC 为 0.65 FU。

六、注意事项

（1）室温放置 10min 后必须立即测定吸光度。

（2）实验试剂用量较少，所以加量一定要仔细、准确。

（3）每次加样后都必须在旋涡器上充分混匀。

（4）难吸难打的试剂必须做到匀速慢吸慢打。

七、思考题

1. 机体受到氧化应激时，总抗氧化能力会出现什么样的变化？

2. 举例说明体内抗氧化体系中重要的酶系、非酶抗氧化物质。

八、延伸阅读

［1］Chuang C C, Shiesh S C, Chi C H, et al. Serum total antioxidant capacity reflects severity of illness in patients with severe sepsis ［J］. Critical Care, 2006, 10（1）：36-42.

［2］Prior R L, Wu X, Schaich K. Standardized methods for the determination of antioxidant capacity and phenolics in foods and dietary supplements ［J］. Journal of Agricultural & Food Chemistry, 2005, 53（10）：4290-4302.

［3］冯颖，郭俊生. 葡萄籽原花青素提取物对膳食诱导肥胖小鼠氧化应激的影响 ［J］. 老年医学与保健，2008, 14（1）：29-32.

实验二十二 血清与组织丙二醛含量测定

一、目的与要求

1. 掌握丙二醛的测定原理与方法。

2. 了解组织丙二醛测定的生物学意义。

3. 熟悉分光光度计和酶标仪的使用操作。

二、背景与原理

（一）背景

体内代谢产生的氧自由基能作用于生物膜中多不饱和脂肪酸（PUFA），引发脂质过氧化作用，形成脂质过氧化物如醛基化合物丙二醛（MDA）、4-羟基壬烯醛（4-HNE），另外还有羰基、酮基等，脂质过氧化物能通过链式反应形成新的氧自由基，放大活性氧的作用。其中，MDA 可使生物大分子发生破坏，在一些疾病的发生过程中起到一定的作用。MDA 是细胞膜脂质过氧化的产物之一，测其含量可间接估计脂质过氧化的程度。

（二）原理

MDA 在高温条件下，可以与硫代巴比妥酸（TBA）反应产生红棕色的三甲川（3，5，5-三甲基恶唑 2，4-二酮），该物质在 532nm 处有最大吸收峰，并且在 660nm 有较小的吸收峰。根据 532nm 处的吸光度可以计算样品中的 MDA 含量。样品中的醛、可溶性糖对该反应存在干扰，相关产物在 450 nm 处有吸收峰，可用双组分分光光度法加以排除干扰。

三、仪器与材料

（一）仪器

（1）可见分光光度计或酶标仪；

（2）电子分析天平（200g±0.0001g）；

（3）组织匀浆器；

（4）恒温水浴锅（室温~100℃）；

（5）离心机（4000r/min）；

（6）微量移液器（200μL，1000μL，5mL）；

（7）旋涡混匀器；

（8）离心管（5mL，1.5mL）。

（二）试剂与材料

（1）实验材料　血浆（或血清），肝脏组织匀浆液（10%）

（2）试剂　乙酸（HAc），乙酸钠（NaAc），四乙氧基丙烷（$C_{11}H_{24}O_4$，MD 220.31），十二烷基硫酸钠（SDS），硫代巴比妥酸（TBA），磷酸氢二钠（Na_2HPO_4），磷酸二氢钾（KH_2PO_4）均为分析纯。

（三）溶液配制

（1）乙酸盐缓冲液（0.2mol/L，pH 3.5）　配制浓度为 0.2mol/L 的乙酸溶液 185mL，以及浓度为 0.2mol/L 的乙酸钠溶液 15mL。将二者混合。

（2）四乙氧基丙烷储备液（1mol/L）　可保存三个月，临用前用水稀释成 40nmol/mL。

（3）十二烷基硫酸钠（SDS）溶液（8.1%）　准确称取 8.1g SDS，溶于 100mL 蒸馏水中。

（4）硫代巴比妥酸（TBA）溶液（0.8%）　准确称取 0.8g TBA，溶于 100mL 蒸馏水中。

（5）磷酸盐缓冲液（PBS）（0.2mol/L，pH 7.4）　配制浓度为 0.2mol/L 的 Na_2HPO_4 溶液 1920mL，以及浓度为 0.2mol/L 的 KH_2PO_4 溶液 40mL。将二者混合，调节 pH 7.4。

四、实验步骤

（一）样品预处理

（1）溶血液样品　取全血 20μL 加入 0.98mL 蒸馏水制成 2% 溶血液。

（2）血清样品　使用未抗凝处理的离心管收集血液，4℃条件下 4000r/min 离心 10min 获得血清，-20℃存放。

（3）血浆样品　全血肝素抗凝，4000r/min 离心 10min，分离出血浆。

（4）组织匀浆样品　肝脏用生理盐水冲洗、拭干，称取肝脏组织、置匀浆器中，按照肝重 1：9（W/V）加入 0.2mol/L PBS，以 20000r/min 匀浆 10s，间歇 30s，反复进行 3 次，制成 10%

组织匀浆（W/V）。立即测定或置于-80℃保存。测定前对上清液进行适当稀释。

BCA 法（或考马斯亮蓝法）测定匀浆液中的蛋白浓度（mg prot/mL）。

（二）样品测定

取 5mL 塑料离心管，按照表 3-16 在各管中加入试剂、操作。

表 3-16　　　　　　　　　　血液或组织中 MDA 的测定步骤　　　　　　单位：mL

试剂	空白管	样品管	标准管
2% 溶血液[①]（或 10% 组织匀浆液）	—	0.2	—
40nmol/mL 四乙氧基丙烷溶液	—	—	0.2
8.1%SDS 溶液	0.2	0.2	0.2
0.2mol/L 乙酸盐缓冲液	1.5	1.5	1.5
0.8% TBA 溶液	1.5	1.5	1.5
双蒸水	0.8	0.6	0.6
混匀，避光沸水浴 60min，流水冷却，于 532nm 比色			

注：①若用血清，样品管 0.15mL，标准管 0.15mL。

五、结果与计算

1. 2% 溶血液中 MDA 含量　按式（3-11）计算。

$$\text{MDA 含量}(\text{nmol/mL 2\% 溶血液}) = \frac{B-A}{F-A} \times c \times K = \frac{B-A}{F-A} \times 40 \times 1 \qquad (3-11)$$

2. 血浆中 MDA 含量　按式（3-12）计算。

$$\text{MDA 含量}(\text{nmol/mL 血清}) = \frac{B-A}{F-A} \times c \times K = \frac{B-A}{F-A} \times 40 \times 1 \qquad (3-12)$$

3. 组织匀浆液中 MDA 含量　按式（3-13）计算。

$$\text{MDA 含量}(\text{nmol/mg 组织}) = \frac{B-A}{F-A} \times c \times K = \frac{B-A}{F-A} \times 40 \times \frac{1}{0.2 \times 10\% \times 1000} \qquad (3-13)$$

式中　A——空白管荧光度；

　　　B——样品吸光度；

　　　F——四乙氧基丙烷荧光度；

　　　c——四乙氧基丙烷浓度（40nmol/mL）；

　　　K——稀释倍数。

六、注意事项

（1）MDA-TBA 显色反应的沸水浴加热时间最好控制在 15~30min，时间太短或太长均会引起最终 532nm 下吸光度的下降。

（2）可溶性糖与 TBA 的显色反应在 532nm 下也有吸收峰（最大吸收峰在 450nm），因此必要时应排除可溶性糖的干扰。

七、思考题

1. 有哪些因素影响丙二醛（MDA）的测定？
2. 血液、组织中丙二醛的积累对细胞有哪些伤害？

八、延伸阅读

［1］齐凤菊，周玫，陈瑷，等. 血浆丙二醛含量的测定方法——改良的八木国夫法［J］. 南方医科大学学报，1986（2）.

［2］Miller J，Mukerji J. MDA Guide Versión 1.0.1［J］. Omg request for Proposal Mof Query/views/transformations Rfp Omg Document，2003，20（3）：13.

［3］Tarladgis B G，Watts B M，Younathan M T，et al. A distillation method for the quantitative determination of malonaldehyde in rancid foods［J］. Journal of the American Oil Chemists Society，1960，37（1）：44-48.

实验二十三　血清、尿液尿素含量检测

一、目的与要求

1. 掌握血清尿素测定的方法。
2. 了解尿素的生成机理及其人体生理学意义。

二、背景

尿素氮是人体蛋白质分解代谢的产物，90% 以上通过肾脏排泄，其余由肠道和皮肤排出。当肾脏排泄功能受损时，即引起血液尿素氮浓度升高。血液中尿素氮的含量是肾功能变化的一项重要指标。

尿素的测定方法可分为两大类：一类直接法，尿素直接和试剂作用，测定其产物，最常见的为丁二酮一肟法；另一类是脲酶法，用脲酶将尿素变成氨，然后用不同的方法测定氨，目前，使用生化分析仪均采用酶法测定尿素。

三、丁二酮一肟法

（一）原理

在氨基硫脲存在下，血清中的尿素与丁二酮在酸性环境中加热可缩合成红色的二嗪衍生物，颜色深浅与尿素含量成正比。与同样处理的标准液比较，即可求得血清中尿素氮含量。因丁二酮不稳定，常用丁二酮一肟代替，后者遇酸水解成丁二酮，再与尿素缩合生成红色的二嗪衍生物。用分光光度计测定 540nm 吸光度，计算尿素含量。

（二）仪器与材料

1. 仪器

（1）可见光分光光度计；

（2）低温离心机（4℃，3000r/min）；

（3）恒温水浴锅（37℃）；

（4）硫酸干燥器；

（5）微量移液器（1000μL，5mL）及吸头；

（6）塑料离心管（8~10mL）。

2. 试剂与材料

（1）材料 血清或血浆，24h尿液。

（2）试剂 丁二酮一肟—氨基硫脲（CH_6CLN_3S），磷酸（H_3PO_4），氨基硫脲（CH_5N_3S），尿素（CH_4N_2O），硫酸（H_2SO_4），硫酸镉（$CdSO_4 \cdot 8H_2O$）（均为分析纯）。

3. 试剂配制

（1）丁二酮一肟–氨基硫脲（DAM-TSC） 准确称取丁二酮一肟（化学名为2，3-丁二酮-2-单肟）0.6 g，氨基硫脲0.03 g，溶于少量蒸馏水中，再用蒸馏水稀释到100mL。

（2）酸性试剂 三角瓶中加入去离子水约100mL，缓慢加入浓硫酸44mL、85%磷酸66mL，冷却至室温后，移至1L容量瓶中，去离子水定容。

（3）尿素氮标准液（0.02mg N/mL） 将尿素置于硫酸干燥器中干燥至少48h。准确称取214mg干燥尿素，溶于少量蒸馏水中，定量转入500mL容量瓶中，加浓硫酸0.2mL，然后加蒸馏水至刻度，置冰箱保存。

（4）显示剂 取1份DAM-TSC加5份酸性试剂，临用前混合、避光保存。该溶液在1h内是稳定的。

（三）操作步骤

（1）血清或血浆制备参见实验二十二［四（一）2］。

（2）取10mL试管分别标明"空白""测定"和"标准"，每样做2个平行实验，按表3-17操作。

表3-17	系列反应管中所加溶液的量		单位：mL
试剂	空白	测定	标准
蒸馏水	0.1	—	—
血清或尿液	—	0.1	—
尿素氮标准液	—	—	0.1
DAM-TSC	0.5	0.5	0.5
显色剂	5.0	5.0	5.0

混匀，沸水浴20min，冷水中冷却至室温

在540nm波长处以空白管调零点，读取各管吸光度。

（四）结果与计算

尿素氮含量按式（3-14）计算：

$$X = \frac{OD_{测定管}}{OD_{标准管}} \times K \times 0.02 \tag{3-14}$$

式中 X——尿素氮含量，mg N/mL；

K——稀释倍数；

0.02——尿素氮标准液浓度，mg N/mL。

四、脲酶法

(一) 原理

尿素在脲酶作用下分解生成氨。碱性条件下，氨在亚硝基铁氰化钠催化作用下与苯酚及次氯酸反应，生成蓝色的吲哚酚，550nm 波长比色，蓝色吲哚酚的生成量与尿素氮含量成正比，即可测算出血清中尿素氮的含量。

(二) 仪器与材料

1. 仪器

(1) 可见光分光光度计；

(2) 低温离心机 (4℃，3000r/min)；

(3) 恒温水浴锅 (37℃)；

(4) 微量移液器 (1000μL，5mL) 及吸头；

(5) 塑料离心管。

2. 试剂与材料

(1) 血清或血浆制备参见实验二十二 [四 (一) 2]，尿液。

(2) 乙二胺四乙酸二钠 (EDTA-Na$_2$)，叠氮化钠 (NaN$_3$)，氯化钠 (NaCl)，氢氧化钠 (NaOH)，苯酚 (C$_6$H$_5$OH)，亚硝基铁氰化钠 [(Na$_2$Fe (CN)$_5$NO · 2H$_2$O)]，干燥尿素 (CH$_4$N$_2$O) 均为分析纯，安替福民试剂级，冻干脲酶 (2000U/mg)，无氨水 (纯净水经阴阳离子交换树脂柱获得)。

3. 试剂配制

(1) pH 8.0 缓冲液 准确称取 NaCl 8.77 g，EDTA-Na$_2$ 37.2 g，溶于 800mL 去离子水中，用 NaOH 调节 pH 8.0，用去离子水定容至 1L。

(2) 脲酶储备液 称取冻干脲酶 10mg，用 pH 8.0 缓冲液 50mL 溶解。

(3) 尿素氮标准液储备液 准确称取 1.017g 干燥尿素，溶于 50mL 无氨水中，再加入 0.1g NaN$_3$，定容至 100mL，4℃下可保存 6 个月，标准液储备液浓度为 5mgN/mL。

(4) 尿素氮标准液工作液 取 4mL 储备液，加入 0.1g NaN$_3$，用无氨蒸馏水定容至 100mL。标准液工作液浓度为 0.2mgN/mL。

(5) 显色液 I 称取苯酚 10g、亚硝基铁氰化钠 0.02g，用去离子水定容至 1L，在棕色瓶保存，4℃下可保存 1 个月。

(6) 显色液 II 称取 NaOH 5g，安替福民 8mL，用去离子水定容至 1L，4℃下保存。

(三) 操作步骤

首先对血清或尿液进行一定比例的稀释，使样品吸光度与标准尿素工作液接近。

取 10mL 试管，分别标明"空白""测定"和"标准"，每个样品做 2 个平行，具体操作见表 3-18。

表 3-18 脲酶法测定尿素氮

试剂	空白管	标准管	样品管
样品/μL	—	—	20
标准液工作液/μL	—	20	—
酶液/μL	0.5	0.5	0.5
	37 ℃水浴 15 min		
显色液I/mL	2.5	2.5	2.5
显色液II/mL	2.5	2.5	2.5
	37℃水浴 20min		
	冷却至室温		

检测 550nm 处吸光度。以空白管校正 0 点，读取各管的吸光度 OD。

（四）结果与计算

尿素氮含量按式（3-15）计算：

$$Y = \frac{OD_{测定管}}{OD_{标准管}} \times K \times 0.2 \tag{3-15}$$

式中 Y——尿素氮含量［见式（3-16）］，mgN/mL；

0.2——标准溶液中氮浓度为 0.2mgN/mL；

$$尿素氮含量(mmolN/L) = 尿素氮含量(mg/mL) \times 1000/28.014 \tag{3-16}$$

式中 28.014——尿素氮的摩尔质量。

五、注意事项

（1）直接法试剂中加入硫氨脲和 Fe^{3+} 和 Cd^{2+} 可增加显色强度和稳定性，其中 Fe^{3+} 和 Cd^{2+} 氧化作用可消除羟胺的干扰。显色液对光敏感，置于室内暗处 2h 吸光度变化不大，而置于明亮处吸光度可明显降低，因此比色要及时。

（2）直接法测定血中尿素含量如超过 40mg/dL 应将标本稀释后再测定，结果乘以稀释倍数。

（3）用直接法测定尿中的尿素氮时，需要将尿液用蒸馏水做 1∶50 至 1∶100 稀释，结果乘以稀释倍数即可。

（4）血清（浆）中尿酸、肌酐和氨基酸等含氮物质对本实验无干扰，但丁二酮一肟与尿素的反应不是专一的，与瓜氨酸也有显色。

（5）尿素浓度以前用尿素氮表示，通常 1 个尿素分子含有 2 个氮原子，1mmol/L 尿素相当于 2mmol/L 尿素氮。目前世界卫生组织及我国均使用尿素，而不再使用尿素氮一词。

（6）正常成人空腹尿素氮为 3.2~7.1mmol/L（9~20mg/dL）。

（7）如欲换算成尿素，可根据 60g 尿素含有 28 g 氮计算，即 1g 尿素相当于 0.467g 尿素氮，或是 1g 尿素氮相当于 2.14g 尿素。

六、思考题

1. 比较脲酶法与丁二酮一肟法测定尿素含量各有哪些特点？
2. 血清尿素氮的测定原理和临床意义是什么？
3. 导致血清尿素含量偏高的原因有哪些？

七、延伸阅读

［1］黄南洁，应凤莲，王刚. 大学男生运动前、后唾液与血清尿素氮、肌酐、尿酸含量的检测［J］. 北京体育大学学报，2006，29（7）：939-940.

［2］Horak E，Jr S F. Measurements of serum urea nitrogen by conductivimetric urease assay［J］. Annals of Clinical Laboratory Science，1972，2（6）：425-431.

［3］Harapin I，Ramadan P，Bedrica L，et al. Clinical picture and the blood urea nitrogen（BUN）and cratinine content in the blood serum of piroplasmosis-affected dogs［J］. Veterinarski Arhiv，1993（63）：11-17.

实验二十四　血清肌酐含量测定

一、目的与要求

1. 掌握碱性苦味酸法测定血清肌酐的实验原理与方法。
2. 了解血清肌酐的生成及变化的临床意义。

二、背景与原理

（一）背景

肌酐是肌肉中磷酸肌酸的分解产物，分为外源性肌酐和内源性肌酐。外源性肌酐为来自肉类食物在体内代谢后的产物，内源性肌酐是体内肌肉组织代谢的产物。肌酐主要通过肾小球滤过排出体外。在正常情况下，人体内肌酐的含量基本稳定，在肉类食物摄入基本稳定的情况下，血液中的肌酐浓度可作为检测肾小球滤过功能的指标之一。

（二）原理

血清样本经去蛋白处理后，血肌酐与碱性三硝基苯酚（苦味酸）作用产生 Jaffe（苦味酸显色）反应，生成橙红色的苦味酸肌酐复合物，颜色深浅与肌酐含量成正比。尿液样本经适当稀释后也可直接测定。

三、仪器与材料

（一）仪器

（1）低温高速离心机；
（2）组织匀浆器；
（3）恒温水浴锅；
（4）可见光分光光度计；
（5）微量移液器（1000 μL，5mL）及吸头；
（6）塑料离心管或玻璃试管。

（二）试剂与材料

1. 材料

血清或血浆。

2. 试剂

二水合钨酸钠（$Na_2WO_4 \cdot 2H_2O$），浓硫酸（H_2SO_4），聚乙烯醇，盐酸（HCl），氢氧化钠（NaOH），三硝基苯酚（苦味酸，$C_6H_3N_3O_7$，Mr. 229.1），酚酞，为分析纯。肌酐为试剂级。

3. 试剂配制

（1）35mmol/L 钨酸钠溶液

①100mL 去离子水中，加入 1g 聚乙烯醇，加热助溶（勿煮沸），冷却。

②300mL 去离子水中，加入 11.1g 钨酸钠（$Na_2WO_4 \cdot 2H_2O$），使之完全溶解。

③300mL 去离子水中，慢慢加入 2.1mL 浓硫酸，冷却。

在 1L 量筒或量杯中，将①液加入②液中，再与③液混匀。在 1L 容量瓶中加去离子水至刻度，室温下可稳定 1 年。

（2）0.04mol/L 苦味酸溶液　苦味酸 9.3g，溶于 500mL 80℃去离子水中，冷却至室温，加去离子水至 1L。用 0.1mol/L NaOH 滴定，以酚酞作指示剂。根据滴定结果，用去离子水稀释至 0.04mmol/L。

1mL 0.04mol/L NaOH 相当于 1mL 0.04mmol/L 苦味酸（9.1644mg）。

（3）0.75mol/L NaOH 溶液　NaOH 30g，加去离子水使其溶解，冷却后用去离子水定容至 1L。

（4）肌酐标准储存液（10mmol/L）　精确称取 113mg 肌酐，用 0.1mol/L 盐酸溶解，并移入 100mL 容量瓶内，再用 0.1mol/L 盐酸定容至刻度。

（5）肌酐标准应用液（10μmol/L）　取 1mL 肌酐标准储存液，用 0.1mol/L 盐酸稀释至 1L。

四、实验步骤

（一）样品预处理

1. 血清

离心管中加血清 0.5mL，加入 4.5mL 35mmol/L 钨酸钠溶液，充分混匀，静置 5min，3000r/min 离心 10min，取上清液。

2. 尿液

用去离子水做 1∶200 稀释即可。

（二）样品测定

取 5mL 试管，标明测定、标准和空白管，每样做 2 个平行，按表 3-19 操作。

表 3-19　　　　　　　　　碱性苦味酸法测定血清肌酐操作表　　　　　　　　单位：mL

试剂	测定管	标准管	空白管
无蛋白血清上清液（或 1∶200 稀释尿液）	3.0	—	—
10μmol/L 肌酐标准应用液	—	3.0	—
去离子水	—	—	3.0
苦味酸溶液	1.0	1.0	1.0

续表

试剂	测定管	标准管	空白管
氢氧化钠溶液	1.0	1.0	1.0

混匀，室温放置 15min

波长 510nm，以空白管调零，读取各管吸光度 OD。

五、结果与计算

1. 血清肌酐

浓度按式（3-17）计算：

$$X = \frac{OD_{测定管}}{OD_{标准管}} \times n \times c \tag{3-17}$$

式中　X——肌酐浓度，$\mu mol/L$；

　　　n——血清预处理时稀释倍数；

　　　c——肌酐标准应用液浓度，$\mu mol/L$。

2. 尿肌酐

浓度按式（3-18）计算：

$$X = \frac{OD_{测定管}}{OD_{标准管}} \times N \times c \tag{3-18}$$

式中　X——肌酐浓度，$\mu mol/L$；

　　　N——尿液预处理时稀释倍数；

　　　c——肌酐标准应用液浓度，$\mu mol/L$。

六、注意事项

（1）三硝基苯酚属于易爆危险品，应妥善保存，以防意外。

（2）血清标本若不能及时测定，应置 4℃ 冰箱保存，最多 3d。若要保持较长时间，宜 -20℃ 保存。

（3）人体正常血清肌酐参考范围为男性：44~133$\mu mol/L$；女性：70~106$\mu mol/L$。

七、思考题

血清肌酐偏高的症状和原因是什么？

八、延伸文献

［1］王淑娟. 现代实验诊断学手册 ［M］. 北京：北京医科大学、中国协和医科大学联合出版社，1995.

［2］Fabiny D L, Ertingshausen G. Automated reaction-rate method for determination of serum creatinine with the CentrifiChemDiane ［J］. Clinical Chemistry, 1971, 17 （8）：696-700.

［3］Heinegård D, Tiderström G. Determination of serum creatinine by a direct colorimetric method ［J］. Clinica Chimica Acta, 1973, 43 （3）：305-310.

实验二十五　血清葡萄糖含量检测

一、目的与要求

1. 掌握血清葡萄糖含量测定原理和方法。

2. 了解血清葡萄糖测定在营养学上的意义。

二、背景与原理

（一）背景

葡萄糖存在于人体的血液和淋巴液中，是生命活动不可缺少的能量物质，在人体内能够直接参与新陈代谢过程。在消化道中，葡萄糖比任何其他单糖都容易吸收，而且被吸收后能直接被人体组织利用。人体摄取的其他碳水化合物，如蔗糖、淀粉等都必须先转化为葡萄糖之后，才能被人体组织吸收和利用。

血清葡萄糖是临床生化检验中的重要指标，其含量会因个体的健康、生理状况而不同。在临床上，血清葡萄糖水平的检测是许多疾病病症诊断、鉴别诊断、病情观察、治疗监控和预防的首选指标。因此，血清葡萄糖水平的准确检测具有非常重要的意义。人体空腹血清葡萄糖的正常值为 3.9~6.9mmol/L，当空腹血清葡萄糖水平>6.4mmol/L 时，需要对患者进行糖耐量实验。当空腹血清葡萄糖水平>7.8mmol/L 时，重复检测后可判断为糖尿病。当空腹血清葡萄糖水平>11.1mmol/L 时，表示患者胰岛素分泌极少或缺乏，一般无须进行其他指标的检查，即可诊断为糖尿病。

（二）原理

血清葡萄糖的测定采用过氧化物酶的偶联酶反应定量法。葡萄糖氧化酶（GOD）利用氧将葡萄糖氧化为葡萄糖酸，同时释放过氧化氢。过氧化酶（POD）催化过氧化氢氧化还原型色素原，例如 4-氨基安替比林（4-APP）和苯酚，并使色素原氧化成氧化型色素原，即 Trinder 反应。红色醌类化合物的生成量与葡萄糖含量成正比，具体反应过程如下所示。

$$葡萄糖 + O_2 + H_2O \xrightarrow{GOD} 葡萄糖酸 + 2H_2O_2$$

$$2H_2O_2 + 苯酚 + 4\text{-}APP \xrightarrow{POD} 醌亚胺（红色）+ 4H_2O$$

三、仪器与材料

（一）仪器

（1）可见光分光光度计或生化分析仪；

（2）恒温水浴锅；

（3）旋涡混匀器或振动摇床；

（4）微量移液器（100μL，5mL）及吸头；

（5）5mL 塑料离心管。

（二）试剂与材料

（1）材料　血清或血浆（制备见实验十六）。

（2）试剂　葡萄糖氧化酶（GOD），过氧化酶（POD），4-氨基安替比林（4-APP），叠氮化钠（NaN$_3$），无水磷酸二氢钠（NaH$_2$PO$_4$），无水磷酸二氢钾（KH$_2$PO$_4$），重蒸馏苯酚

（C_6H_5OH），苯甲酸钠（$C_7H_5NaO_2$），葡萄糖（$C_6H_{12}O_6$）均为分析纯。双蒸水。

（三）溶液配制

（1）0.1mol/L磷酸盐缓冲液（PBS，pH 7.0）　称取磷酸二氢钠8.67g，磷酸二氢钾5.3g，溶于蒸馏水800mL中，调节pH 7.0，定容至1L。

（2）酶试剂　取POD 12000U，GOD 1200U，4-APP 10mg，NaN_3 100mg，溶入磷酸盐缓冲液80mL中，用磷酸盐缓冲液定容至100mL，置于4℃保存。

（3）酚溶液（10%）　称取重蒸馏酚100g，溶入蒸馏水1L中，用棕色瓶储存。

（4）酶工作液　用蒸馏水将10%酚溶液稀释至0.1%。将0.1%苯酚溶液与等量酶试剂混合成为酶工作液。

（5）苯甲酸钠溶液（12mmol/L）　称取苯甲酸钠1.6g，于800mL蒸馏水中加温助溶，冷却后加蒸馏水定容至1L。

（6）葡萄糖标准储存液（100mmol/L）　首先将葡萄糖干燥至恒重，然后称取无水葡萄糖1.8g，溶于约70mL的12mmol/L苯甲酸钠溶液中定容至100mL。

（7）葡萄糖标准工作液（5mmol/L）　吸取葡萄糖标准储存液5mL，用12mmol/L苯甲酸钠溶液稀释至100mL。

四、实验步骤

取离心管按表3-20加入各溶液，每样做2个平行。

表3-20　　　　　　　　　　血清葡萄糖系列反应管所加溶液　　　　　　　单位：mL

试剂	测定管	标准管	空白管
血清	0.02	——	——
葡萄糖标准液（5mmol/L）	——	0.02	——
蒸馏水	——	——	0.02
酶工作液	3.0	3.0	3.0
摇匀，30℃水浴20min			

以空白管校正零点，测定505nm下吸光度OD。

自动分析仪参数：样品10μL，酶工作液（酶酚混合液）1.5mL，37℃保温20min，检测波长505nm。样品与试剂的用量可根据自动分析仪的型号不同而变动，但其比例不变。

线性范围：400mg/dL内线性良好。

五、结果与计算

血清葡萄糖含量按式（3-19）计算：

$$X = \frac{OD_{测定管}}{OD_{标准管}} \times 5 \tag{3-19}$$

式中　X——血清葡萄糖含量，mmol/L。

六、思考题

1. 为什么正常人的血糖能维持在一个稳定的水平？

2. 简述测定血糖浓度的临床意义。

七、延伸阅读

［1］陈敬银，何兰云. 用 GOD-POD 方法结合两点法测定血清葡萄糖 ［J］. 中国卫生检验杂志，2008，18（7）：1449-1449.

［2］Stark E W. Glucose related measurement method and apparatus ［D］. EP，1994.

［3］Lee W W, Chung J H, Jang S J, et al. Consideration of serum glucose levels during malignant mediastinal lymph node detection in non-small-cell lung cancer by FDG-PET ［J］. Journal of Surgical Oncology，2006，94（7）：607-613.

实验二十六　血清转氨酶活力测定

一、目的与要求

1. 掌握血清谷丙转氨酶、谷草转氨酶活力测定的原理与测定方法异同。

2. 了解血清谷丙转氨酶、谷草转氨酶活力在机体营养上的生理意义。

二、背景与原理

（一）背景

谷丙转氨酶又称丙氨酸氨基转移酶（Glutamic-Pyruvic Transaminase，GPT 或 Alanine Aminotransferase，ALT），存在于各种细胞中，以肝细胞活性最高，正常情况下，血液中的含量非常低（表 3-21）。当肝功能损伤或肝组织肿胀坏死等病理条件下，GPT 会从肝细胞中释放进入血液。因此，血清 GPT 上升是诊断肝功能损伤或肝脏疾病的重要指标。

谷草转氨酶又称门冬氨酸转氨酶（Glutamic-Oxalacetic Transaminase，GOT，或 Aspartic Transaminase，AST），心肌细胞活性最高，其次是肝脏、骨骼肌和肾脏等组织的细胞。人体在健康状况下血清中的 GOT 含量较低，但心肌细胞或肝脏细胞受损时，细胞膜通透性增加，胞浆中的 GOT 释放进入血液，血液中 GOT 活性会明显上升。一般将血清 GOT 水平作为心肌梗死或心肌炎的辅助检查。另外，血清 GOT 水平也是肝功能检查的重要项目，临床上通常结合血清 GPT 水平和 GOT 水平进行肝功能损伤的评价。当血清 GOT 与血清 GPT 比值>2 时，可判断为坏死型的严重肝脏疾病。

除了肝脏疾病引起的血清 GPT 和 GOT 水平升高外，日常生活中的不良习惯，例如酗酒、过度劳累等会引起血清中转氨酶的升高。另外，服用一些药物如红霉素、四环素、安眠药、解热镇痛药、避孕药，可出现血清转氨酶上升现象，但在停药后，转氨酶水平会恢复正常。此外，心血管疾病，以及肌营养不良、多发性肌炎、胰腺炎等症状都会引起血液转氨酶上升。

表 3-21　　　人体组织中 GPT、GOT 的相对活力（以血清中酶活力计为 1）

组织	GPT	GOT
心	450	7800
肝脏	2850	7100

续表

组织	GPT	GOT
骨骼肌	300	5000
肾脏	1200	4500
胰腺	130	1400
红细胞	7	15
血清	1	1

（二）实验原理

GPT 与底物溶液中的丙氨酸和 α-酮戊二酸在一定条件下反应，产生丙酮酸。反应到一定时间后，加入 2，4-二硝基苯肼停止反应。2，4-二硝基苯肼分别与参与反应产生的丙酮酸及剩余的基质 α-酮戊二酸形成各自对应的二硝基苯腙。在碱性条件下，两种苯腙分别显示出红棕色，其中丙酮酸二硝基苯腙的颜色较深，以等摩尔计算，在 480～530nm，其吸光度约为 α-酮戊二酸生成的颜色的 3 倍，利用这一差别可以反映出丙酮酸的生成量。

血清 GOT 的测定原理与血清 GPT 基本相近，除所用的底物不同外，测定方法基本相同。血清 GOT 测定的基质由天冬氨酸和 α-酮戊二酸组成，反应生成谷氨酸和草酰乙酸，后者脱羧生成丙酮酸。相关原理不再重复。

三、仪器与材料

（一）仪器

（1）恒温水浴锅；

（2）可见光分光光度计；

（3）离心机（4000r/min）；

（4）微量移液器（1000μL，500mL）及吸头；

（5）塑料离心管 1.5mL，5mL。

（二）试剂与材料

1. 材料

血清或血浆。

2. 试剂

2，4-二硝基苯肼（DNPH），氢氧化钠（NaOH），磷酸二氢钠（NaH_2PO_4），磷酸氢二钠（Na_2HPO_4）均为分析纯。

丙酮酸钠（$C_3H_3NaO_3$ Mr. 110.04），α-酮戊二酸（$C_5H_6O_5$，Mr. 146.1），dl-丙氨酸（$C_3H_7NO_2$），dl-天冬氨酸（$C_4H_7NO_4$）均为试剂级。

3. 溶液配制

（1）0.1mol/L 磷酸盐缓冲液（PBS，pH 7.4）　称取 $NaH_2PO_4 \cdot 2H_2O$ 0.5930g（或 $NaH_2PO_4 \cdot H_2O$ 0.5244g），$Na_2HPO_4 \cdot 2H_2O$ 2.8844g（或 $Na_2HPO_4 \cdot 12H_2O$ 5.803g），溶于蒸馏水 180mL 中，调节 pH 7.4，定容至 200mL。

（2）丙酮酸标准溶液（2.0mmol/L）　准确称取 22mg 纯净丙酮酸钠，用 pH 7.4 的 PBS 定容至 100mL。

（3）底物溶液

①血清谷丙转氨酶（SGPT）底物溶液（用于 GPT 测定）　准确称取 α-酮戊二酸 87.6mg，dl-丙氨酸 5.34g，先用 90mL 0.1mol/L pH7.4 的 PBS 溶解，然后用 20% NaOH 溶调节 pH 7.4，再加上述 PBS 至 300mL，4℃保存可用一周（加三氯甲烷防腐）。

②血清谷草转氨酶（SGOT）底物溶液（用于 GOP 测定）　准确称取 α-酮戊二酸 87.6mg，dl-天冬氨酸 7.98g，先用 90mL 0.1mol/L pH7.4 的 PBS 溶解，然后用 20% NaOH 溶调节 pH 7.4，再加上述 PBS 至 300mL，4℃保存可用一周（加氯仿防腐）。

（4）2，4-二硝基苯肼溶液　称取 19.8mg 2，4-二硝基苯肼，置于 100mL 容量瓶中，先用 8mL 浓盐酸溶解后，再加水稀释至刻度。

（5）0.4mol/L NaOH 溶液　称取 16g NaOH 溶于 1L 蒸馏水中。

四、方法与步骤

（一）标准曲线的制作

取干燥洁净试管，编号，每样做 2~3 个平行。按表 3-22 所示添加试剂。

表 3-22　　　　　　　　　　　　　　　　标准溶液配制　　　　　　　　　　　单位：mL

管号	丙酮酸 标准液	SGPT 或 SGOT 底物溶液	PBS	GPT/KarU	GOT/KarU
0	0.00	0.50	0.10	0	0
1	0.05	0.45	0.10	28	24
2	0.10	0.40	0.10	57	61
3	0.15	0.35	0.10	97	114
4	0.20	0.30	0.10	150	190
5	0.25	0.25	0.10	200	—

向每管加 0.5mL 2，4-二硝基苯肼，37℃水浴 20min，再分别向各管加入 5mL 0.4mol/L NaOH 溶液，室温下静置 10min 后，用蒸馏水调零点，于 520nm 处测 OD 值。以各管 OD 值为纵坐标，卡门单位为横坐标作标准曲线。

（二）SGPT 及 SGOT 活力测定

取洁净干燥试管 4 支，即测定管、对照管各 2 支，按表 3-23 加入试剂，酶反应中，应保证各管反应时间一致。

表 3-23　　　　　　　　　　　　　　SGPT、SGOT 测定步骤　　　　　　　　　单位：mL

试剂	测定管	对照管
血清	0.1	0.1

续表

试剂	测定管	对照管
SGPT 或 SGOT 底物溶液	—	0.5
37℃水浴 15min		
2，4-二硝基苯肼溶液	0.5	0.5
SGPT 或 SGOT 底物溶液	0.5	—
37℃水浴 20min*		
0.4mol/LNaOH 溶液	5.0	5.0
混匀，室温静置 10min		

注：*务必保证加入底物后，每管酶反应时间准确计时 20min。

以蒸馏水调零点，测定 520nm 处 OD 值。

五、结果计算

$$OD_{样品} = OD_{测定管} - OD_{对照管} \tag{3-20}$$

根据样品 OD 值在标准曲线上查得对应的卡门单位，即 SGPT 及 SGOT 的活力。

六、注意事项

（1）在呈色反应中，2，4-二硝基苯肼可与有酮基的化合物作用形成苯腙，底物中 α-酮戊二酸可与之发生反应，生成 α-酮戊二酸苯腙。故制作标准曲线时，需要加入一定量的底物以抵消 α-酮戊二酸的影响。

（2）在测定 SGPT 活力前，应先将底物溶液、血清放在 37℃ 水浴中预温，然后在血清管中加入底物，准确计时。

（3）当测得的 SGPT 或 SGOT 活力超过 200 KarU 时，需将样品稀释。

（4）赖氏法的酶活力单位是用生成的丙酮酸的量及其吸光度与卡门单位（KarU）的对等关系，套用卡门单位而来。卡门单位的定义是：在规定条件下（血清 1mL，反应液总量 3mL，在 25℃下作用 1min，用内径 1cm 的比色杯），测定吸光度的减少值。每减少 0.001 的吸光度消耗的酶量为一个酶活力单位。

（5）该法测得正常健康人体血清中 GPT 的活力应<40KarU，GOT 的活力应<50KarU。

七、思考题

1. 为什么血清要在水浴中恒温再加 2，4-二硝基苯肼？
2. 为什么要保证每个试管中酶反应时间准确一致？如何操作？
3. 导致血清谷丙转氨酶活力偏高的原因有哪些？

八、延伸阅读

Ghouri N，Preiss D，Sattar N. Liver enzymes，nonalcoholic fatty liver disease，and incident cardiovascular disease：a narrative review and clinical perspective of prospective data［J］. Hepatology. 2010，52（3）：1156-1161.

实验二十七　血浆与组织中谷胱甘肽的测定

一、目的与要求

1. 掌握血浆、组织中谷胱甘肽测定原理和方法。
2. 了解血浆 GSH/GSSG 在生理学上的意义。
3. 学习、掌握荧光分光光度计分析原理及使用。

二、背景与原理

（一）背景

谷胱甘肽（GSH）是一种体内广泛存在的由谷氨酸、半胱氨酸和甘氨酸组成的含硫醇三肽化合物。GSH 作为细胞的一种还原剂，参与多种重要的生理过程，可保护细胞免遭氧化损伤，解除药物代谢产物的毒性，调节基因表达和细胞凋亡，并与物质的跨膜转运相关。GSH 参与抗氧化作用后，2 分子的 GSH 脱氢生成氧化型谷胱甘肽（GSSG），在 NADPH 以及谷胱甘肽还原酶的作用下 GSSG 又不断被还原为 GSH，多余的 GSSG 则排出胞外，以维持 GSH、GSSG 正常氧化还原状态。

（二）原理

本方法是一种快速而简便的荧光测定法，其原理是邻苯二甲醛（OPA）在碱性介质中（pH 8），当有 GSH 存在时（巯基有还原性），其能与 GSH 反应产生荧光化合物 GSH-OPT，在发射波长 430nm，激发波长 350nm 条件下，荧光强度与 GSH 含量呈线性关系，可以定量测定 GSH。测定中氧化型谷胱甘肽，含硫氨基酸、肽、嘌呤等其他物质对 GSH 的测定没有影响。

OPA 在 pH 12 条件下，可与 GSSG 特异结合生成 GSSG-OPT，NEM（N-乙基顺丁烯二酰亚胺）能与 GSH 结合，防止 GSH 生成 GSSG。将待测样品通过 NEM 预反应，可以实现对血浆或组织内 GSSG 的定量测定。

注：NEM 是蛋白质半胱氨酸残基的共价修饰试剂；也可用作巯基烷化试剂，使依赖于 NADP 的异柠檬酸脱氢酶和许多的内切酶失活。

三、仪器与材料

（一）仪器

（1）荧光分光光度计 F98 或 F96 型或 M5 多功能酶标仪；
（2）微量移液器（100~200μL，1000μL，5mL）及吸头；
（3）离心管；
（4）锡纸；
（5）棕色容量瓶 10mL，25mL。

（二）试剂与材料

1. 实验材料

血浆或组织匀浆液（10%）。

血浆及组织匀浆样品的准备：尽量采用新鲜血液测定。新鲜血液肝素抗凝，经 3500r/min 离心 10min，获得血浆。样品可立即测定，或-80℃保存，但不宜超过 10d。测定前对血浆进行适当稀释。

组织样品采集后，按照 1∶9 与预冷的生理盐水混合匀浆，立即测定或 -70℃ 保存。

2. 试剂

GSH（$C_{20}H_{32}N_6O_{12}S_2$，Mr. 307. 33）、GSSG（Mr. 612. 63）标品；N-乙基顺丁烯二酰亚胺（NEM），为试剂级。

乙二胺四乙酸二钠（EDTA-Na_2），磷酸二氢钠（NaH_2PO_4），磷酸氢二钠（Na_2HPO_4），氢氧化钠（NaOH），氯化钠（NaCl），邻苯二甲醛（OPA）均为分析纯。

（三）试剂配制

（1）OPA 荧光试剂（1mg/mL）　称取 10mg 的 OPA 于 10mL 棕色容量瓶中 加无水乙醇溶解、定容。避光、现用现配。

（2）NEM 溶液（0.04mol/L）　准确称取 5mg 的 NEM 溶于 1mL 去离子水中。

（3）EDTA-PBS 溶液　称取 0.23g NaH_2PO_4、1.15gNa_2HPO_4、9gNaCl、1.86g 的 EDTA-Na_2 溶于 900mL 去离子水中，调节 pH 8.0，用去离子水定容至 1L。

四、方法与步骤

（一）标准曲线的绘制

1. GSH 标准曲线

精确称取 GSH 标准品各 0.025g，用去离子水定容到 25mL；再分别吸取 0.50、1.00、2.00、3.00、4.00mL 于 5 个 10mL 容量瓶中，分别用去离子水定容至刻度，配制 GSH 标准液。用于标准曲线测定（表 3-24），标准样液通常在使用前配制。

表 3-24　　　　　　　　　　　　　　GSH 标准曲线绘制

试剂	标准管	空白管
GSH 标准液	100μL	—
去离子水	—	100μL
EDTA-PBS	2.8mL	2.8mL
OPA 荧光剂	20μL	20μL
室温，避光反应 15min		

荧光分光光度计检测：在发射波长 430nm，激发波长 350nm 下使用空白管调零。测定各管的荧光强度。以 GSH 浓度为横坐标，荧光强度为纵坐标，绘制标准曲线。

2. GSSG 标准曲线

精确称取 GSSG 标准品各 0.025g，用去离子水定容至 25mL，再分别吸取 0.50，1.00，2.00，3.00，4.00mL 于 5 个 10mL 容量瓶中，分别用去离子水定容至刻度，配制 GSSG 标准液。按照表 3-25 操作。

表 3-25 GSSG 标准曲线绘制

试剂	标准管	空白管
GSSG 标准液	500μL	—
去离子水	—	500μL
NEM 溶液	100μL	100μL
获得混合液，室温放置 30min		
上述混合液	100μL	100μL
NaOH 溶液	2.8mL	2.8mL
OPA 荧光试剂	100μL	100μL
室温，避光反应 15min		

荧光分光光度计检测：在发射波长 430nm，激发波长 350nm 下使用空白管调零。测定各管的荧光强度。以 GSH 浓度为横坐标，荧光强度为纵坐标，绘制标准曲线。

（二）样品的测定

分别按表 3-26 和表 3-27 操作测定血浆 GSH 和 GSSG 浓度。

表 3-26 血浆 GSH 浓度测定

试剂	样品管	空白管
血浆样品	100μL	—
去离子水	—	100μL
EDTA-PBS	2.8mL	2.8mL
OPA 荧光剂	20μL	20μL
室温，避光反应 15min		

使用荧光分光光度计检测在发射波长 430nm，激发波长 350nm 下样品的荧光强度。空白管调零。根据标准曲线方程计算 GSH 浓度。

表 3-27 血浆 GSSG 浓度测定

试剂	标准管	空白管
血浆样品	500μL	—
去离子水	—	500μL

续表

试剂	标准管	空白管
NEM 溶液	100μL	100μL
获得混合液，室温放置 30min		
上述混合液	100μL	100μL
NaOH 溶液	2.8mL	2.8mL
OPA 荧光试剂	100μL	100μL
室温，避光反应 15min		

使用荧光分光光度计检测在发射波长 430nm，激发波长 350nm 下样品的荧光强度。空白管调零。根据标准曲线方程计算 GSSG 浓度。

五、结果与计算

（1）OPA 反应 15min 后进行一次测定。根据不同浓度标准品测得的不同荧光值做出标准曲线。样品对照标准曲线即可计算出 GSH 或 GSSG 的含量。

若样品中 GSH 荧光值处于低浓度范围，应配制低浓度的 GSH 标准液，制作标准曲线。

（2）组织样品可先进行匀浆，取匀浆液测定，根据样品的稀释倍数以及最初样品的使用量，可以计算出每毫克组织中的 GSH 或 GSSG 的含量。

对于细胞样品，也可以根据最初细胞的数量，测定细胞裂解后的蛋白浓度，从而计算出每毫克蛋白中 GSH 或 GSSG 的含量。

（3）根据测定得到的 GSH 含量和 GSSG 的含量就可以计算出 GSH/GSSG 的值。

六、注意事项

（1）若用 M5 酶标仪测定可适当缩小体系，使用 96 孔黑色酶标板，取 200μL 在相同激发和发射波长下测定，不影响实验结果。

（2）实验过程注意避光。每组样品需做 2~3 个平行。

（3）接触、配制 OPA 试剂，戴手套和护目镜，防止与眼睛接触。

七、思考题

1. 根据荧光分光光度分析原理，解释为什么测定的溶液物质浓度不宜太高？

2. 简述谷胱甘肽的结构及其生理意义。

八、延伸阅读

［1］蓝金贵，罗登柏，曹巍. 一种简便廉价的谷胱甘肽测定法［J］. 化学与生物工程，2004，21（4）：55-56.

［2］Jones D P. Redox potential of GSH/GSSG couple：Assay and biological significance［J］. Methods Enzymol，2002，348（1）：93-11.

［3］孙伟张，于波涛，蒋燕，等. HPLC 法测定氧化型和还原型谷胱甘肽［J］. 药学实践杂志，2012，30（4）：305-306.

实验二十八　血清与组织超氧化物歧化酶活力测定

一、目的与要求

1. 了解组织总 SOD、MnSOD、Cu/ZnSOD 活力的测定在人体生理学上的意义。

2. 掌握总 SOD、MnSOD、Cu/ZnSOD 活力的测定方法。

二、背景与原理

（一）背景

超氧化物歧化酶（SOD）是生物体内抗氧化酶系统中一种重要的抗氧化金属蛋白酶，能催化超氧阴离子发生歧化作用，生成过氧化氢（H_2O_2）和氧气（O_2）。

哺乳动物体内 SOD 根据含金属辅助因子不同，分为铜/锌 SOD（Cu/Zn-SOD）、锰 SOD（MnSOD）、胞外 SOD（EC-SOD）。在大部分组织中，含量最高的是定位在细胞胞浆中的 Cu/Zn-SOD，细胞核、溶酶体、过氧化物酶体中也少量存在。EC-SOD 也属于 Cu/Zn-SOD，其编码基因和细胞浆 Cu/Zn-SOD 的基因存在很高的相似性，主要存在于胞外，或绑定在细胞表面。Mn-SOD 主要在线粒体中表达，一些内源及外源物质如辐射、氧化或还原剂、感染、癌变等可以影响 Mn-SOD 表达与活力。

（二）原理

黄嘌呤或次黄嘌呤在黄嘌呤氧化酶（XOD）作用下产生超氧阴离子自由基（O_2^-）。O_2^- 专一性地氧化羟胺生成亚硝酸盐，后者在氨基苯磺酸及 α-萘胺作用下显色，形成紫红色偶氮染料，最大吸收波长为 550nm。SOD 对 O_2^- 的生成有专一性的抑制作用，从而减少亚硝酸盐的生成，比色时，测定管 OD 值低于对照管 OD 值，通过公式计算被测样品中总 SOD 活力。

总 SOD 的酶活力包括 Cu/ZnSOD 和 MnSOD 活力的总和。使用 CN^- 抑制 Cu/ZnSOD 酶活力，可测定得到 Mn-SOD 的酶活力。总 SOD 酶活力与 MnSOD 酶活力的差值即为 Cu/Zn-SOD 的酶活力。

三、仪器与材料

（一）仪器

（1）可见光分光光度计或酶标仪；

（2）分析天平（200g±0.0001g）；

（3）冷冻离心机（5000r/min）；

（4）匀浆器；

（5）恒温水浴锅（37℃）；

（6）酸度计；

（7）微量移液器及吸头；

（8）离心管；

（9）酶标板。

（二）试剂与材料

（1）实验材料　全血、血浆或组织匀浆液。

（2）试剂　次黄嘌呤（$C_5H_4N_4O$，Mr. 136.11）、盐酸羟胺（ClH_4NO）、氰化钾（KCN）、对氨基苯磺酸、α-萘胺（$C_{10}H_7NH_2$）、乙酸（HAc）、乙二胺四乙酸二钠（EDTA-Na_2）、磷酸

二氢钾（KH_2PO_4），四硼酸二钠（$Na_2B_4O_7$），均为分析纯。

黄嘌呤氧化酶（XOD），试剂级。

（三）溶液配制

（1）KH_2PO_4 - $Na_2B_4O_7$ 缓冲液（pH8.2）　称取 KH_2PO_4 7.0767 g，$Na_2B_4O_7 \cdot 10H_2O$ 14.8734g 于1000mL 烧杯中，加蒸馏水溶解后，再加蒸馏水至950mL 左右，酸度计测定 pH，并用 KH_2PO_4 或 $Na_2B_4O_7$ 溶液调整 pH 8.2，将溶液移至1000mL 容量瓶中，定容至1L。

此液浓度为：KH_2PO_4 52mmol/L，$Na_2B_4O_7$ 39mmol/L，pH8.2。1mL 反应体系中各组成的浓度为：KH_2PO_4 28.8mmol/L，$Na_2B_4O_7$ 15.6mmol/L。

（2）KCN 溶液　称取 0.0260g KCN 溶于200mL 蒸馏水中，此液 KCN 的浓度：2mmol/L，1mL 反应体系中 KCN 的浓度为：1mmol/L。

（3）A 液（底物）　称取 0.0556g 盐酸羟胺和0.0372g 次黄嘌呤于烧杯中，加 pH8.2 KH_2PO_4-$Na_2B_4O_7$ 缓冲液溶解后，转移至200mL 容量瓶中定容至刻度。

此液浓度为：盐酸羟胺4mmol/L，次黄嘌呤 1mmol/L。反应后终体积为1mL 时浓度：盐酸羟胺 0.8mmol/L，次黄嘌呤 0.2mmol/L。

（4）B 液（酶液）　称取 EDTA-$Na_2$0.0186g 于三角瓶中，加少量 pH8.2 KH_2PO_4-$Na_2B_4O_7$ 缓冲液溶解，加入黄嘌呤氧化酶 0.2mL，然后转移至100mL 容量瓶中定容至刻度。

此液浓度为：黄嘌呤氧化酶 50mU/mL，EDTA-Na_2 0.5mmol/L。反应后终体积为1mL 时浓度：黄嘌呤氧化酶 10mU/mL。

（5）C 液（显色剂）　称取对氨基苯磺酸0.9752g、α-萘胺 0.3007g 于三角瓶中，加200mL 乙酸，600mL 蒸馏水。

四、操作步骤

（一）样品预处理

（1）全血稀释液　取全血 10μL 加入到1mL 双蒸水中，充分振摇，获得1:100 全血稀释液待测，4h 内测定酶活力。另外，可将全血用肝素钠进行抗凝处理，置-20℃冻存，72h 内测定，也可置于4℃存放，48h 内必须测完。测前取出样品，室温自然解冻。

（2）血浆　肝素抗凝血，4℃条件下4000r/min 离心10min 获得血浆，4℃存放，48h 内必须测完。

（3）组织匀浆液　称取 0.40g 组织，加入 3.6mL 生理盐水，冰浴下制备10%（W/V）的组织匀浆液。测定时将匀浆液适当稀释100 倍或250 倍。

（二）方法与步骤

1. 总 SOD 活力测定

取离心管，按照表3-28，各管分别加入 A 液及蒸馏水混匀，然后加入样品液（全血稀释液或血浆、或组织匀浆液）、B 液，混匀，进行酶反应，应保证每管酶反应时间一致。

表3-28　　　　　　　　　　　　　　总 SOD 活力测定流程　　　　　　　　　　　　　单位：mL

试剂	总 SOD 对照管	总 SOD 测定管
A 液	0.2	0.2

续表

试剂	总 SOD 对照管	总 SOD 测定管
蒸馏水	0.6	0.5
全血稀释液或血浆	—	0.1
100 倍稀释匀浆液	—	—
250 倍稀释匀浆液	—	0.1
B 液	0.2	0.2
37℃水浴 40min		
C 液	2.0	2.0
室温混匀，静置 30min		

以 KH_2PO_4-$Na_2B_4O_7$ 缓冲液调零，测波长 550nm 处的吸光度 OD。

2. MnSOD 活力测定

取离心管，按照表 3-29，各管分别加入 A 液及蒸馏水，然后加入样品液（全血稀释液或血浆、或组织匀浆液）KCN 溶液、B 液。

表 3-29　　　　　　　　　　MnSOD 活力测定流程　　　　　　　　　　单位：mL

试剂	MnSOD 对照管	MnSOD 测定管
全血稀释液或血浆	—	0.1
100 倍稀释匀浆液	—	0.1
250 倍稀释匀浆液	—	—
A 液	0.2	0.2
蒸馏水	0.1	—
氰化钾溶液	0.5	0.5
B 液	0.2	0.2
37℃水浴 40min		
C 液	2.0	2.0
室温混匀，静置 30min		

以 KH_2PO_4-$Na_2B_4O_7$ 缓冲液调零，测波长 550nm 处的吸光度 OD。

若样品为组织匀浆液，则需使用 BCA 法测定匀浆液中的蛋白浓度（mg/mL），用于计算比酶活力（NU/mg）。

五、结果与计算

1. 总 SOD 活力定义

抑制亚硝酸盐形成的抑制率为 50% 时所对应的总 SOD 酶量为一个亚硝酸盐单位（NU）。最终酶活以 NU/mg 表示。

（1）血液中总 SOD 活力计算

$$SOD\ 活力 = \frac{总\ SOD\ 对照管\ OD\ 值 - 总\ SOD\ 测定管\ OD\ 值}{总\ SOD\ 对照管\ OD\ 值} \div 50\% \times 反应体系稀释倍数 \times 测试前稀释倍数 \tag{3-21}$$

（2）组织匀浆液中总 SOD 活力计算

$$总\ SOD\ 活力 = \frac{总\ SOD\ 对照管\ OD\ 值 - 总\ SOD\ 测定管\ OD\ 值}{总\ SOD\ 对照管\ OD\ 值} \div 50\% \times \frac{反应液总体积}{取样量} \div 待测样本蛋白浓度 \tag{3-22}$$

2. MnSOD 活力定义

抑制亚硝酸盐形成的抑制率为 50% 时所对应的 Mn-SOD 酶量为一个亚硝酸盐单位（NU）。

（1）血液中 MnSOD 活力计算：

$$MnSOD\ 活力 = \frac{MnSOD\ 对照管\ OD\ 值 - MnSOD\ 测定管\ OD\ 值}{MnSOD\ 对照管\ OD\ 值} \div 50\% \times 反应体系稀释倍数 \times 测试前稀释倍数 \tag{3-23}$$

（2）组织匀浆液中 MnSOD 或计算，最终酶活以 NU/mg 表示：

$$MnSOD\ 活力 = \frac{MnSOD\ 对照管\ OD\ 值 - MnSOD\ 测定管\ OD\ 值}{MnSOD\ 对照管\ OD\ 值} \div 50\% \times \frac{反应液总体积}{取样体积} \div 待测样本蛋白浓度 \tag{3-24}$$

（3）血液及组织匀浆液中 Cu/ZnSOD 活力计算

$$Cu/ZnSOD\ 活力 = 总\ SOD\ 活力 - MnSOD\ 活力 \tag{3-25}$$

六、思考题

1. 酶-底物反应时间直接影响酶活力，操作中如何保证各管反应时间一致？
2. 简述 SOD 在组织细胞抗氧化体系中的作用。

七、延伸阅读

[1] 翁闪凡，张晓林. 黄嘌呤氧化酶法优化大鼠血清 SOD 测定条件的探讨 [J]. 佛山科学技术学院学报（自然科学版），2011，29（3）：65-67.

[2] 邹大威，高彦彬，朱智耀，等. 糖络宁对糖尿病大鼠坐骨神经 MnSOD，CuZnSOD，GPx 抗氧化酶基因表达的影响 [J]. 中国实验方剂学杂志，2013，19（1）：175-179.

[3] Spitz D R, Oberley L W. Measurement of MnSOD and CuZnSOD activity in mammalian tissue homogenates [J]. Current Protocols in Toxicology, 2001, Chapter 7：Unit7. 5.

实验二十九　血清与组织谷胱甘肽过氧化物酶活力测定

一、目的与要求

1. 掌握 GSH-Px 酶活力测定原理和组织中 GSH-Px 活力测定方法。
2. 了解组织中 GSH-Px 酶活力变化的生理生化学意义。

二、背景与原理

（一）背景

谷胱甘肽过氧化物酶（GSH-Px）可以清除活细胞内过氧化物，在保护细胞免受自由基损伤过程中起着重要作用。细胞内的脂类容易与自由基发生反应，产生脂类氢过氧化物，超氧化物歧化酶（SOD）与ROS反应生成H_2O_2，GSH-Px可以利用还原型谷胱甘肽（GSH）还原脂类过氧化物以及H_2O_2，从而消除自由基的损害作用。体内GSH-Px有两种，含硒的Se-GSH-Px（活性中心是硒半胱氨酸），和不含硒的谷胱甘肽过氧化物酶（non-Se-GSH-Px），前者能催化H_2O_2和氢过氧化物，后者只能催化氢过氧化物。GSH-Px几乎在所有组织中都有分布，血浆及组织Se-GSH-Px活力与体内硒的营养状况密切相关；组织在氧化应激及一些病理状况下，GSH-Px活力会发生明显上升或下降。

（二）原理

Se-GSH-Px可以催化过氧化氢以及有机过氧化物，产生水或有机醇，其活力以催化还原型谷胱甘肽GSH氧化的反应速度，及单位时间内GSH减少的量来表示。GSH和5，5'-二硫对硝基苯甲酸（DTNB）反应，可生成黄色的5-硫代-2-硝基苯甲酸阴离子，于423nm波长有最大吸收峰。根据该阴离子浓度，可测出GSH减少的量，计算Se-GSH-Px活力。由于GSH能进行非酶反应氧化，所以最后计算酶活力时，必须扣除非酶反应所引起的GSH减少。

三、仪器与材料

（一）仪器

（1）可见光分光光度计；

（2）冷冻离心机（4℃，3000r/min）；

（3）恒温水浴锅（37℃，20℃）；

（4）pH计；

（5）组织匀浆器；

（6）微量移液器（200μL，1000μL，5mL）及吸头；

（7）离心管（1.5mL，5mL）。

（二）试剂与材料

1. 实验材料

全血，血浆或组织匀浆液。

2. 试剂

氯化钠（NaCl），叠氮化钠（NaN_3），乙二胺四乙酸二钠（EDTA-Na_2），磷酸氢二钠（Na_2HPO_4），磷酸二氢钠（NaH_2PO_4），偏磷酸（HPO_3），过氧化氢（H_2O_2）均为分析纯。

5，5'-二硫对硝基苯甲酸（DTNB），GSH（相对分子质量307.323）标准品为试剂级。

3. 溶液配制

（1）叠氮钠磷酸缓冲液（pH7.0）

①NaN_3：16.25mg，终浓度2.5mmol/L；

②EDTA-Na_2：7.44mg，终浓度0.2mmol/L；

③Na_2HPO_4：1.732g，终浓度0.2mol/L；

④NaH_2PO_4：1.076g，终浓度0.2mol/L；

⑤加蒸馏水至 100mL，用少量 HCl、NaOH 调 pH7.0，4 ℃保存。

（2）1mmol/L 谷胱甘肽（还原型 GSH）溶液　GSH 3.07mg 加叠氮钠磷酸缓冲液至 10mL，临用前配制。

（3）1.25～1.5mmol/L H_2O_2 溶液　称取 30% H_2O_2 0.15～0.17mL，用双蒸水稀释至 100mL，临用前配制。

（4）偏磷酸沉淀液

①HPO_3：16.7g（先用蒸馏水溶解）；

②EDTA：0.5g；

③NaCl：280g。

④加蒸馏水至 1000mL，用普通滤纸过滤，室温保存。

（5）0.32mol/L Na_2HPO_4 溶液　Na_2HPO_4 22.7g 加蒸馏水至 500mL，室温保存。

（6）DTNB 显色液

①DTNB：40mg；

②柠檬酸三钠：1.0g；

③加蒸馏水至 100mL，4℃避光保存 1 个月。

（7）0.01mol/L 磷酸盐缓冲液（PBS）pH 7.4

①NaCl：8g；

②KCl：0.2g；

③KH_2PO_4：0.24g；

④Na_2HPO_4：1.44g（或选择 $Na_2HPO_4 \cdot 12H_2O$ 3.63g）；

⑤蒸馏水 800mL。调节 pH 7.4。

（8）0.9%生理盐水　称取 9gNaCl 溶于 1000mL 蒸馏水。

四、方法与步骤

（一）样品制备

1. 全血稀释液

取全血 10μL 加入到 1mL 双蒸水中，充分振摇，获得 1：100 全血稀释液待测，4h 内测定酶活力。另外，可将全血用肝素钠进行抗凝处理，置-20℃冻存，72h 内测定，也可置于 4℃存放，24h 内必须测完。测前取出样品室温自然解冻。

2. 血浆

肝素抗凝血，分离血浆（4000r/min，10min），4℃存放，24h 内必须测完。

3. 组织匀浆液

新鲜动物脏器组织，在预冷生理盐水中洗去浮血，剔除脂肪及结缔组织，滤纸吸干。然后，称取适量组织，按照 1：9 加预冷生理盐水，制成 10%组织匀浆，操作在冰浴中进行。匀浆液用于组织酶活力测定。组织酶活力可当天测定，若不能当天测定，应立即将匀浆液分装成数管，放置在-80℃可保存数周。每次测定时，将匀浆液解冻、均质后取样测定。反复冻融对酶活力有影响，若需进行组织多个酶的活力测定，可取用未解冻过的分装样品。

（二）GSH 标准曲线的制作

首先配制 1.0mmol/L GSH 原液：准确称取 0.0307gGSH，于容量瓶中加叠氮钠磷酸缓冲液定容至 100mL，使用前配制。

标准曲线制作溶液配制如表 3-30 所示。

表 3-30 GSH 标准曲线溶液配制

GSH 原液(1.0mmol/L)/mL	偏磷酸沉淀剂/mL	双蒸水/mL	总体积/mL	最终浓度/（μmol/L）
0	4.0	1.0	5.0	0
0.2	4.0	0.8	5.0	20.0
0.4	4.0	0.6	5.0	40.0
0.6	4.0	0.4	5.0	60.0
0.8	4.0	0.2	5.0	80.0
1.0	4.0	0.0	5.0	100.0

取上述不同浓度标准液各 2mL，放入试管中，加入 0.32mol/L Na_2HPO_4 2.5mL，加入 DTNB 显色液 0.5mL，20℃水浴 15min，用 1cm 光径比色皿，在可见光分光光度计测定 423nm 波长下的 OD 值，以双蒸水调零点。

以 GSH 含量（μmol/L）为横坐标，OD_{423} 为纵坐标，绘制标准曲线，计算回归系数、斜率。

（三）样品测定步骤

取离心管按照表 3-31 操作。

表 3-31 GSH-Px 酶活力测定操作步骤 单位：mL

试剂	样品管	非酶管	空白管
1.0mmol/LGSH（37℃预热）	0.4	0.4	—
样品[1]	0.4	—	—
双蒸水[2]	—	0.4	—
37℃水浴预温 5min			
H_2O_2 液	0.2	0.2	0.2
混匀、37℃水浴，读秒计时，各管准确反应 3min			
偏磷酸沉淀液	4	4	4
3000r/min 离心 10min			
离心上清液	2	2	—
双蒸水	—	—	0.4

续表

试剂	样品管	非酶管	空白管
偏磷酸沉淀剂	1.6	1.6	1.6
0.32mol/L Na$_2$HPO$_4$	2.5	2.5	2.5
DTNB 显色液	0.5	0.5	0.5
20℃水浴 15min			

注：①样品为组织匀浆液时，非酶管"双蒸水"改为先加偏磷酸 4mL，再加组织匀浆液预温（使酶失活）。

②样品体积 0.1 至 0.4mL；组织上清液可稀释（体积比 1∶20）。

于 423nm 波长，读取 OD 值，30min 之内读数准确。

五、结果与计算

1. 全血及血浆 GSH-Px 活力单位

规定每 1mL 全血，每分钟 log［GSH］降低 1 为一个酶活力单位，需扣除非酶反应引起的 log［GSH］降低。

全血 GSH-Px 酶活按（3-26）计算：

$$全血 GSH-Px 酶活(U/mL) = \frac{\log[OD_{非酶管} - OD_{空白管}] - \log[OD_{样品管} - OD_{空白管}]}{3 \times 0.004} \tag{3-26}$$

2. 组织 GSH-Px 比活力单位

规定每 1mL 蛋白质/min，扣除非酶反应，使 GSH 浓度降低 1μmol/L 为一个酶活力单位。

组织 GSH-Px 酶活按式（3-27）计算：

$$组织 GSH-Px 酶活力(U/mg) = \frac{(OD_{非酶管} - OD_{样品管}) \times K \times 5}{3 \times c} \tag{3-27}$$

注：c——BCA 法或考马斯亮蓝法测样品蛋白质含量，μmol/L；

K——即标准曲线斜率。

六、注意事项

（1）由于 H$_2$O$_2$ 易分解导致浓度改变，临用时用分光光度计测其浓度，取配置好的 H$_2$O$_2$ 溶液 3mL，测定 1cm 光径的 240nm 处 OD 值。

H$_2$O$_2$ 浓度按式（3-28）计算：

$$浓度(mmol/L) = \frac{OD}{0.036} \tag{3-28}$$

式中　0.36——消光系数。

若 OD 值为 0.45，则表明 H$_2$O$_2$ 浓度为 12.5mmol/L。

（2）DTNB 阴离子的显色不仅与整个反应体系中氢离子浓度有关，还受温度和反应时间限制。加入显色剂后，于 20℃水浴，反应体系 pH 6.5 时，11min 开始显色反应，在 30min 内进行测定，数据较为准确。

七、思考题

1. 为什么加入过氧化氢后要混匀、读秒计时，偏磷酸溶液的作用是什么？

2. 简述谷胱甘肽过氧化物酶活力测定的营养生理意义。

八、延伸阅读

［1］夏奕明，朱莲珍. 血和组织中谷胱甘肽过氧化物酶活力的测定方法 DTNB 直接法［J］. 卫生研究，1987（4）：31-35.

［2］Garelnabi M, Younis A. Paraoxonase－1 Enzyme Activity Assay for Clinical Samples：Validation and Correlation Studies［J］. Medical Science Monitor International Medical Journal of Experimental & Clinical Research，2015，21：902-908.

［3］Misso N L, Peroni D J, Watkins D N, et al. Glutathione peroxidase activity and mRNA expression in eosinophils and neutrophils of asthmatic and non-asthmatic subjects［J］. J Leukoc Biol，1998，63（1）：124-130.

实验三十　血清乳酸含量测定

一、目的与要求

1. 掌握测定血清乳酸的原理和方法。

2. 了解血乳酸、丙酮酸及尿乳酸排出量变化的意义。

二、背景与原理

（一）背景

血中乳酸和丙酮酸主要来自红细胞和肌肉，乳酸是丙酮酸被还原的产物，二者均为葡萄糖代谢的中间产物。正常生理情况下，血中乳酸浓度和尿乳酸排出量极少（人正常尿 4~25mg/100mL）。剧烈运动后，肌肉供氧相对缺乏，糖代谢以酵解为主，大量乳酸进入血液，尿乳酸排出量也增加。严重肝病、感染及糖尿病患者血中乳酸、丙酮酸含量均升高。

（二）原理

测定乳酸含量的方法有两种，酶法和 Backer-Summerson 法。Backer-Summerson 法测定乳酸含量需要制备无蛋白血清，前处理较烦琐。而酶法测定血乳酸含量专一性强，不需要前处理过程、干扰小，是目前比较常用的方法。

在 Tris-HCl-水合肼缓冲液中，乳酸在氧化型烟酰胺腺嘌呤二核苷酸（NAD）存在条件下，由乳酸脱氢酶（L-LDH）催化生成丙酮酸和还原型烟酰胺腺嘌呤二核苷酸（NADH）。NADH 生成量与乳酸等摩尔，通过测定 NADH 在 340nm 处吸光度的变化率，可定量血清中乳酸浓度。L-LDH 催化可逆反应，且反应平衡偏向于丙酮酸转化为乳酸，因此，反应体系中加入肼可截获丙酮酸、生成丙酮酸腙，保证和促进反应完成，具体反应过程如下。

$$L - 乳酸 + NAD^+ \xrightarrow{LD(pH\ 9.8)} 丙酮酸 + NADH + H^+$$

三、仪器与材料

（一）仪器

（1）紫外分光光度计；

（2）分析天平（精确到 0.0001g）；

（3）酸度计；

（4）旋涡混合仪；

（5）恒温水浴。

（二）试剂与材料

1. 实验材料

血清或血浆。

2. 试剂

盐酸（HCl），乙二胺四乙酸二钠（EDTA-Na$_2$），水合肼（N$_2$H$_4$·H$_2$O），乳酸锂（C$_3$H$_5$LiO$_3$），硫酸（H$_2$SO$_4$）均为分析纯，NAD$^+$，L-乳酸脱氢酶（L-LDH），TRIS，试剂级。

3. 溶液配制

（1）乳酸标准液（10mmol/L，标定）　精确称取 L-乳酸锂 96mg（或 DL-乳酸锂 192mg），蒸馏水稀释到 100mL，4℃长期保存。

（2）Tris-EDTA-水合肼缓冲液（pH9.2）　6.05g Tris（0.05mol/L），1.86g EDTA-Na$_2$，24.03g 水合肼，加水溶解至 1000mL，调整 pH 9.8，4℃稳定 8d。

（3）氧化型烟酰胺腺嘌呤二核苷酸（NAD$^+$）溶液　1.6mmol/L 溶于水中，4℃稳定 48h。

（4）底物应用液　Tris-HCl-NH$_2$NH$_2$ 缓冲液 27mL，NAD$^+$溶液 3mL，乳酸脱氢酶溶液 40μL，混匀。

（5）乳酸脱氢酶（LDH）溶液　LDH 原液用生理盐水稀释成浓度为 1500U/mL。

（6）2mmol/L 乳酸标准应用液　10mmol/L 乳酸标准液稀释 5 倍。

（7）0.1mmol/L 盐酸溶液。

四、方法与步骤

取试管编号，按表 3-32 加入试剂。

表 3-32　　　　　　　　　　　　血清乳酸含量的测定　　　　　　　　　　　　单位：mL

试剂	空白管	标准管	测定管
蒸馏水	0.01	—	—
乳酸标准应用液	—	0.01	—
血清（或血浆）	—	—	0.01
底物应用液	0.5	0.5	0.5

立即混匀，37℃水浴准确反应 5min，立即加入 0.1mmol/L 盐酸 3mL 终止反应。于 340nm 波长，以空白管调零，读取各管 OD 值。

五、结果与计算

血清乳酸含量按式（3-29）计算：

$$X = \frac{OD_{测定管}}{OD_{标准管}} \times 2 \qquad\qquad (3-29)$$

式中　X——血清乳酸含量，mmol/L。

六、注意事项

（1）酶反应时间需要准确。

（2）若不做标准管，可根据 NADH 摩尔吸光度计算乳酸浓度。

七、思考题

为什么人在剧烈运动后血清乳酸增高，而后又可逐渐恢复正常？

附：运动对尿乳酸排出量的影响

一、目的要求

了解运动对尿乳酸排出量的影响及其变化。

二、实验原理

人体在正常情况下，尿乳酸排出量极少（正常尿 $4\sim25$mg/100mL）。剧烈运动后可达 $140\sim1370$mg/100mL，但 1h 后可完全恢复。

本实验观察运动对尿乳酸排出量的影响（剧烈运动前后对比），乳酸定量采用 Backer-Summerson 法。

三、试剂及配制

（1）钨酸试剂　22g/L 钨酸钠溶液与 0.075mol/L 硫酸等体积混合。

（2）200g/L、10g/L 硫酸铜溶液。

（3）氢氧化钙粉末。

（4）浓硫酸。

（5）对羟联苯试剂　4g 对羟联苯溶于 25mL 的 50g/L 氢氧化钠中，加水定容至 500mL。

（6）乳酸标准液（0.05mg/mL）。

四、实验步骤

（一）尿液收集

受试者禁食数小时后，排尿弃去，并饮水 50mL，15min 后再饮水 50mL，30min 时排尿集于容器 1 中，并饮水 50mL；剧烈运动 $3\sim5$min，45min 时饮水 50mL，60min 时排尿集于容器 2 中。

（二）乳酸定量

（1）尿液 1mL 与钨酸试剂 1mL 混合，稍放置得上清液 I。

（2）取上清液 I 1.5mL 加 200g/L 硫酸铜溶液 0.2mL、氢氧化钙粉末 0.4g，离心得上清液（II）。

（3）取上清液 II 0.5mL 加 10g/L 硫酸铜溶液 1 滴，浓硫酸 5mL（慢慢加），于沸水浴中加热 4min，冷却至室温（低于 20℃）。

（4）加对羟联苯试剂 0.1mL，30min 后，于沸水浴加热 1min. 冷却后测 560nm 吸光度。

（5）用乳酸标准液 1mL 代替尿液，同上操作，测标准管吸光度。

五、结果处理

比较运动前后尿乳酸排出量。

六、注意事项

配制对羟联苯试剂时，若对羟联苯颜色较深，需用丙酮或无水乙醇重结晶。放置时间较长后，会出现针状结晶，应摇匀后使用。

七、思考题

为什么人在剧烈运动后尿乳酸排出量极高，但过 1h 后又可逐渐恢复正常？

八、延伸阅读

[1] 侯丽，李协群. 血乳酸和尿乳酸在不同运动时相的变化及关系探讨 [J]. 哈尔滨医科大学学报，1999（3）：239-240.

[2] 秦延河. 不同强度负荷实验对女足队员尿乳酸含量的影响 [J]. 河南师范大学学报（自然科学版），2008，36（4）：159-160.

实验三十一　粪便中菌体 DNA 提取与菌群分析

一、目的与要求

1. 掌握粪便细菌 DNA 提取的原理与方法。

2. 了解 T-RFLP 及 Q-PCR 实验的原理，掌握实验方法。

3. 掌握实时荧光定量 PCR 仪使用方法。

二、背景与原理

（一）背景

肠道菌群是人体内最大的共生微生态系统，在肠道中与宿主形成了相互制约、相互依存的整体。肠道菌群不仅广泛参与、影响机体的代谢活动，其组成和功能的改变与人类健康密切相关。膳食营养素及功能成分可以显著影响肠道菌群，从而通过影响机体免疫功能和能量代谢，诱发炎症反应，导致代谢性疾病的发生及发展。

肠道菌群 DNA 宏基因组测序极大地推进了肠道菌群与健康的理论研究和实践，其中 16S rRNA 基因是最常用的细菌分类生物标志物，相对于传统的实验室微生物培养，能够较全面的提供肠道菌群的结构，广泛应用于微生物的系统进化、分类及多样性研究中。高通量测序技术可以读取肠道菌群的 16S rRNA 基因序列，这些序列信息可以和数据库中的已知信息进行比对，以研究环境样品中微生物群落的特点。

开展基于 DNA 分子的肠道菌群研究，首先需要从消化道内容物、黏膜和（或）粪便样品中提取高纯度的菌体 DNA，进而通过 T-RFLP 分析菌群多样性、高通量测序（16S rRNA 或宏基因组）、Q-PCR 分析特定菌属/种相对含量，如图 3-6 所示。

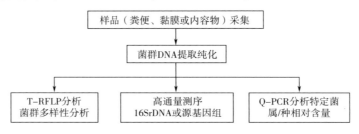

图 3-6　基于 DNA 分子的肠道菌群研究

（二）原理

1. 菌群 DNA 提取

肠道及粪便中的菌群高度复杂，其中多种细菌的细胞壁结构致密，尤其是细胞壁中含有肽聚糖的革兰氏阳性细菌，难以破壁获得 DNA。提取 DNA 的原则是要破碎细菌细胞壁，使细胞中蛋白质、脂类和糖类等释放，并与 DNA 分离开来，而且，要保证 DNA 分子的完整和纯度。

样品菌体先经均质器破壁处理释放 DNA；然后用含 SDS（十二烷基硫酸钠）和蛋白酶 K 消化分解溶液中的蛋白质，再用乙酸铵沉淀蛋白质；得到的 DNA 溶液经异丙醇沉淀、乙醇洗涤，使 DNA 从溶液中析出。在提取 DNA 的反应体系中，SDS 可溶解细胞膜上的脂质与蛋白，从而溶解膜蛋白而破坏细胞膜；EDTA 则抑制细胞中 DNase 的活性；而蛋白酶 K 能在 SDS（十二烷基硫酸钠）和 EDTA（乙二胺四乙酸）存在下保持很高的活性，将蛋白质降解成小肽或氨基酸，使 DNA 分子完整地分离出来。最后，使用核酸纯化柱（Spin Column）将 DNA/RNA 纯化精制，以用于 T-RFLP、16S rDNA 测序、Q-PCR 等测定。

2. 粪便菌群的末端限制性片段长度多态性分析（Terminal Restriction Fragment Length Polymorphism Analysis，T-RFLP）

T-RFLP 主要评估菌群 DNA 中复杂的微生物群落，比较不同生态系统之间的群落多样性，测定出样品中某一类群的优势和丰度，是一种应用越来越广泛的分子生物学技术。

T-RFLP 是基于不同细菌 16S rDNA 的特异性，通过在 PCR 反应中加入带荧光标记的引物，来扩增细菌群落 DNA 中特定的 16S rDNA 片段，将得到的混合扩增子用限制性内切酶消化，产生一系列荧光标记的末端限制性片段（TRFs）。由于不同的微生物有相对应的不同大小的酶切片段，这些不同大小的 TRFs 可通过毛细管电泳获得，从而得到每个 TRFs 相对丰度数据。

通过测序可以分析样品中的微生物的多样性，了解一个样品测序结果中的菌种、菌属等数目信息。操作分类单元（Operational Taxonomic Units，OTUs）是系统发生学中的重要术语，在 T-RFLP 分析中，长度不同的 TRFs 片段也视为不同的 OTUs，通常，测序得到的每一条序列来自一个菌，在进行生物信息统计分析时，需要根据指定的相似度（通常为 97% 或 98% 等），对所有序列进行归类操作（Cluster）和 OTUs 划分。上述通过测序获得的长度不同的 TRFs 片段，按照彼此的相似性归为不同的 OTUs。每个 OTU 对应于一个不同的细菌（微生物）种群。在 T-RFLP 分析中，可用于分析单一样品菌群的多样性（α 多样性）和不同来源样品菌群的差异性（β 多样性）。

（1）α 多样性被称为生境内的多样性（within-habitat diversity），主要关注局域均匀生境下的物种数目，用丰度和多样性进行描述。最常用的描述菌群丰度（Community Richness）的指数包括 Chao 和 Ace。Chao 是用 chao1 算法估计群落中含运算的分类单位（OTU）数目。Ace 是用来估计群落中含有 OTU 数目的指数。辛普森指数（Simpson）和香浓指数（Shannon）是描述菌群多样性（Community Diversity）的指数。Simpson 指数值越大，说明群落多样性越低。Shannon 值越大，说明群落多样性越高。

（2）β 多样性是对不同样本/不同组间样本的微生物群落构成（Between-Habitat Diversity）进行比较分析。通过 OTUs 的丰度信息表进行样本间距离计算；也可以利用 OTUs 之间的系统发生关系，计算 Unweighted Unifrac 及 Weighted Unifrac 距离，然后，通过多变量统计学方法主成分分析（PCA），主坐标分析（PCoA），非加权组平均聚类分析（UPGMA）等分析方法，发现不同样本（组）间的差异。不同群落或某环境梯度上不同点之间的共有种越少，β 多样性越大。精确地测定 β 多样性具有重要的意义。这是因为：①它可以指示生境被物种隔离的程度；②β 多样性的测定值可以用来比较不同地段的生境多样性；③β 多样性与 α 多样性一起构成了总体多样性或一定地段的生物异质性。

3. Q-PCR 分析样品菌群中特定菌属的相对含量

一个样品菌群中特定菌属（DNA）的相对含量可以利用实时定量 PCR（Q-PCR）进行分析。依照 PCR 原理，在 PCR 反应体系中加入荧光染料 SYBR Green I。SYBR Green I 是一种具有绿色激发波长的染料，可以有效结合到新合成的 dsDNA 双螺旋小沟区域，在游离状态下，SYBR Green I 发出微弱的荧光，一旦与双链 DNA 结合后，荧光大大增强（作用机理见图 3-7）。当体系中的模板每扩增一个循环时，SYBR 便结合到新合成的双链上，发射出荧光信号，被荧光监测系统接收，实现了荧光信号的累积与 PCR 产物生成完全同步。SYBR Green I 的荧光信号强度与双链 DNA 的数量相关，随着 PCR 的进行，初始模板数量多的 DNA 结合的 SYBR 染料远高于初始模板少的 DNA，可以根据荧光信号检测出 PCR 体系存在的双链 DNA 数量，从而达到特定菌属（DNA）的相对含量定量的目的。

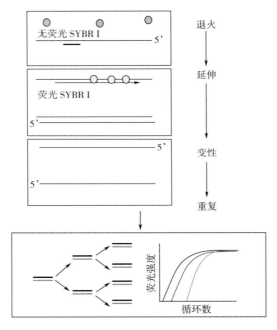

图 3-7 非特异性 SYBR Green I 染料法 PCR 原理及反应曲线

PCR 技术，即聚合酶链反应（Polymerase Chain Reaction，PCR）是在试管中进行的以原来的 DNA 为模板，产生新的互补 DNA 片段的 DNA 复制反应。PCR 反应体系包括 DNA 模板，一对引物，dNTP，TaqDNA 聚合酶，Mg^{++} 等。PCR 由变性、退火、延伸三个基本反应步骤构成一个循环：

①模板 DNA 的变性：模板 DNA 经加热至 94℃左右一定时间后，使模板 DNA 双链解链，而成为单链，以便与引物结合；

②模板 DNA 与引物的退火（复性）：经加热变性的 DNA 模板单链在温度降至 55℃左右时，

引物与模板 DNA 单链的互补序列配对结合；

③引物的延伸：DNA 模板-引物结合物在 Taq 酶的作用下，以 dNTP 为反应原料，靶序列为模板，按碱基配对与半保留复制原理，合成一条新的与模板 DNA 链互补的半保留复制链。

重复循环变性—退火—延伸三过程，每完成一个循环就可获得 2^n 个"半保留复制链"，需 2~4min，新链又可成为下次循环的模板。2~3h 能将待扩增目的基因扩增放大几百万倍。

三、仪器与材料

（一）仪器和耗材

（1）电子天平（200g±0.0001g）；

（2）多功能组织均质器及均质管、锆珠（3mm，0.15mm，0.7mm）；

（3）OneDrop 微量紫外可见分光光度计；

（4）电泳仪及电泳槽；

（5）台式冷冻高速离心机；

（6）恒温水浴锅；

（7）高压灭菌锅；

（8）凝胶成像系统；

（9）净化工作台；

（10）PCR 仪；

（11）Real-Time PCR 仪；

（12）微量移液器（量程：1μL，100μL，20μL，10μL）及吸头；

（13）不锈钢眼科镊子，手术剪，1.5mL、2.0mL EP 离心管，1mL、0.2mL、10μL 吸头，均经高压灭菌处理。

（二）试剂与材料

1. 实验材料

粪便，或动物肠道（回肠/结肠/盲肠等）内容物。

2. 粪便细菌 DNA 提取试剂

（1）PBST　磷酸盐缓冲液（0.2mol/L，pH 7.3）中加入 1g/L 吐温 20，121℃灭菌。

（2）裂解液　Tris-HCL（1mol/L，pH 8.0）：10mL，NaCl：5.8g，EDTA：2.9224g，SDS：8g 用蒸馏水定容至 200mL。

（3）乙酸铵　77g 溶于 100mL 水中。

（4）TE 缓冲液　Tris-HCl（1mol/L，pH 8.0）1mL，EDTA（0.5mol/L，pH 8.0）0.2mL 加蒸馏水至 100mL。

（5）无水乙醇。

（6）700mL/L 乙醇　无水乙醇 70mL 加 30mL 水。

（7）Ezup 柱式细菌基因组 DNA 抽提试剂盒　包含纯化套件（吸附柱+收集管）；RNA 酶 A（20mg/mL）；蛋白酶 K（Proteinase K）；消化缓冲液；BD 缓冲液；PW 溶液（浓缩）；洗液（浓缩）；CE 缓冲液（pH 9.0）；酶裂解液缓冲液。

（8）50×TAE 缓冲液　称量 Tris242g，EDTA-Na$_2$·2H$_2$O 37.2g 于 1L 烧杯中；加入约 800mL

去离子水，混合均匀；加入 57.1mL 的乙酸，充分溶解，1000mL 定容。.

（9）琼脂糖　10g/L。

3. TRFLP 专用试剂

（1）荧光标记的上、下游引物；

（2）限制性内切酶 Hha I、Msp I；

（3）PCR 产物纯化试剂盒；

（4）糖原核酸助沉剂；

（5）去离子甲酰胺；

（6）3mol/L 乙酸铵　23.12g 乙酸铵，加入 100mL 水溶解，0.22mm 滤膜过滤除菌。

4. Q-PCR 专用试剂

（1）2× Syb Green Master Mix；

（2）实验用水均为纯净水。

四、实验步骤

（一）操作流程

肠道菌群分离、DNA 提取、T-RFLP 分析和 Q-PCR 分析流程如图 3-8 所示。

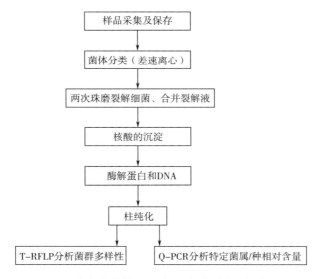

图 3-8　粪便中菌体 DNA 提取与菌群分析操作流程

（二）粪便细菌 DNA 提取

1. 菌体分离

（1）称取 0.1g 粪便于匀质管中，加入 9 倍体积灭菌 PBST（PBS+0.5mL/L 吐温 20）和 2 颗锆珠（3mm），置于多功能样品均质机内，6000r/min 条件下离心 1min。

（2）1000r/min，4℃，离心 15min，取上清液至新的离心管。

（3）14000r/min，4℃离心 10min，弃上清。

（4）重复步骤（1）～（3）。

（5）加入 1mL PBST 悬浮，14000r/min，4℃离心 10min，弃上清；

（6）重复步骤（5）；

（7）称 0.3g 0.15mm 和 0.1 g 0.7mm 锆珠到匀浆管中，用 1mL 裂解液将细菌沉淀转移到匀浆管中。

2. 菌体裂解

（1）将均质管置于均质机上，均质机设定 6000r/min，均质 2 次，每次 30s（间隔时将样品置于冰上 45s）。

（2）70℃水浴 15min，每 5min 轻轻振荡一次；然后 16000r/min、4℃条件下离心 10min，将上清转移至新的离心管中；

（3）加入 300μL 裂解液至裂解管中，重复（1）、（2），合并上清液。

3. 核酸纯化

（1）加 260μL 灭菌的 10mol/L 乙酸铵于裂解管中，轻轻混匀，冰浴 5min；16000r/min、4℃条件下离心 10min，分别转移 500μL 上清液至两个新的 2mL 的 EP 管中，加入等体积的异丙醇，混匀冰浴 5min；

（2）4℃、16000r/min 条件下离心 15min，用移液器移除上清液，沉淀中加入 1mL 700mL/L 乙醇，涡旋混匀，冰浴 5 min；4℃，16000r/min 条件下离心 5min，去掉上清，真空干燥 2～5min；加入 100μL TE 缓冲液合并两管 TE 缓冲液。

4. 去除蛋白和 RNA

（1）在纯化的核酸溶液加入 20μL 蛋白酶 K 溶液，振荡混匀，56℃水浴 30min。

（2）水浴后，加入 5μL 的 RNaseA（20mg/mL），涡旋混匀，室温放置 2～5min。

（3）加入 200μL Buffer BD，充分颠倒混匀，加入 Buffer BD 后，如有沉淀产生，可 70℃水浴 10min。

（4）加入 200μL 无水乙醇，充分颠倒混匀。

5. 柱纯化（EzupDNA 提取试剂盒）

（1）将吸附柱放到收集管中，用移液器将溶液全部加入吸附柱中，静置 2min，在 12000r/min 条件下室温离心 1min，倒掉收集管中的废液；

（2）将吸附柱放回收集管中，加入 500μL PW 溶液，10000r/min 离心 30s 倒掉滤液；

（3）将吸附柱放回收集管中，加入 500μL 洗液，10000r/min 离心 30s 倒掉滤液；

（4）将吸附柱重新放回收集管中，于 12000r/min 条件下室温离心 2min，离心去除残留的 Wash Solution；

（5）取出吸附柱，放入一个新的 1.5mL 离心管中，加入 50～100μL CE 缓冲液静置 3min（促进 DNA 溶解），12000r/min 条件下室温离心 2min，收集 DNA 溶液；

（6）得到的 DNA 溶液用微量紫外检测仪（OneDrop 仪）测定其浓度和 $OD_{260/280}$（1.7～1.9），10g/L 琼脂糖凝胶电泳检验 DNA 完整性，达到要求的 DNA 溶液保存在 -20℃备用。

抽提出的 DNA 可用于酶切、PCR、文库构建、Southern Blot 等相关实验。

（三）T-RFLP 法分析菌群多样性

（1）将上述步骤提取的 DNA 用荧光标记的通用引物 8F 和 1492R 对粪便细菌基因组 DNA 进行 PCR 扩增，引物序列如表 3-33 所示；PCR 扩增体系如表 3-34 所示。

表 3-33   T-RFLP 分析中 PCR 所用引物及序列

引物	序列（5'－3'）	标记（5'端）
8F	AGAGTTTGATCCTGGCTCAG	FAM
1492R	GGTTACCTTGTTACGACTT	HEX

表 3-34   T-RFLP 分析中 PCR 反应体系

试剂	体积/μL	浓度
2×TaqPCR Master Mix	12.5	—
8F	0.5	10μmol/L
1492R	0.5	10μmol/L
DNA 模板	3	20ng/μL
去离子水	加至 25	

PCR 扩增程序为：94℃，5min；94℃，30s，55℃，30s，72℃，60s，35 次循环，然后 72℃，10min。

（2）扩增产物用 PCR 产物纯化试剂盒纯化，纯化后的 PCR 产物分别用 HhaI 和 MspI 37℃ 酶切过夜，内切酶消化体系如表 3-35 所示，消化完成后，立即放入 80℃的水浴锅内 20min，灭活内切酶。

PCR 产物用 OneDrop 仪测定浓度。

表 3-35   T-RFLP 分析中消化反应体系

内切酶	试剂	体积/μL
HhaI	HhaI（10U/μL）	1
	10×M 缓冲液	2
	纯化的 PCR 产物无菌水	300~500ng
	无菌水	补足 20
MspI	MspI（10U/μL）	1
	10×T 缓冲液	2
	纯化的 PCR 产物	300~500ng
	无菌水	补足 20

（3）对得到的酶切产物脱盐纯化

①加入 0.25 μL 糖原（20mg/mL），1/10 倍体积 3mol/L 的乙酸铵（pH 5.2）溶液混匀。之后加入 2.5 倍体积预冷的 95% 乙醇，混匀，-20℃沉淀过夜；

②16000r/min，4℃离心 15min，小心移除上清。沉淀用 1mL 700mL/L 乙醇（-20℃预冷）洗涤两次，16000r/min，4℃离心 2min；

③沉淀重悬于 10 μL 去离子甲酰胺中，冻存于-80℃冰箱；

④脱盐产物委托生物工程有限公司用 ABI3130 遗传分析仪进行电泳分离，并且进行荧光和荧光强度的检测得到 T-RFLP 图谱。

（4）定量 PCR 法分析典型肠道菌属含量　将提取好的 DNA 浓度调至 20ng/μL，参照 2X Syb Green Master Mix 说明书，配好体系，加入 Q-PCR 96 孔板，用 7500 Q-PCR 仪测定样品的 Ct 值。

PCR 程序为：50℃，2min；95℃，10min；95℃，15s，60℃，1min，40 个循环。所用引物见表 3-36。

表 3-36　　　　　　　　　　　常见的几种肠道菌属定量 PCR 分析引物

菌属	引物（5′-3′）	产物大小/bp
乳杆菌 （*Lactobacillus*）	AGCAGTAGGGAATCTTCCA CACCGCTACACATGGAG	341
双歧杆菌 （*Bifidobacterium*）	GCGTGCTTAACACATGCAAGTC CACCCGTTTCCAGGAGCTATT	126
大肠杆菌 （*Escherichia*）	CATGCCGCGTGTATGAAGAA CGGGTAACGTCAATGAGCAAA	96
肠球菌 （*Enterococcus*）	CCCTTATTGTTAGTTGCCATCATT ACTCGTTGTACTTCCCATTGT	144

五、结果与计算

（一）T-RFLP 结果

用 Gelquest 软件（Applied Biosystems）分析出各 T-RF 的片段大小（末端片段的碱基对长度）、高度（荧光强度）和丰度（峰宽×高度），得到的数据在含 Visual Basic 宏的 Excel 文件里进行筛选和计算，得到每个样品各 T-RF 的相对峰高。

各样品的多样性（α 多样性）用 Shannon-Wiener 指数（H，H=$-\sum pi \cdot lnpi$）、Simpson 指数（D，D=$1-\sum pi^2$）和 Evenness（E，E=H/lnS）比较，其中 pi=各 T-RF 的相对峰高，S=样品 T-RFs 的总数目。

用 Excel 宏把 Gelquest 中得到的 T-RF 片段和丰度数据编译成一个数据矩阵。再对得到的 T-RF 数据用 treeview 做的聚类分析和用 Canoco 4.5 进行主成分分析（PCA）（β 多样性）。

（二）Q-PCR 结果

Q-PCR 数据用 LinRegPCR 处理，得出每种菌的相对含量，按式（3-30）和式（3-31）

计算：

$$N_0 = 荧光阈值 /(平均扩增效率^{CT})\tag{3-30}$$

$$单一菌含量 = N_x/N_0\tag{3-31}$$

式中　N_0——总菌初始含量；

$\quad\quad N_x$——单一菌初始含量；

$\quad\quad CT$——从基线到指数增长的拐点所对应的循环次数。

六、注意事项

（1）DNA 提取加入 700mL/L 乙醇前，要去除残留的异丙醇。

（2）在柱纯化步骤中，加入 CE 缓冲液在室温下放置数分钟，促进 DNA 溶解。

（3）在同一研究中所有样品必须使用相同的 DNA 提取试剂。

（4）在采样、DNA 提取、PCR 和测序过程中，设计空白（阴性）对照对于监测污染至关重要。尽量减少在运输过程中产生的污染对微生物的 reads 分析过程影响，因此，样品应当在 −80℃ 保存。

（5）Q-PCR 时要注意稀释引物时注意平衡浓度；引物应高浓度小量分装保存；避免反复冻融导致引物降解、污染；所有操作在超净工作台完成。

（6）Q-PCR 配体系时要注意 2X Syb Green Master Mix 说明书，不同厂家体系，条件不同。

七、思考题

1. 提取 DNA 实验中，裂解液、乙酸铵、异丙醇的作用是什么？

2. 测定 DNA 纯度 $OD_{260/280}$ 时，<1.8 和>2.0 可能是什么原因？

3. T-RFLP 为什么要用带荧光的引物？

4. Q-PCR 仪盖温度为什么要高至 105℃？

5. Q-PCR 过程中每个温度代表了什么反应过程？

八、延伸阅读

[1] Bergström A, Skov T H, Bahl M I, et al. Establishment of Intestinal Microbiota during Early Life：a Longitudinal, Explorative Study of a Large Cohort of Danish Infants ［J］. Applied & Environmental Microbiology, 2014, 80（9）：2889-2900.

[2] Guerra-Ordaz A A, Molist F, Hermes R G, et al. Effect of inclusion of lactulose and Lactobacillus plantarum, on the intestinal environment and performance of piglets at weaning ［J］. Animal Feed Science & Technology, 2013, 185（3-4）：160-168.

[3] Chen L, Teasdale M T, Kaczmarczyk M M, et al. Development of a Lactobacillus, specific T-RFLP method to determine lactobacilli diversity in complex samples ［J］. Journal of Microbiological Methods, 2012, 91（2）：262-268.

[4] Heilig HG, Zoetendal EG, Vaughan EE, Marteau P, Akkermans AD & de Vos WM（2002）. Molecular diversity of Lactobacillus spp. and other lactic acid bacteria in the human intestine as determined by specific amplification of 16S ribosomal DNA ［J］. Appl Environ Microbiol 68：114-123.

[5] Penders J, Vink C, Driessen C, London N, Thijs C & Stobberingh EE（2005）. Quantification of Bifidobacterium spp., Escherichia coli and Clostridium difficile in faecal samples of

breast-fed and formula-fed infants by real-time PCR ［J］. FEMS Microbiol Lett 243：141-147.

［6］ Huijsdens XW, Linskens RK, Mak M, Meuwissen SG, Vandenbroucke – Grauls CM & Savelkoul PH (2002) . Quantification of bacteria adherent to gastrointestinal mucosa by real-time PCR ［J］. J Clin Microbiol 40：4423-4427.

［7］ Rinttila T, Kassinen A, Malinen E, Krogius L & Palva A (2004) . Development of an extensive set of 16S rDNA-targeted primers for quantification of pathogenic and indigenous bacteria in faecal samples by real-time PCR ［J］. J Appl Microbiol 97：1166-1177.

实验三十二　细胞与组织总 RNA 提取及反转录

一、目的与要求

1. 掌握细胞和组织总 RNA 提取及反转录的原理与方法。
2. 掌握 RNA 提取试剂盒的使用方法和应用。

二、背景与原理

（一）背景

DNA、RNA 和蛋白质是三种重要的生物大分子，是生命现象的分子基础。DNA 的遗传信息决定生命的重要性状，而 mRNA 携带转录遗传信息，与 tRNA、rRNA 在遗传信息由 DNA 传递到表现生命性状的蛋白质的过程中起着非常重要的作用。近年，随着分子生物学对 RNA 功能研究的深入，人们认识到 RNA 的生物功能并非仅限于"传递遗传信息"，一些非编码 RNA （Non-coding RNA）包括 microRNA、siRNA、snoRNA、lncRNA 等具有重要的生物学调控功能，随着转录组学、RNA 组学的研究日益深入，阐明各种 RNA 的时空表达及生物学意义，将在破解生命奥秘、维护人类健康中发挥重要作用。

理论上每一个真核细胞约含 10^{-5} μg RNA，细胞可分离出 5～10mg/g RNA，其中 80%～85% 是 rRNA （主要是 28S、18S 和 5S rRNA），10%～15% tRNA 和核内小分子 RNA，以及 1%～5% 的 mRNA。mRNA 是一类相对分子质量不均一的 RNA，是分子生物学的主要研究对象之一。大多数真核细胞 mRNA 的 3′末端有 polyA 组成的尾，利用此特性，可以方便地用寡聚 （dT） 亲和层析柱分离 mRNA。总 RNA 提取是应用 RNA 进行分子生物学各方面研究的基础，如基因表达、转录组学、RNA 组学、体外转录、cDNA 文库的构建、实时定量 RT-PCR、基因克隆、northern 杂交等，而 RNA 质量的完整性和均一性是决定这些实验成败的关键。

（二）原理

1. 总 RNA 提取

实验使用的 RNA 提取试剂盒 （Total RNA Extractor） 主要试剂为 Trizol，它是一种新型的总 RNA 抽提试剂，内含苯酚、异硫氰酸胍、8-羟基喹啉、β-巯基乙醇等物质，能在迅速裂解组织、细胞的同时，抑制组织细胞释放的内源和外源的 RNA 酶 （RNAase） 等对 RNA 分子的水解作用，保证 RNA 分子的完整，同时将蛋白、DNA 与 RNA 分离。Total RNA Extractor 试剂适用于从人、动物、植物、真菌、细菌等各种组织或细胞中快速分离总 RNA，既可用于小量样品 （30～100mg 组织、$5×10^6$ 细胞），也可用于大量样品 （≥1g 组织或 ≥10^7 细胞），可同时处理大量不同样品。

由于 mRNA 分子的结构特点，容易受 RNA 酶的攻击而被降解，加之 RNA 酶极为稳定且广泛存在，人的皮肤、手指、试剂、容器等均可能被污染，因此，在提取过程中要严格防止 RNA 酶的污染，并设法抑制其活性，这是 RNA 提取成败的关键。

2. 逆转录–聚合酶链反应

逆转录–聚合酶链反应又称反转录（Reverse Transcription–Polymerase Chain Reaction，RT-PCR），其原理是：将提取的组织或细胞中总 RNA，以其中的 mRNA 作为模板，采用 Oligo（dT）和（或）随机引物利用逆转录酶反转录成 cDNA。再以 cDNA 为模板进行 PCR 扩增，从而获得目的基因或检测基因表达。RT-PCR 使 mRNA 合成为 cDNA，完整保留了 mRNA 信息不被 RNA 酶降解，也使 RNA 检测的灵敏性提高了几个数量级，使一些极为微量 RNA 样品分析成为可能。该技术主要用于：分析基因的转录产物、获取目的基因、合成 cDNA 探针、构建 RNA 高效转录系统。

3. 反转录酶

（1）Money 鼠白血病病毒（M-MLV）反转录酶　有强的聚合酶活性，RNA 酶 H 活性相对较弱，最适作用温度为 37℃。

（2）禽成髓细胞瘤病毒（AMV）反转录酶　有强的聚合酶活性和 RNA 酶 H 活性，最适作用温度为 42℃。

（3）MMLV 反转录酶的 RNase H-突变体　商品名为 SuperScript 和 SuperScript Ⅱ。此种酶较其他酶能将更大部分的 RNA 转换成 cDNA，这一特性允许其将含二级结构的、低温反转录很困难的 mRNA 模板合成较长 cDNA。

4. 合成 cDNA 引物

（1）Oligo dT 引物（Oligo dT$_{16-18}$）　是一种对 mRNA 特异引物。因绝大多数真核细胞 mRNA 具有 3'端 Poly（A）尾，此引物与其配对，仅 mRNA 可被转录。

（2）随机六聚体引物（Random 6 mers）　当特定 mRNA 由于含有因反转录酶终止的序列而难以拷贝其全长序列时，可采用 Random 6 mers 这一不特异性的引物来拷贝全长 mRNA，用此种方法时，体系中所有 RNA 分子全部充当 cDNA 第一链模板，PCR 引物在扩增过程中赋予所需要的特异性。通常此引物合成的 cDNA 中 96% 来源于 rRNA。

三、仪器与材料

（一）仪器

（1）微量紫外可见光检测仪；

（2）冷冻离心机（12000r/min，4℃）；

（3）PCR 仪；

（4）恒温水浴锅（30℃，42~45℃，95℃），或可调恒温金属浴；

（5）组织匀浆器；

（6）电泳仪、平板电泳槽；

（7）灭酶微量移液器和吸头（1mL、200μL、10μL）；

（8）灭 RNA 酶 EP 管（1.5mL、200μL）；

（9）一次性口罩，卫生帽、一次性乳胶手套。

（二）试剂与材料

（1）实验材料　新鲜肝脏样品。

（2）试剂

①Tritol 试剂。

②自备试剂：无水乙醇，三氯甲烷，异丙醇为分析纯；DEPC 试剂。

③无 RNA 酶双蒸水。

（3）试剂及器材准备

①去 RNA 酶（RNase）处理：RNase 是导致 RNA 降解最主要的物质，其性质非常稳定，常规的酸、碱以及加热方法不能使 RNase 完全失活；在一些极端的条件下可暂时失活，但限制因素去除后又迅速复性。RNase 广泛存在于人的皮肤上和唾液、飞尘及环境中，RNA 提取所有器皿需灭酶处理，操作过程中，应戴上一次性手套、口罩和卫生帽，并保证环境清洁。

②金属、玻璃器皿：通常的高压消毒方法不能充分使 RNase 失活，必须将清洗烘干的玻璃器皿等，用铝铂包装好，在马弗炉中 300℃烘烤 4h。

③塑料管、吸头可购买灭酶管，也可在 1mL/L 焦碳酸二乙酯（Diethylpyr Pyrocarbonate，DEPC）溶液中 37℃水浴、浸泡 12h，然后经 121℃高温高压 20min 后，烘干后使用。

DEPC 是 RNA 酶的化学修饰剂，可与 RNA 酶的活性基团组氨酸的咪唑环反应而抑制酶活性，也能与腺嘌呤作用而破坏 mRNA 活性，DEPC 与氨水溶液混合会产生致癌物，因而使用时需小心。DEPC 水溶液经 121℃高压处理，可分解为 CO_2 而无害，可用来配制 RNA 提取试剂。

④RNA 提取所有试剂需用灭酶 H_2O 配制（灭酶 H_2O：1mL/L DEPC 水，121℃高压灭菌）；含 Tris 的试剂应用灭酶 H_2O 配制（DEPC 遇 Tris 即迅速分解为乙醇和 CO_2）。

⑤实验仪器、台面等可以使用固相 RNase 清洁剂去除 RNase，对于实验试剂的处理可以使用液相 RNase 清除剂。

（4）反转录试剂盒组成

①MMLV 反转录酶（200U/μL）；

②5×PrimeScript 缓冲液；

③RNA 酶抑制剂（40U/uL）；

④dNTP 混合液（每管 10mmol/L）；

⑤Oligo dT Primer（50 μL）或 Random 6 mers（50μL）；

⑥经 RNA 酶灭酶处理的蒸馏水。

四、操作步骤

（一）样品准备

1. 单层培养细胞的收集

可直接在培养容器中裂解（培养面积≤10cm²，细胞≤1×10⁷ 个），或者使用胰蛋白酶处理后离心收集细胞沉淀。

2. 细胞悬液

离心收集细胞。每 5×10⁶～10⁷ 个细胞或 10⁷ 个细菌细胞加入 1mL Trizol。

3. 动物组织

取新鲜或-70℃冻存组织 30～50mg，放入 1.5mL 灭酶管中，加入 1mL Trizol，用匀浆器匀浆处理；或在液氮中充分研磨，样品体积一般不超过 Trizol 体积的 10%。

（二）样品保存

匀浆处理后、加三氯甲烷前，样品可在-80℃放置一个月以上；提取的 RNA 样品可以在

70%酒精中−20℃保存2个星期以上；如果需长期保存，应置于超低温冰箱中−80℃保存。

（三）总 RNA 提取

（1）将裂解后样品或匀浆液室温放置5~10min，使得核蛋白与核酸完全分离。样品中如含有较多的蛋白质、多糖、脂肪或其他细胞外基质，可以12000r/min离心10min，移去漂浮的油脂，取上清。

（2）加入0.2mL三氯甲烷，剧烈震荡15s，室温放置3min。4℃12000r/min离心10min（如不能漩涡混匀，可手动颠倒混匀2min）。样品会分成三层：上层水相，含有RNA；中间层有机相含有DNA；下层有机相含有蛋白质。

（3）吸取上层水相转移至干净的离心管中，加入等体积异丙醇，混匀，室温放置20min。不要吸取任何中间层和下层物质，否则会出现染色体DNA或蛋白质污染。

（4）12000r/min，4℃离心10min，弃上清。离心前RNA沉淀通常是不可见的，离心后在管侧和管底形成胶状沉淀。

（5）加入1mL 750mL/L乙醇溶液沉淀。12000r/min、4℃离心3min，弃上清。室温干燥5~10min。

注意：①750mL/L乙醇用DEPC水处理过的水配制。

②通常1 mL Trizol需用1 mL 750mL/L乙醇洗涤沉淀。

③不要倒出沉淀，剩余少量液体短暂离心，然后用吸头吸出，不要吸沉淀。

④不要晾得过干，RNA完全干燥后很难溶解，大约晾干5min。

（6）加入30~50μL无RNA酶双蒸水，充分溶解RNA。将所得到的RNA溶液置于−70℃保存或用于后续试验。对于肝、胰腺、肾等组织中RNA酶含量很高，其沉淀用100%去离子甲酰胺溶解。

（7）分析和定量

①核酸的最大吸收波长是260nm，这个物理特性为测定核酸溶液浓度提供了测定基础。样品在260nm和280nm的吸收值可确定RNA的含量。$OD_{260/280}$在1.8~2.0视为抽提RNA的纯度很高。

按1OD=40μg RNA计算RNA的含量。浓度在4 μg/mL以上的样品适于用紫外分光光度计测定。

②进行甲醛变性琼脂糖电泳，确定RNA的完整性和污染情况。

（四）反转录

（1）按表3-37配制10 μL反应液。

表3-37　　　　　　　　　　　　　　　　10 μL反应液配料表

试剂	使用量
RNA 模板	PolyA$^+$RNA：<1 μg Total RNA：<5 μg
Oligo dT primer（50μL） 或 Random 6 mers（50μL）	1μL 或 1μL（0.4~2μL）
dNTP 混合液（每个 10mM） 无 RNA 酶双蒸水	1μL 添加至总体积 10μL

（2）65℃保温 5min 后，冰上迅速冷却。

（3）按表 3-38 配制 20 μL 反应液。

表 3-38　　　　　　　　　　　20 μL 反应液配料表

试剂	使用量
上述变性后反应液	10μL
5×PrimeScript 缓冲液 RNA 酶抑制剂（40U/μL）	4μL 0.5μL（20U）
MMLV 反转录酶（200U/μL） 无 RNA 酶双蒸水	1μL（200U） 添加至总体积 20μL

（4）缓慢混匀。

（5）按下列条件进行反转录反应

①30℃，10min（使用 Random 6 mers 时）。

②42~50℃，30~60min。

（6）95℃保温 5min，使酶失活，冰上放置冷却。

五、注意事项

（1）为获得良好的实验结果，2kb 以上的长片段 cDNA 合成时，Random 6 mers 的使用量为 0.4μL（20pmol），Real Time PCR 反应时，Random 6 mers 的使用量为 2μL（100pmol）。

（2）Real Time PCR 反应时，Total RNA 的使用量不超过 1μg。

（3）模板 RNA 的变性步骤对于提高反转录效率很重要。

（4）通常情况下在 42℃进行反转录反应。但当使用 PCR 的下游引物作为反转录引物时，为了减少由于引物错配等引起的非特异性扩增，将反转录温度设为 50℃。

（5）进行长片段 cDNA 扩增时，为了保证 1st strand cDNA 的完整性，进行 70℃、15min 失活处理。

（6）提取的 RNA 量较少可能有如下原因。

①样品裂解或匀浆处理不彻底，RNA 没有被完全释放出来。

②得到的 RNA 沉淀未完全溶解。

（7）RNA 样品的 $OD_{260}/OD_{280}<1.6$ 可能有如下原因。

①检测吸光度时，RNA 样品用水溶解不用 TE。低离子浓度和低 pH 条件下，OD_{280} 值会偏高。

②样品匀浆时加的试剂量太少，RNA 与蛋白质、DNA 不能够完全分离。

③匀浆后样品未在室温放置 5min，RNA 与核蛋白未完全解离。

④水相中混有有机相，从而带有蛋白质和 DNA 污染。

⑤抽提得到的 RNA 沉淀未完全溶解。

（8）提取 RNA 样品发生部分或完全降解原因分析。

①所用组织或细胞不新鲜，样品没有及时被液氮冻存，导致组织或细胞中的 RNA 降解。建

议使用组织 RNA 常温保存液等保存未能够及时提取的组织或细胞。

②细胞在胰蛋白酶时消化过长，导致未加 Tritol 前 RNA 已经部分降解。

③溶液或离心管未经 RNase 去除处理，RNase 的污染导致 RNA 被降解。

④电泳时使用的甲酰胺 pH<3.5，导致 RNA 发生酸解。

（9）RNA 样品中存在 DNA 污染原因分析。

①样品匀浆时加的试剂体积太少，如果已存在 DNA 污染，可用非酶 DNA 清除剂去除。

②样品中含组织溶剂（如乙醇等）或碱性溶液，致水相减少或 pH 升高。

（10）RNA 样品中存在蛋白和多糖污染原因分析。

①样品中蛋白、多糖含量高或样品量太大，细胞未裂解完全。

②水相中混有有机相，从而带有蛋白质和 DNA。

（11）1st strand cDNA 合成反应液不需纯化，可以直接作为 PCR、Real Time PCR 反应用的模板。但 1st strand cDNA 合成反应液的添加量不要超过 PCR 反应体系的 1/10。模板量会影响酶的扩增效率。因此需参照 PCR 酶的操作方法选择合适的模板量。

（12）若 PCR 扩增后有非特异性条带或者没有扩增产物，将 cDNA 合成反应液用 RNase H 处理可改善 PCR 扩增结果。

（13）由于移液器吸头内壁会残留液体，导致反应体系体积出现误差，因此可将反应适当扩大 1.1 倍。

六、思考题

1. RNA 酶的变性和失活剂有哪些？

2. 怎样从总 RNA 中进行 mRNA 的分离和纯化？

3. 为什么说反转录过程中"模板 RNA 的变性步骤对于提高反转录效率很重要"？

七、延伸文献

［1］Ogura T，Tsuchiya A，Minas T，et al. Methods of high integrity RNA extraction from cell/agarose construct［J］. Bmc Research Notes，2015，8（1）：644.

［2］Sultan M，Amstislavskiy V，Risch T，et al. Influence of RNA extraction methods and library selection schemes on RNA-seq data［J］. BMC Genomics，2014，15（1）：675.

［3］雍克岚.《食品分子生物学基础》［M］. 北京：中国轻工业出版社，2008.

实验三十三 人体体质测量及评价

一、目的与要求

1. 认识人体体质测定对评价机体营养状况的意义。

2. 熟悉人体成分分析仪的原理和操作方法。

3. 学习运用人体生理学和营养学知识对测定指标进行客观的描述和解释。

二、背景与原理

（一）背景

随着社会与经济的发展，人类生存条件和生活方式发生了明显改变，食物极大丰富，高热量、高脂肪、营养不均衡食物的过量摄入及体力活动的日渐减少，使肥胖成为威胁人类健康的危险因素。人体成分组成分析能够反映人体内部肌肉、骨骼、脂肪、水以及矿物质等物质结构比例特征指标，能较准确反映机体生理、生化代谢的平衡状况，对评估营养状况、判断肥胖、生长发育和骨骼的状况提供基础资料，有助于预测健康风险，进行营养干预，从而减少慢性代谢性疾病的发生。

（二）原理

人体成分分析仪测量人体成分是基于多频生物电阻抗分析法，通过全自动多频检测和节段测量的人体阻抗信号采集数据，并加以整理与显示，实现对体内水分和脂肪含量，细胞内液、外液水分分布，以及体脂肪分布、矿物质含量进行测量，并进行多种人体成分参数的计算和获取等。

人体成分分析不仅可以检查身体水分含量、体脂量、蛋白质和无机盐，而且也可获得体脂百分比、肌肉分布及百分比，以及体内水分平衡程度。

三、仪器

人体成分分析仪（图3-9），电脑，打印机。

四、实验步骤

（一）设备安放环境

人体成分分析仪安放在室内温度20~25℃的环境中，并保持温度恒定，以减少环境波动对测定结果的影响。人体在环境温度过高或过低的情况下，都会改变体内成分。

（二）试验前说明

保持测定环境和测定时间、方法不变对于获得正确、可靠的身体组成测定数据非常重要。

（1）测试者在进行检查之前不可做剧烈运动或者体力活动，避免由此改变人体内的组成成分。

（2）测试前2h内不能进食。

（3）测试前不能沐浴或者淋浴，因为出汗会暂时改变人体内的成分。

（4）建议测试者在排泄完后进行测试，因为人体的排泄物会降低检查的准确性。

图3-9　人体成分分析仪

（5）如果可能，最好在午前进行测试。因为下午人们进行了运动，下半身的水分流失较多，会产生人体水分分布不均衡的状况。

（三）操作步骤

（1）打开仪器连接的电脑、打印机→打开设备→等待预热→预热结束，画面跳到测试界面。

（2）在电脑端依次录入ID、年龄、身高以及性别，并且保存（如果ID信息为已存储信息，可直接查找该ID并选中）。

（3）电脑端点击开始In Body测试→测试者脱鞋袜后站上底座，脚后跟对准矩形电极→两手握手部电极（大拇指按住椭圆形电极，其余四指接触掌部电极）→按照提示保持姿势，等待测试完成→屏幕显示"完成"后测试完毕，离开底座。

（4）电脑端点击该 ID 信息下的按钮，查看并打印报告纸（根据测试目的选择合适的结果报告纸，包括体成分结果报告纸、体水分结果报告纸和儿童报告纸）。

测试模式可根据不同使用环境进行选择，分为自助模式和专家模式。

人体成分分析仪操作界面如图 3-10 所示。

以使用者为中心，简明易用的操作界面
■ 迅速简便的测量

▶提供详细指引的屏幕和语音提示

根据测试目的选择合适的结果报告纸
■ 体成分结果报告纸，体水分结果报告纸，儿童结果报告纸

▶体成分结果报告纸　▶体水分结果报告纸　▶儿童结果报告纸

无线连接
■ 数据无线连接

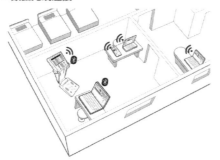

测试模式可根据不同使用环境进行选择
■ 自助模式&专家模式

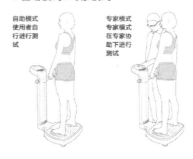

自助模式
使用者自行进行测试

专家模式
专家协助下进行测试

Lookin'Body120(选配)
■ PC数据管理软件

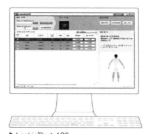

▶Lookin'Body120

扫码枪连接(选配)
■ 便捷的 ID、会员信息输入

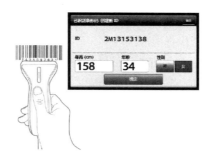

图 3-10　人体成分分析仪操作界面

五、结果分析

结果分析报告如图 3-11、图 3-12 和图 3-13 所示，测试结果参考表 3-39 进行分析。

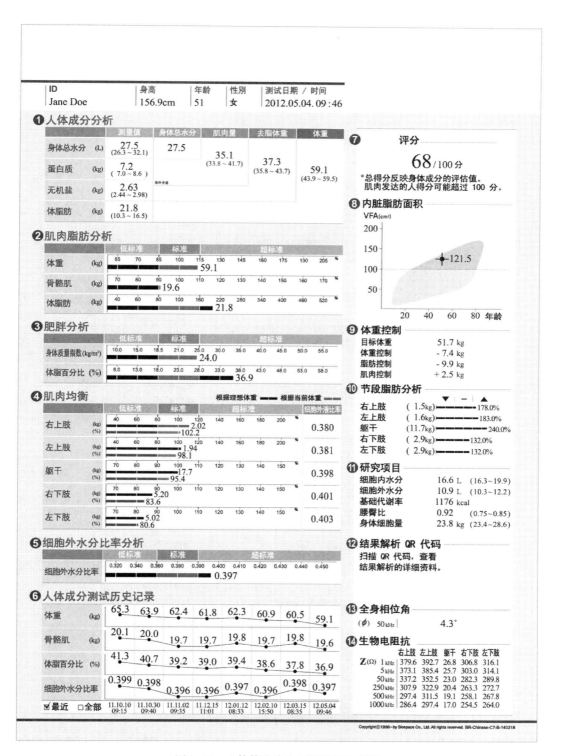

图 3-11 人体体成分分析结果报告示例

身体水分

ID Jane Doe	身高 156.9cm	年龄 51	性别 女	测试日期 / 时间 2012.05.04.09:46

身体水分组成

	低标准	标准	超标准
身体水分含量 (L)	40 60 90 100 110 140 160 180 200 220 240 %		27.5
细胞内水分 (L)	40 60 90 100 110 140 160 180 200 220 240 %		16.6
细胞外水分 (L)	70 80 90 100 110 120 130 140 150 160 170 %		10.9

细胞外水分比率分析

	低标准	标准	超标准
细胞外水分比率	0.320 0.340 0.360 0.380 0.390 0.400 0.410 0.420 0.430 0.440 0.450		0.397

节段水分分析

	低标准	标准	超标准
右上肢 (L)	40 60 80 100 120 140 160 180 200 220 240 %		1.42
左上肢 (L)	40 60 80 100 120 140 160 180 200 220 240 %		1.36
躯干 (L)	70 80 90 100 110 120 130 140 150 160 170 %		13.6
右下肢 (L)	70 80 90 100 110 120 130 140 150 160 170 %		4.13
左下肢 (L)	70 80 90 100 110 120 130 140 150 160 170 %		4.10

节段细胞外水分比率分析

	右上肢	左上肢	躯干	右下肢	左下肢
浮肿 (0.43~0.40)			0.398	0.401	0.403
轻度浮肿 (0.40~0.39)					
正常 (0.39~0.36)	0.380	0.381			

身体水分历史记录

体重 (kg)	65.3	63.9	62.4	61.8	62.3	60.9	60.5	59.1
身体总水分 (L)	28.3	28.0	28.0	27.9	27.9	27.6	27.8	27.5
细胞内水分 (L)	17.0	16.9	16.9	16.8	16.8	16.7	16.7	16.6
细胞外水分 (L)	11.3	11.1	11.1	11.0	11.1	10.9	11.1	10.9
细胞外水分比率	0.399	0.398	0.396	0.396	0.397	0.396	0.398	0.397
☑最近 □全部	11.10.10 09:15	11.10.30 09:40	11.11.02 09:35	11.12.15 11:01	12.01.12 08:33	12.02.10 15:50	12.03.15 08:35	12.05.04 09:46

身体水分组成
身体总水分	27.5 L	(26.3~31.4)
细胞内水分	16.6 L	(16.3~19.9)
细胞外水分	10.9 L	(10.0~12.2)

节段水分分析
右上肢	1.42 L	(1.18~1.78)
左上肢	1.36 L	(1.18~1.78)
躯干	13.6 L	(12.1~14.8)
右下肢	4.13 L	(4.21~5.15)
左下肢	4.10 L	(4.21~5.15)

人体成分分析
蛋白质	7.2 kg	(7.0~8.6)
无机盐	2.63 kg	(2.44~2.98)
体脂肪	21.8 kg	(10.3~16.5)
去脂体重	37.3 kg	(35.8~43.7)
骨矿物质含量	2.18 kg	(2.01~2.45)

肌肉脂肪分析
体重	59.1 kg	(43.9~59.5)
骨骼肌含量	19.6 kg	(19.5~23.9)
肌肉量	35.1 kg	(33.8~41.4)
体脂肪含量	21.8 kg	(10.3~16.5)

肥胖分析
BMI	24.0 kg/m²	(18.5~25.0)
体脂百分比	36.9 %	(18.0~28.0)

研究项目
基础代谢率	1176 kcal	
腰臀比	0.92	(0.75~0.85)
腹围	72 cm	
内脏脂肪面积	121.5 cm²	
肥胖度	114 %	(90~110)
身体细胞量	23.8 kg	(23.4~28.6)
上臂围度	30.2 cm	
上臂肌肉围度	25.7 cm	
TBW/FFM	74.1 %	
去脂体重指数	15.2 kg/m²	
脂肪量指数	8.9 kg/m²	

全身相位角
ϕ(°) 50 kHz | 4.3°

生物电阻抗
Z(Ω)	右上肢	左上肢	躯干	右下肢	左下肢
1 kHz	379.6	392.7	26.8	306.8	316.1
5 kHz	373.1	385.4	25.7	303.0	314.1
50 kHz	337.2	352.5	23.0	282.3	289.8
250 kHz	307.9	322.9	20.4	263.3	272.7
500 kHz	297.4	311.5	19.1	258.1	267.8
1000 kHz	286.4	297.4	17.0	254.5	264.0

图 3-12　人体身体水分结果报告示例

ID	身高	年龄	性别	测试日期和时间
SM2008	168cm	17	男	2013.05.24. 10：59

人体成分分析

人体中含水总量	身体水分含量	(L)	34.2 (34.5 ~ 42.1)
增强肌肉	蛋白质	(kg)	9.4 (9.3 ~ 11.3)
强健骨骼	无机盐	(kg)	3.06 (3.19 ~ 3.89)
储存过剩的能量	体脂肪含量	(kg)	12.3 (7.3 ~ 14.7)
以上所述的总和	体重	(kg)	59.0 (52.0 ~ 70.4)

肌肉脂肪分析

		低标准	标准	超标准
体重	(kg)		59.0	
骨骼肌	(kg)		26.3	
体脂肪含量	(kg)		12.3	

肥胖分析

		低标准	标准	超标准
身体质量指数(kg/m²)			20.9	
体脂百分比 (%)			20.8	

生长图表

身高：10~25%

身高(cm)

体重：25~50%

体重(kg)

年龄

身体记录

身高	(cm)	162.5	163.8	165.7	168.0
体重	(kg)	51.5	55.5	56.2	59.0
骨骼肌	(kg)	20.7	22.2	22.9	26.3
体脂百分比 (%)		25.0	22.7	22.5	20.8
□最近 ☑全部		12.09.10 09:15	12.11.30 09:40	11.01.02 09:35	13.05.24 10:59

成长分数

81 /100分

* 如果身高很高且处于优秀的身体成分标准内，那么成长分数将超过100分。

营养评估

蛋白质	☑正常	□缺乏	
无机盐	□正常	☑缺乏	
体脂肪	☑正常	□缺乏	□过量

肥胖评估

BMI	☑正常	□低体重	□超重 □严重超重
体脂百分比	□正常	☑轻度肥胖	□肥胖

身体均衡评估

上肢	☑均衡	□轻度不均	□严重不均
下肢	☑均衡	□轻度不均	□严重不均
上下肢	☑均衡	□轻度不均	□严重不均

肌肉均衡

右上肢	2.3 kg	(2.47 ~ 3.35)
左上肢	2.3 kg	(2.47 ~ 3.35)
躯干	20.9 kg	(20.9 ~ 25.5)
右下肢	7.7 kg	(7.29 ~ 8.91)
左下肢	7.6 kg	(7.29 ~ 8.91)

研究项目

细胞内水分	21.7 L	(21.3 ~ 26.1)
细胞外水分	12.5 L	(13.1 ~ 15.9)
基础代谢率	1379 kcal	
儿童肥胖度	98 %	(90 ~ 110)
骨矿物质含量	2.53 kg	(2.6 ~ 3.2)
身体细胞量	31.1 kg	(30.6 ~ 37.4)

结果解析 QR 代码

扫描 QR 代码，查看结果解析的详细资料。

结果解析

成长曲线

比较同龄组成员的身高和体重。

生物电阻抗

Z(Ω)		右上肢	左上肢	躯干	右下肢	左下肢
	5kHz	418.2	419.0	33.5	324.1	334.9
	50kHz	366.2	366.5	28.9	277.1	287.0
	500kHz	309.1	307.0	22.6	237.3	244.1

图3-13 儿童体成分结果报告示例

表 3-39　　　　　　　　　　　　　　体质指数（BMI）

BMI		体重正常								危险度增加				
		19	20	21	22	23	24	25	26	27	28	29	30	35	40
ft，lin	m							体重/lb							
4'10"	—	91	96	100	105	111	115	119	124	129	134	138	143	167	191
4'11"	1.50	94	99	104	109	114	119	124	128	133	138	143	148	173	198
5'	1.52	97	102	107	112	118	123	128	133	138	143	148	153	179	204
5'1"	1.55	100	106	111	116	122	127	132	137	143	148	153	158	185	211
5'2"	1.57	104	109	115	120	126	131	136	142	147	153	158	164	191	218
5'3"	1.60	107	113	118	124	130	135	141	146	152	158	163	169	197	225
5'4"	1.63	110	116	122	128	134	140	145	151	157	163	169	174	204	232
5'5"	1.65	114	120	126	132	138	144	150	156	162	168	174	180	210	240
5'6"	1.68	118	124	130	136	142	148	155	161	167	173	179	186	216	247
5'7"	1.70	121	127	134'	140	146	153	159	166	172	178	185	191	223	255
5'8"	1.73	125	131	138	144	151	158	164	171	177	184	190	197	230	262
5'9"	1.75	128	135	142	149	155	162	169	176	182	189	196	203	236	270
5'10"	1.78	132	139	146	153	160	167	174	181	188	195	202	209	243	278
5'11"	1.80	136	143	150	157	165	172	179	186	193	200	208	215	250	286
6'	1.83	140	147	154	162	169	177	184	191	199	206	213	221	258	294
6'1"	1.85	144	151	159	166	174	182	189	197	204	212	219	227	265	302
6'2"	1.88	148	155	163	171	179	186	194	202	210	218	225	233	272	311
6'3"	1.90	152	160	168	176	184	192	200	208	216	224	232	240	279	319
6'4"	1.93	156	164	172	180	189	197	205	213	221	230	238	246	287	328

身高/m (left side label for height rows)

注：1ft（1'）= 0.3048m；1lin（1"）= 2.54cm；1lb = 0.453592kg。

自 25 岁后如体重超过 11lb 或因向心性肥胖腰围在 40in（100cm）以上，无论 BMI 处于何水平，危险性均增加。

资料来源：Courtesy of Pennington Biomedical Research Center，Baton Rouge，Louisana.

六、注意事项

（1）开机时先打开附属仪器如电脑、打印机，再打开人体成分分析仪。

（2）开机预热持续 3~5min，预热过程中 8 个电极接触面保持空置，底座不可站人以及放置任何物体。

（3）测试中姿势需保持正确，重心居中，身体放松，手部电极需要轻拿轻放。

（4）所有测量值均为实测估算值。

（5）测定年龄范围是 3~99 岁，身高 95~220cm，体重测量范围是 10~270kg。

（6）测试数据可保存，但必须输入 ID 号。

（7）当遇到测试者因皮肤干燥无法测试时，可湿润皮肤或电极后再测试。

七、思考题

1. 能量-蛋白质营养不良和能量-蛋白质营养过剩的体成分分析指标有哪些变化？

2. 肥胖者脂肪分布有周围型肥胖与腹型肥胖，简述腹型肥胖与代谢综合征的关系。

3. 肌肉均衡分析对儿童、成年、老年人有什么意义？

八、延伸阅读

［1］ Wang Z M, Deurenberg P, Guo S S, et al. Six-compartment body composition model：inter-method comparisons of total body fat measurement ［J］. Int J Obes, 1998, 22（4）：329-337.

［2］ Listed N. Bioelectrical impedance analysis in body composition measurement：National Institutes of Health Technology Assessment Conference Statement ［J］. American Journal of Clinical Nutrition, 1996, 64（3 Suppl）：524S.

［3］ Steiner M C, Barton R L, Singh S J, et al. Bedside methods versus dual energy X - ray absorptiometry for body composition measurement in COPD ［J］. European Respiratory Journal, 2002, 19（4）：626-631.

CHAPTER

第四章

营养学及功能性评价实验

实验三十四 食物养分消化率及消化能测定

一、目的与要求

1. 了解全收粪法消化试验的原理及方法。

2. 测定饲料或日粮中各种养分的消化率（消化能）。

二、背景与原理

（一）背景

食物的营养价值是摄入的养分扣除消化、吸收和代谢损失的剩余部分。食物进入消化道后第一个损失是未被机体吸收而从粪中排出的养分。食物养分的消化率是指食物中未经粪排出、被机体消化降解和吸收的那部分养分占食入该养分的比例，通常以百分数表示。同理，可以分析食物干物质中其他各种养分（蛋白、能量、脂肪、干物质、有机物、粗纤维以及灰分矿物质等）的消化率。

（二）原理

测定消化率时，将动物置于能够准确计量采食量、收集粪便及尿液的代谢笼中，准确测定动物在实验期内食入饲料中待测物质的数量与粪中所有排出该物质的数量，通过分析饲料和粪中待测物质的含量及总量，可计算得到动物对该饲料中该物质消化率。消化实验中粪便全部收集用于测定，简称全收粪法。

由于粪中所含的养分并非全部来自饲料，也包含分泌进入消化道的消化液、肠壁脱落的黏膜以及肠道微生物体等代谢性养分，这些含氮化合物并非均来自饲料的未被吸收的粗蛋白。因此，用上述方法测得的是饲料养分的表观消化率。若从全收粪法收集到的粪中减去代谢性产生的养分，即可计算得到饲料养分的真消化率。但代谢性产物的收集测定比较困难，除非研究需要，一般不进行饲料养分真消化率的测定。

三、设备与材料

（一）设备

（1）消化代谢笼 大鼠或小鼠（图 4-1）；

（2）实验室用样品 粉碎机或研钵；

（3）电热式恒温烘箱 室温至 151℃；

（4）分样筛　孔径 0.42mm（40 目）；

（5）分析天平　200g±0.0001g；

（6）天平　1000g±0.1g；

（7）冰箱　−20~4℃。

（二）试剂与材料

（1）小鼠或大鼠　选择品种（系）相同，体重、年龄相近，健康动物，每组 4~6 只。

（2）鼠用配合饲料　对照组饲粮、实验待测饲粮；

（3）100mL/L 盐酸或硫酸；

（4）集粪瓶（带盖）；

（5）塑料袋　30cm×45cm；

（6）培养皿　11~15cm；

（7）样品瓶　50g。

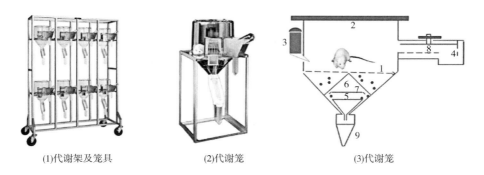

(1)代谢架及笼具　　　(2)代谢笼　　　(3)代谢笼

图 4-1　大鼠（小鼠）代谢笼图示

1—笼底　2—笼顶　3—饮水瓶　4—食槽　5—粪杯　6—粪便杯盖（棱锥体）
7—可调节横架　8—收集食物碎屑的托盘　9—收集尿液的带刻度的试管

四、实验方法与步骤

整个试验分为试验驯养观察期、预试期和正式试验期 3 个阶段。

（一）驯养观察期

将选好的试验动物饲养于代谢笼中（每只动物一笼），观察试验动物对环境的适应情况，训练其定点采食、饮水和排粪，掌握食量并调整给料量。试验动物完全适应了新环境、采食正常、行为正常后才能进入预试期。

（二）预试期

一般为 6d（5~8d）。在此期间的主要目的是使试验动物适应待测的饲粮（逐步更换，至完全替代原有饲粮）及饲养管理环境，使其排净消化道内原有饲料的残渣，确保正式试验期收集到的是待测饲料的粪便。实验人员也需摸清其采食情况，掌握动物的排粪规律，

在试验期间，给予适量的待测的饲粮，使动物消化系统处于稳定的正常状态。为此，在预试期的最后几天（一般为 3d）需称量计算每日摄食量，以食尽无剩料为原则定量配给试验动物试验日粮，进入正试期至试验期结束。

（三）正试期

正试期开始准确计时、并计量采食量和排粪量，是全收粪法成功的关键。正式收集测定期 2~4d。而且粪便的收集天数应为偶数，这样可避免因排粪一天多一天少而产生的误差。在此期间的工作要点为：

1. 采食量及采食干物质总量的测定

理论上按预试期确定的饲料量喂饲，进行定量喂饲，但实际上总会或多或少地出现剩料、抛洒现象。因此，应仔细无损地收集、计量抛洒、剩料，记录每次/日的剩料量，同时测定其干物质含量。饲料采食量及采食干物质总量的测定记录与计算见表4-1。

2. 排粪量及干物质排出量的测定

正试期对试验动物排粪的收集、记录与制样均应按试验动物个体以天为单位分别进行，每天的界限以两日间排粪少或不排粪的时间为好。实践中可选择每天上午9点或下午2点作为天与天之间的分界点（食入饲料量的记录也以此分界点为准）。大动物每天的集粪次数应是随排随收，为此昼夜均需有专人值班。大、小鼠则可以12h为周期收集。

每次收集到的粪便先放入一个带盖、已知质量的集粪瓶中置冷藏、暗处保存，每天粪便收齐后，称取当天排粪总量，并混匀，然后按以下三种用途取样、保存：

（1）取混匀的当天粪便的10%平铺于铝盒/称量瓶中，置于100~105℃烘箱内测定总水分含量，求其干物质含量。

（2）取新鲜粪便，冷冻保存（用于不宜烘干加热测定的物质测定）；若无条件测定鲜粪中氮含量且又无法保存鲜粪样品时，为防止鲜粪中氨态氮逸失，一般采用加酸固氮（按照每100g加入1mL 100mL/L盐酸）保存，用于测定粪氮。

（3）取每天排粪的20%，置于70℃烘箱中烘干至恒重，测定初水分含量，制备半干样品。然后磨碎过40目筛，储存于样品瓶中，供吸附水及其他成分测定用。

上述三种处理的样品可以每只动物（笼）为单位，按每天排粪量的固定比例留鲜样保存，对动物粪样的初水分含量最好当天测定。若粪便量少（比如小鼠实验），可以待正试期收粪结束后，将4d的鲜粪样集中混匀，一并进行取样处理和测定。

排粪量及干物质排出量的测定记录与计算表格见表4-2。

表4-1　　　　　　　　　　　采食量及采食干物质总量测定记录计算表

动物编号：

日期		喂次	给饲		剩料		食入量		备注
月	日		原样/g	干物质/g	原样/g	干物质/g	原样/g	干物质/g	

合计

测定人：　　　　　　　　　计算人：　　　　　　　　　复查人：

表 4-2　　　　　　　　　　　　排粪量及排出物质总量测定记录表

动物编号：

月	日	鲜粪加皮重/kg	皮重/kg	鲜粪重/kg	干物质		备注
					/%	/kg	

合计

测定人：　　　　　　计算人：　　　　　　复查人：

3. 体重

在正试期的开始与结束时均应分别称测试动物的空腹体重，供试验测定结果的分析参考。

（四）实验样品的保存与分析

1. 粪便样品储存应根据分析指标的要求

常规成分或对热、氧化不敏感的养分，一般制备成风干样品再进行分析。对于加热敏感或有损失的养分，如氮消化率，应保持新鲜状态进行测定，不能及时测定的可以冷冻保存。

2. 分析待测饲料的水分、干物质及需要测定的养分含量

通常消化试验用于进行干物质、有机物、能量、粗蛋白质、粗纤维、粗脂肪以及灰分等项目的分析测定。

（1）分析粪便总量、水分、干物质含量（参见第二章实验二）。

（2）采用国标 GB/T 6432—2018，凯氏定氮法测定饲料、粪中氮含量，计算饲料的氮消化率。

（3）脂肪含量的测定，利用 GB/T 6433—2006，索氏抽提法测定饲料中脂肪的含量。

（4）粗纤维含量的测定，利用 GB/T 6434—2006 测定碳水化合物中的粗纤维。

（5）饲料能值测定，采用 ISO9831 饲料、动物制品及排泄物总能量的测定法（氧弹法），测定饲料及粪中能值（参见第二章，实验三食物燃烧热的测定），计算消化能。

五、结果与计算

根据需要对饲料和粪便中干物质、有机物、能量、粗蛋白质、粗纤维、粗脂肪以及灰分进行分析测定，并将以上各项指标在风干样品中的含量统一折算成绝干样中含量，以方便消化试验测定结果的计算与对比。

养分消化率按式（4-1）和式（4-2）计算：

$$饲料养分表观消化率（\%）= \frac{食入饲料养分量 - 粪便中养分量}{食物饲料养分量} \times 100 \tag{4-1}$$

$$表观消化能（kJ/g）= \frac{食入饲料总能 - 排粪总能}{食入饲料量} \tag{4-2}$$

饲料和粪中化学成分分析记录见表 4-3。

表 4-3 绝干饲料及粪样中各种成分的计算表

动物编号	样品	干物质 /%		粗蛋白质 /%		粗脂肪 /%		粗纤维 /%		能量 /（KJ/g）		灰分 /%		备注
		M[①]	d[②]	M	d	M	d	M	d	M	d	M	d	
1	饲料													
	粪样													
2	饲料													
	粪样													
3	饲料													
	粪样													
4	饲料													
	粪样													
5	饲料													
	粪样													

采样人：　　　分析人：　　　计算人：　　　复查人：

注：①原样或风干样中的各种成分含量；
②绝干物质中的各种成分含量。

六、注意事项

（1）受试动物在预饲期与试验期的饲养管理，均严格依试验设计中规定由专人负责进行。每日饲喂、饮水、运动、清扫等工作有明确记录。管理人员应认真对试验情况有详细观察与记录，应做好交接班制度。消化代谢试验室应作好防疫措施。

（2）待测配合日粮应按照试验设计配制，数量上应一次准备齐全。按每日需要数量称重，分装成包，备实验时应用。同时采集分析样本，分析干物质含量及供化学成分分析。

（3）全收粪法试验期动物粪便，应及时收集，避免尿液、饲料渣混入，并及时处理、储存。

（4）采食量的准确计量对实验结果影响大，注意食物抛撒应及时拣出、计量，避免采食量损失影响结果。

（5）由于动物消化道是体内经吸收代谢后矿物质的重要排出途径，所以，消化试验并不做饲料矿物质成分消化率的测定；此外，维生素在肠道中受微生物合成或分解的影响较大，因而，测定饲料维生素的消化率也没有意义。

七、思考题

（1）实验操作中如何准确计量动物的饲料采食量、收集动物粪便？
（2）简述全收粪法与指示剂法测定消化率的优缺点。

八、延伸阅读

Yamanaka M, Kametaka M. Collection of Feces and Urine and Measurement of Nitrogen Metabolism in Conventional and Germ-free Mice by a Rearing Method Using Chopped Filter Paper for Bedding [J]. Eiyo to Shokuryo, 1993, 46 (6): 507-511.

实验三十五　小动物能量代谢测定

一、目的与要求

1. 学习实验动物监控系统的原理、用途和操作方法。
2. 应用实验动物监控系统测定膳食组成对动物能量代谢的影响。

二、背景与原理

（一）背景

生命活动需要不断消耗能量，能量来自于食物的三大能量营养素碳水化合物、脂肪和蛋白质的氧化分解代谢过程产生的高能磷酸键（主要为三磷酸腺苷，ATP）。通过监测氧消耗量与生成的二氧化碳量，可以反映机体能量代谢状况。膳食能量代谢受到膳食三大营养素及其组成比例的影响，同时也与影响能量代谢的维生素、微量元素以及植物化合物种类与数量有关。长期营养失衡导致代谢生成的有效能量 ATP 减少，出现因血脂、血糖升高和脂肪沉积增加的能量代谢紊乱，认识食品营养素和功能成分与能量代谢间的关系，有助于健康食品的研发。

（二）原理

生物体在同一时间内吸收的氧气与释放二氧化碳的体积或摩尔数之比即呼吸熵（Respiratory Quotient，RQ）。代谢底物不同，RQ 大小不同。以碳水化合物为基质完全氧化分解释放的二氧化碳与吸收氧气的摩尔数相等，故呼吸熵为 1。脂肪分子中氢与氧的比例高于糖分子，氧化消耗的氧既需用于碳也用于氢，故 RQ 在 0.7~0.8。测定 RQ 值可以了解机体代谢的基质来源以及状况，也可以了解营养素组成以及膳食功能成分对代谢的调节作用。

实验动物监控系统（CLAMS）能够对动物进行间接能量测定（图 4-2）。Oxymax/CLAMS 系统配置组合氧化锆氧气传感器和高速单光束 NDIR 二氧化碳传感器，可在 45~60s 完成一个代谢笼的氧气与二氧化碳测定。通过 Oxymax/CLAMS 软件系统收集数据，计算代谢过程中的 O_2-CO_2 交换量来评估产生的热量，即通过消耗的气体量（O_2）和产生的代谢物（CO_2）之间的关系，揭示实验动物所利用食物能量物质的情况。

实验动物监控系统可同时进行 1~32 个动物的多个参数的监测评估。功能可根据研究者的试验需要进行定制相应的配置，通过增加代谢笼数量或（和）修改测量参数来进行功能拓展，如进行自主活动、产热量、体重、喂食、饮水、食物控制、尿液收集、睡眠、体温、心率等指标监测。

三、仪器与材料

（一）仪器及环境配置

Oxymax/CLAMS 代谢分析系统主要包括能量代谢检测系统、进食进水监测系统、尿液粪便分离系统、自发活动监测系统、数据分析系统等（图 4-3）。

CLAMS 小鼠代谢监测系统（12 通道）应放置在密闭屏障系统动物实验室内，控制温度、

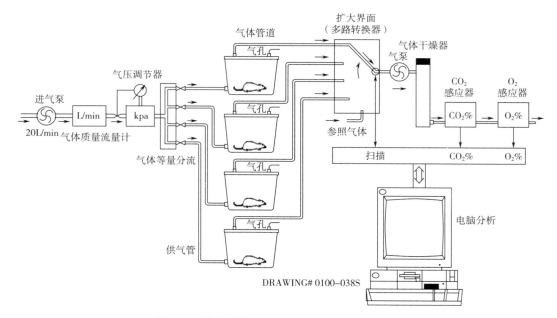

DRAWING# 0100–038S

图 4-2 实验动物监测系统（CLAMS）工作原理

湿度及光照。

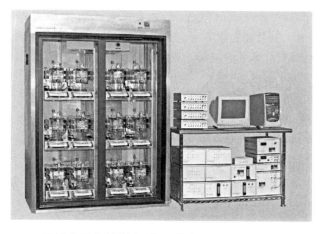

图 4-3 12 通道小鼠代谢监测系统，带热量、活动、喂食和饮水监测

（二）实验材料

（1）饲粮研磨成粉末状 对照日粮（4%脂肪）、高脂日粮（20%脂肪）、高脂+0.01%白藜芦醇。

（2）实验大鼠或小鼠 12 只，每组 4 只。受试鼠经上述试验饲粮饲喂 10 周以上。

（3）清洗大鼠或小鼠代谢笼、喂食器、水瓶，然后紫外灯或酒精消毒。

（4）准备变色硅胶干燥剂 2 瓶。

四、实验步骤

（一）系统参数设置与方法

实验动物监测系统（CLAMS）是一体化多功能的整体系统，可将监控期间的动物代谢活动数据实时传输到计算机中，通过软件计算，向用户输出数据与图谱。采集的主要数据包括：动物饮食量、饮食次数和时间、两种食物饮食偏好、自主行为活动量（Locomotor Activity）变化、站立行为次数和时间（Rearing）、呼吸代谢和能量消耗等数据。软件直接测量或计数出的参数如表4-4所示。

表4-4　　　　　　　　实验动物监测系统（CLAMS）输出数据类型

简称	全称	简称	全称
Int	间隔数	Feed Status	动态：动物正在进食
Ch	代谢笼编号		静态：读数获得
Date/Time	样品日期和时间	Feed	间期内的食物消耗量
VO$_2$	氧气消耗率［Vol/Mas/Time］	Feed Acc	食物累计消耗量
O$_2$ In	代谢笼进口的氧浓度	VDM	间期内的水消耗量
O$_2$ Out	代谢笼出口的氧浓度	自主活动 X-Tot	X轴红外光束中断总计
ΔO$_2$	氧浓度差［O$_2$进-O$_2$出］		
O$_2$ Acc	氧累计消耗量	X-Amb	活动的X轴红外光束中断
VCO$_2$	二氧化碳产生率［Vol/Mas/Time］	Y-Tot	Y轴红外光束中断总计
CO$_2$ In	代谢笼进口的二氧化碳浓度	Y-Amb	活动的Y轴红外光束中断
CO$_2$ Out	代谢笼出口的二氧化碳浓度	Z-Tot	垂直活动（喂食）计数
ΔCO$_2$	二氧化碳浓度差［CO$_2$出-CO$_2$进］	Wheel	跑轮转数
CO$_2$ Acc	二氧化碳累计产生量	Core Temp	身体体温（遥感）
RER	呼吸交换率［VCO$_2$/VO$_2$］	Heart Rate	心率（遥感）
Heat	热量产生比率		
Vi	代谢笼输入新鲜空气质量		

此外，从CLAMS系统还可获得额外测试结果，包括尿液量（每次和累积）、代谢笼温度（℃）、实验室/箱温度（℃）、实验室/箱湿度（%RH和露点）、实验室/箱亮度（光亮/暗）和气体样品湿度（%RH和露点）。

（二）操作步骤

（1）打开主机电源，预热仪器（至少30min）；

（2）打开除湿机；

（3）检查、更换干燥剂、氨气过滤器；

（4）装填粉末状饲料，放置喂食器；

（5）开启天平；

（6）放置安装大鼠或小鼠代谢笼（图4-4）；

（7）将大鼠或小鼠放入代谢笼，盖紧代谢笼笼盖；

（8）灌装、放置饮用水瓶；

（9）校正气体（只需在机器开启后，校正一次即可）；

（10）操作软件、开始试验；

图4-4　组装完整的代谢笼

（11）预试验期24h以上，小鼠在笼内能够适应代谢笼环境，正常采食、饮水，活动正常。然后开始正式试验，测试24~72h；

（12）实验期间，每天对干燥剂、氨气过滤器、除湿机冷凝水进行检查、维护。观察小鼠活动和精神状态，保证饲料喂食、饮用水正常；

（13）实验结束，关闭监测系统，各单元恢复至初始状态；

（14）小鼠放回原饲养笼，清洗代谢笼子、喂食器、饮水瓶等。

五、结果与分析

（1）获取软件直接测量记录或输出的参数。

（2）根据每只动物测试单元输出参数的摄食量、呼吸熵、产热量、自主活动，计算每组动物的平均数、标准差。

（3）依据不同处理组参数结果，分析白藜芦醇添加对摄食量、呼吸熵、产热量、自主活动的影响。

可参考呼吸熵和1L氧热价对应表（表4-5）以及膳食营养因素对能量代谢的影响（表4-6）

表4-5　　　　　　　　　呼吸熵和1L氧热价对应表

呼吸熵	热量/J	呼吸熵	热量/J
0.65	19.322	0.83	20.242
0.66	19.372	0.84	20.292
0.67	19.422	0.85	20.347
0.68	19.472	0.86	20.397
0.69	19.523	0.87	20.447
0.70	19.573	0.88	20.502
0.71	19.623	0.89	20.552
0.72	19.673	0.90	20.602

续表

呼吸熵	热量/J	呼吸熵	热量/J
0.73	19.723	0.91	20.652
0.74	19.788	0.92	20.702
0.75	19.828	0.93	20.753
0.76	19.882	0.94	20.807
0.77	19.933	0.95	20.857
0.78	19.983	0.96	20.907
0.79	20.037	0.97	20.962
0.80	20.087	0.98	21.012
0.81	20.138	0.99	21.062
0.82	20.188	1.00	21.117

表 4-6　　　　　　　　　膳食营养因素对能量代谢的影响

能量代谢	摄食状况	蛋白与氨基酸		脂肪及其水平		碳水化合物		植物化合物	维生素	微量元素	常量元素
减弱	饱食	高	均衡	高	饱和	高精制糖	高升糖指数	过高/过低	缺乏/过量	缺乏/过量	碘、铁、硒、锌缺乏	钙、磷缺乏
增强	饥饿/间歇饥饿	低	蛋氨酸或亮氨酸、异亮氨酸、苯丙氨酸限制	低/适宜	不饱和	低	低/多糖	适宜	适量	适量	适量	适量
不变	正常	适量	均衡	适宜	—	中等	中	低	—	—	—	—

六、注意事项

（1）动物在进行测定前，应有必要的适应期，以保证动物在测试期间，能正常采食、饮水、活动，从而获得准确的测定数据。可提前 2~3d 每天带动物进入代谢室、在笼内体验一定时间，使其熟悉、适应环境；实验人员也应与动物建立良好的关系，使动物在自然放松、健康的状态下完成测试。

选择受试的动物，其生理、营养状态应具有组内代表性。动物单笼测试，每组动物测定重复数≥4 只。

（2）耗材的检查和更换

①干燥剂的检查与更换：干燥剂为颗粒状无水硫酸铜，在水分逐渐饱和的过程中，由浅蓝色变色为粉色，每次试验前需检查，将变色部分倒出，更换新的干燥剂。干燥剂灌装不超过上干燥管上部管线接口，防止干燥剂堵塞气管。

②氨气过滤器的检查与更换：氨气过滤器内的晶体颗粒，主要成分是除氨的化学成分，在氨饱和的过程中，由亮蓝色变为浅绿色。实验前需检查，安装时采用两个串联的连接方式，第一个完全消耗之后，将原来第二个氨气过滤器上移至第一个的位置，再连接一个新的至原来第二个的位置。

③空气滤芯的检查与更换：空气过滤器通常在动物房洁净空间内消耗缓慢，只有在白色滤芯变成灰黄色，或者过滤器堵塞造成实验数据中的 Flow 读数飘红时，才予以检查和更换。

④氨气过滤器、空气过滤器以及干燥管气管的连接都是快接卡口结构，拔出时，请用指尖或指甲将卡口向下按压的同时将过滤器或者气管拔出，否则容易造成卡口的气密性被破坏。

（3）笼具清洗

①PVC 材质结构件，建议用肥皂水刷洗，并使用浓度为 100g/L 的漂白粉溶液浸泡后，冲洗干净，暴露温度不能高于 50℃，也可使用温和的乙酸清洗处理。

②聚碳酸酯塑料笼底：可使用洗涤剂清洗，或使用浓度为 100g/L 的漂白粉溶液清洗，暴露温度不能高于 90℃，也可使用温和的乙酸清洗处理。

③复合材料笼盖：每次试验后都进行清理，笼盖包含电路部分，不能用水清洗，要保持干燥，建议用肥皂水人工擦拭，或可使用浓度为 100g/L 的漂白粉溶液擦拭清洁。

七、思考题

1. 长期高脂或营养不均衡的膳食为什么会降低能量代谢？

2. 一个长期处于病理性饥饿情况下的人呼吸交换率（RER）的值最可能为多少？说明原因。

八、延伸文献

［1］ John R. B. Lighton. Measuring Metabolic Rates：A Manual for Scientists［M］. Oxford：Oxford University press，2008.

［2］ Xia SF, Duan XM, Hao LY, Li LT, Cheng XR, Xie ZX, Qiao Y, Li LR, Tang X, Shi YH, Le GW. Role of thyroid hormone homeostasis in obesity-prone and obesity-resistant mice fed a high-fat diet［J］. Metabolism. 2015，64（5）：566-79.

实验三十六　口服糖耐量实验

一、目的与要求

1. 了解口服糖耐量实验的生理学意义。

2. 掌握口服糖耐量实验和胰岛素释放实验的测定原理和方法。

二、背景与原理

（一）背景

糖尿病是一种由于胰岛素分泌缺陷或胰岛素作用障碍所致的以高血糖为特征的代谢性疾

病，长期患病可引起多个脏器、组织（如眼、肾、心脏、血管、神经等）损害、功能不全或衰竭。我国糖尿病潜在患病人数高，早期不易察觉，而患者知晓率低，导致延误治疗。通过葡萄糖耐量试验和检查胰岛 β 细胞功能的胰岛素释放试验，可以观察体内葡萄糖代谢状况、进行糖尿病诊断，有助于糖尿病的分型及指导治疗。同时，葡萄糖耐量实验也是研究食物与功能性成分对防治糖尿病辅助作用的评价手段之一。

（二）实验原理

口服葡萄糖耐量实验（Oral Glucose Tolerance Test，OGTT）与胰岛素释放实验是受试者空腹口服葡萄糖后，造成糖负荷的情况下，测试其动态血糖水平及胰岛素分泌状况，用以诊断糖尿病（DM）和糖调节受损（IGR）的标准实验。

正常人口服葡萄糖后，可使血糖升高，刺激胰岛 β 细胞释放胰岛素，促进组织细胞内葡萄糖的氧化和糖原生成，抑制糖异生，从而使血糖恢复到正常水平。糖尿病患者空腹血糖高，服糖 2h 后仍可能高于正常值，而血清胰岛素含量低于正常值或随服糖时间变化不明显。

在动物模型实验中，OGTT 通常用于检验糖尿病动物模型建立是否成功以及食物降糖功能成分的作用或降糖药物的功效评价。

三、仪器与材料

（一）仪器

血糖仪酶标仪或生化分析仪；离心机（3000r/min）。

（二）材料

（1）采血针、肝素采血管、1.5mL 离心管，血糖试纸（与血糖仪配套）；

（2）灌胃针及注射器（用于动物实验）。

（三）试剂

（1）胰岛素检测 ELISA 试剂盒（人用）；

（2）胰岛素检测 ELISA 试剂盒（大鼠或小鼠用）；

（3）葡萄糖（分析纯）、去离子水。

（四）溶液配制

（1）人体 OGTT 实验葡萄糖溶液配制　称取 75g 葡萄糖溶于 300mL 温开水中。

（2）动物模型 OGTT 实验葡萄糖溶液配制（以大鼠和小鼠模型为例）　按照每 20g 体重动物灌胃 0.1mL 溶液，葡萄糖灌胃量以 2g/kg 体重计算，配制浓度为 0.4g/mL 的葡萄糖溶液。

四、实验步骤

（一）人体 OGTT 实验

1. 实验前准备

实验前受试者应禁食 10~16h，可以喝水。

2. 操作步骤

（1）0h 取血，受试者空腹状态下指尖用采血刺针取一滴血于血糖试纸上，用血糖仪测试血糖水平；另外，由静脉取 0.5mL 血收集于经抗凝处理的离心管中，3500r/min 离心 10min，上清即为血浆，4℃保存，用于检测血浆胰岛素水平。

（2）受试者一次性喝下含有 75g 葡萄糖的温开水。在服糖后 0.5、1、2、3h，按照步骤

（1）各测血糖和血浆胰岛素一次。

（3）用胰岛素检测 ELISA 试剂盒（人用）检测各时间点胰岛素含量。

（4）以测定时间为横坐标（空腹时为 0 时），血糖浓度或血浆胰岛素含量为纵坐标，分别绘制量血糖曲线和胰岛素曲线。

正常人服糖后 0.5~1h 达到血糖和血浆胰岛素含量的高峰，然后逐渐降低，一般在 2h 左右恢复正常值；糖尿病患者空腹血糖高于正常值，服糖后血糖浓度急剧升高，2h 后仍可能高于正常。

糖尿病患者血清胰岛素含量低于正常值，而胰腺胰岛素功能缺失严重患者会出现血浆胰岛素含量随服糖时间变化不明显的情况。

（二）动物模型 OGTT 实验（以大鼠和小鼠为例）

1. 实验前准备

受试动物（大鼠或小鼠）数量应按照每个时间点，保持在 8~10 只。实验前受试动物（大鼠或小鼠）禁食 8~10h，自由饮水，禁食前更换受试动物饲养笼的垫料，避免垫料中残留饲料影响实验。

2. 操作步骤

（1）0h 取血，用采血针在鼠尾部取血，弃去第一滴血，后一滴血于血糖试纸上，用血糖仪测试血糖水平。

另用毛细管对小鼠进行眼眶静脉丛取血 0.5mL，收集于经抗凝处理的离心管中，3500r/min 离心 10min，上清即为血浆，用胰岛素 ELISA 试剂盒检测血浆胰岛素水平。

（2）动物按照时间点分组，使用灌胃针和注射器对动物进行葡萄糖灌胃（灌胃量为 2g/kg 体重）0.1mL 糖溶液。灌胃后 5、10、30、60、90、120min 各组动物测一次血糖和血浆胰岛素含量，测定方法同（1）。需保证每个时间点动物血样数量（每个动物短时间内不可重复多量采血）。

（3）以测定时间为横坐标（空腹时为 0h），血糖浓度或血浆胰岛素含量为纵坐标，分别绘制量血糖曲线和胰岛素曲线。

正常小鼠或大鼠服糖后 10~30min 达到血糖和血浆胰岛素含量的高峰，然后逐渐降低，一般在 2h 左右恢复正常值。糖尿病模型动物空腹血糖高于正常值，服糖后血糖浓度急剧升高，2h 后仍可高于正常，血浆胰岛素含量低于正常值。1 型糖尿病模型动物出现胰腺胰岛素分泌功能降低现象，血浆胰岛素随服糖时间变化不明显。

五、结果与计算

1. 血糖曲线下面积（AUC）计算

AUC 用于评价糖耐量水平，使用专业数据分析软件（例如 SPSS、Origin 等），对血糖曲线进行积分，获得面积数据。

2. 胰岛素抵抗指数（HOMA-IR）计算

HOMA-IR 用于评价个体的胰岛素抵抗水平，按式（4-3）计算：

$$HOMA - IR = \frac{空腹血糖水平(mmol/L) \times 空腹血浆胰岛素水平(mIU/L)}{22.5} \tag{4-3}$$

正常个体的 HOMA-IR 为 1，随着胰岛素抵抗水平的提高，HOMA-IR 指数将大于 1。

3. 胰岛素敏感性指数（HOMA-IS）计算

HOMA-IS 用于评价个体的胰岛素敏感性的指标，按式（4-4）计算：

$$HOMA - IS = \frac{1}{HOMA - IR} = \frac{22.5}{空腹血糖水平(mmol/L) \times 空腹血浆胰岛素水平(mIU/L)} \qquad (4-4)$$

HOMA-IS 指数随着胰岛素敏感性水平的升高而升高。

4. 胰腺胰岛素分泌功能指数（HOMA-β）计算

HOMA-β 用于评价个体胰岛 β 细胞功能的指标，按式（4-5）计算：

$$HOMA - \beta = \frac{20 \times 空腹血糖水平(mmol/L)}{空腹血浆胰岛素水平(mIU/L) - 3.5} \qquad (4-5)$$

正常个体的 HOMA-β 指数为 100%。糖尿病人群的 HOMA-β 指数会因疾病进程不同而偏离正常值，胰腺 β 细胞功能降低则该数值降低，胰腺 β 细胞功能增强则该数值上升。

六、结果判定

通过糖耐量实验绘制血糖曲线可分为以下 2 种类型。

（1）糖耐量降低 即血糖测量值高于正常值，常见于糖尿病、肾性糖尿病患者。两种患者尿糖均为阳性，但是前者糖耐量曲线高于正常且维持较久，后者糖耐量曲线低于正常。此外，甲状腺功能亢进、皮质醇增多症、慢性胰腺炎以及肝糖原代谢障碍等患者的糖耐量也会降低。

（2）糖耐量增高 即血糖测量值低于正常值，常见于胰岛 β 细胞瘤、垂体前叶功能减退症、甲状腺功能减退、慢性肾上腺皮质功能减退以及功能性（特发性）低血糖症患者。

胰岛素释放实验曲线可分为以下 3 种类型：

（1）胰岛素分泌不足型 实验曲线呈低水平状态，表示胰岛功能衰竭或遭到严重破坏，说明胰岛素分泌绝对不足，见于胰岛素依赖型糖尿病患者，需终身胰岛素治疗。

（2）胰岛素分泌增多型 患者空腹胰岛素水平正常或高于正常值，刺激后曲线上升迟缓，高峰在 2h 或 3h，多数在 2h 达到高峰，其峰值明显高于正常值，提示胰岛素分泌相对不足，多见于非胰岛素依赖型糖尿病肥胖者。该型患者经严格控制饮食、增加运动、减轻体重或服用降血糖药物常可获得良好控制。

（3）胰岛素释放障碍型 空腹胰岛素水平略低或稍高于正常水平，刺激后呈迟缓反应，峰值低于正常水平。多见于成年起病，体型消瘦或糖尿病患者。

七、注意事项

（1）受试者实验前 3d，每天进食的碳水化合物不能少于 200~300g，否则可使糖耐量减低而出现假阳性。对有营养不良者，上述饮食应延长 1~2 周后才能做试验。

（2）实验前一天起及试验时禁止喝咖啡、喝茶、饮酒和抽烟。

（3）实验前避免剧烈体力活动，实验前病人至少应静坐或静卧 0.5h，并避免精神刺激。

（4）如遇急性心肌梗死、脑血管意外、外科手术等应激状态，或有感冒、肺炎等急性病，都可使糖耐量减低，需待病情完全恢复后再做实验。

（5）许多药物如水杨酸钠、烟酸、口服避孕药、口服降糖药等，均可使糖耐量减低，在实验前应至少停用 3~4d。

（6）应停用可能影响血糖的药物一段时间，如影响血糖测定的利尿剂、糖类皮质激素（可的松一类药物）以及口服避孕药等。

八、思考题

1. 简述人体摄入葡萄糖后引起胰腺分泌胰岛素及胰岛素降低血糖的机制。

2. 胰岛素释放实验中，不同类型的糖尿病患者的胰岛素曲线有哪些不同？

九、延伸阅读

［1］Dunstan D W，Zimmet P Z，Welborn T A，et al. The Rising Prevalence of Diabetes and Impaired Glucose Tolerance：The Australian Diabetes，Obesity and Lifestyle Study ［J］. Diabetes Care，2002，25（5）：829-834.

［2］夏晓英，陈慎仁，李冬虹. 实验性糖耐量异常动物模型的建立 ［J］. 汕头大学医学院学报，2004，17（3）：161-162.

［3］余臣祖，张朝宁，刘国安. 实验性 2 型糖尿病动物模型研究进展 ［J］. 医学综述，2006，12（1）：41-42.

［4］Edelstein S L，Knowler W C，Bain R P，et al. Predictors of Progression From Impaired Glucose Tolerance to NIDDM ［J］. Diabetes，1997，46（4）：701-710.

实验三十七　植物化合物辅助降血糖功能试验

一、目的和要求

1. 了解植物化合物对高血糖发生、干预的调节作用机理。
2. 观察植物化合物对小鼠或大鼠 2 型糖尿病血糖浓度的影响。
3. 掌握辅助降血糖功能检验与评价的方法。

二、背景与原理

（一）背景

随着经济发展和生活方式的改变以及人口老龄化现象发生，糖尿病患病率在世界范围内逐年升高，已成为一种严重危害大众健康的慢性非传染性疾病。糖尿病尚无有效的治愈药物，随着病程迁延易发多种器官的并发症，给个人、家庭和社会带来沉重的经济负担。食物中功能成分能够促进胰岛素分泌，增加机体组织对胰岛素的敏感性，辅助性改善高血糖状况，认识食物营养与功能成分干预作用是糖尿病研究热点。

（二）原理

通过采用高脂、高糖等营养性应激或化学方法造成胰岛细胞损伤，从而导致胰岛素合成与分泌受损，降低胰岛素在外周靶组织的生物效应，产生对抗胰岛素生理效应的作用，继而建立实验型高血糖或实验型糖尿病模型。食物中含有的功能性成分，可能通过影响消化道功能、葡萄糖吸收，肝脏、肌肉等组织对糖利用以及对胰岛细胞保护中发挥作用，从而影响血糖水平。

实验中较常用的糖尿病动物模型的建立方法有以下几种。

1. 饮食诱导

饮食诱导糖尿病动物模型中，膳食结构中高比例的脂肪特别是饱和脂肪和（或）单糖如高果糖可造成胰岛素抵抗，产生糖耐量受损状态，形成早期 2 型糖尿病模型。这种糖尿病模型与人类的发病情况较为相似，为研究膳食营养与糖尿病形成的关系、认识糖尿病发病机制，提供良好的动物模型。

2. 化学药物诱导

诱导糖尿病动物模型的常用药物有链脲佐菌素和四氧嘧啶。通过化学药物作用引起实验动物胰腺细胞损伤，或诱导糖异生从而引发动物血糖水平异常并发生糖尿病。链脲佐菌素和四氧嘧啶能通过其毒性作用选择性地破坏胰岛细胞，使胰岛素分泌减少。链脲佐菌素对其他组织毒性小，构建动物模型存活率高。造模可采用一次性高剂量给禁食 20h 的小鼠腹腔注射链脲佐菌素的方式（100mg/kg）获得 1 型糖尿病动物模型；也可采用连续多天腹腔注射小剂量（40~50mg/kg）链脲佐菌素的方式，获得 2 型糖尿病动物模型。

地塞米松也可通过糖异生、抑制肝脏、肌肉糖利用，诱导血糖升高。

3. 饮食联合化学药物诱导

通过高脂、高蔗糖或高果糖饮食，诱导小鼠产生胰岛素抵抗的状态，然后在腹腔或尾静脉注射低剂量链脲佐菌素，可得到伴有胰岛素抵抗的糖尿病动物模型。通过给大鼠灌胃脂肪乳，并辅以腹腔注射四氧嘧啶，可快速构建 2 型糖尿病的大鼠模型。也有先腹腔注射链脲佐菌素形成高血糖后，再给予高脂饮食的诱导方法。这两种诱导方法实施的先后顺序没有限制。

本实验在饲喂高脂饲粮基础上，辅以小剂量注射链脲菌素或四氧嘧啶，造成大鼠糖/脂代谢紊乱，产生胰岛素抵抗，诱发实验性糖尿病。不同功能成分可能在消化道中发挥糖苷酶抑制剂作用减缓糖吸收，或通过氧化还原状态调节、发挥胰岛细胞功能保护作用，加速糖利用等在不同环节发挥作用，从而降低血糖，减缓糖尿病的发生与发展。

三、仪器与材料

（一）仪器与器材

（1）IVC 动物饲养笼盒；

（2）全自动生化仪或可见光分光光度计；

（3）微量血糖测定仪及配套试纸；

（4）分析天平（1000g±0.1g，200g±0.0001g）；

（5）pH 计；

（6）离心机（5000r/min）；

（7）饲料粉碎机；

（8）饲料混合机；

（9）饲料制粒机；

（10）移液器（1000μL，200μL）及吸头；

（11）解剖、采血器械［注射器（1mL，5mL）及灌胃针、纱布、酒精棉球、干棉球；塑料离心管（1.5mL）眼科剪、手术刀、弯头小镊、烧杯、量筒、培养皿、吸管、滴管、滤纸］。

（二）实验材料

1. 实验动物

雄性 Sprague-Dawley 成年大鼠（180±20）g（或小鼠，体重在 20~22g），每组 10~12 只。

2. 高糖高脂模型饲粮

模型饲粮配制见表 4-7，或用以下配方：60%基础维持饲料，加入 17.5%猪油、8%蔗糖、10%鸡蛋黄粉、4%酪蛋白、0.5%牛胆盐（M/M）配制而成；饲料脂肪供能比为：54.22%，饲料粗蛋白含量 18.33%，模型饲料的纤维、钙、磷、维生素、微量元素均要达到维持饲料的国家标准。

表 4-7　　　　　　　　　　　　　　　　实验饲料配方表①

原料	对照组/%	高脂模型组/%	原料	对照组/%	高脂模型组/%
猪油	4.00	15.00	蔗糖	0.10	5.00

续表

原料	对照组/%	高脂模型组/%	原料	对照组/%	高脂模型组/%
玉米粉	46.90	16.00	麦芽糊精	0.00	5.00
麦麸	9.000	9.000	蛋黄粉	0.00	15.00
大豆粕	24.52	24.52	胆固醇	0.00	1.20
小麦粉	6.40	1.40	胆酸钠	0.00	0.20
赖氨酸	0.28	0.28	碳酸氢钙	0.60	0.60
蛋氨酸	0.20	0.20	②混合维生素	0.20	0.20
酪蛋白	5.00	5.00	③混合矿物质	1.00	1.00
			石粉	0.40	0.40

注：①除粗脂肪外，营养成分含量达到大鼠维持饲料国家标准；

②维生素混合剂组成（mg/100g 日粮），采用 AIN-76A 配方：维生素 B_1 0.60g，维生素 B_2 0.60g，维生素 B_6 0.70g，烟酸 3.00g，泛酸钙 1.60g，叶酸 0.20g，1%生物素 2.00g，0.1%维生素 B_{12} 1.00g，维生素 K_3 0.08g，维生素 A 0.80g，维生素 E 10.0g，维生素 D_3 1.00g，加蔗糖至 1.00kg；

③矿物质预混剂组成（mg/100g 日粮），采用 AIN-76A 配方：磷酸钙 500.00g，氧化镁 24.00g，一水合柠檬酸钾 220.00g，硫酸钾 52.00g，氯化钠 74.00g，十二水合硫酸铬钾 0.55g，碳酸铜 0.30g，碘酸钾 0.01g，柠檬酸铁 6.00g，碳酸锰 3.50g，亚硒酸钠 0.01g，碳酸锌 1.60g，加蔗糖至 1.00kg。

3. 辅料

玉米芯垫料或刨花。

4. 试剂

柠檬酸（$C_6H_8O_7$），柠檬酸钠（$C_6H_5Na_3O_7 \cdot 2H_2O$），葡萄糖（$C_6H_{12}O_6$），氯化钠（NaCl），羧甲基纤维素钠，为分析纯。

链脲菌素（Streptozocin，STZ，$C_8H_{15}N_3O_7$，分子质量 265.22），四氧嘧啶（Alloxan，$C_4H_2N_2O_4 \cdot H_2O$，分子质量 160.08），白藜芦醇（Resveratrol，纯度 99%，分子质量 228.24），试剂级。

大鼠胰岛素，甘油三酯，总胆固醇测定试剂盒（外购），糖化血红蛋白，丙二醛（MDA），总抗氧化能力（T-AOC）超氧化物歧化酶（SOD），GSH/GSSG 等（选做）。

5. 试剂配制

（1）白藜芦醇灌胃液，用 0.5%的羧甲基纤维素配制成 1mg/mL 悬浮溶液，置于 4℃冰箱中避光保存。

（2）5g/L 羧甲基纤维素钠（CMC-Na）制成 1mg/mL 灌胃液（对照组用）。

（3）10g/L 链脲菌素（STZ）溶液用预冷的 0.1mol/L pH 4.2 的柠檬酸缓冲液溶解配制而成，每天临用时配制，STZ 易失活，称取应快速、避光。

（4）生理盐水　称取 0.9g 氧化钠溶解在少量蒸馏水中，稀释至 100mL。

四、实验方法

（一）剂量分组及受试样品给予

1. 实验分组

空白对照组，模型饲料对照组，高血糖造模组（链脲菌素）：模型饲料（链脲菌素）、模型饲料+白藜芦醇（高、中、低剂量组），以人体推荐量 5 倍为白藜芦醇中剂量组。

2. 动物饲喂及受试样品给予

动物分为 6 组（每组 10~12 只），其中白藜芦醇高、中、低剂量组分别以 50、100、150mg/kg·BW 剂量灌胃；空白对照组和模型对照组用等体积的 0.5% 的羧甲基纤维素溶液灌胃。STZ 造模组（50mg/kg·BW）腹腔注射（方法见第一章第二节），对照组注射柠檬酸缓冲液。空白对照组饲喂普通维持饲粮，其余各组均饲喂模型饲粮（表 4-8）。

表 4-8　　　　　　　　　　　　　实验分组及处理

实验分组	采食饲粮	实验处理（灌胃）	链脲菌素（腹腔注射）
空白对照	普通维持饲料	同体积 5g/L CMC-Na	同体积生理盐水
模型饲料对照组	模型饲料	同体积 5g/L CMC-Na	同体积生理盐水
模型饲料+造模组	模型饲料	同体积 5g/L CMC-Na	链脲菌素
模型饲料+白藜芦醇（低剂量）	模型饲料	白藜芦醇 50mg/kg·BW	链脲菌素
模型饲料+白藜芦醇（中剂量）	模型饲料	白藜芦醇 100mg/kg·BW	链脲菌素
模型饲料+白藜芦醇（高剂量）	模型饲料	白藜芦醇 150mg/kg·BW	链脲菌素

（二）链脲菌素诱导胰岛素抵抗糖/脂代谢紊乱模型

（1）购入健康雄性大鼠（150g±20g），普通维持饲料料适应饲养 3~5d，禁食 5h，取尾血，测定血糖值（给葡萄糖前 0h），然后，灌胃 2.5g/kg·BW 葡萄糖后 0.5h、2h 取尾血测定血糖值，作为该批次动物血糖基础值。

（2）选择葡萄糖灌胃 0h、0.5h、2.0h 时间点血糖基础值正常的动物，将大鼠分 6 个组，每组 10~15 只。3 个受试样剂量组每天灌胃不同浓度受试样品，空白对照组、模型对照组和模型造模组给予同体积溶剂；空白对照组饲喂普通维持饲粮，其余各组饲喂模型饲料，连续 30~35d。

（3）造模　经上述饲喂后，模型饲料+造模组和 3 个剂量组动物禁食 12h（不禁水），分别给予链脲菌素 50mg/kg·BW 腹腔注射（ip，注射量 1mL/100g·BW），连续注射 2d，并继续给予模型饲料饲喂、充足饮水。

造模组动物注射 3d 后测定随机血糖，一周后测空腹血糖（FBG），以随机血糖>11.0mmol/L、

FBG>8.5mmol/L 为 2 型糖尿病成模标准，即可结束实验。

（4）实验结束时，各组动物禁食 5h，称取体重，采血制备血清或血浆。测定大鼠肝/体重、双肾/体重及心/体重比值；检测空腹血糖、血清胰岛素及胆固醇、甘油三酯水平；测定糖耐量。

（5）整个实验期内，每周测定检查大鼠体重、观察精神状态、形态、毛色、饮食饮水量、尿量。注射 STZ 后，动物排尿增加，需及时更换垫料，保持笼盒内干燥、清洁。

（三）指标测定

1. 空腹血糖、糖耐量测定

各组动物禁食 5h，采用微量血糖仪测定空腹血糖，即给葡萄糖前（0h）血糖值；剂量组给予不同浓度受试样品，模型对照组给予同体积溶剂，空白对照组不做处理，15~20min 后各组经口给予葡萄糖 2.5g/kg·BW，测定给葡萄糖后各组 0.5h、2h 的血糖值，若模型对照组 0.5h 血糖值≥10mmol/L，或模型对照组 0.5h、2h 任一时间点血糖升高或血糖曲线下面积增大，与空白对照组比较，差异有显著性，判定糖代谢紊乱模型成立。在此基础上，观察模型对照组与受试样品组空腹血糖、给葡萄糖后（0.5h、2h）血糖及 0h、0.5h、2h 血糖曲线下面积的变化。

血糖下降率及血糖曲线下面积分别按式（4-6）和式（4-7）计算：

$$血糖下降率(\%) = \frac{实验前血糖值 - 实验后血糖值}{实验前血糖值} \times 100 \tag{4-6}$$

$$血糖曲线下面积 = \frac{(0h\ 血糖 + 0.5h\ 血糖) \times 0.5}{2} + \frac{(2h\ 血糖 + 0.5h\ 血糖) \times 1.5}{2} \tag{4-7}$$

2. 血清胰岛素含量测定

各组动物禁食 5h，用大鼠胰岛素试剂盒检测血清胰岛素，模型对照组与空白对照组比较胰岛素抵抗指数无明显下降，且动物糖/脂代谢紊乱成立，判定胰岛素抵抗糖/脂代谢紊乱模型成功。观察模型对照组与受试样品组胰岛素抵抗情况。

胰岛素抵抗指数按式（4-8）计算：

$$胰岛素抵抗指数 = 胰岛素/22.5e^{-\ln 血糖} \approx (血糖 \times 胰岛素)/22.5 \tag{4-8}$$

3. 血清胆固醇、甘油三酯含量测定

各组动物禁食 3~4h，用试剂盒检测血清胆固醇、甘油三酯，如果模型对照组血清胆固醇或甘油三酯明显升高，与空白对照组比较差异显著，判定脂代谢紊乱模型成立。

五、数据处理与结果判定

（一）数据处理

通常采用方差分析，先对数据进行方差齐性检验，若方差齐，可计算 F 值。当 $F<0.05$，则各组均数间差异无显著性；若 $F \geqslant 0.05$，$P \leqslant 0.05$，进一步用多个实验组和一个对照组间均数的两两比较方法进行统计；对非正态或方差不齐的数据进行适当的变量转换，待满足正态或方差齐性要求后，用转换后的数据进行统计；若变量转换后仍未达到正态或方差齐的目的，改用秩和检验进行统计。

（二）结果判定

（1）空腹血糖指标　在模型成立前提下，受试样品剂量组与模型对照比较，空腹血糖下降或血糖下降百分率升高有统计学意义，判定该受试样品空腹血糖指标结果阳性。

（2）糖耐量指标　在模型成立的前提下，受试样品剂量组与模型对照比较，在给葡萄糖或医用淀粉后 0.5h、2h 任一时间点血糖下降（或血糖下降百分率升高）有统计学意义，或 0h、

0.5h、2h 血糖曲线下面积降低有统计学意义，判定该受试样品糖耐量指标结果阳性。

（3）血脂指标 在模型成立的前提下，受试样品剂量组与模型对照比较，血清胆固醇或甘油三酯下降有统计学意义，可判定该受试样品降血脂指标阳性。

（4）空腹血糖和糖耐量两项指标中一项指标阳性，且对正常动物空腹血糖无影响，即可判定该受试样品辅助降血糖功能动物实验结果阳性。

（5）空腹血糖和糖耐量两项指标中一项指标阳性，且血脂（总胆固醇、甘油三酯）无明显升高，对正常动物空腹血糖无影响，即可判定该受试样品辅助降血糖功能动物实验结果阳性。

六、注意事项

（1）为了使实验动物糖代谢功能状态尽量保持一致且能准确地按体重计算受试样品的用量，试验前应更换垫料，避免动物摄入抛洒的饲料；同时，动物禁食（不禁水）条件、时间等均应一致。

（2）STZ 处理有助于成功造模，仅用高脂饲料（HFD）处理不一定会诱导 2 型糖尿病（T2D）症状，有时 5 周的 HFD 处理会引起体脂、肝脏脂肪、血浆 C 反应蛋白和甘油三酯水平升高，但空腹血糖仍维持正常水平。当进行 STZ 处理后，大鼠出现高血糖、低血清脂联素和血浆丙氨酸氨基转移酶活性升高症状。

STZ 剂量影响大鼠胰腺 β 细胞数量损伤程度，决定出现 1 型糖尿病（T1D）或 2 型糖尿病（T2D）。早期 T1D 和晚期 T2D 间存在相似性，但 HFD / STZ 大鼠模型先造成肥胖，随后出现 β 细胞衰竭，这种病理顺序有利于模仿 T2D 而非 T1D。

人的 T1D 患者 60%～80% 的功能性 β 细胞丢失，但 T2D 患者（5 年以内病史）β 细胞仅减少 24% 左右，15 年后降低达到 54% 左右。

（3）建立模拟 HFD/STZ 糖尿病大鼠模型的另一个重要因素是年龄。目前大部分 HFD/STZ 模型研究使用的动物多为幼龄大鼠（<6 个月），因此，这种模型可能更适于模拟年轻人的 T2D。幼龄和青年啮齿动物 β 细胞数量和恢复能力强于中老龄和老龄啮齿动物（年龄>1 岁）。因此选择合适年龄的动物和 STZ 剂量对造模也很重要。

七、思考题

1. 简述 1 型糖尿病和 2 型糖尿病在症状、发病机理的区别。

2. 白藜芦醇可能从哪些方面发挥降糖作用？

3. STZ 对胰腺 β 细胞有哪些影响？

八、延伸阅读

［1］Andrikopoulos S，Blair A R，Deluca N，et al. Evaluating the glucose tolerance test in mice［J］. American Journal of Physiology-Endocrinology and Metabolism，2008，295（6）：E1323-E1332.

［2］向雪松 . Ⅱ型糖尿病大鼠模型的建立及其在辅助降血糖功能评价中的应用［D］. 北京：中国疾病预防控制中心，2010.

［3］Whitmer R A，Karter A J，Yaffe K，et al. Hypoglycemic Episodes and Risk of Dementia in Older Patients With Type 2 Diabetes Mellitus［J］. Jama，2009，301（15）：1565-1570.

实验三十八　抗疲劳功能评价实验

一、目的与要求

1. 了解疲劳产生的原因，认识营养素与功能因子的抗疲劳调节作用。

2. 通过小鼠负重游泳实验测试小鼠抗疲劳能力。

二、背景与原理

（一）背景

疲劳是机体对过度机能衰竭的威胁而产生的一种保护性反应。疲劳感是源于组织损伤与能量不足以及神经系统功能紊乱的一种主观不适感觉。体力疲劳表现为机体运动系统的作功能力下降，动作与运动表现失去正常水准，不能维持预定的运动强度；脑力疲劳表现为意志和行为的负面变化。长期疲劳得不到及时消除，会出现慢性疲劳综合征（CFS）危害健康。疲劳的恢复及恢复期的长短与劳累的程度、食物营养供给以及功能性成分的调节作用相关。评价食物营养与功能成分对消除疲劳、提高抗疲劳和（或）运动能力有帮助，是功能食品研究和开发的重要内容。

（二）原理

实验动物抗疲劳的能力可以通过负重游泳及力竭游泳能力以及机体器官、组织各项指标的变化来评价。运动造成组织供养不足，使糖的无氧代谢提高，肌肉中乳酸堆积；氨基酸生糖的代谢产物——血氨升高，当运动强度增大时血尿素氮提高。运动中肌肉线粒体 ATP 生成过程中伴随着内源性氧自由基生成，当其超出抗氧化防御系统的清除能力时，其可引起的膜结构的损伤、离子转运、酶的活性改变，使膜通透性增加，激活细胞膜磷脂酶和中性蛋白水解酶，导致组织与线粒体损伤，进一步抑制氧化磷酸化过程，减少 ATP 生成，导致运动能力急剧下降。此外，力竭性运动或长期压力也可导致中枢兴奋性、抑制性神经递质浓度改变，产生中枢神经疲劳、运动神经元兴奋性、神经肌肉末触间传达衰减。

常用的抗运动疲劳实验动物模型包括：力竭或定时游泳实验、转棒实验、跳台实验、跑台实验、鼠尾悬挂实验，耐缺氧存活实验和肌肉收缩能力测定。常用的抗脑力疲劳实验模型包括：Morris 水迷宫实验、小鼠睡眠剥夺模型和避暗箱法。

三、仪器与材料

（一）仪器与器材

（1）全自动生化仪或可见光分光光度计；

（2）恒温游泳箱（小鼠规格为 50cm×50cm×50cm，水深>35cm）；

（3）电子天平（1000g±0.1g，200g±0.0001g）；

（4）离心机（3000r/min）；

（5）组织匀浆器；

（6）移液器（1000μL，200μL）及吸头；

（7）铅皮、计时器；

（8）解剖、采血器械　注射器（1mL，5mL）及灌胃针、酒精棉球、干棉球。塑料离心管（1.5mL）、眼科剪、手术刀、弯头小镊、烧杯、量筒、培养皿、吸管、滴管、滤纸、纱布，一次性手套、口罩。

（二）实验材料

1. 实验动物

6 周龄小鼠（推荐使用雄性）60 只，体重 20~24g。

2. 受试物与试剂

白藜芦醇（纯度 99%，相对分子质量 228.2），用 0.5% 的羧甲基纤维素配制成 1 mg/mL 悬浮溶液，置于 4℃ 冰箱中避光保存。

1% 肝素生理盐水溶液，用于血浆制备。

3. 指标检测

抗疲劳研究常检测的生化指标包括：血糖、血清（或血浆）尿素氮，乳酸，磷酸肌酸激酶，乳酸脱氢酶活力，肝糖元和机体氧化还原状态指标等。

血浆尿素氮、乳酸含量测定参见实验二十三、实验三十；肝糖原、乳酸脱氢酶活力（LDH）和磷酸肌酸激酶（CK）活力，参照检测试剂盒说明书操作。

选测生化指标包括：CK/CK-MB，肌糖原，肌乳酸含量，总抗氧化能力；丙二醛含量；GSH/GSSG。

四、实验步骤

（一）剂量分组及受试样品给予时间

（1）实验分为阴性对照组，白藜芦醇三个剂量组，以人体推荐量 5 倍为白藜芦醇中剂量组，另设高、低二个剂量组。必要时设阳性对照组。

（2）白藜芦醇低、中、高剂量组以 5、10、15mg/kg·BW 剂量灌胃 0.01mL/g 体重，阴性对照组用等体积的 0.5% 羧甲基纤维素溶液灌胃。受试样品给予时间 30d。实验结束时，进行力竭游泳或定时游泳实验（可选做）。

（3）进行游泳实验前一周，每只小鼠应每天进行游泳适应训练 10~20min（逐天加长，后期尾部负重 5%），确定适宜的水温，表现正常的小鼠可以进行下列疲劳试验。

正式实验前，各组小鼠采血、制备血浆，测定乳酸、尿素氮、血糖等基础值。

（二）力竭游泳实验

末次给受试样品 30min 后，将小鼠尾根部负荷 5% 体重铅皮，置于游泳箱中游泳。水深 ≥ 35cm，水温 24~29℃，记录小鼠从游泳开始至力竭的时间。

力竭判断标准：小鼠头部沉入水下 7s 不能自行浮出，四肢运动不协调，置于台面不能做翻转动作，可判断为力竭。

力竭后动物立即取血，制备血清（或血浆），取肝脏、股四头肌组织制备匀浆（冰浴），测定生化指标。

（三）定时游泳实验

末次灌胃 30min 后，置于水温 24~29℃ 游泳箱中负重 5% 体重铅皮游泳 40min，取出小鼠，立即眼眶后静脉丛采血 50~100μL（测定血乳酸），眼球压迫止血；休息 30min 后，摘眼球采血 0.5mL，制备血浆，分装于 -20℃ 冰箱待测。测定血浆乳酸、血浆尿素氮含量、血浆肌酐、乳酸脱氢酶活力和磷酸肌酸激酶活力。

取肝脏、股四头肌分别用生理盐水制作 10% 匀浆，测定鼠肝糖原，肌糖原，肌乳酸含量。

（四）数据处理及结果判定

数据采用方差分析，按方差分析的程序，先进行方差齐性检验，方差齐，计算 F 值，$F <$ 0.05，则各组均数间差异无显著性；若 $F \geq 0.05$，$P \leq 0.05$，则进一步用多个实验组和一个对照组间均数进行两两比较显著性的统计；对非正态或方差不齐的数据进行适当的变量转换，待满足正态或方差齐要求后，用转换后的数据进行统计；若变量转换后仍未达到正态或方差齐的目的，改用秩和检验进行统计。

负重游泳实验结果阳性，且血乳酸、血清尿素氮、肝糖原 3 项生化指标中任 2 项指标阳性，可判定该受试样品具有缓解体力疲劳的功能。

五、注意事项

（1）选用 6 周龄以上雄性小鼠，由于不同批的动物因饲养环境、季节等因素不同，体质存在差异，因此，受试样品组和对照组动物应遗传背景、年龄一致，体重相近，应采用同一批动物同时进行实验。

（2）每一游泳箱一次放入动物不宜太多，每只小鼠占用的水面积大多在 $150cm^2$ 以上，避免互相挤靠，影响实验结果。

（3）水温对小鼠的游泳时间有明显的影响，因此，实验前应根据环境和小鼠体质确定动物实验的适宜水温。实验期间各组动物游泳的水温应控制一致，以 $24 \sim 29℃$ 恒温为宜。温度过低可能引起实验动物痉挛，而温度高动物可能在水中漂浮而不运动，影响实验结果。

（4）铅皮缠绕松紧应适宜。

（5）观察者应在整个实验过程中使每只实验动物四肢保持运动。如果实验动物漂浮在水面四肢不动，可用木棒在其附近搅动，促其游动。同时，适时清除水中杂质，以避免影响实验结果。

若将计算机视频采集技术和图像分析技术应用于小鼠游泳耐力实验中，可获取小鼠游泳时长、路径长度，力竭时间、首次下沉时间、下沉总时间、首次连续下沉时间等多个耐力评价指标，客观分析小鼠耐力。

（6）受试功能成分可选择植物或动物源肽类，花青素类，多酚类，多糖类，功能性氨基酸如牛磺酸等。

六、思考题

1. 抗疲劳的功能成分可能从哪些方面发挥作用？
2. 简述运动疲劳时血中尿素含量变化的原因。
3. 请解释测定小鼠血乳酸基础值、游泳后及休息 30min 后血乳酸含量的生理意义。

七、延伸阅读

［1］ Xianchu L，Ming L，Xiangbin L，Lan Z. Grape seed proanthocyanidin extract supplementation affects exhaustive exercise-induced fatigue in mice［J］. Food Nutr Res，2018，6；62-72.

［2］龚梦娟，王立为，刘新民. 大小鼠游泳实验方法的研究概况［J］. 中国比较医学杂志，2005，Vol15（5）：311-314.

［3］柯杰兵. 牛磺酸代谢及其抗疲劳机理［J］. 解放军体育学院学报. 1999，18（3）：43-47.

［4］Xia F, Zhong Y, Li M, Chang Q, Liao Y, Liu X, Pan R. Antioxidant and anti-fatigue constituents of Okra ［J］. Nutrients, 2015, 26; 7（10）: 8846-8858.

［5］刘艳. 白藜芦醇对耐力训练小鼠抗氧化抗运动性疲劳和免疫功能的影响 ［D］. 湖北大学学报, 2007.

实验三十九 植物化合物辅助降血脂功能实验

一、目的与要求

1. 了解功能因子对高脂血症发生、干预的调节作用机理。

2. 掌握辅助降血脂功能检验与评价的方法。

3. 熟悉动物实验的操作技术与要求。

二、背景与原理

（一）背景

随着人们生活水平的提高，动物性食品与油脂摄入量不断增加，而水果蔬菜及伴随其相应的植物化合物摄入逐渐减少，加之生活节奏加快与工作压力增加，导致能量及物质代谢的异常，血脂升高。高脂血症是引起动脉粥样硬化、冠心病、胰腺炎等一些严重危害人体健康疾病的重要原因。认识食品中适宜剂量活性物质的辅助降血脂作用，有助于健康食品的生产和良好的饮食习惯的建立。

（二）原理

动物长期饲用高油脂、胆固醇、蔗糖、胆酸钠的饲粮，可导致脂代谢紊乱、形成脂质代谢紊乱的动物模型；给予动物不同剂量与类型的功能因子，能够通过加速脂类、胆固醇的代谢与利用或抑制其吸收、增加排泄的机制而影响血脂与胆固醇水平，检测受试样动物脂质的吸收、转运的脂蛋白水平以及肠道排泄状况，分析组织脂质合成与分解代谢相关酶与基因的变化，可以判定受试样品的降血脂功效。

三、仪器与材料

（一）仪器与器材

（1）可见光分光光度计或自动生化分析仪；

（2）电子天平（1000g±0.1g、200g±0.0001g）；

（3）离心机（3000r/min）；

（4）组织匀浆器；

（5）独立通气（IVC）动物饲养笼盒、垫料；

（6）饲料混合机；

（7）饲料制粒机；

（8）小动物麻醉机；

（9）移液器（1000μL、200μL）及吸头；

（10）解剖、采血器械 注射器（1mL、5mL）及灌胃针、酒精棉球、干棉球。塑料离心管（1.5mL）、眼科剪、手术刀、弯头小镊、烧杯、量筒、培养皿、吸管、滴管、滤纸、纱布。

（二）实验材料

（1）健康成年雄性大鼠（推荐 Sprague-Dawley 成年大鼠或 Wistar 成年大鼠），起始体重

（200±20）g，每组 10~12 只。

（2）对照组、模型组饲料配方（表 4-15）。

（3）白藜芦醇（纯度 99%，相对分子质量 228.2），用 0.5% 的羧甲基纤维素配制成 1mg/mL 悬浮溶液，置于 4℃ 冰箱中避光保存。

（4）指标检测试剂　血清总胆固醇（TC）、甘油三酯（TG）、低密度脂蛋白胆固醇（LDL-C），高密度脂蛋白胆固醇（HDL-C）测定试剂（参见实验十六、实验十七、实验十八、实验十九）。

总抗氧化能力（T-AOC），丙二醛（MDA）测定试剂（参见实验二十一、实验二十二）。

四、实验步骤

（一）剂量分组及受试样品给予时间

1. 实验分组

空白对照组，高脂模型对照组，高脂模型+白藜芦醇（高、中、低剂量组）。以人体推荐量的 5 倍为中剂量组，另设高、低两个剂量组，必要时设阳性对照组。

2. 动物实验方法

（1）于屏障系统下饲喂大鼠维持饲料观察 5~7d。

（2）按体重随机分成 2 组，10~12 只大鼠给予维持饲料作为空白对照组，40~50 只给予模型饲料作为高脂模型对照组。每周称量体重 1 次。

1~2 周后大鼠不禁食采血（眼内眦或尾部），分离血清，测定血清总胆固醇（TC）、甘油三酯（TG）、低密度脂蛋白胆固醇（LDL-C）、高密度脂蛋白胆固醇（HDL-C）水平。

（3）根据血脂水平，将饲喂模型饲料的成模动物分为 4 组（每组 8~12 只），继续饲喂高脂饲粮，其中三组每天分别用 30、40、60mg/kg·BW 剂量的白藜芦醇悬浮液灌胃；高脂模型对照组灌胃等体积的 0.5% 羧甲基纤维素溶液。空白对照组饲喂正常饲料。实验期为 30d，必要时可延长至 45d。

（二）测定指标

定期称量各组动物体重，于实验结束时禁食 8~10h（不禁水）采血，采血后尽快分离血清，测定血清 TC、TG、LDL-C、HDL-C 水平（测定方法参见实验十六、实验十七、实验十八、实验十九）。

选做：总抗氧化能力（T-AOC）、丙二醛（MDA）测定（参见实验二十一、二十二）。

五、数据处理与结果判定

（一）数据处理

计算各组测定指标的平均数、标准差。采用方差分析，需按程序先对数据进行方差齐性检验，若方差齐，可计算 F。当 $F<0.05$，各组均数间差异无显著性；若 $F\geq0.05$，$P\leq0.05$，用多个实验组和一个对照组间均数两两比较方法进行统计。

（二）结果判定

（1）模型对照组和空白对照组比较，血清甘油三酯升高，血清总胆固醇或低密度脂蛋白胆固醇升高，差异均有显著性，判定模型成立。

（2）辅助降血脂效果评价标准　如果 TC 降低>10%；TG 降低>15%；HDL-C 上升>0.104mmol/L。可判定白藜芦醇具有辅助降血脂效果，或按以下标准判定降血脂效应类型。

与模型对照组比较，任一剂量组血清总胆固醇或低密度脂蛋白胆固醇降低，且任一剂量组血清甘油三酯降低，差异均有显著性，同时各剂量组血清高密度脂蛋白胆固醇显著高于模型对照组，可判定该受试样品辅助降低血脂功能动物实验结果阳性。

辅助降低胆固醇功能判定：与模型对照组比较，任一剂量组血清总胆固醇或低密度脂蛋白胆固醇降低，差异有显著性，同时各剂量组血清甘油三酯不显著高于模型对照组，各剂量组血清高密度脂蛋白胆固醇显著高于模型对照组，可判定该受试样品辅助降低胆固醇功能动物实验结果阳性。

辅助降低甘油三酯功能判定：各剂量组与模型对照组比较，任一剂量组血清甘油三酯降低，差异有显著性，同时各剂量组血清总胆固醇及低密度脂蛋白胆固醇不显著高于模型对照组，血清高密度脂蛋白胆固醇显著高于模型对照组，可判定该受试样品辅助降低甘油三酯功能动物实验结果阳性。

六、注意事项

（1）在建立动物模型时，因动物品系、饲料、饲养管理差异，可能导致模型成立时间长短略有不同，应根据动物体重状况适当调整。

（2）饲料的营养成分，除了粗脂肪外，模型饲料的水分、粗蛋白、粗脂肪、粗纤维、粗灰分、钙、磷、钙磷比均要达到维持饲料的国家标准。主要指标如粗蛋白、粗脂肪、水分、粗纤维等应进行实测。

七、思考题

1. 动物实验中，对受试样品为什么需要设置不同剂量组？
2. 试分析饮食结构与高血脂形成的关系，如何防治高脂血症？

八、延伸阅读

［1］Langella C，Naviglio D，Marino M，Gallo M. Study of the effects of a diet supplemented with active components on lipid and glycemic profiles ［J］. Nutrition，2015 Jan；31（1）：180-6.

［2］Chen G，Wang H，Zhang X，Yang ST. Nutraceuticals and functional foods in the management of hyperlipidemia ［J］. Crit Rev Food Sci Nutr，2014；54（9）：1180-201.

［3］Liu Z，Lai W Q，Liu D Y，et al. Study of the auxiliary hypolipidemic function of monascus pigment compound capsules in rats ［J］. Journal of Food Safety & Quality，2013：819-822.

实验四十 加工猪肉蛋白氧化及其对小鼠代谢影响实验

一、目的与要求

1. 认识食物加工对蛋白质营养价值的影响及其与健康的关系。
2. 学习蛋白质氨基酸氧化产物双酪氨酸检测方法。

二、背景与原理

（一）背景

肉类、乳、大豆等食物蛋白在加工过程中受到物理、化学、生物因素作用，使蛋白质发生氧化，引起蛋白质中敏感氨基酸侧链的修饰、多肽链的断裂、分子间交联、聚合等反应，导致蛋白质的理化性质、可消化与营养等特性发生改变。研究证实过多摄食红肉，特别是加工的红肉，其蛋白质、脂肪等氧化与代谢综合征、糖尿病、心血管疾病发生和发展存在密切相关。研究食品加工中蛋白质氧化与健康的关系是食品加工与营养研究新的领域。

（二）原理

加工过程中肉类蛋白质的氧化可由其活性氮、氧自由基直接引发蛋白质分子氧化，也可间接通过加工过程相伴产生的脂质过氧化及糖氧化来对蛋白质中氨基酸侧链进行修饰。蛋白质氧化不仅改变蛋白质结构和功能，也使蛋白的消化产物肽提供还原力降低；蛋白质中含硫氨基酸如甲硫氨酸、半胱氨酸巯基氧化形成二硫键，导致游离巯基含量下降；赖氨酸（Lys）等氧化修饰形成羰基化合物，羰基含量增加也是氧化蛋白质中最显著的特征之一。酪氨酸（Tyr）在受到·OH 的修饰后，可生成稳定的共价结合的双酪氨酸（Dityrosine，DT），DT 能够被肠道吸收进入循环与组织器官，可能竞争性地与结构相近的甲状腺素、多巴胺、雌激素受体结合，影响神经、内分泌功能，抑制能量代谢、糖脂代谢功能。

研究摄入不同氧化程度蛋白对小鼠机体氧化还原状态，血糖、血脂、炎症反应及肠道菌群的变化，可以认识加工过程中蛋白质氧化对健康的潜在影响。

三、仪器与材料

（一）仪器

（1）紫外可见分光光度计，酶标仪或生化分析仪；

（2）家用真空包装封口机；

（3）微量血糖仪及配套试纸；

（4）匀浆机；

（5）绞肉机；

（6）恒温水浴锅；

（7）高压锅；

（8）低温高速离心机（5000r/min）；

（9）混旋器。

（二）材料与试剂

1. 材料

新鲜猪腿瘦肉，或大豆分离蛋白（含蛋白90%）。

2. 试剂

盐酸（HCl），氯化钠（NaOH），乙二胺四乙酸二钠（EDTA-Na$_2$），2，4-二硝基苯肼（DNPH），三氯乙酸（TCA），氯化铁，过氧化氢（H$_2$O$_2$），盐酸胍，抗坏血酸，无水乙醇，乙酸乙酯，叠氮化钠（NaN$_3$）为分析纯。

胃蛋白酶，胰蛋白酶或胰酶为试剂级。

3. 试剂配制

（1）10mmol/L 2，4-二硝基苯肼（DNPH）　99mg 2，4-二硝基苯肼用 50mL 2mol/L HCl溶解，4℃避光保存。

（2）2mol/L HCl。

（3）200g/L 三氯乙酸（TCA）。

（4）6mol/L 盐酸胍。

（5）无水乙醇-乙酸乙酯混合应用液　将无水乙醇和乙酸乙酯按照体积比 1:1 配制成混合溶液，现用现配。

（6）模拟胃消化液　0.1g 胃蛋白酶溶于 1L 0.1mol/L 盐酸，pH 1.5。

（7）模拟小肠消化液　0.533g 胰酶溶于 1L pH 8.0 的磷酸盐缓冲液中，加入 0.005mol/L NaN$_3$。

（8）PBS 溶液　称取 8g NaCl、0.2g KCl、1.44g Na$_2$HPO$_4$ 和 0.24g K$_2$HPO$_4$，溶于 800mL 蒸馏水中，调节 pH 8.0，定容至 1L。

四、实验设计与分组

选择蛋白质氧化程度较低的真空低温蒸煮加工猪肉作为制备低蛋白质氧化猪肉（以下简称低氧化猪肉），与高温高压条件下处理的猪肉对比。

实验分组：新鲜猪肉原样、真空低温蒸煮、高温高压蒸煮处理的猪肉样品组；

分别进行体外、体内试验，测定加热方式对猪肉蛋白质氧化的影响。

（一）体外试验

（1）三种处理后肉糜用 PBS 溶液制备 10% 匀浆，测定各样品水分、粗蛋白质、粗脂肪含量。

（2）测定各处理样品的总抗氧化能力、MDA 含量；羰基、游离巯基、双酪氨酸含量（单位含量/mg 蛋白）。

（3）体外模拟消化率　测定上述样品体外氮消化率。

测定消化产物的双酪氨酸含量、清除 DPPH、羟自由基自由基能力。

（二）猪肉蛋白氧化对小鼠组织氧化还原状态的影响

分别用真空低温蒸煮、高温高压蒸煮处理的猪肉样品和大豆蛋白作为蛋白来源，配制高脂饲粮（各组饲料脂肪含量一致，脂肪供能比占 45%），其中大豆蛋白日粮为对照组。

分别饲喂小鼠 8 周，然后测定各组动物血糖，以及血浆、肝脏或肾脏、心脏组织的生化指标（可根据条件和需要选做），包括如下几项。

（1）空腹血糖，血脂（总胆固醇、甘油三酯、低密度脂蛋白、高密度脂蛋白）。

（2）血浆及组织中双酪氨酸、晚期氧化蛋白（AOPP）、羰基化终末产物（AGEs）、MDA含量及总抗氧化能力。

（三）动物饲养管理

健康小鼠饲养于屏障动物房，用普通维持饲粮适应饲养 3~5d，监测体重变化和精神状态；饲养环境恒温（22±2）℃，湿度 60%，每天 12h 昼夜循环光照。小鼠可自由采食和饮水。动物正常后，转入正式实验。

将小鼠随机按体重均分为 3 组，每组 10 只，每笼 5 只，分别为：①对照组（CON）饲喂含正常大豆蛋白的饲料；②低氧化组（LO）饲喂含低氧化猪肉的饲料；③高氧化组（HO）饲喂含高氧化猪肉的饲料。

分组后进行日粮转换，在原日粮基础上，将试验组饲料按比例逐天增加，3~5d 替换完全。测定小鼠体重，进入正式试验。

实验期间，每周测定体重、采食量，定期更换垫料。观察精神状态、形态、毛色、饮食饮水、排尿情况。饲喂 8~10 周结束实验。

（四）血液及组织样品制备

（1）实验结束前一天，各组动物禁食 4~6h（不断水），称取体重，尾端取血，测空腹血糖；

实验结束，动物禁食 8~10h 后，动物麻醉、采血制备血浆、−20℃冻存；并在冰浴条件下，快速取出肝、心、肾、骨骼肌、睾周脂、腹膜下脂，称重、并计算各组织与体重比值。

（2）各组动物留样的组织，制备 10% PBS 匀浆液，−20℃冻存，用于测定各类指标。

（3）测定血脂含量。

（五）指标测定

（1）空腹血糖。

（2）血脂含量参见实验十六、实验十七、实验十八、实验十九。

（3）血浆、组织总抗氧化能力及 MDA 含量参见实验二十一、实验二十二。

（4）血浆、组织双酪氨酸、晚期氧化蛋白（AOPP）、羰基化终末产物（AGEs）用 ELISA 试剂盒（小鼠用）、按照说明书测定。

五、实验方法

1. 猪肉样品的处理制备

选择新鲜猪腿部瘦肉，去除白色脂肪组织，切块，放入料理机中搅切成肉糜，装入封口容器袋中。分别进行真空低温和高温高压处理：

（1）真空低温蒸煮（Sous Vide Cooking，SVC）制备低氧化肉　肉糜装入真空包装袋中，真空包装封口机上减压密封，置 70℃水浴中加热 7h 熟化，然后冻干或−20℃冻存，留样用于分析（体外实验），或用于动物实验饲粮配制（参见下文饲粮配制）。

（2）高温高压蒸煮　肉糜装袋于 121℃（0.3MPa）高压蒸煮 1h 取出，冻干或−20℃冻存，留样分析用于分析（体外实验），或用于实验饲粮配制（参见下文饲粮配制）。

2. 体外实验及指标测定

（1）游离巯基、羰基、总抗氧化能力、MDA 含量测定（参见实验七、实验八、实验二十一、实验二十二）

（2）双酪氨酸采用 ELISA 检测试剂盒（猪源）测定

（3）猪肉蛋白质体外模拟消化率的测定　准确称取 0.5g±0.001g 肉糜、在 5mL 玻璃匀浆器，加入 2mL 模拟胃液匀浆后，转入 100mL 三角烧瓶中，添加 13mL 模拟胃液混匀，在恒温振荡水浴锅中 37℃水浴 3h 进行消化。

用 0.2mol/L 的 NaOH 将消化液 pH 调整到 8.0。在反应体系中加入 7.5 mL 模拟肠液，继续在恒温振荡器中 37℃消化 18h。反应完成后向反应体系中加入 10mL 的 20% TCA 溶液，离心沉淀未消化的大分子蛋白，沉淀测定粗蛋白含量（参见实验六，凯氏定氮法），计算体外氮消化率、消化上清液用于测定指标。

体外消化率按式（4-9）计算：

$$消化率 = \frac{P_0 - P_1}{P_0} \times 100\% \tag{4-9}$$

式中　P_0——样品中蛋白质含量，g/100g；

　　　P_1——模拟消化液消化后剩余蛋白质含量，g/100g。

3. 动物实验及饲粮配制

（1）实验动物及分组　成年健康雄性 C57/6 小鼠 30 只体重 18~22g；分三组：大豆蛋白（对照组）、真空低温蒸煮（低氧化组）、高温高压蒸煮处理的猪肉（高氧化组）。

（2）饲粮配制　以大豆蛋白、真空低温蒸煮、高温高压蒸煮处理的猪肉为蛋白源，配制小鼠高脂饲粮（各组饲料脂肪含量一致，脂肪供能比占 45%），饲料养分参照 AIN93 小鼠营养需要配制（除饲料脂肪含量外）。饲粮配制参照表 4-9。

表 4-9　　　　　　　　　　　　饲料配方　　　　　　　　　　　　单位：g/kg

成分	对照（CON）	低氧化蛋白组（LO）	高氧化蛋白组（HO）
大豆分离蛋白	198.86	0.00	0.00
低氧化猪肉（DM）	0.00	296.11	0.00
高氧化猪肉（DM）	0.00	0.00	276.67
玉米淀粉	607.40	607.40	607.40
氨基酸混合物①	21.02	7.72	7.72
麦芽糊精	50.00	50.00	50.00
蔗糖	1.00	1.00	1.00
猪油	160.00	98.00	102.00
纤维素	50.00	50.00	50.00
羧甲基纤维素	10.00	10.00	10.00
碳酸钙	13.00	13.00	13.00
磷酸氢钙	10.00	10.00	10.00
氯化钠	2.00	2.00	2.00
柠檬酸钾	10.00	10.00	10.00
氯化胆碱	3.00	3.00	3.00
矿物质混合物②	0.60	0.60	0.60
维生素混合物③	0.20	0.20	0.20

注：①为氨基酸混合物：CON 组：组氨酸 2.62g，异亮氨酸 0.91g，亮氨酸 1.67g，赖氨酸 6.37g，蛋氨酸 2.70g，苏氨酸 3.48g，色氨酸 0.27g，谷氨酸 0.33g，甘氨酸 2.67g；LO 和 HO 组：精氨酸 0.65g，苯丙氨酸 1.17g，缬氨酸 0.94g，谷氨酸 4.96g；

②为矿物质混合，采用 AIN-76A 配方，成分及含量（g/kg）：磷酸钙 500g，氧化镁 24g，柠檬酸钾 220g，硫酸钾 52g，氯化钠 74g，十二水硫酸铬钾 0.55g，碳酸铜 0.3g，碘酸钾 0.01g，柠檬酸铁 6g，碳酸锰 3.5g，亚硒酸钠 0.01g，碳酸锌 1.6g，蔗糖 118.03g；

③为维生素混合，采用 AIN-76A 配方，成分及含量（g/kg）：维生素 B_1 0.6g，维生素 B_2 0.6g，维生素 B_6 0.7g，烟酸 3g，泛酸钙 1.6g，叶酸 0.2g，生物素（1%）2g，维生素 B_{12}（0.1%）1g，维生素 K_3 0.08g，维生素 A 0.8g，维生素 E 10g，维生素 D_3 1g，加蔗糖至 1kg。

六、数据处理与分析

（一）数据处理

采用方差分析。先对数据进行方差齐性检验，若方差齐，可计算 F 值。

当 $F<0.05$，各组均数间差异无显著性；若 $F \geq 0.05$，$P \leq 0.05$，用多个实验组和一个对照组间均数的两两比较方法进行统计。

对非正态或方差不齐的数据进行适当的变量转换，待满足正态或方差齐要求后，用转换后的数据进行统计；若变量转换后仍未达到正态或方差齐的目的，改用秩和检验进行统计。

（二）结果分析

1. 猪肉不同加工处理后体外蛋白消化率及抗氧化能力

（1）不同加工处理后羰基、游离巯基、总抗氧化能力、MDA 含量。

（2）不同加工处理后体外蛋白消化率。

（3）不同加工处理肉体外消化产物清除 DPPH、羟自由基能力。

（4）不同加工处理肉体外消化后双酪氨酸含量变化。

2. 不同猪肉加工处理对实验动物的影响（可根据条件和需要选做）

（1）各组体重、脏器指数及血脂含量差异。

（2）参照实验三十九判定血脂状况，分析不同猪肉加工处理对小鼠血脂影响。

（3）对比各组空腹血糖值变化，参照实验三十七判定血糖状况，分析不同猪肉加工处理对小鼠血糖影响。

（4）分析不同猪肉加工处理小鼠血浆、组织总抗氧化能力，丙二醛含量差异。

（5）不同猪肉加工处理小鼠血浆、组织双酪氨酸、晚期氧化蛋白（AOPP）、羰基化终末产物（AGEs）含量差异。

（6）不同猪肉加工处理后羰基、DT 含量，巯基含量与血液或组织 AOPP、AGEs 相关性。

七、注意事项

（1）体外消化率测定后，上清液检测不同处理猪肉水解物的抗氧化性能和氧化产物含量，均以单位蛋白含量表示。

（2）动物实验的高脂饲粮配制前，应检测高、低氧化肉的脂肪含量，在配制饲料添加猪油时，扣除肉中的脂肪部分，以保证各组饲料中脂肪含量一致。

八、思考题

1. 加工、储存过程中防止蛋白质氧化可以采取哪些措施？

2. 解释氧化蛋白中 DT 可能从哪些方面影响糖、脂代谢？

3. 组织中 AOPP、AGEs 含量的生物学意义。

九、延伸阅读

［1］贡慧，史智佳，陈文华，等. 关于几种蛋白氧化后羰基含量的对比研究［J］. 化学试剂，2014，36（11）：1014-1016.

［2］Davies K J，Lin S W，Pacifici R E. Protein damage and degradation by oxygen radicals. IV. Degradation of denatured protein［J］. Journal of Biological Chemistry，1987，262（20）：

9902-9907.

　　[3] Akeson W R, Stahmann M A. A pepsin pancreatin digest indexof protein quality evaluation [J]. The Journal of Nutrition, 1964, 83 (3): 257-261

　　[4] Wolk A (Institute of Environmental Medicine, Karolinska Institutet, Stockholm, Sweden). Potential health hazards of eating red meat (Review) [J]. J Intern Med, 2017, 281: 106-122.

实验四十一　低聚果糖对肠道菌群结构的影响

一、目的与要求

1. 掌握研究肠道菌群的实验设计原则，了解研究肠道菌群构成的常见方法。

2. 掌握肠道菌群样本的采集、保存基本方法及原则。

3. 学习掌握分子生物学法分析肠道菌群多样性的方法。

4. 学习评价低聚果糖对肠道菌群结构的影响。

二、背景与原理

（一）背景

消化道存在数量庞大、种类繁杂而对人与动物的健康有重要影响的微生物菌群。正常状态下，肠道菌群处于共生状态，协同、互作，代谢未消化的食物成分，为彼此和宿主提供营养物质，同时，它们与宿主保持着物质、能量和信息交流，抵抗外源致病菌和内源条件致病菌，是肠道屏障的第一道防线。饮食因素与生活方式可影响肠道菌群结构。肠道菌群的紊乱及多样性缺失与肠道功能、肥胖、糖尿病、心血管以及神经系统疾病密切相关。平衡与多样化的肠道菌群能够促进宿主的物质、能量代谢，维持机体消化、血液循环、免疫以及神经系统的正常功能。认识食物营养与功能成分对肠道微生物菌群的作用以及菌群与宿主健康的关系，是食品营养研究的一项重要内容。

（二）原理

膳食的营养结构与功能成分是影响肠道菌群结构的重要因素。通过饲喂动物高能饲粮，同时给予功能成分如低聚果糖进行干预，考察受试功能成分对动物肠道菌群结构的影响及其变化，可为进一步研究肠道菌群与宿主健康的关系提供依据。人体肠道菌群主要由拟杆菌门（Bacteroidetes）、厚壁菌门（Firmicutes）、变形菌门（Proteobacteria）、放线菌门（Actinobacteria）、梭杆菌门（Fusobacteria）、疣微菌门（Verrucomicrobia）、蓝菌门（Cyanobacteria）、螺旋体门（Spirochaeates）、VadinBE97门和一种古菌史氏甲烷短杆菌（Methanobrevibacter Smithii）组成。前四种菌门在肠道菌群中占主要部分，且拟杆菌门和厚壁菌门占绝对优势。肠道菌群含有的菌属有百余种，其中以厌氧和兼性厌氧菌为主，需氧菌比较少，双歧杆菌属、乳杆菌属和真杆菌是典型的有益菌，类杆菌属是肠道的优势菌属。大肠杆菌可合成维生素，有利于维持健康，但也代谢产生氨、胺等有毒致癌物，是条件致病菌。肠球菌对治疗腹泻、便秘、消化不良等胃肠功能紊乱有积极作用，但也产生一些有害物质，是正常菌群中的条件致病菌。产气荚膜梭菌可代谢蛋白产生氨、胺、亚硝胺、苯酚、吲哚、糖苷配基和次级胆汁酸等肝毒素和致癌物，是有害菌群。此外韦荣氏球菌、葡萄球菌、变形杆菌、绿脓杆菌等也是肠道的有害细菌。目前，评价调节肠道菌群的功能性食品通常选择双歧杆菌、乳杆菌、大肠杆菌、肠球菌、产气荚膜梭菌和拟杆菌为代表，用传统培养法进行分析。

在微生态营养研究中，肠道微生态统计学分析也受到了重视。通过肠道菌群 DNA 序列测定，分析特定环境中微生物群体的构成情况或基因的组成，分析不同环境下微生物群落的构成差异，可以认识微生物与食物等环境因素或宿主以及功能之间的关系，寻找标志性菌群或特定功能的基因。

肠道菌群检测最常用的细菌分类生物标志物为 16S rRNA，广泛应用于微生物的系统进化、分类及多样性研究。16S rRNA 基因不同区域序列的可变性将其分为 9 个可变区和 10 个保守区（图 4-5）。

高通量测序技术通常选择能体现物种间差异的高可变区 V3 ~ V4 进行基因测序，以研究样品中微生物群落分类、丰度、多样性等特点。

末端荧光酶切谱（T-RFLP）分析或二代测序技术可对微生态多样性进行研究。肠道菌群多样性常用 α 多样性和 β 多样性衡量。α 多样性（样本内多样性）是指一个特定区域或者生态系统内的多样性，常用的度量指标有香农-威纳多样性指数（Shannon-Wiener Diversity Index）和辛普森多样性指数（Simpson Diversity Index）等标识。β 多样性分析（样品间差异分析）度量时空尺度上物种组成的变化，与许多生态学和进化生物学问题密切相关，常通过主成分分析（PCA）/主坐标分析（POCA）或偏最小二乘法判别分析（PLS-DA）研究。另外，为了比较特异菌的绝对定量，可用这些菌的特异性引物做荧光定量 PCR。

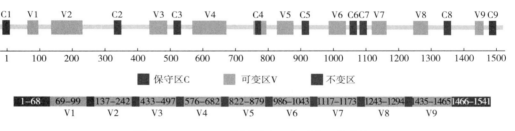

图 4-5　16S rRNA 基因保守区和可变区的分布

三、仪器与材料

（一）仪器与器材

（1）恒温生化培养箱；

（2）低温高速离心机（5000r/min）；

（3）高压灭菌锅；

（4）厌氧手套箱；

（5）凝胶成像系统；

（6）超净工作台；

（7）生物显微镜；

（8）恒温水浴锅；

（9）多功能组织均质器及均质管；

（10）OneDrop 微量紫外可见分光光度计；

（11）微量移液器（量程：1mL、100μL、10μL），注射器，灌胃针，培养皿，不锈钢眼科镊子、手术剪，1.5mL、2.0mL EP 离心管，1mL、0.2mL、10μL 吸头，均经高压灭菌处理。

（二）实验材料

1. 实验动物

近交系小鼠（18~22g）（如 C57BL/6、BALB/c 小鼠），单一性别，每组 10~12 只。

2. 饲料

小鼠饲料维持饲料可外购，也可自配，小鼠高脂模型饲料配制参照表 4-10。

表 4-10　　　　　　　　　　　　　　　实验饲料配方表[①]

原料	对照组/%	高脂模型组/%	原料	对照组/%	高脂模型组/%
猪油	4.00	15.00	蔗糖	0.10	5.00
玉米粉	46.90	16.00	麦芽糊精	0.00	5.00
麦麸	9.000	9.000	蛋黄粉	0.00	15.00
大豆粕	24.52	24.52	胆固醇	0.00	1.20
小麦粉	6.40	1.40	胆酸钠	0.00	0.20
赖氨酸	0.28	0.28	碳酸氢钙	0.60	0.60
蛋氨酸	0.20	0.20	[②]混合维生素	0.20	0.20
酪蛋白	5.00	5.00	[③]混合矿物质	1.00	1.00
			碳酸钙	0.40	0.40

注：①除粗脂肪外，营养成分含量达到小鼠维持饲料国家标准；

　　②维生素混合剂组成（mg/100g 日粮），采用 AIN-76A 配方：维生素 B_1 0.60g，维生素 B_2 0.60g，维生素 B_6 0.70g，烟酸 3.00g，泛酸钙 1.60g，叶酸 0.20g，1% 生物素 2.00g，0.1% 维生素 B_{12} 1.00g，维生素 K_3 0.08g，维生素 A 0.80g，维生素 E 10.0g，维生素 D_3 1.00g，加蔗糖至 1.00kg。

　　③矿物质预混剂组成（mg/100g 日粮），采用 AIN-76A 配方：磷酸钙 500.00g，氧化镁 24.00g，一水合柠檬酸钾 220.00g，硫酸钾 52.00g，氯化钠 74.00g，十二水合硫酸铬钾 0.55g，碳酸铜 0.30g，碘酸钾 0.01g，柠檬酸铁 6.00g，碳酸锰 3.50g，亚硒酸钠 0.01g，碳酸锌 1.60g，加蔗糖至 1.00kg。

（三）试剂及配制

1. 试剂

氯化钠（NaCl），低聚果糖（纯度 95%），白藜芦醇（纯度 99%，相对分子质量 228.2），伊红美蓝琼脂培养基，叠氮钠-结晶紫-七叶苷琼脂，双歧杆菌（BBL）琼脂培养基，乳酸菌选择性（LBs）琼脂培养基，胰胨-亚硫酸盐-环丝氨酸（TSC）琼脂培养基，改良 GAM 琼脂。

细菌基因组 DNA 提取试剂盒，T-RFLP 专用试剂（参见实验三十一）。

2. 试剂配制

（1）低聚果糖灌胃液　用蒸馏水配制 0.2g/mL 水溶液，置于 4℃冰箱保存。

（2）白藜芦醇灌胃液　用 0.5% 的羧甲基纤维素配制成 1mg/mL 悬浮溶液，置于 4℃冰箱中避光保存。

（3）生理盐水。

四、实验步骤

（一）分组处理及受试样品给予时间

（1）动物在屏障饲养室经适应性饲养、日粮变换后，根据体重随机分为空白对照组（正常维持饲料），高脂模型组（高脂饲料），和高脂模型+受试样品（低聚果糖或白藜芦醇）组。

各组分别采食正常维持饲料或高脂模型饲料14~20d后，开始灌胃试验。

（2）受试样品给予　高脂模型+受试样品组每日灌胃低聚果糖1.38g/kg·BW（或白藜芦醇100mg/kg·BW），空白对照组、高脂模型组每日灌胃同体积生理盐水；小鼠灌胃量0.1~0.2mL/10g·BW，连续进行14~30d后结束实验。

实验期内每周称取小鼠体重、观察精神状态、毛色、饮食饮水量、尿量。

（二）培养法分析肠道细菌

（1）给予受试样品前（实验前），无菌采取小鼠粪便两份，每份0.2g，其中一份10倍系列稀释，选择合适的稀释度分别接种在各培养基上。培养后，以菌落形态、革兰氏染色液镜检、生化反应等鉴定计数菌落（表4-11），计算每克粪便中的菌数。

（2）定期称量小鼠体重，连续灌胃处理14~30d后，最后一次给予受试样品后24h，小鼠采血制备血浆，解剖动物后取结肠近端粪便，检测肠道菌群。

（3）血浆脂多糖（LPS）、脂多糖结合蛋白（LBP）含量测定（选做）。

表4-11　　　　　　　　各种肠道细菌的培养条件及鉴定方法

项目	培养基	培养条件	鉴定方法
肠杆菌	伊红美蓝琼脂培养基	(36±1)℃，有氧，24h	发酵乳糖、G⁻杆菌
肠球菌	叠氮钠-结晶紫-七叶苷琼脂	(36±1)℃，有氧，48h	明显褐色圈、G⁺球菌
双歧杆菌	BBL琼脂培养基	(36±1)℃，厌氧，48h	参考国标 GB 4789.34—2016
乳杆菌	LBs琼脂培养基	(36±1)℃，有氧，48h	G⁺杆菌、无芽孢、过氧化氢酶阴性、API CH50
产气荚膜梭菌	TSC琼脂培养基	(36±1)℃，厌氧，24h	所有在紫外灯下有荧光的黑色菌落
拟杆菌	改良GAM琼脂	(36±1)℃，厌氧，48h	G⁻杆菌，无芽孢、API 20A

（三）分子生物学法分析肠道菌群多样性

（1）连续灌胃处理14~30d后，最后一次给予受试样品后24h，称取体重，采血制备血浆。

无菌采集回肠、结肠近端粪便，用于检测肠道菌群。并取出十二指肠、空肠、回肠、盲肠、肝、心、肾、睾周脂、腹脂、称重、留样并计算脏器指数。

（2）参照实验三十一，提取小鼠粪便和结肠近端内容物DNA，用末端荧光酶切谱T-RFLP法分析肠道菌群多样性，分析每个样品的α多样性（香农指数、辛普森指数），并比较组间差异（PCA分析）。

（3）定量 PCR 法分析几种典型肠道菌属含量（参照实验三十一）

（4）血浆脂多糖（LPS）、脂多糖结合蛋白（LBP）含量测定（选做）。

（四）数据处理与结果判定

（1）比较实验前后组内及组间双歧杆菌、乳杆菌、肠球菌、肠杆菌和产气荚膜梭菌的变化情况。采用方差分析数据，但需按方差分析的程序先进行方差齐性检验，若方差齐，进行 F 值计算，当 $F<0.05$，则各组均数间差异无显著性；若 $F\geqslant0.05$，$P\leqslant0.05$，用多个实验组和一个对照组间均数的两两比较方法进行统计；

对非正态或方差不齐的数据进行适当的变量转换，待满足正态或方差齐要求后，用转换后的数据进行统计；若变量转换后仍未达到正态或方差齐的目的，改用秩和检验进行统计。

（2）如受试样品组实验前后自身比较有显著差异，或实验后受试样品组与对照组组间比较差异显著、且受试样组实验前后自身比较差异显著，符合以下任一项，可判定该受试样调节肠道菌群功能实验结果阳性：

①粪便中双歧杆菌和（或）乳杆菌明显增加，产气荚膜梭菌减少或不增加，肠杆菌和肠球菌物明显变化。

②粪便中双歧杆菌和（或）乳杆菌明显增加，产气荚膜梭菌减少或不增加，肠杆菌或肠球菌明显增加，但增加幅度低于双歧杆菌/乳杆菌。

（3）T-RFLP 分析中末端荧光片段（Trfs）的 PCA 分析图中，当多数受试样处理样品的位置远离对照组样品位置，表明该剂量受试样处理引起 β 多样性改变；受试 Trfs 样的香农-威纳多样性指数和（或）辛普森多样性指数与对照组比较差异显著，表明其 α 多样性显著改变（参见实验三十一）。

香农-威纳多样性指数按式（4-10）计算：

$$香农-威纳多样性指数 = -\sum PilnPi \tag{4-10}$$

辛普森多样性指数按式（4-11）计算：

$$辛普森多样性指数 = \sum^{s} Pi^2 \tag{4-11}$$

式中　Pi——相对峰高或峰面积；

　　　S——Trf 数量。

五、注意事项

1. 重复性

在个体间和个体内肠道菌群变化很大，甚至在饮食改变 1~3d 内立即发生改变。即使是品系相同的啮齿动物，由于环境因素（包括饮食、胎次、供应商、运输和设施等）的不同，它们的微生物群体也可能不同。此外，早期菌群的暴露会影响已形成的菌群。因此，要尽量减小动物来源的个体差异，也要注意单一来源产生的差异如母体效应（需要随机化母体效应）。啮齿类动物具有嗜粪性，在同一生存空间生物学个体随着时间的推移，微生物组会变得均一化，实验设计要多笼重复防止同笼（Co-Housing Cage）效应，也应避免单笼饲养导致的单间胁迫。

2. 样本选择

选择样本需要根据实验目的。在大多数研究中，粪便被用作菌群分析的便利样本，但不一定是研究肠道菌群最有代表性的样本。特定化合物的关键作用部位通常发生在胃肠道的一个或多个部分，此时，分别研究空肠、回肠、盲肠、结肠有一定必要，如果关键作用部位在小肠，选用粪便或盲肠作为样本时无法获得有价值的信息。其次，肠道内容物样本容易获取，因此，大部分研究选择内容物进行菌群研究，但需注意的是与肠道黏膜结合的细菌是与肠道发生作用的更关键菌群单位，不应忽视。

3. 取样时间

对各处理组采用同一时段取样，主要用于不同处理组间菌群变化及差异显著性比较。若进行纵向研究即观察不同时间点的菌群变化，应当收集多个时间点的基础样品用来评估各时段的内在变异性，甚至有必要分别研究黏膜细菌和肠腔细菌。

六、思考题

1. 试分析高脂膳食条件下，给予低聚果糖（或白藜芦醇），对肠道微生物可能产生哪些影响？

2. 简述"无菌采集肠道内容物"在操作上需要注意哪些环节。

3. 分子生物学法与培养法研究肠道菌群多样性各有哪些优势和不足？

4. 小鼠是否是最佳的肠道菌群模型研究对象，为什么？

七、延伸阅读

［1］Goodrich J，Dirienzi S，Poole A，et al. Conducting a Microbiome Study［J］. Cell，2014，158（2）：250-262.

［2］Nguyen T L A，Vieirasilva S，Liston A，et al. How informative is the mouse for human gut microbiota research［J］. Disease Models & Mechanisms，2015，8（1）：1-16.

［3］Moore R J，Stanley D. Experimental design considerations in microbiota/inflammation studies［J］. Clinical & Translational Immunology，2016，5（7）：e92.

实验四十二　小动物行为学实验——旷场实验

一、目的与要求

1. 掌握旷场实验（Open Field Test，OFT）的原理和生物学意义。
2. 了解 OFT 的装置及操作要点。
3. 掌握 OFT 结果评价及其分析方法。

二、背景与原理

（一）背景

旷场实验（Open Field Test，OFT）用来检测小鼠或大鼠在新环境中的自主探索行为、一般活动特征及活动量，探究其行为与紧张、焦虑程度关系。当动物进入新的开阔环境感到恐惧，会主要在沿边缘区域活动，而在中央区域活动较少，但动物的探究特性又促使其产生在中央区域活动的动机。OFT 可检测除动物简单活动之外的很多其他行为，因此，矿场实验具有许多用途，OFT 可常用来评估镇静剂、毒理、食物营养物质等成分对生理的影响。

（二）原理

OFT 实验通过记录动物在陌生环境中不同区域活动的距离和持续时间，以及某些行为的发生频率等，分析实验动物一般特征活动以及活动量和探索行为，评价其紧张、焦虑程度。

进行旷场实验时，可根据实验目的用计算机软件设计不同观察参数，在陌生环境中，动物僵直、排尿/排便次数、中央区域停留时间反映其紧张程度和焦虑程度；站立、运动速度以及距离、理毛等自主行为可以反映动物的活动特征以及活动量。监测得到相应的结果。如单位时间内动物在中央格停留时间以及中央运动距离，站立状况、理毛次数、尿/便次数、运动速度、运动距离、休息时间、沿边运动距离等。排尿排便次数、中央区域停留时间，实验最开始5min的活动情况可能表现的是焦虑有关的情绪。

OFT实验应在安静的环境下进行。将动物放入箱内底面中心，同时进行摄像和计时。观察一定时间后停止摄像，观察时间可根据实验拟定，一般为30~60min，实验结束时清理旷场内壁及底面，以免上次动物残留的信息（如动物的大小便、气味）影响下次测试结果。清理完毕后，更换动物，继续实验。

三、动物与设备

（一）动物

健康小鼠或大鼠，每组10~12只。可以选择前期实验，植物化合物白藜芦醇对小鼠旷场行为的影响，评估其对动物焦虑的缓解作用，或选择研究蛋白氧化对行为学的影响。

（二）主要设备

（1）旷场　由塑料板或耐腐蚀金属板围成的矩形（小鼠40cm×40cm×35cm）或圆形旷场（图4-6），底面不反光，底板颜色依据实验动物颜色而定（要求颜色反差较大）。

（2）摄像头、视踪分析软件（ANY—Maze）。

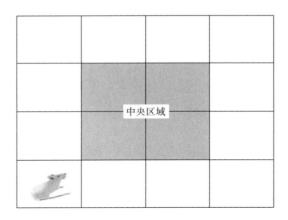

图4-6　旷场实验环境示意图

四、实验步骤

（一）准备工作

（1）房间应安静、无噪声等干扰，或可以使用白噪声发生器（65dB），以减轻环境变化对受试动物的干扰。照度一般为偏暗的（30Lux）白色或者红色灯光，光照过强会增加趋化性和（或）减少运动，因此，实验时照度水平应该始终保持一致，而且需要在结果中标注。

（2）由于各种类型的新颖事物或压力都可能会改变动物的探索行为，因此，在测试前的一段时间内，小鼠应至少适应笼盒和环境累积24h，同时确保所有处理都是随机的。

（二）正式实验

（1）先将小鼠转移至测试房间至少适应 1h。如果周边环境变化过大时，适应的时间需要延长。

（2）调整、打开摄像头以及追踪系统。将旷场划分为不同的区域，计算机追踪软件来记录一定时间内动物活动，可一次使多只动物分别在多个旷场进行测试。也可人工记录手动计时，逐只动物测试。注意：无论使用哪一种数据采集方法，摄像机均应记录全部测试过程，以便后期必要时能对实验结果进行再次评估。

（3）将小鼠放入旷场中央（箱内底面中心），同时进行摄像和计时。摄像记录动物 30～60min 行为（观察时间可根据实验拟定）。人工记录通常观察 10min。

（4）测试期间保持安静，测试者尽可能地远离旷场和小鼠的视野。

（5）试验结束后，将小鼠从旷场移到一个新的笼盒，以免影响原来笼盒中未测试的小鼠的行为。

计算排泄粪便的数量，清理旷场，用 10%～70% 酒精喷雾、纸巾搽拭清洁旷场内壁及底面，以免上次动物余留的信息（如动物的大、小便、气味等）影响下次测试结果。待消毒水完全干后，放入另一只小鼠至旷场中继续下一个测试。

五、结果记录

对于动物活动情况的测量，不仅只是简单检测总的运动距离以及总的行为持续时间，还要评估行为随时间的变化情况。最开始进入旷场短时间内，小鼠通常表现得高度兴奋（显示探索性活动），这种兴奋随着时间而下降，通常到 30～60min 时会达到一个相对稳定的状态。对于运动情况的测量，通常可以每 5min 对数据进行评估。

根据计算机软件设计实验过程中不同的参数，可以监测得到相应的结果。如单位时间段内动物在中央格停留时间以及中央运动距离、站立状况、理毛次数、尿便次数、运动速度、运动距离、休息时间、沿边运动距离等。排尿排便次数、中央区域停留时间以及最开始 5min 的活动情况可能表现的是焦虑有关的情绪。

六、注意事项

（一）注意事项

旷场实验的结果随多个实验变量的改变而变化。

（1）动物遗传背景、年龄、性别　不同品系、性别以及不同年龄段的实验动物旷场实验结果均有一定差别，因此，参与实验的动物组内务必保证遗传背景和生理上的一致性。

（2）触摸　对小鼠饲养过程中的触摸可能会影响旷场实验的结果。在进行测试前每天花几分钟触摸小鼠，可以减少动物从饲养笼转移到测试区域产生的紧张感。触摸的操作方式以及时间长短对实验结果影响可能存在差异，因此，在实验过程中，触摸应保持组别之间的一致性。

（3）对动物进行行为学测试，通常的顺序是按压力从最小到最大进行，所以旷场实验应在行为学实验早期进行。另外要注意的是，与第一次进行 OFT 相比，再次进行可能会导致活动水平变化（通常更低）。

（4）旷场大小、形状、颜色、材质　通常小鼠在较大的旷场中移动得更多，但整体的活动模式相对稳定。正方形旷场可同时摆放多个，利于同时检测多个旷场中的动物活动。旷场设备最常见的颜色是白色、黑色或透明塑料材质，利于实验者或计算机软件跟踪小鼠。

（5）灯光　由于小鼠和大鼠对朝向开阔和明亮的区域具有自然的、进化上保守的排斥反应，光照水平显著影响旷场行为。一般高的光照水平抑制啮齿动物的自主活动性，过高强度光照水平可能会引起潜在的焦虑相关行为。本实验使用较为合适的30Lux偏暗的白色或者红色灯光。并应该控制好旷场区域的灯光始终一致。

（6）环境噪声　OFT实验应在安静的环境下进行，环境噪声水平会影响OFT行为，一般在OFT期间，使用65dB的白噪声发生器有助于保持环境噪声水平一致并且可以掩盖实验者造成的额外噪声影响。

（7）测试的时间　应保持在同一时间段进行实验。小鼠是夜行动物，在夜间进行实验，通常会观察到增加的活动量。

（8）每次测试结束，应清洗旷场内壁及底面，以免上次动物残留的信息（如动物的大、小便，气味）影响下次测试结果。清理完毕后，更换动物，继续实验。

（二）可能遇到的问题与解决方法

1. 中央区域停留时间很短或者很长

（1）确认小鼠未经历过压力刺激。

（2）调节灯光，在低的光照水平下小鼠更加愿意在中央区域停留。

（3）调节中央区域大小。这取决于旷场的大小，通常中央区域占总区域的25%~50%。

（4）使用不同大小的旷场，通常，大的旷场对趋触性更加敏感。

2. 标准误差偏大

（1）确认实验动物是否有相同的测试历史，动物的年龄、性别差别对活动情况的影响也应该考虑。

（2）增加实验动物数量，在行为学实验中比通常每组小鼠数量（8~10只）需要更多的动物数量。

3. 动物缺乏探索性

（1）对于未经过药物干预或药物干预的小鼠，存在品种特征的效应。例如，BALB/c和A/J小鼠本身活动水平较低，使用D-安非他明干预也不会产生更高的活动性。

（2）测试的时间对活动有影响。在昼夜循环的夜间进行实验，通常会观察到活动量增加。

（3）确认所有旷场区域的灯光照度一致。较暗的灯光以及将白光变成红光能够增加活动性。

（4）周围环境是否存在环境影响因子，如湿度温度的改变，或者实验者在动物的可视范围内。

七、思考题

1. OFT检测焦虑有关的情绪有哪些指标?

2. OFT的基本注意事项是什么?

3. 反映动物焦虑的行为学实验还包括哪些?

八、延伸阅读

［1］Gould，Todd D（Ed.）．Mood and Anxiety Related Phenotypes in Mice［M］．Berlin：Human Press，2009

［2］林晓春，李云鹏，卞艳芳，等．大鼠旷场实验指标检测及参考值的探讨［J］，毒理学

杂志，2010，24（3）：224-225

实验四十三　小动物行为学实验——新物体识别

一、目的与要求

1. 掌握新物体识别实验的原理。

2. 了解新物体识别实验装置，掌握新物体识别实验方法。

3. 学会新物体识别实验结果分析方法与评价。

二、背景与原理

（一）背景

新物体识别实验（Novel Object Recognition，NOR）是利用动物先天对新物体有探索倾向的原理而建立的检测学习记忆能力的方法。NOR 实验过程不会对小鼠造成外在的应激，使实验动物在自由活动的状态下进行实验，可以反映小鼠自发的记忆能力，是目前一种评价学习记忆能力的重要行为学方法。NOR 广泛用于哺乳动物与识别记忆相关的脑功能区及分子机制，以及营养与食品功能因子的筛选、记忆神经生物学、脑损伤机制和认知障碍防护措施的相关研究。

（二）原理

根据啮齿类动物具有喜欢探索陌生事物的天性，NOR 方法让小鼠在自由活动状态下，通过对见过的熟悉物体（Familiar Object）和从未见过的新物体（Novel Object）探究时间的长短，来评价受试动物的识别记忆能力。当受试动物没有遗忘环境中曾见过的熟悉物体，对更换的新物体（形状、大小等变化）会用较多的时间去探究，而若遗忘了见过的熟悉物体，则对新物体和熟悉物体探究时间无差别。新物体识别实验在模仿测试人的失忆症的识别任务基础上发展起来。鼠内侧颞叶脑区对物体识别功能的发挥起到重要调节作用，边缘皮质、海马体、杏仁核是其关键作用的相关组织。NOR 实验程序包括适应期、熟悉期、测试期三个阶段，测试小鼠自发的记忆能力，能更真实地模拟人类的学习记忆行为。

同时，NOR 还可以通过实验周期变化上的灵活性，使得 NOR 实验能测试动物长期或短期记忆机制的形成，比如，学习记忆上根据记忆保持的时间长短可分为长时程记忆与短时程记忆。其中短时程记忆可保持数秒到数小时内；长时程记忆可保持记忆时间为数日或更久。通过利用 NOR 实验熟悉期和测试期的时间间隔长短来评价被测试小鼠长时程、短时程的记忆能力，以及研究营养与功能成分对特定阶段的记忆形成的影响。

实验一共分为三个阶段（图4-7）：

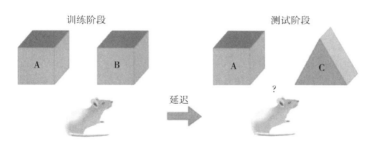

图 4-7　新物体识别实验示意图

（1）第一阶段为适应期　将小鼠放入空的测试箱中自行适应 10min，让其熟悉环境、减少小鼠紧张，该阶段进行 2d。

（2）第二阶段为熟悉期　即在测试箱中放入 A、B 两个相同的物体，让小鼠自由探索 10min。

（3）第三阶段为识别期　即将测试箱中的 B 物体换成 C 物体，C 物体是不同于 A、B 物体的新物体，同样让小鼠自由探索 10min。

实验结束后分析小鼠在适应阶段和识别阶段对各个物体的探索时间，计算分辨指数。

三、仪器与材料

（一）仪器及装置

1. NOR 实验箱体

NOR 装置如图 4-8，箱体尺寸：大鼠为底部 40cm×40cm，周围壁高 40~60cm。小鼠为 25cm×25cm 的正方形底面，周围墙壁高度为 30~40cm。箱体内部采用哑光材质涂层，防止反光。装置的上方安装有可调节光源及摄像头，以通过计算机进行实时监控并记录实验的全过程。保证箱底光照均匀无阴影，光照强度在 30~40Lux，保证实验动物无光照趋向性。底板可抽出便于清洗动物残屑物。在距离侧壁 10cm 对称位置处放置两个识别物体。

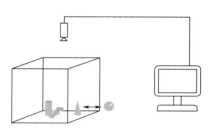

图 4-8　NOR 装置示意图

2. 识别物体设定

小鼠识别物体直径在 3cm 左右，高度 14cm 以上（需保证被识别物体能被实验动物所识别且不易攀爬）。材质可以是刷过油漆的木棒，可以是有洞的石块，有纹理的陶瓷，或是 PVC 管子等，物体下可以用磁铁吸到箱体底板上，也可以用不干胶粘到底板上，但不能有气味，不能被老鼠随意移动或攀爬。识别物体的挑选原则是小鼠可以区分出两个物体，但对两个物体无明显偏好。

3. 软件及辅助工具

ANY-Maze 软件，计算机，摄像头，计时器，光源。

（二）材料与试剂

（1）实验鼠　小鼠以每笼 4~5 只饲养，分为对照组和干预组，每组 12 只。饲养室温度（约 23℃），湿度（40%~60%），12h 的循环光照，自由采食、饮水。

（2）实验模型　可以选择前期实验如植物化合物白藜芦醇对高脂膳食小鼠的动物模型，进一步测定小鼠旷场行为的影响，评估其对动物焦虑的缓解作用，或选择研究蛋白氧化对小鼠行为学的影响。

（3）75% 乙醇（擦拭设备，以消除实验动物的残留气味）。

四、实验步骤

1. 适应期

实验开始前 5d 对小鼠进行编号，并每天抚慰参试动物 2~5min，以消除小鼠对实验者的恐惧。然后进入适应期，持续 2d，实验开始前把笼盒运送至行为学实验环境附近，让其适应环境氛围 30min 后开始实验，每天将小鼠依次放入没有任何物体的测试箱中让其自由活动 10min。适应期结束后第二天进入试验期。

2. 试验期

（1）安放好摄像头，设定调整好计算机程序。

（2）熟悉期　实验时间为10min，在实验装置中放入两个相同的物体（熟悉物体），并将动物以背对物体的方式放入装置中，熟悉期结束后将动物拿出放回笼盒。

（3）识别期　熟悉期结束1h后（评价短时程记忆）或24h后（评价长时程记忆）进入识别期测试。识别期时间同为10min，在实验装置中放入一个新奇物体（形状或大小与熟悉物体不同），其余实验条件与熟悉期一样进行测试。

（4）在熟悉期和识别期间，实验人员通过摄像头记录小鼠的行为活动，通过分析录像视频分别记录小鼠对两个物体的探索时间。

探索时间定义为：小鼠的鼻子在物体2cm的范围内，且朝向物体；或者直接嗅舔物体，都被认为是对物体进行了探索。但动物坐在物体上，或其他部位接触物体，只要鼻子没有朝向物体都不被认定为是对物体进行探索。

每只动物试验结束后，应把实验装置用70%酒精喷雾，清理动物排泄物并擦干净后，再进行下一只动物的实验。全部实验完成后应用70%酒精把实验装置擦拭干净。

五、结果与计算

"辨别指数"可以量化实验动物对于新奇物体的偏爱程度，一般用d_2来表示，按式（4-12）计算：

$$d_2 = \frac{T_n - T_f}{T_f + T_n} \tag{4-12}$$

式中　T_n——测试期小鼠对新物体的探索时间，min；

　　　T_f——测试期小鼠对熟悉物体的探索时间，min；

　　　d_2——辨别指数（范围为 $-1 \sim 1$）。

六、注意事项

（1）新物体识别测试是一个非强制识别记忆测试。对老鼠的任何压力或线索都会增加结果的可变性。需保证行为学设备附近环境较为安静，噪声和其他声音应<50dB。若噪声无法避免，且环境噪声一直变化，可以使用白噪声发生器。尽量减少对环境和物体的刺激并使小鼠适应环境。

（2）物体的使用（熟悉物体或者新奇物体）在实验动物中要平衡，比如：一半的动物以圆柱体作为熟悉物体，另一半的动物以三角锥体作为熟悉物体；测试期两个物体的位置要随机置换。熟悉期结束后应立即分析数据，查看实验动物对用作识别的物体有没有偏好性，若有则及时、完全地更换物体，并重新开始熟悉期进行实验。

由于小鼠是红绿色盲，在设置物体时应尽量避免红绿色物体同时存在，从而降低小鼠对物体的分辨力。

（3）装置中各区域的光强度应该相等（30~40lx）。不均匀的光强度（特别是在物体上）可能导致对其中一个物体的偏好。过高的光强度也会使实验动物产生惧怕心理，进而影响实验结果的准确性。

（4）每次实验更换小鼠时，箱体等清洁后，要确保装置完全干燥，否则强烈的清洁剂等气味可能会改变小鼠的行为。

七、思考题

1. 新物体识别实验主要有什么用途？

2. 若辨别指数测定为0，是否合理？若合理，代表了什么意义？

八、延伸阅读

［1］Antunes M, Biala G. The novel object recognition memory：neurobiology, test procedure, and its modifications［J］. Cogn Process, 2012, 13（2）：93-110.

［2］宋广青，孙秀萍，刘新民．大鼠物体识别实验方法综述［J］．中国比较医学杂志，2013. 23（7）：55-67.

［3］Sik A, van Nieuwehuyzen P, Prickaerts J, Blokland A. Performance of different mouse strains in an object recognition task［J］. Behavioural Brain Research, 2003, 147（1）：49-54.

［4］Mathiasen J R, Dicamillo A. Novel Object Recognition in the Rat：A Facile Assay for Cognitive Function［M］. Current Protocols in Pharmacology. New Jersey：John Wiley & Sons Inc. 2010.

实验四十四　小动物行为学实验——高架十字迷宫

一、目的与要求

1. 了解高架十字迷宫实验的装置及原理。

2. 掌握高架十字迷宫实验方法。

3. 掌握高架十字迷宫实验结果评价及其分析方法。

二、背景与原理

（一）背景

由于当今生活压力增加、生活节奏加快、竞争日益加剧等因素，焦虑症患者数量呈逐年升高趋势。焦虑症是指面对环境中一些不确定的、潜在的压力或威胁时，机体所产生的包括行为认知情绪的改变，以发作性惊恐或持续性恐惧担心、紧张为主要特征的正常反应，并伴有运动不安等植物神经系统症状。认识营养及功能成分对调节情绪障碍-焦虑问题发生、发展中的作用，逐渐成为营养心理卫生领域的重要研究课题之一。

（二）原理

高架十字迷宫实验（Elevated Plus Maze，EPM）是利用啮齿类动物对新异环境的探究行为和对高悬着的开臂的恐惧心理形成的矛盾冲突状态，建立非条件反射焦虑动物模型，考察动物焦虑状态的反应，用以评价抗焦虑或致焦虑作用。EPM 最初是由 Montgomery 于 1955 年发展、建立的。以后 Pellow 等根据研究需要，设计出具有两个开臂和两个闭臂的十字迷宫，并将迷宫抬高借以增加动物进入开臂时的恐惧（图4-9），受试动物面对新环境（开放臂）会产生好奇心去探索，但整个迷宫离地面的高度犹如人类站在悬崖边，二者之间发生探索与回避的冲突行为，导致产生恐惧不安的心理，通过比较受试鼠进入开臂和闭臂的次数以及滞留时间可评价其焦虑程度，焦虑情绪与受试鼠进入开放臂的次数以及停留时间呈负相关，即焦虑情绪增加，受试鼠进入开放臂次数越少，停留时间越短，说明小鼠的焦虑情绪越严重。EPM 实验较之传统的焦虑实验如药物刺激、电刺激、噪声刺激、饮食剥夺等，具有简单、快速、结果重复性好的优点，因此，广泛应用于焦虑相关行为的机制以及抗焦虑的研究与开发中。

长期高脂、高糖食物、蛋白氧化产物的摄入导致机体氧化还原状态失衡以及随着年龄的增长，干扰神经系统物质能量代谢功能，动物焦虑情绪与行为的增加。EPM 也可用于评价营养与功能成分抗焦虑作用。

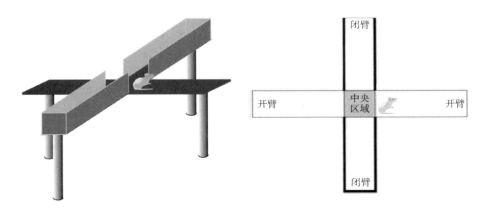

图 4-9　高架十字迷宫实验装置示意图

三、仪器与材料

（一）仪器与环境

1. EPM

小鼠 EPM 系统主要包含尺寸为 28cm×5cm（长×宽）的两对相对的开放臂和闭臂交叉，其中闭臂由高 16cm 的不透明护墙封闭起来，中央区域尺寸是 5cm×5cm，没有护墙封闭。整个装置离地面的高度是 45cm（大鼠两条开放臂 50cm×10cm，两条相对闭合臂 50cm×10cm，中央区10cm×10cm）。

2. 图像自动采集和处理系统

摄像头，计算机，图像监视器，跟踪分析软件（ANY-Maze）。

录像监控器安装在迷宫中央上方，以录制小鼠在迷宫中的活动情况，并传输给电脑，可以结合相应软件进行分析。

3. 环境

迷宫应该安置在相对隔离的房间内，远离任何异常干扰的噪声、气味或走动等干扰，可以选择性放置低强度白噪声源，避免发出任何过度的噪声。此外，周边环境如房间内墙上的光影、图案可能影响小鼠的活动行为，须去除。并且不得穿戴撒有香水或任何具有强烈气味的物品，以免对小鼠产生刺激。

实验测试室内的温度、湿度控制应与饲养环境相同。室内照明 5~30Lux 的光强较为适宜，保持迷宫各个位置光照均匀，避免阴影。照度根据实验目的进行控制，一般过低强度光度会降低小鼠进入开放臂的概率；而抗焦虑效应则应该在更高强度照明下（200~400Lux 或更高）。

在每次开始测试前用 75% 乙醇清洁迷宫，清除设备上积聚的污垢或残留气味，每个鼠实验完，也需要清洁迷宫。

（二）动物与材料

（1）实验动物　健康小鼠或大鼠，每组 10~12 只。

（2）分为对照组和干预组，每只笼子 4~5 只，饲养实行 12h 昼夜循环光照，在一定的温度（22~23℃）和湿度（40%~60%）的环境下，自由饮水采食。

（3）数字照度计。

（4）75% 乙醇（擦拭设备，以消除实验动物的残留气味）。

（三）方法与步骤

（1）实验开始前 3~5d 对受试鼠进行编号，并每天抚摸实验受试鼠 2~5min，以消除其对实验者的恐惧。实验开始前，让受试鼠在实验房间适应至少 30min。

在开始测试前用 75% 乙醇清洁迷宫，清除设备上积聚的污垢或残留气味，干燥后，可以开始试验。

（2）安放好迷宫，开启 EPM 上方的摄像头，调整好位置。

实验者轻轻地将受试鼠面向开臂从中央区域放入迷宫中，并让其自由探索 5min，其间，摄像记录 5min 内小鼠的移动轨迹，观察并记录实验动物进入开臂和闭臂的次数及滞留时间（入臂标准为小鼠四肢全部进入开放臂或闭合臂，出臂标准为小鼠两只前爪离开开放臂或闭合臂），若出现实验小鼠掉出 EPM 设备的情况，建议去除该小鼠的数据。

实验开始后实验者要迅速离开，并保持环境的安静。

（3）实验结束后将小鼠放回笼内。每次实验后，要清理迷宫中小鼠的粪尿残留物，并用 75% 乙醇擦拭，清除残留气味，以免留下气味影响下一只实验小鼠的行为。

（4）实验观测指标　开臂进入次数、开臂停留时间及路程、闭臂进入次数、闭臂停留时间及路程，探头次数（可选）。总路程、总时间、总平均速度计蹲伏、休息时间；中央区停留时间，中央区进入次数、路程。

（5）实验结果计算

①开臂进入次数百分比=开臂进入次数/（开臂进入次数+闭臂进入次数）；

②开臂停留时间百分比=开臂滞留时间/（开臂滞留时间+闭臂滞留时间）。

这两个指标主要用来评价药物对两组实验动物焦虑的影响，如果实验动物开臂进入次数的百分比和开臂滞留时间的百分比均高于对照组，说明药物对实验动物的焦虑具有缓解作用。反之，则说明药物对实验动物的焦虑状态具有促进作用。

受试鼠进出开臂、闭臂次数频繁、路径距离长，反映活动能力较强，同时，也说明其好奇心重，而反复在闭臂内出入。

四、注意事项

（1）每个动物只能测定一次。每次实验开始时，实验者需要手持受试鼠使其背对实验者放置在开臂与闭臂的接合处，且让小鼠面朝开臂。

（2）实验小鼠实行昼夜颠倒光照饲养，以便于人在白天进行测定实验，并且测试时间尽量在每天同一时间段。

（3）为了确保光照均匀，应始终使用间接光线以避免产生阴影（阴影位置也可能会成为鼠的首选位置，从而将其运动活动偏移到迷宫的特定区域），可在高架十字迷宫周围悬挂具有一定遮光性的布帘造成迷宫的周边环境相对一致以及弱光照环境。

（4）清洁后确保迷宫完全干燥，否则强烈的清洁剂气味可能会改变小鼠行为。

五、思考题

1. 大、小鼠焦虑情绪与哪些生理、生化过程有关？

2. 昼夜不同时间段进行高架迷宫实验会否对结果产生影响？

3. 长期高脂、高糖摄入是否致焦虑行为？

六、延伸阅读

［1］ Rachel W，Rebecca H，Melissa O. Relationship between Diet and Mental Health in a Young Adult Appalachian College Population ［J］. Nutrients，2018，10（8）：957-963.

［2］ Walf A A，Frye C A. The use of the elevated plus-maze as an assay of anxiety-related behavior in rodents ［J］. Nature Protocols，2007，2（2）：322-328.

［3］ Korte S M，De Boer S F. A robust animal model of state anxiety：fear-potentiated behaviour in the elevated plus-maze ［J］. European Journal of Pharmacology，2003，463（1-3）：163-175.

实验四十五　小动物行为学实验——Morris 水迷宫实验

一、目的与要求

1. 了解水迷宫的装置及实验原理。

2. 掌握水迷宫的实验方法及特点。

3. 掌握水迷宫的结果评价及其分析方法。

二、背景与原理

（一）背景

神经退行性疾病是一类大脑和脊髓的细胞神经元丧失的疾病状态，尤其是阿尔茨海默症（Alzheimer's Disease，AD）以及帕金森病（Idiopathic Parkinson's Disease，PD），是中老年人以渐行性记忆力减退、认知功能障碍、人格改变为特征的中枢神经系统退行性疾病。随着世界人口老龄化的加剧，患者将持续增加，由此将带来诸多的社会和经济问题，因此，延缓与防治这些神经退行性疾病已成为社会与医学、营养学所关注的重点问题之一。

Morris 水迷宫实验（Morris Water Maze，MWM）由心理学家 Richard G. Morris 于 1981 年设计并应用于学习记忆机制研究。MWM 被广泛应用于空间学习和记忆的神经生物学学习与记忆研究，是学习记忆研究的首选经典实验，在验证例如 AD 一类的神经认知障碍的啮齿动物模型中发挥重要的作用。

MWM 主要测试动物海马体依赖性空间学习记忆能力，涉及内嗅皮层、嗅周皮层、前额叶皮层、扣带回、纹状体、小脑等脑区，与组织能量代谢相关的 PI3K/Akt 信号通路、脑源性神经营养因子 BDNF-trk 受体通路、兴奋性氨基酸的 N-甲基-D-天冬氨酸受体等通路有关，是研究海马体回路记忆关键的神经区域。

（二）原理

MWM 通过让实验动物（大鼠或小鼠）在水箱内游泳，学会依据空间线索找到隐藏在水下的逃避平台，通过测定其所需的时间、采用的策略和它们的游泳轨迹，分析和推断动物的学习、记忆和空间认知等方面的能力。实验通过摄像观察和记录动物入水后搜索隐藏在水下平台所用时间和游泳轨迹，衡量的指标包括定位航行试验中的潜伏期（从入水起点到平台的时间）、空间探索试验中在平台象限游泳所占时间百分比以及游泳路径等。

经典的 MWM 测试程序包括定位航行试验和空间探索试验两个部分。一般分为三个阶段：

1. 可视平台实验（又称提示学习试验）

将平台露出水面 1cm 并在平台上插上一个小旗帜，使实验动物能够看见平台的位置直接游向平台。主要检测动物的视力和游泳能力。

2. 定位航行试验（又称空间获得试验）

历时数天，每天将鼠面向池壁分别从 4 个象限入水点放入水中若干次，记录其寻找到隐藏在水面下平台所用的时间（即逃避潜伏期）。

3. 空间探索试验

在定位航行试验后去除平台，然后选择距离平台较远的位置作为入水点将鼠放入水池中，记录其在一定时间内的游泳轨迹，考察小鼠对原平台的记忆。

水迷宫图像自动采集和处理系统能自动采集动物的入水位置、游泳的速度、搜索目标所需的时间、运行轨迹和搜索策略等参数，并可对所采集的各种数据进行统计和分析。

三、动物与设备

（一）动物与模型

小鼠或大鼠，每组 10 只，评估化学药物或营养物质对动物学习记忆的作用。

（二）MWM 实验系统

1. 圆形水池及平台

将圆形游泳池上缘均分为四个象限，分别标记为东、南、西、北，水下 1cm 设置有隐藏的逃生平台。大鼠平台的直径通常为 10~12cm，小鼠通常为 6~8cm，平台表面粗糙以提供抓力。水池所在实验室内环境中一些固有的设备、摆放的物件均作为小鼠搜索目标（平台）时的可视参照物（图 4-10）。

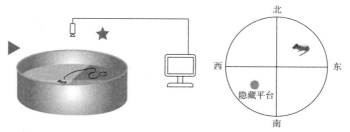

图 4-10　Morris 水迷宫模式图

左图▶、★为可视标记，◯为隐藏平台

2. 图像自动采集和处理系统

摄像头，计算机，图像监视器，跟踪分析软件（ANY-Maze）。

四、实验步骤

（一）准备工作

1. 设备准备

准备圆形不锈钢或塑料水池（大鼠水池直径是 210cm，小鼠水池是 122cm，两种水池高度都是 51cm），水池内表面为非反射表面，光滑、无焊缝，无任何可提示线索的标记，避免实验动物尝试攀爬内壁，以保证受试动物仅能利用池外的近、远端可视线索进行航行定位。池内水温保持在小鼠 21~22℃〔大鼠（25±1）℃〕。

迷宫放置在有丰富的环境视觉线索的房间，如水池附近放置的物件或房间固有的一些设施，作为动物在水中游泳时定位平台的航行参考点（图 4-10），这些线索在整个测试期间不可移动。同时，有必要在迷宫的周围设置一些帘布遮挡。

在泳池中安放固定圆柱平台（大鼠直径为 10~12cm，小鼠为 6~8cm），置于水面下 1cm。

2. 动物

实验前 3~7d 对小鼠进行编号，并每天抚摸实验小鼠 2~5min，与动物建立熟悉、亲密的关系，以消除小鼠对实验者的恐惧。整个实验过程动作要轻柔，避免对动物不必要刺激。

3. 软件准备（图像采集设备）

摄像头安放在水池上方，校准计算机软件中的泳池位置，并将游泳池划分出 4 个象限，创建 5 个平台子区域：每个象限一个，最后一个位于游泳池中心。保存校准用于接下来的测试。如图 4-10 所示。

设置最长测试时间为 60s。如果 60s 内找到平台，可操作软件终止测试。当受试鼠入水、实验者退出测试区域时，指定程序自动开始追踪。追踪记录路径长度，逃避潜伏期以及在每个象限游泳的时间。

（二）测试第 1 天：可视平台试验

（1）将池校准、加载到跟踪软件中，创建 5 个试验区，使每个试验的平台位置和开始方向不同（表 4-12）。

（2）将小鼠从饲养设施转移到行为学实验室。小鼠应放在看不见水池或空间线索的地方。测试前至少适应环境 30min。平台上插一面旗帜以提高平台可见度。

开始测试时将小鼠尾部提起，另一只手托住小鼠将其带到测试区域，将小鼠面向泳池边缘、接近水面处轻轻地放入水中（注意不可掉进去）。放入的同时，电脑跟踪软件开始启动，实验者快速离开测试区域。

（3）当动物到达（接触）平台时停止计时（大多数动物立即爬上平台，但也有例外）。测试标准的时间限定为 1min 或者 2min；通常大鼠 2min，小鼠 1min。如果小鼠在 60s 内找到平台，让其在平台上停留 15s；如果没有找到平台，将受试鼠放在平台上，并让其等待 20s。然后，根据设置的软件程序，变换平台位置和开始方向（表 4-12），进行 5 次寻找平台试验，所有受试鼠重复上述操作过程一次。

（4）测试完成的动物，用干净的毛巾或纸巾擦干身体，放回笼盒并让其待在温暖的地方，恢复体温至正常。

（5）从平台上取下旗子，将平台淹没在水面下 1cm 处。为第 2 天做准备，游泳能力和视力正常的小鼠，可以用于后续试验。

（三）测试第 2~5 天：定位航行实验

（1）将池校准加载到跟踪软件中。创建 5 个试验区。将平台位置的设置固定（在之后所有试验中保持在同一位置），但每天每次的测试起始方向都不相同。

（2）在水中放置不透明材料（通常是蛋彩颜料或聚丙烯颗粒）来创建背景配色以及遮挡水下平台，或在有色水池背景下使用透明平台。对于黑色小鼠，将无毒的白色粉末状蛋彩颜料加入池中并充分混合，形成白色背景并使动物在水面看不到平台。对于白鼠，使用装有清水的黑色水池，透明的树脂玻璃作为平台。

（3）按照表 4-12 所示实验 2~5d 的平台位置，放置平台，每天逐只小鼠重复步骤（二）（2）~（4）进行实验。

（四）第 6 天：空间探索试验

空间探索试验是在定位航行试验后 24h 进行，去除平台，将鼠放入水池中，记录其在一定时间内的游泳轨迹，考察受试鼠对原平台的记忆。

（1）将池校准加载到跟踪软件（图 4-11）中，创建 1 次试验，首选离 2~5d 使用的平台象限最远的起始方向，将测试时长设置为 30s，如表 4-12 所示。

（2）撤除平台，在电脑屏幕上标出平台原来所在位置，记录受试鼠穿越原平台位置的次数。

（3）重复步骤（二）（2）~（4）进行实验。

表 4-12　　　　　　　　　　　　受试鼠实验平台及入水测试位置

实验次数	第 1 天		第 2 天	第 3 天	第 4 天	第 5 天	第 6 天
	平台定位	起始方向	平台定位：从西南依此进行				无平台
实验 1	南	南	西	北	北	东	北
实验 2	西北	北	南	西	东	南	—
实验 3	东北	南	北	东	西	西	—
实验 4	中央	东	东	西	南	东	—
实验 5	东南	西	南	南	北	北	

注：注意第 1 天的平台位置和起始方向均发生改变；而在第 2~5 天平台位置固定仅起始点发生改变。在第 6 天，没有平台且只有一次测试。第 6 天开始的方向离之前的平台位置最远，使得小鼠进入先前学习过的平台象限前需要游一段距离。

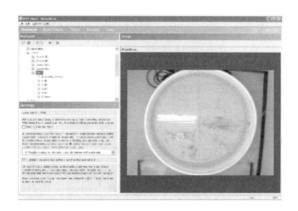

图 4-11　软件设置及显示示意图

五、结果与计算

（1）对于每一天的每只小鼠，平均 5 次试验的结果作为每个测试对象的一个路径长度和逃避潜伏期，适当计算组合误差。在第 6 天，需记录每个小鼠的路径长度和在每个象限游的时间。

（2）如果第 1 天的小组之间存在任何差异，可能是动物视力问题，而不是学习和记忆造成。只有在第 1 天没有发现差异的情况下才进行接下来的实验。

（3）使用适合数据的统计学方法比较第 2~5 天的学习曲线。陡峭的曲线代表更快地完成任务；较平缓的曲线表示任务完成过程中的存在障碍。使用 ANOVA 分析第 2~5 天的数据。

（4）第 6 天，使用合适的统计方法比较在以前学习过的平台象限游泳的时间百分比。在平台象限中游的时间百分比越高，表明记忆保留程度越高。同时，可以统计在平台象限游泳的距离、经过平台象限的次数以及经过平台的次数，这些参数与平台象限游泳时间高度相关。

六、注意事项

1. 实验动物的选择

（1）小鼠　很多实验室报道 C57BL 小鼠在水迷宫实验中表现最好，其他品系和杂交种也有使用。

（2）大鼠　白化品系（比如 Sprague-Dawley，Wistar，Fischer 344 和 Lewis）和天然色品系一样比较适合学习。

2. 平台

大鼠平台的直径通常是 10~12cm，置于水下 1~2cm；小鼠平台直径 6~8cm。置于水下 0.5~1cm。平台通常由亚克力或者 PVC 做成，表面有织纹或凸起提供抓力。平台基部加重物以保证其在水中的稳定，能抵抗动物的碰撞、在动物爬上平台时不会倾倒。

3. 水

水温是普遍关注的问题。水温过低可造成动物冷应激、体能消耗过大，水温高可能使受试鼠适应了水中环境，而不积极寻找平台。建议实验室环境温度（19~22℃），小鼠水池温度 21~22℃，大鼠需要比室温暖和一点的水温，（25±1）℃。

4. 实验者

实验人员对水迷宫实验的影响，主要涉及动物操作以及实验者本身或成为小鼠视觉线索之一，可以通过几种途径处理：①测试期间离开房间；②站在视觉屏障后面；③在固定的方向保持不动。最后一种方法用的较多。

5. 灯光

房间的灯光应当是间接光源。当使用摄像头、跟踪软件来记录行动的时候，水面反射的光线对跟踪软件产生的干扰，间接光源可以将这种效应最小化。

6. 提示学习阶段

提示学习在水迷宫实验中经常被用来测试动物学会游到一个有提示的目标平台的能力。在这个步骤中，迷宫的周围需要用窗帘遮挡，以减少远端线索的可用性（此步骤常被省略，但其具有重要的价值）。如果提示学习出现问题，则要关注动物是否出现空间障碍。因为提示学习和之后空间学习任务都需要相同的基本能力（视力完好、肌肉运动能力）、基本的战略（学习如何游离池壁，学习如何攀爬平台）以及相同的动机（从水中逃离）。比如，一些动物找到平台后会跳入水中继续搜索。推测这反映小鼠试图寻找其他逃离路线；有些小鼠在起初的测试中，因为在水中受到刺激，第一次爬上平台时并不能清楚地意识到平台是逃生工具。因此，受试动物在执行之后的学习任务前，需要在提示学习阶段消除上述的问题，适应并达到进行后续测试的能力。

7. 实验天数

在空间获得试验中，重复试验的天数取决于学习曲线。对于大鼠的 210cm 直径迷宫以及小鼠的 122cm 直径迷宫，每天四次训练，持续 5~6d（20~25 次）通常是足够的。但如果任务相对比较困难，可能需要更多的天数训练，使动物达到渐近线的表现。相反，大鼠在 122cm 直径的迷宫里可能只要 2~3d 就能达到渐近线的表现。

8. 空间探索实验

空间探索实验的意图是评价动物对平台空间位置记忆的保持能力，通常的方法是在最后一次空间获得试验 24h 后进行。如果在最后一次学习试验结束后立即实施空间探索实验，则可能只是反映最近的训练项目的记忆，而不能区分短期和长期记忆。因此，空间探索测试应独立于定位航行实验，两个实验之间有必要有一个较长的时间间隔。

空间探索实验的目的是确定动物是否记得平台放置的位置。空间探索实验测试时间推荐为 30s，时间过长象限的偏好性会下降。记忆能力通过平台位置穿越次数、与其他象限相比目标象限所在的时间和距离来显示，一般目标象限的时间和距离百分比最常用。

9. 动物漂浮的处理办法

如果出现动物在水中不游动的情况，通常不宜人为干预。可让其一直待在水中直到达到限定的测试时间。如果动物不游动，可先移走动物，测试下一只动物，当阶段中的其他动物完成测试，再对漂浮的动物进行第二次测试。如果第二次测试开始游动，则按顺序进行所有的测试，将第一次测试的数据剔除。如果第二次测试依然不游动，将动物放回笼子，第二天再进行测试。如果第二天开始游动，则进行接下来的测试，和其他动物交错 1d。如果第二天还是不游动，将其像第一天一样从测试的动物中拿走，等阶段中的其他动物完成测试后再对其进行最后一次测试。如果四次尝试动物依然不游动，则将其从实验中剔除。实验结束后，每个组漂浮的频率进行统计学上的比较，来确定和野生型（对照组）相比，是否实验操作显著改变了不游动的频率。如果是，则游动的动物的水迷宫数据要从选择性偏差的角度谨慎解释。

七、思考题

1. 在第一天的可见平台试验中，为什么水池周围的窗帘需要关闭？

2. 试验的天数是固定的吗？如果没有出现学习曲线，该如何处理？

3. 为什么空间探索实验不能在最后一次空间获得试验结束后立即实施？

八、延伸阅读

［1］Kelley B B, Deng Y, Song W. Morris Water Maze Test for Learning and Memory Deficits in Alzheimer's Disease Model Mice ［J］. Journal of Visualized Experiments Jove, 2011, 53（53）: e2920-e2920.

［2］Vorhees C V, Williams M T. Morris water maze: procedures for assessing spatial and related forms of learning and memory ［J］. Nature Protocols, 2006, 1（2）: 848-858.

［3］Hueston CM, Cryan JF, Nolan YM. Stressanddolescenthippo- campal neurogenesis: diet and exercise as cognitive modulators ［J］. Transl Psychiatry, 2017, 7（4）.

实验四十六　小动物行为学实验——抓力测定

一、目的与要求

1. 学习掌握小鼠抓力实验测定原理与方法
2. 熟悉动物抓力仪的原理及使用

二、背景与原理

（一）背景

力量是指运动时肌肉活动所克服阻力的能力。力量决定于肌肉的结构和生理特点，以及肌肉工作时能量供给、内脏器官的机能及神经系统的调节，是机体运动素质（力量、速度、耐力、灵敏、柔韧等机能）的重要体现。肌肉收缩运动是在中枢系统的统一调节下，机体其他器官系统协同活动完成的。研究营养素与功能成分对肌肉增长和肢体力量的影响程度，以及运动中肌肉糖、蛋白质、脂肪代谢，为延缓衰老过程中肌肉代谢能力、神经系统功能减弱提供营养依据。

（二）原理

抓力测试被用来测量大、小鼠前肢（和四肢）的最大肌力，评估神经、肌肉功能。让大鼠/小鼠抓握抓力测定仪上的栅栏，当实验人员握住其尾根部向后牵拉时，大鼠/小鼠会出现保护性反应，紧紧抓握栅栏；当操作者继续恒定加大牵拉力、超过动物抓力时，可以将大鼠/小鼠拉离，动物在栅栏上施加的力度由连接其上的传感器来读数，得到最大抓力值（简称抓力）。该实验在自然状态下进行抓力测试，能获得大/小鼠真实而客观的抓力，测定受试鼠的前肢或四肢力量。对动物的衰老、神经损伤、骨骼损伤、肌肉损伤、韧带损伤程度以及其恢复程度进行鉴定。比较不同营养状态下，小鼠前肢和四肢肌力的差别，为认识营养素与功能成分对神经、肌肉功能的作用提供依据。抓力实验用于前肢/后肢的抓力以重力加速度（g）为单位。

三、仪器与材料

（一）检测仪器、耗材

抓力仪（图 4-12），抓力传感器，小鼠用网格、栅栏。

图 4-12　抓力仪

（二）动物要求与分组

同龄、同性别成年健康小鼠或大鼠，脚趾无损伤，设置对照组及实验组，每组 6 对及以上。

检测周期：1d

四、实验步骤

（1）仪器水平的调整　将仪器放置于水平的桌面上，调整仪器上的水平气泡稳定在水准器中心，使抓力板呈水平方向。

（2）接通电源，按动"设置"按钮，按动"+"或"−"键，显示屏显示测定次数（可设置次数 1~10），仪器可按测试次数显示抓力结果平均值。

（3）运行　设置完成后，按下"运行"键，运行和读数指示灯都亮，表示仪器进入运行状态。

（4）测定　按"测定"键，测定灯亮，这时右手将大鼠（或小鼠）轻轻按放在抓力板中央位置上，左手向前推住抓力板，然后右手向后滑至鼠尾部，左手轻轻松开抓力板，抓力板随右手拉鼠尾的力量向前滑行，待动物用力抓住抓力板时，及时抓住鼠尾沿水平方向轻轻加力后拉（注意不可猛拉），直到拉力超过他们的抓力（最大抓力）、动物松爪，这时仪器会自动记录动物的最大抓力，并伴有音响提示。如果使用了取均值功能，则只有测试达到设定的次数时才有音响提示。每只动物分别做三个连续平行试验测量。

（5）测定的抓力会自动保存于仪器的内存里（可存 10 组数据），可采用配备的软件将所有数值及时拷贝到计算机 Excel 表格中。

五、注意事项

（1）仪器配有两种抓力板，分别适用于大鼠或小鼠，可根据实验需要取用。

（2）大（小）鼠抓持时应轻拿轻放，避免将其激怒影响操作。

（3）动物在抓力板上应停顿数秒后，再开始牵拉，防止动物在没有抓住板时，就被快速拖下板面而得不到正确数值。但也要避免不及时加力，动物主动松爪而回身攻击或逃避。

（4）为减少检测结果的误差，大鼠/小鼠的放置位置很重要，建议放于抓力板中央区域，以保证测出最大抓力。

（5）基于每人操作手法不同，建议同一时间内和同一批次不同时间检测时，由同一实验者进行操作，可以减少误差。

（6）考虑到仪器的数据分组功能（10组），每次检测前应清理仪器里面的数据，结束应将数据及时拷贝输入计算机，避免丢失。

（7）对一只大鼠/小鼠而言，连续多次检测，其抓力读数会减弱。

六、思考题

1. 前肢或四肢力量和耐力与哪些组织的功能有关？

2. 为什么说营养是保证运动过程中肌肉工作的基本物质基础？

七、延伸阅读

[1] 陶玉晶，张强，刘俊一. 振动训练对大鼠骨骼肌力量、IGF-1 和 myostatin 表达的影响及相关性研究 [J]. 西安体育学院学报，2014，31（1）：75-82.

[2] 王洪涛，尹花仙，金海珠，等. 海参肽对小鼠抗疲劳作用的研究 [J]. 食品与机械，2007，23（3）：89-91.

第五章

营养调查及膳食设计

实验四十七　膳食营养调查

一、目的与要求

1. 熟悉营养调查工作的基本内容和几种膳食调查方法的特点。

2. 掌握食物成分表的正确使用和食物中各种营养素的换算方法。

3. 掌握膳食评价的方法，根据膳食调查的情况，评价调查对象的膳食结构并调整其膳食结构。

二、原理与调查

（一）原理

膳食调查是通过对群体或个体每天摄入食物的种类和数量、进餐次数及分配、烹调加工等状况调查，再根据食物成分表计算出每人每日摄入的能量和其他营养素的平均摄入量，然后与推荐供给标准进行比较分析，评定营养素需要得到的满足程度，借此评价膳食构成、质量能否满足生长或健康功能的需要，从而了解调查对象的饮食习惯、膳食计划及食物分配和烹调加工过程中可能存在的问题，提出改进措施。膳食营养调查的数据是对被评估者营养状况判断的依据，也常作为实施营养干预或营养支持的依据。个体膳食调查所得数据信息可用于个性化分析。

（二）调查内容

饮食习惯（包括地域特点、餐次、食物禁忌、软烂、口味、烹制方法）、食物种类、摄食频率及次数、饮食结构、膳食摄入量（包括每日三餐及加餐的食物品种和摄入量）。在此基础上，计算出每天能量和所需要各种营养素的摄入量，以及各种营养素之间的比例等。

常见的膳食调查方法包括：称量法、记账法、询问法和化学分析法。

（三）调查方法

1. 称量法

对某一膳食单位（集体食堂或家庭）或个人一日三餐中每餐各种食物的食用量进行称重，调查时间为3~7d，计算每人每日各种营养素的平均摄入量。调查期间，调查对象若在外进食也需详细记录，精确计算。此法一般适用于团体、个人和家庭的膳食调查，不适合大规模的人群调查。

2. 记账法

对建有饮食账目的集体食堂等单位，通过查阅过去一定时间内食堂的食品消费总量，结合同一时期的进餐人数，粗略计算每人每日各种食品的平均摄取量，再按照食物成分表计算这些食物所提供的能量和营养素。该法简便、快捷，适用于大样本调查。但该法只能得到集体中人均的摄入量，难以分析个人膳食摄入情况，不如称重法精确。

3. 询问法

通过问答，回顾性地了解调查对象的膳食营养状况，目前较为常用，适用于个体调查及人群调查，包括膳食回顾法和膳食史法。询问法的结果不够精确，一般在无法用称重法和记账法的情况下才使用。

（1）膳食回顾法　由受试者尽可能准确地回顾调查前一段时间的食物消耗量。成人在24h内对所摄入的食物有较好的记忆，一般认为24h膳食的回顾调查最易取得可靠的资料，简称24h回顾法。该法是目前最常用的一种膳食调查方法，一般采用3d连续调查。

调查时一般由最后一餐开始向前推24h。食物量的评估一般采用家用量具、食物模型或食物图谱。询问可通过面对面询问、使用开放式表格或事先编码好的调查表通过电话、录音机或计算机程序进行。

由于膳食回顾法需依赖被调查者的记忆力，因此该法不适合7岁以下的儿童和超过75岁的老年人。24h回顾法可用于家庭中个体的食物消耗状况调查，也可用于评价人群的膳食摄入量。

（2）膳食史法　用于评估个体每日总的食物摄入量与在不同时期的膳食模式。通常覆盖过去1个月、6个月或一年的时段。该法由三部分组成，第一部分是询问被调查对象通常的每日膳食模式，以一些家用量具特指的量为食用量单位；第二部分是核对，以确证、阐明被调查者的饮食模式，可用一份包含各种食物的详细食物清单进行反复核对后确认；第三部分由被调查者用家用测量方法，记录3d的食物摄入量。

膳食史法与24h回顾法相比较为抽象，对调查者与被调查者均要求较高，非营养学专家进行该调查往往十分困难，也不适用于每天饮食变化较大的个体。

4. 化学分析法

分析调查对象每日所摄入食物，于实验室进行化学分析，测定各种营养素及能量。一般选用双份饭菜法，虽能准确地得出食物中各种营养素的实际摄入量，但化学分析过程复杂、成本高，多用于临床营养治疗的研究工作。

（四）调查结果与评价

对膳食调查所得资料进行整理，将所得结果与《中国居民膳食营养素参考摄入量（2013版）》进行比较，做出评价。评价的主要项目包括：

1. 膳食结构分析

根据膳食宝塔分类，统计各类食物的摄入量（表5-1），加以比较，了解食物是否多样，营养素种类是否齐全，能量及各营养素摄入数量是否满足需要。

表5-1　　　　　　　　　　　　　　　24h各类食物摄入量　　　　　　　　　　　　　　单位：g

食物类别	谷类	蔬菜	水果	肉、禽	鱼虾	蛋类	豆类及制品	乳类	油脂
摄入量									
宝塔推荐量	300	400	100	50	50	25	100	100	20

2. 营养摄入量分析

对照食物成分表计算食物营养素含量，并累计一日能量及主要营养素摄入量，了解三大供能营养素能量分配比例是否恰当，主副食搭配、荤素搭配是否合理，三餐能量分配是否合理。

3. 其他分析

蛋白质、脂肪食物来源是否合理，蛋白质质量（氨基酸平衡、蛋白质来源）及蛋白质互补作用的发挥情况；脂肪种类及必需脂肪酸供给等。

三、膳食调查实验

1. 内容及要求

以大学生膳食为调查对象，采用个人记录的 24h 膳食，记录 1d 每餐的膳食情况，包括全部食物的种类和数量，进行整理、评价。

2. 资料、表格准备

选择大学生，资料内容包括被调查者的基本信息（年龄、性别、身高、体重、劳动力水平，食物偏好，家庭居住地等）、调查时间以及一日三餐记录表格。

3. 资料收集

让被调查者在规定的相同日期记录 1d 内每餐所食食物、及全天食物的种类和数量，于第二天将所填资料回收。连续收集 3d 以上。

4. 资料计算

（1）计算每人每日各种营养素摄入量　应用"食物成分表"计算各种食物的各种营养素含量，从而计算每人每日各种营养素摄入量。

（2）计算热量、蛋白质以及铁的来源分布　将各种食物分为动物类、豆类、一般植物类（不含豆类）三类。分别计算来源于动物类、豆类、一般植物类热量、蛋白质和铁的摄入量并计算其占总量的百分比。由此评价能量、蛋白质和铁的不同来源优势。

（3）计算一日三餐能量分配百分比　将早、中、晚餐食物分别列出，计算其能量，并计算其占总能量的百分比。

（4）计算膳食中热量来源分配　计算食物中蛋白质、脂肪、碳水化合物的摄入量并转化为能量，求出蛋白质、脂肪、碳水化合物占总能量的百分比。

将上述实验步骤中收集计算的数据填入表 5-2、表 5-3、表 5-4、表 5-5 和表 5-6 中。

表 5-2　　　　　　　　　　　每人每日各种营养素摄入量

日期	餐次	食物名称	重量/g	蛋白质/g	脂肪/g	糖类/g	钙/mg	磷/mg	铁/mg	锌/mg	维生素A/IU	维生素D/IU	维生素B/mg	维生素C/mg	烟酸/mg	热量/kJ
早餐																
小计																
午餐																
小计																

续表

日期	餐次	食物名称	重量/g	蛋白质/g	脂肪/g	糖类/g	钙/mg	磷/mg	铁/mg	锌/mg	维生素A/IU	维生素D/IU	维生素B₁/mg	维生素C/mg	烟酸/mg	热量/kJ
	晚餐															
	小计															
	其他*															

注：*食入的饮料、冰激凌、饼干、巧克力糖果、水果等零食也应计算在内。

表 5-3　　　　　　　　　　热量及营养素摄入占供给量的百分比

营养素	蛋白质/g	脂肪/g	糖类/g	热量/g	钙/g	铁/g	微克视黄醇当量	维生素D/IU	维生素B₁/mg	维生素B₂/mg	烟酸/mg	维生素C/mg
建议日供给量（DRIs）												
实际日摄入量												
摄入量/供给量×100%												

注：一般认为热能的摄入量应占供给标准的90%以上，正常范围为90%~110%；各种营养素的摄入量应占供给标准的80%以上，低于标准80%为供给不足，若低于60%认为是严重缺乏，对身体造成严重影响。摄入超过100%，DRIs 有可耐受最高摄入量（UL）值的摄入量应限制在其 UL 值以下。

表 5-4　　　　　　　　　　食物源的营养素分配比例

营养素来源	能量摄入量/%	蛋白质摄入量/%	铁摄入量/%
动物食物			
豆类			
植物性食物			

蛋白应主要来源于优质蛋白质（动物类以及大豆类制品），其供给量应占到蛋白质供给量的30%（1/3）以上，如果总量不足，则优质蛋白质所占的比例应更高。植物性食物铁为非血红素铁，受多种因素的影响，其吸收量远低于动物性食物铁。

表 5-5　　　　　　　　　　三大营养素能量百分比

来源	能量/kJ	占总能量/%	适宜能量摄入比例/%	评价
蛋白质			12~14	

续表

来源	能量/kJ	占总能量/%	适宜能量摄入比例/%	评价
脂肪			20~30	
糖类			55~65	
总计				

表 5-6　　　　　　　　　　　　　　　一日三餐能量分配

	早餐	中餐	晚餐
能量/%			
推荐模式/%	30	40	30

5. 结果与分析、评价

根据上述数据做出评价分析，撰写膳食调查报告表 5-7，并对给予建议和评价。

表 5-7　　　　　　　　　　　　　　　膳食调查报告

标题：　　　　　　　　　　　　　署名：

摘要：

调查对象基本情况：

调查方法：采用的调查方法、使用的材料、分析软件、资料及样本数量，采用的评价标准

续表

调查结果与分析评价：根据上述表格的结果，对受访者膳食情况进行分析评价
①能量、主要营养素的摄入情况；
②膳食蛋白质来源，肉、蛋、乳、鱼虾及海产品摄入量、比例；
③脂肪来源 摄入量，必需脂肪酸状况；
④蔬菜、水果摄入种类及数量；
⑤三餐能量分配及膳食荤素搭配、食物多样化情况。

建议与措施：根据结果和评价内容，给出合理、可行的建议和改进措施

四、注意事项

（1）选取的样本量要合适，结果分析时应注意年龄、性别、劳动/活动水平不同所导致的相应标准间的差异，否则会影响实验结果的准确性或者导致实验结果分析过程的繁杂。

（2）由于要记录三餐食物，准确描述食物种类、数量是调查基础资料的关键，所以对受访者的要求较高，应该要选取合适的被调查者。另外，受访者记录的资料回收过程中会出现遗漏的问题，这样可能会导致实验有效的样本量变小，所以分发资料的数量应稍多一些。

（3）计算内容较多，容易出现计算错误，应组成小组，对数据计算、核实、检查，以确保准确性。

五、思考题

1. 怎样确定膳食营养调查中合适的样本量？

2. 膳食营养调查除了个人 24h 记录法之外，还可配合哪种方法使结果更为准确？

六、延伸阅读

［1］汪之顼，张曼，武洁姝，等．一种新的即时性图像法膳食调查技术和效果评价［J］．营养学报，2014，36（3）：288-295.

［2］吴健全，郭长江，韦京豫，等．我军炮兵部队膳食调查与评价［J］．军事医学科学院院刊，2009，33（3）：259-261.

实验四十八　普通人群膳食设计及方法

一、目的与要求

1. 了解掌握膳食设计的基本原则。

2. 熟悉《中国居民膳食营养素参考摄入量（2013 版）》《中国居民膳食指南（2016）》和《2018 中国食物成分表标准版》等工具的使用。

3. 掌握不同人群膳食设计的基本方法。

二、原理

食谱编制的基本原则：依据不同个体营养需要特点和食物营养成分特点，保证营养平衡，品种多样，数目充足。三大产热营养素比例合适；优质蛋白质占蛋白质总供给量的 1/3 以上；饱和脂肪酸∶单不饱和脂肪酸∶多不饱和脂肪酸为 1∶1∶1；钙磷比适当；钾钠比适当；照顾饮食习惯，注意饭菜口味；合理分配三餐；考虑季节和市场供应情况；兼顾经济条件。目前常用的食谱编制的方法主要有两种：计算法和食物交换份法。

三、膳食设计方法

（一）计算法

1. 原理

计算法是最早采用的一种食谱编制方法，虽然编制的过程比较烦琐，但比较精确，是其他食谱编制方法的基础，只有掌握好计算法的食谱编制方法及步骤后，才能较好地使用食物交换份法和计算机编制法。

2. 计算法的食谱编排步骤

（1）确定每日能量摄入量　根据就餐者的性别、年龄、劳动强度以及身体状况等确定受试者一日能量的需要量。通过检索《中国居民膳食营养素参考摄入量（2013 版）》查得，也可以通过能量消耗法计算。

（2）根据膳食组成，计算蛋白质、脂肪和碳水化合物每日的摄入量　按照能量占比：蛋白质 10%~15%，脂肪 20%~30%，碳水化合物 55%~65%，根据三大产能营养素的能量系数，计算蛋白质、脂肪和碳水化合物的每日摄入量。

（3）食物品种和数量的确定　根据以上计算的各种热能营养素的摄取量，参考每日维生素、矿物质摄入量，查阅食物营养成分表，大致选定一日食物的种类和数量。先确定以提供热能营养素为主的食物，如谷物、肉类等，再确定以蔬菜和水果等以供给维生素、矿物质、膳食纤维为主的食物。一般成人一日食物的种类和数量为：粮谷类 500g，动物性食物 50~100g，大豆及其制品 50g，蔬菜 400~500g，水果 100~200g，食用油脂的用量为 25g 左右。在选择蔬菜和水果时，最好根据季节，选择应季的品种。

（4）三餐的能量分配比例　早餐 25%~30%，午餐 40%，晚餐 30%~35%。

（5）三餐中各种食物的分配　将一日总能量分配至一日三餐中，根据分配比例，将食物分配到各餐中。完成每日食谱编制。

（二）食品交换份法

1. 原理

食品交换份法编排食谱，是将日常食物按营养素的分布情况分类，按照每类食物的习惯常用量，确定一份适当的食物质量，列出每份食物中的三大生热营养素及热能的含量，列表对照供参考使用。在食谱编排时，只要根据就餐者的年龄、性别、劳动强度等条件，按三大生热营养素的供给比例，计算出各类食物的交换份数，选配食物，就基本上能达到平衡膳食食谱编排的要求。

2. 食品交换份法的食谱编排步骤

对日常食物进行分类：按食物营养素的种类分布情况，我们将常用食物分为四组共 9 类。再根据每类食物以固定的热能（90kcal 或 377kJ）确定其重量，表示一份；每一份食物中蛋白质、脂肪和碳水化合物的含量也近似，见表 5-8。食物的等值计算：按热能（90kcal 或 377kJ）的要求，根据当地的食物供给的具体情况，将各类食物再进行详细的等值计算，见表 5-9。因此，在制定食谱时同类的各种食品可以相互交换。

表 5-8　　　　　　　　　　　各类食品交换份的营养价值

组别	类别	每份重量/g	热能/kJ	蛋白质/g	脂肪/g	碳水化合物/g	主要营养素
谷薯组	谷薯类	25	90	2.0	—	20.0	碳水化合物、膳食纤维
蔬果组	蔬菜类	500	90	5.0	—	17.0	无机盐、维生素、膳食纤维、植物化合物
	水果类	200	90	1.0		21.0	
肉蛋组	大豆类	25	90	9.0	4.0	4.0	蛋白质、氨基酸
	乳类	160	90	5.0	5.0	6.0	
	肉蛋类	50	90	9.0	6.0	—	
供热组	坚果类	15	90	4.0	7.0	2.0	脂肪、饱和与不饱和脂肪酸，必需脂肪酸
	油脂类	10	90	—	10.0		
	纯糖类	20	90	—	—	20.0	碳水化合物

表 5-9　　　　　　　　　　　377kJ 热量份各种食物重量

食品种类	食品质量
谷薯类	大米、小米、糯米、薏米、面粉、米粉、燕麦片、荞麦面、挂面、龙须面、通心粉、绿豆、红豆、芸豆、干豌豆、干粉条、干莲子、油条、油饼、苏打饼干各 25g；烧饼、烙饼、馒头、咸面包、切面各 35g；马铃薯 100g；玉米（带棒芯）200g
蔬菜类	大白菜、圆白菜、菠菜、油菜、韭菜、莴笋、茼蒿、芹菜、西葫芦、冬瓜、苦瓜、黄瓜、豆芽、鲜蘑、茄子、丝瓜、水浸海带、苋菜各 500g；白萝卜、青椒、茭白、冬笋各 400g；南瓜、菜花各 350g；鲜豇豆、扁豆、洋葱、蒜苗各 250g；胡萝卜 200g；山药、藕 150g；百合、芋头各 100g；毛豆、鲜豌豆各 70g
水果类	柿子、香蕉、荔枝、梨、桃、苹果各 150g；橘子、橙子、柚子、猕猴桃、李子、杏、葡萄各 200g；草莓 300g、西瓜 500g

续表

食品种类	食品质量
肉蛋类	带鱼、草鱼、鲤鱼、甲鱼、比目鱼、大黄鱼、鳝鱼、鲫鱼、对虾、青虾、鲜贝各 80g；瘦猪肉、牛肉、羊肉、排骨、鸭肉、鹅肉各 50g；肥瘦猪肉各 25g；熟叉烧肉（无糖）、午餐肉、酱牛肉、酱鸭各 35g；鹌鹑蛋 60g；兔肉 100g；鸡蛋、鸭蛋、松花蛋（带壳）各 60g；鸡蛋清 120g；蟹肉、水浸鱿鱼 100g；熟火腿、香肠各 20g
大豆类	腐竹 20g；大豆、大豆粉 25g；豆腐丝、豆腐干、油豆腐 50g；北豆腐 100g；南豆腐 150g；豆浆 400g
乳类	乳粉 20g；脱脂乳粉 25g；乳酪 25g；牛乳、羊乳各 160g；无糖酸奶 130g
油脂类	花生油、豆油、香油、菜油、玉米油、猪油、牛油、羊油、黄油各 10g；核桃、杏仁 25g；花生米 15g；葵花籽（带壳）25g

3. 注意事项

（1）等热能的食品可以进行交换，一般是同类食品进行交换。在四组食品内部也可互换，但若跨组进行交换将影响平衡膳食原则。水果一般不和蔬菜交换，因水果含糖量高，故不能用水果代替蔬菜。硬果类脂肪含量高，如食用少量坚果可减少烹调油使用量。

（2）食物交换份法的关键是相同热能情况下食物的可交换性。本例是以每 377kJ（90kcal）为 1 交换份单位，在实际工作中，可以按需要设立交换份的热能，例如可以 418kJ 为 1 交换份，也可以更精确一些，也可以 251kJ 或 209kJ 为 1 交换份。

（3）食品交换份法是一种较为粗略的食谱编排方法。它的优点是简单、实用，并可根据等热能的原则，在蛋白质、脂肪、碳水化合物含量相近的情况下进行食品交换，可避免摄入食物太固定化，并可增加饮食和生活乐趣。从 20 世纪 50 年代开始，美国将食品交换份法用于糖尿病人的营养治疗。除糖尿病外，食物交换份法也适用于其他疾病病人的营养治疗以及健康人的食谱编制。

（三）计算机食谱编制法

1. 原理

计算机具有运算速度快、内存大、配有外部存储器等优点，不仅可以同时完成多种项目，如营养素含量的计算、膳食营养结构分析、食谱编制等，同时还能储存大量的资料，能根据用户的需要进行程序的修改，是现今许多单位进行营养工作的主要工具。

2. 数据库

基本的软件中包含以下的数据库：

（1）食物成分数据库　完整的食物成分数据库包括食物营养素种类和含量的全国代表值、全国分省值及氨基酸、饱和脂肪酸、不饱和脂肪酸、胆固醇数据库。

（2）中国居民营养素参考摄入量（DRIs）数据库　中国营养学会已出版了《中国居民膳食营养素参考摄入量（2013 版）》包括不同年龄、性别、生理状况、劳动强度的人群营养素及热能每日平均需要量、推荐摄入量、适宜摄入量和可耐受最高摄入量等。

（3）代码数据库　包括营养素代码数据库、氨基酸代码数据库等。应用营养原理可建立特殊的数据库，例如糖尿病、高脂血病人、高血压、肥胖患者的食品交换单位数据库，方便营养师的配餐计算工作。食品生产企业可进行糕点、饮料等配方及营养成分等计算，便于健康食品生产与营养成分标识。因此，营养软件可提供多种计算及数据处理服务。常用的有营养素分析、食谱的编制、食物营养素及有关资料的查询、营养与膳食调查数据的统计整理等，其中以食谱的编制应用最为普及。

3. 食谱的编排

食谱编排软件系统对食谱编制包含固定编排、自动编排和手工编排。

（1）固定编排　固定编排是将编制好的食谱预先放置在数据库中，用时只需要调出即可。按各季节食物来源的不同，可将食谱分为 7d 或 30d 为一单元。常用于一些变化不大的包伙制单位如快餐公司、学校、企事业单位、部队等。

（2）自动编排　自动编排是在计算机中储存几十种菜肴的菜谱，将菜谱的名称以及原料的名称谱中各种原料的用量进行限定，将原料的重量、烹饪方法等输入菜谱中。如需要更改，则要重新输入，计算机直接将该菜谱的营养素含量计算、储存起来，根据需要可以储存数十种至数百种菜目。食谱编制时，只需将不同就餐人员的基本资料（年龄、性别、劳动强度等）输入，计算机将自动折算成"标准人"的热能需要系数，再根据此系数确定相应的供给量；通过计算机的随机抽取，就可得出供给量基本符合膳食营养素参考摄入量的食谱。

自动编排对程序的编写要求比较高，在程序编写时相关的因素考虑得越多，则越完善，编制的食谱其质量也越高。例如，将人们的生活膳食习惯、原料生产的季节、价格等因素考虑编入程序，编制的食谱既能符合营养学的要求，也能比较符合实际生活，因而食谱的可操作性也比较强。特别是目前许多程序编写人员在程序编写时，注意到简化操作方法，对使用者的要求只需要会使用鼠标即可，这样有利于此软件的推广，特别适合在家庭中的使用。

（3）手工编排　一般软件均提供编制食谱的程序，根据就餐者的生理状况和营养需要的特点，结合食物的色、香、味、形等要求，编制出一日或数日食谱。手工编排食谱时对软件使用者的要求相对比较高，既要有营养学的专业基础知识，又要对计算机的使用和操作比较熟练，并有一定的程序设计能力，这样才能不断根据就餐者的状况对食谱进行调整，以更加满足就餐者的各种需要。

营养配方软件可建立查询系统，以便于手动编排过程中查询所遇到的问题。例如食物营养素的含量、膳食的种类、食物原料的分类、烹调方法等。

四、膳食设计与食谱编制

例：男性，30 岁，教师，身高 175cm，体重 80kg，平日运动较少，血清甘油三酯高，喜欢吃牛肉、猪肝，水果摄入较少。请为其制定一日食谱。

1. 判断体型并计算全日能量供给量

标准体重 = 身高（cm）−105 = 175−105 = 70（kg）

身体质量指数（BMI）= 80/1.75² = 26，超重

能量 = 标准体重（kg）×标准体重能量需要量（kJ/kg）= 70×126 = 8820（kJ）

其中，标准体重能量需要量参照表 5−10。

表 5-10 　　　　　　　　　　　　　　标准体重能量需要量参照表　　　　　　　　　单位：kJ/kg

体型	体力劳动			
	极轻体力劳动	轻体力劳动	中体力劳动	重体力劳动
消瘦	146	167	188	188~230
正常	105~126	146	167	188
超重	84~105	126	146	167
肥胖	63~84	84~105	126	146

2. 计算全天三大供能营养素供给量

全日碳水化合物供给量=8820×60%÷4.184÷4=316（g）

全日蛋白质供给量=8820×15%÷4.184÷4=79（g）

全日脂肪供给量=8820×25%÷4.184÷9=59（g）

3. 确定全天主食数量和种类

考虑我国人民的膳食结构，假设大米提供的碳水化合物占总碳水化合物的80%，小麦粉提供的碳水化合物占总碳水化合物的20%，大米、小麦中碳水化合物含量分别为77.9%和49.8%。

所需大米质量=316g×80%/77.9%=325（g）

所需小麦粉质量=316g×20%/49.8%=127（g）

4. 确定全天副食蛋白质的需要量

主食中蛋白质质量=325×7.4%+127×11.2%=38（g）

副食中蛋白质质量=79-38=41（g）

5. 计算全天副食的需用量和确定原料品种

提供蛋白质副食包括瘦肉、鱼、鸡蛋、牛乳、豆腐等，设定3/4由动物性食物提供，1/4由豆制品提供：

动物性食物蛋白质质量=41×75%=31（g）

豆制品中蛋白质质量=41×25%=10（g）

若鸡蛋60g，牛乳250mL，剩下的选择瘦猪肉，则：

瘦猪肉蛋白质质量=31-60×87%×12.7%-250×3%=16.87（g）

瘦猪肉质量=16.87÷20.3%=82（g）

豆腐质量=10÷8.1%=123.5（g）

6. 配备蔬菜

设计蔬菜的品种和数量，如花椰菜、番茄、青菜等，主要增加维生素和矿物质。

7. 确定烹调用油的量

植物油质量=59-上述各主副食中油质量=30g

8. 配制一日食谱

配制的一日食谱如表5-11所示。

表 5-11 一日食谱配制

餐别	食物名称	原料名称	食物重量/g
早餐	面包	面粉（特一粉）	127
	牛乳	—	250
	卤鸡蛋	—	60
中餐	米饭	大米（标一）	165
	西芹炒肉	西芹	150
		瘦猪肉	62
	蒜蓉油菜	油菜	150
	花生油	—	15
晚餐	米饭	—	160
	白菜豆腐肉丝	白菜	200
		豆腐	123
		瘦猪肉	20
	凉拌青椒	青椒	150
	香油	—	5
	花生油	—	10

9. 计算每日营养素

将配制的食谱按表 5-12 计算每日营养素。

表 5-12 每人每日膳食食谱计算表

餐次	品名	食物名称	食部/%	重量/g	蛋白质/g	脂肪/g	碳水化合物/g	热能/kJ
早餐								
小计								

续表

餐次	品名	食物名称	食部/%	重量/g	蛋白质/g	脂肪/g	碳水化合物/g	热能/kJ
中餐								
小计								
晚餐								
小计								
调料								
小计								
合计								

餐次	钙/mg	磷/mg	铁/mg	维生素					
				A/IU	D/IU	B$_1$/mg	B$_2$/mg	PP/mg	C/mg
早餐									

续表

餐次	钙/mg	磷/mg	铁/mg	维生素					
				A/IU	D/IU	B$_1$/mg	B$_2$/mg	PP/mg	C/mg
早餐									
小计									
中餐									
小计									
晚餐									
小计									
调料									
小计									
合计									

记录人_____ 计算人_____ _____年_____月_____日 _____页

五、注意事项

（1）一般情况下，每天的能量、蛋白质、脂肪和碳水化合物的量出入不应该很大，其他营养素以一周为单位计算，平均能满足营养需要即可，允许+10%的范围变化。

（2）注意实际营养配餐中兼顾口味、风味的调配问题。

六、思考题

1. 三种食谱制定方法各有什么利弊？

2. 利用所学的前两种方法为自己制定一个合理膳食设计。

七、延伸阅读

［1］金邦荃. 营养学实验与指导［M］. 南京：东南大学出版社，2008.

［2］郝志阔，李超. 营养配餐设计与评价［M］. 北京：中国标准出版社，2013.

实验四十九 妊娠期妇女膳食设计

一、目的与要求

1. 了解妊娠期妇女的生理特点及营养需求。

2. 熟悉妊娠期妇女的常见营养问题。

3. 掌握妊娠期妇女膳食设计的基本原则和方法。

二、原理

妊娠期妇女的合理营养对于母亲和胎儿健康至关重要。这一时期，除了正常的营养需求外，孕妇需为胎儿、羊水、胎盘提供营养和热量，同时还需为增加的血容量、增大的乳房及子宫等组织提供营养。

（一）生理与营养需求特点

母体自受精卵着床，体内将发生一系列生理变化以适应母体自身及胎儿生长发育的需要，并为产后泌乳进行准备。

1. 内分泌的变化

妊娠期卵巢及胎盘分泌的雌激素、人绒毛膜促性腺激素等激素的增加可调节碳水化合物、脂肪代谢，母体合成代谢加快。循环血中胰岛素水平提高，但由甲状腺、胎盘、肾上腺分泌的拮抗其作用的激素水平也相应增加，因此，妊娠期应注意是否出现糖耐量异常和糖尿病，若发现异常，应及时进行饮食调节。妊期糖尿病可增加胎儿发育迟缓、巨大儿或早产等发生率。

2. 消化系统的变化

孕早期由于激素水平的变化，孕妇易出现恶心、呕吐、食欲减退等妊娠反应，影响营养素吸收，严重者危及胎儿生命。孕中晚期，胃肠道平滑肌松弛，胃蠕动减慢，排空延迟，且消化液分泌减少，孕妇多有消化不良和便秘等症状。

3. 器官负荷增加

随着妊娠期的延长，孕妇的血容量与非孕妇相比增加45%~60%，红细胞和血红蛋白量也相应增加，但由于红细胞提高的幅度低于血浆容量，形成相对稀的血浆，导致妊娠期生理性贫血，出现缺铁性贫血及巨幼红细胞性贫血。同时，血容量加大造成心脏和肺的负荷增加，孕晚期由于膈肌上升，心脏向上向前移位，心率加快，心脏负担加重。有效肾血浆流量及肾小球滤过率提高，尿液中葡萄糖、氨基酸、水溶性维生素等的代谢产物排出量也相应增加。孕晚期孕妇易出现水肿、高血压，严重者可出现子痫。

4. 体重增加

妊娠期妇女的体重增加对于自身健康和胎儿正常发育是必要的。体重生长不良会影响胎儿的出身体重和预后。健康孕妇妊娠期体重增加 11~16kg。孕早期平均体重增加仅 1~1.5kg，随着妊娠继续，孕妇子宫等组织增大，胎儿在孕晚期发育加速，体重增加多集中于孕中期和孕晚期，平均每周增加不超过 0.5kg。整个孕期，应考虑怀孕前的基础体重 BMI，表 5-13 推荐了孕期体重适宜增长范围。事实上，妊娠期妇女孕前应考虑基础体重的调整，对于肥胖或低体重备孕妇女，应使 BMI 值处于 18.5~23.9，在最佳的生理状态下孕育新生命。

表 5-13　　　　　　　　　基于孕前 BMI 推荐的妊娠期体重增长范围

孕前 BMI/（kg/m²）	总体体重增长范围/kg	孕中晚期的体重增长率范围/（kg/w）
体重不足	12.5~18	0.44~0.58
标准体重	11.5~16	0.35~0.50
超重	7~11.5	0.23~0.33
肥胖	5~9	0.17~0.27

（二）孕期营养需求及供给

1. 能量

妊娠期孕妇的能量摄入与消耗应保持平衡，能量摄入过多，会导致母亲体重过高，影响胎儿发育；能量摄入不足，母体会优先维持自身需求而不是供给胎儿，导致胎儿发育迟缓，早期易导致早产。能量供给应根据孕期适宜体重增长量。中国营养学会建议孕早期能量需要量（EER）不变，孕中期每日增加 1255kJ，孕晚期每日增加 1883kJ。也有建议，妊娠早期每日增加 628kJ 能量。

2. 蛋白质

蛋白质的需要量随着妊娠时间的增加而提高。中国营养学会推荐孕早期蛋白质推荐摄入量（RNI）不变，孕中期增加 15g/d，孕晚期增加 30g/d。

3. 碳水化合物

葡萄糖是胎儿的唯一能量来源，要求母体摄入充足的碳水化合物。妊娠后期肝糖原合成及分解增强，碳水化合物需要量也随之增加。孕期碳水化合物应该提供 60%~75% 能量来源，孕妇碳水化合物摄入不足，容易引起脂肪酸供能，产生酮体，不利于胎儿健康。

4. 脂肪

胎儿的正常发育以及脂溶性维生素的吸收需要脂肪参与，并且对多不饱和脂肪酸需求增加，尤其是必需脂肪酸，对胎儿脑及神经发育十分重要。适当的脂肪积累有利于产后乳汁的分泌，妊娠全程需储存 2~4kg 脂肪。孕妇膳食脂肪供能占总能量的 20%~30%。若出现血脂升高，则应控制脂肪摄入量。适量的脂肪消耗，有利于避免高血糖导致的胰岛素分泌过多而增加巨大儿，以及降低新生儿低血糖和胎儿死亡风险。

5. 矿物质

孕期母体需要摄入充足的矿物质以满足胎儿生长发育的需要。钙、磷、镁参与骨骼的形成，若摄入不足会影响骨骼的正常发育。

（1）铁 孕前至整个孕期均应食用含铁丰富的食物，妊娠期后 6 个月孕妇及胎儿对铁的需要量增加，尤其是妊娠最后 3 个月需要量最大。孕中期铁的 RNI 为 24mg/d，孕晚期 29mg/d，必要时可在医生指导下补充适量铁剂，同时应注意多摄入富含维生素 C 的食物，促进铁的吸收。但铁摄入过多易引起毒性反应，铁的 UL 为 42mg/d。

（2）钙 孕妇应摄入足够的钙，用于胎儿骨骼、牙齿的发育和胎儿代谢。孕晚期，孕妇体内钙转移到胎儿体内，新生儿体内有 25~30g 钙。中国营养学会推荐的钙摄入量，孕早期 RNI 为 800mg/d，孕中晚期为 1000mg/d。

（3）锌 母体充足的锌摄入有利于胎儿生长发育和预防先天性畸形。成年女性体内锌为 1.3g，孕期增加至 1.7g。孕妇应于孕中期增加锌的摄入量。孕期锌的 RNI 为 9.5mg/d，UL 为 40mg/d。

（4）碘 妊娠期母体甲状腺功能活跃，碘的需要量增加。WHO 推荐孕妇碘的 RNI 为 250μg/d，UL 为 500μg/d。依据我国现行食盐强化碘量 25mg/kg，每日孕妇摄入 5g 食盐、烹调损失率按 20% 计算，摄入碘仅为 100μg，为一般成年人推荐量 120μg 的 80% 左右。而孕期碘的推荐摄入量比非孕时增加，食用碘盐仅能获得推荐量的 50% 左右，因此，鼓励备孕妇女每周摄入 1~2 次富含碘的海产品食物，如：海带、紫菜、贻贝，以增加碘储备。

6. 维生素

妊娠期胎儿需要大量的维生素满足生长发育，尤其是对叶酸和维生素 B_{12} 的需要量增加较大，以防止出现先兆子痫、胎盘早剥和神经管畸形。育龄妇女于孕前 3 个月至孕早期 3 个月每日补充 400μg 叶酸，可多摄取富含叶酸的动物肝脏、深绿色蔬菜及豆类，也可通过叶酸的膳食补充剂。孕妇叶酸的 RNI 为 600μg/d，UL 为 1000μg/d。维生素 B_{12} 的 RNI 为 2.9μg/d。其他维生素也应注意补充。

7. 其他

孕期摄入足量含丰富的碳水化合物的食物和蛋白质，依据个人喜好选择清淡适口、容易消化的食物，少食多餐。为补充蛋白质，可增加乳、鱼、禽、蛋、瘦肉的摄入。同时，注意孕期体重监测与管理，孕早期体重变化不大，可每月测量 1 次；孕中晚期应每周测量体重，根据体重增长速率调整能量摄入。

三、膳食设计

例：孕妇，女，26 岁，妊娠 5 个月，体重 51kg，身高 160cm，早期妊娠反应严重，无法吃下食物，现饮食正常。平日较挑食，不喜欢吃牛肉、猪肝等食物。近日感觉头晕、体乏，检查血红蛋白含量 78g/L。

请针对本案例，在普通人群膳食设计原则的基础上，结合该孕妇的临床资料，为该孕妇设计符合其营养需求的一日食谱，并提出相应建议。设计表内容可参考表 5-14。

表 5-14　　　　　　　　　　　　　　孕妇膳食设计表

餐别	食物名称	原料名称	食物重量/g
早餐			
中餐			
晚餐			

四、思考题

1. 妊娠期妇女易患哪些营养性疾病？

2. 为妊娠期妇女进行营养健康宣传教育时，应注意哪些问题？

五、延伸阅读

[1] 中国营养学会妇幼营养分会. 中国妇幼人群膳食指南（2016）[M]. 北京：人民卫生出版社出版，2019.

[2] 让蔚清，刘烈刚. 妇幼营养学（本科妇幼保健）[M]. 北京：人民卫生出版社，2014.

[3] 蔡威. 生命早期营养精典 [M]. 上海：上海交通大学出版社，2019.

实验五十　乳母膳食设计

一、目的与要求

1. 了解乳母的生理特点及营养需求。

2. 熟悉乳母的常见营养问题。

3. 掌握乳母膳食设计的基本方法，可为乳母设计合理的膳食食谱。

二、原理

乳母是处于哺乳特定生理状态下的人群。乳母通过分泌乳汁哺育婴儿，保证 6 个月以内婴儿的全面营养。乳母还需要补偿妊娠、分娩时消耗的营养素，促进各器官功能的恢复。乳母营养不足与过剩，均影响乳汁分泌与母体康复，进而影响婴儿的生长发育。因此，科学合理的营养干预对产后乳母的身体康复、乳汁分泌具有重要意义。

（一）生理特点

乳汁分泌是由机体神经内分泌系统调节的复杂过程。一般分娩后 72h 之内乳腺开始分泌乳汁。精神因素、乳母的饮食和营养状况是影响乳汁分泌的重要因素。营养不良导致乳汁分泌减少，泌乳期缩短。

母乳是满足婴儿营养需求的最佳食品，随着婴儿成长过程中不断变化的能量和营养素需求，母乳的组成成分也不断发生变化。乳母每天大约产生 700mL 乳汁，分泌的多少取决于婴儿的需要量。在哺乳期开始的 6 个月内，每天产生乳汁大约消耗 2092kJ 能量。另外，乳母的能量需求还取决于每天的活动量。能量储备不足或摄入过低均会影响乳汁分泌。

产妇自胎儿及其附属物娩出，到生殖器官恢复至未孕状态需 6~8 周，该时间段称为产褥期。产妇由于承受了妊娠和分娩的应激，心理和生理上发生了很大变化，体力和体内储存的营养物质大量消耗，饮食上的某些禁忌，不利于充足的食物和营养补充。产后康复卧床时间过长，活动量减少，不利于产妇的健康。

（二）营养需求

1. 能量

哺乳期乳母对能量的需求增加。除满足自身的能量消耗外，还需满足母乳的需要。中国营养学会建议我国乳母膳食能量需要量（EER）比同等劳动强度非孕妇增加 2092kJ/d。

2. 蛋白质

哺乳期妇女对蛋白质的需要量增加，用以满足自身需要和分泌乳汁。中国营养学会建议乳母每天需额外供给 20g 蛋白质。

3. 脂肪

脂肪有利于婴儿的脑发育，尤其是多不饱和脂肪酸对中枢神经的发育特别重要。母乳中脂肪含量与乳母的脂肪摄入量相关，目前我国乳母脂肪推荐摄入量与成人相同，膳食脂肪供能占总能量的 20%~30%。

4. 矿物质

（1）铁　乳母每天分泌的乳汁中约含有 0.3mg 铁，加上补充妊娠和分娩时的铁消耗，以及月经恢复后的铁损失，乳母每日铁的需要量约为 2.0mg。中国营养学会推荐乳母膳食铁的 RNI 增加值为 4mg/d，UL 为 42mg/d。

（2）钙　按照每日泌乳 750mL 计算，约含钙 250mg。为了保证乳汁中钙含量的稳定及母体钙平衡，应增加乳母钙的摄入量。中国营养学会建议乳母膳食钙的 RNI 增加值为 200mg/d，UL 为 2000mg/d。乳母可多选择富含钙的食物，如豆类及豆制品，建议每日饮乳至少 250mL，并补充约 300mg 的优质钙，摄入 100g 左右的豆制品和其他含钙食物，加上膳食中其他食物来源的钙，摄入量可达到约 800mg，剩余部分可通过乳制品或钙剂补充。同时，应注意补充维生素 D，可多晒太阳或服用鱼肝油，促进钙的吸收和利用。

5. 维生素

（1）脂溶性维生素　乳汁中的维生素 A、维生素 D、维生素 E 含量受乳母摄入量的影响。乳母维生素 A 的 RNI 增加值为 600μg RAE/d，维生素 D 的 RNI 为 10μg/d，乳母只需保证良好的营养和充足的阳光照射，无需额外补充。

（2）水溶性维生素　乳母维生素 B_1 的 RNI 为 1.5mg/d，维生素 B_2 的 RNI 为 1.7mg/d，维

生素 B_{12} 的适宜摄入量（AI）为 2.8μg/d。维生素 C 的 RNI 为 130mg/d，乳汁中维生素 C 与乳母的膳食密切相关。只要乳母多摄入新鲜的蔬菜水果，尤其是鲜枣与柑橘类，基本能满足需要。

6. 水

为了促进乳汁的分泌，应鼓励乳母多摄入流质食物及汤类，如鸡汤、猪蹄汤、排骨汤、豆腐汤、鲜鱼汤等，每餐都应保证有带汤水的食物。

三、常见营养问题与合理营养

（一）营养问题

1. 营养素缺乏症

由于乳母需要分泌乳汁哺育婴儿，乳母对能量和营养素的需求增加。当各种营养素摄入不足时，乳母可出现体重减轻或其他营养素缺乏的症状。如没有及时补充叶酸和铁剂，可能出现不同程度的缺铁性贫血。

2. 营养过剩

乳母为哺育婴儿，常摄入过多的高能量、高碳水化合物、高脂肪、高蛋白质的食物，使能量摄入增加，造成超重或肥胖，可能出现血脂异常和脂蛋白异常血症。

（二）合理营养

乳母除需遵循一般人群膳食指南中建议的饮食原则，还应注意：

（1）哺乳期应增加蛋白质，尤其是优质蛋白质的摄入，包括鱼、禽、肉、蛋、乳、豆浆及制品的摄入，最好一天摄入 3 种以上。可通过增加动物肝脏的摄入补充维生素 A，但应注意不能过量，每周摄入 1~2 次动物肝脏为宜。

（2）分娩后 1~2d 若产妇消化功能较差或疲劳无力，应选择清淡、细软、易消化的食物，如面片、挂面、馄饨、蒸鸡蛋，之后逐渐过渡到正常膳食。接受剖宫产术的产妇术后可给予流质饮食 1d，但忌用牛乳、豆类等胀气食品，情况好转后给予半流食 1~2d，再转为普通膳食。

（3）增加泌乳量方法　①保持心情愉悦，树立泌乳信心；②鼓励尽早开乳，频繁吸吮；③营养合理，多喝汤水；④生活规律，保证睡眠，避免过度疲劳影响泌乳；⑤科学运动，逐步减重。

四、实验设计

案例：乳母，女，28 岁，身高 160cm，体重 75kg，产后第 2 个月，母乳喂养，每天泌乳量为 750mL。

请针对本案例，在普通人群膳食设计原则的基础上，结合该乳母的资料，设计符合其营养需求的一日食谱和食谱安排，并提出相应建议。

五、延伸阅读

［1］Valentine CJ，Wagner CL. Nutritional management of the breastfeeding dyad ［J］. Pediatr Clin North Am，2013，60：261-74.

［2］蔡威. 生命早期营养精典 ［M］. 上海：上海交通大学出版社，2019.

实验五十一　儿童、青少年膳食设计

一、目的与要求

1. 了解学龄前儿童、学龄期儿童和青少年的生理特点及营养需求。

2. 熟悉儿童、青少年的常见营养问题。

3. 掌握儿童、青少年膳食设计的基本方法，能够设计合理的膳食食谱。

二、实验原理

根据学龄前儿童（3~6岁）、学龄儿童（6~12岁）、青少年（12~17岁）时期生理和营养需求，为儿童、青少年设计合理的膳食食谱。

（一）学龄前儿童生理与营养需求特点

1. 生理特点

3~6岁的儿童为学龄前儿童。学龄前儿童每年身高增长5~7cm，体重每年平均增加1~2kg，生长迅速者可达3~4kg。学龄前儿童乳牙已出齐，咀嚼能力与消化功能逐渐增强，胃容量为650~850mL。神经系统发育基本完成，脑组织可达成人的86%~90%，运动转为有大脑皮质中枢调节，神经冲动传导速度加快，但脑细胞的体积仍在增大，神经纤维的髓鞘化仍在继续。此阶段的很大部分儿童不能专心进食，容易因食物摄入不足而导致营养素缺乏，在食物的选择上有自我倾向，模仿力强。

2. 营养需要

（1）能量 学龄前儿童基础代谢耗能为184kJ/（kg·d）。基础代谢的能量消耗约为总能量消耗的60%。学龄前儿童较婴儿期生长减缓，用于生长的能量需要相对减少，为21~63kJ/（kg·d）。中国营养学会建议3~6岁学龄前男童膳食能量EER为5230~6694kJ/d，女童为5020~6067kJ/d。随着年龄增长，机体对能量的需要量增加，好动儿童的能量需要高于安静儿童。

（2）蛋白质 学龄前儿童体重每增加1kg约需160g的蛋白质积累来满足机体细胞与组织的增长。蛋白质供能占总能量的14%~15%。蛋白质中必需氨基酸需要量占总氨基酸需要量的36%。优质蛋白质的供给应占全天蛋白质来源的30%~40%，其中来源于动物性食物的蛋白质应占50%，原料可选择鸡蛋、乳、鱼、鸡、瘦肉等，其余蛋白质可由植物性食物谷类、豆类等提供。中国营养学会建议学龄前儿童蛋白质参考推荐摄入量为30~35g/d。在农村应充分利用大豆所含的优质蛋白质来预防儿童蛋白质营养不良及引起的低体重和生长发育迟缓现象。

（3）脂肪 学龄前儿童生长发育所需的能量、免疫功能的维持、脑的发育和神经髓鞘的形成都需要脂肪，尤其是必需脂肪酸。学龄前儿童脂肪需要为4~6g/（kg·d）。亚油酸供能不应低于总能量的3%，亚麻酸供能不低于总能量的0.5%。烹调油可选用含有α-亚麻酸的大豆油、低芥酸菜籽油或脂肪酸比例适宜的调和油。动物性原料可选择富含Ω-3长链多不饱和脂肪酸的水产品。学龄期儿童脂肪AI以占总能量的25%~30%为宜。

（4）碳水化合物 学龄前儿童饮食基本完成从乳类食物为主到谷类食物为主的过渡。谷类所含的碳水化合物是能量的主要来源，碳水化合物供能占总能量的50%~60%，宜用含有复杂碳水化合物的谷类（如大米、面粉、红豆、绿豆等）为主，不宜食用过多的糖和甜食。学龄前儿童也需要适量的膳食纤维，如粗粮面包、麦片粥、蔬果等是膳食纤维的主要来源。过量的膳食纤维在肠道内容易引起胃肠胀气或腹泻，影响儿童食欲及营养素的吸收。

（5）矿物质 学龄前儿童容易缺乏的矿物质主要有钙、铁、锌、碘等。根据《中国居民膳食营养素参考摄入量（2013版）》建议，学龄前儿童矿物质参考摄入量见表5-15。

表 5-15　　　　　　　　　　　　学龄前儿童矿物质参考摄入表

年龄	钙 AI/mg	钾 AI/mg	镁 AI/mg	铁 RNI/mg	碘 RNI/μg	锌 RNI/mg
3	600	1000	100	12	50	9
4	800	1500	150	12	90	12
5	800	1500	150	12	90	12
6	800	1500	150	12	90	12

（6）维生素　为了保证生长发育，需要充足的维生素，尤其是挑食及暴饮暴食的儿童。学龄前儿童容易缺乏的维生素包括维生素 D（缺乏引起佝偻病）、维生素 A（参与机体生长、骨骼发育视觉等）、维生素 C（增强免疫力）及其他维生素。建议学龄前儿童维生素参考摄入量见表 5-16。

表 5-16　　　　　　　　　　　　学龄前儿童维生素参考摄入表

年龄	维生素 A RNI/μg RE	维生素 D RNI/μg RE	维生素 E RNI/μg RE	维生素 C RNI/μg RE	维生素 B$_1$ RNI/μg RE	维生素 B$_2$ RNI/μg RE
3	500	10	4	60	0.6	0.6
4	600	10	5	70	0.7	0.7
5	600	10	5	70	0.7	0.7
6	600	10	5	70	0.7	0.7

3. 合理营养

（1）学龄前儿童生长速度略低于 3 岁前，但仍属于迅速增长阶段，该年龄段儿童活泼好动、消耗量大，也是形成各种生活习惯的关键时期，应注意培养好的饮食和卫生习惯，引导其学会品尝、欣赏各种食物和口味。

（2）注意食物品种的选择和变换，如荤素搭配、粗粮和细粮、水果蔬菜应变换交替使用，避免挑食和暴饮暴食。

（3）食物软硬适中，温度要适宜，色、香、味、形要能引起儿童的兴趣，以促进食欲，并与其消化能力相适应。

（4）学龄前儿童对热能和各种营养素的需要量高于成人（按每 kg 体重计），应保证营养素供给和平衡膳食。3 岁儿童采用 3 餐 3 点制：早餐早点营养素分配 30%，午餐丰盛，午点低能量，以免影响晚餐，午餐加午点占 40%，晚餐较清淡，占 30%；以后可 3 餐 2 点制。

（二）学龄儿童的生理与营养特点

1. 学龄儿童的生理特点

6~12 岁的儿童为学龄儿童。进入小学的 6~9 岁儿童身高平均每年增长 4~5cm，体重平均年增长 2~3.5kg；乳牙脱落，恒牙萌出；独立活动能力逐步增强。10 岁以后随着青春期的到来，男孩比女孩身高和体重每年增长较快；其后逐渐进入第二个生长发育高峰，内脏器官和肌肉系统发育很快，神经系统发育趋于完善，脑的形态发育逐渐接近成人，智力发育迅速，活动量加大，新陈代谢旺盛，对各种营养素的需求增加。

2. 学龄儿童的营养需要

（1）能量　学龄儿童体内合成代谢旺盛，能量处于正平衡状态，以适应生长发育的需要。这时期儿童经历从家庭或幼儿园进入学校学习的变化，对能量的需求随年龄而渐增，后期随生长加速增加显著。根据《中国居民膳食营养素参考摄入量（2013 版）》建议，学龄儿童能量参考摄入量见表 5-17。

表 5-17　　　　　　　　　　　学龄儿童能量参考摄入表

年龄	能量 RNI/kJ		年龄	能量 RNI/kJ	
	男	女		男	女
6	7113	6694	10	8786	8368
7	7531	7113	11	10042	9205
8	7950	7531	12	10042	8368
9	8368	7950			

（2）蛋白质　学龄儿童蛋白质供能占总能量的 12%～14%。肉类（蛋白质含量为 17%～20%）、蛋类（蛋白质含量为 13%～15%）、乳类（蛋白质含量约为 3%）、豆类（蛋白质含量为 35%～40%）等蛋白质含量丰富，氨基酸构成好，促进生长发育。《中国居民膳食营养素参考摄入量（2013 版）》建议的学龄儿童蛋白质参考摄入量见表 5-18。

表 5-18　　　　　　　　　　　学龄儿童蛋白质参考摄入表

年龄	蛋白质 RNI/g		年龄	蛋白质 RNI/g	
	男	女		男	女
6	55		10	70	65
7	60		11	75	
8	65		12	75	
9	65				

（3）脂肪　学龄儿童一般不过度限制膳食脂肪的摄入，脂肪种类要注意选择含必需脂肪酸的植物油。过多摄入动物脂肪会增加肥胖疾病的发生。根据《中国居民膳食营养素参考摄入量（2013 版）》建议，学龄儿童除 6 岁（脂肪供能占总能量的 30%～35%）以外，其余各年龄脂肪供能占总能量的 25%～30%。

（4）碳水化合物　学龄儿童碳水化合物的来源主要是粮、薯类食物，蔬、果类也有定量的碳水化合物，与蛋白质和脂肪相比，碳水化合物更容易被机体吸收和利用。学龄儿童碳水化合物供能占总能量的 55%～65% 为宜。碳水化合物摄入充足，可避免脂肪过多摄入，同时谷薯类及蔬菜摄入也增加了膳食纤维含量，可预防肥胖病的发生。其次，要注意防止摄入过多的食用糖，特别是含糖的饮料。

（5）维生素　学龄儿童处于快速生长发育期，需要充足的维生素供给。容易缺乏的维生素包括维生素 D（缺乏引起佝偻病）、维生素 A（参与机体生长、骨骼发育、视觉等）、维生素 C（增强免疫力）及其他维生素。《中国居民膳食营养素参考摄入量（2013 版）》建议学龄儿童维生素参考摄入量见表5-19。

表 5-19　　　　　　　　　　　学龄儿童维生素参考摄入表

年龄	维生素 A RNI/μg RE	维生素 D RNI/μg RE	维生素 E RNI/μg RE	维生素 C RNI/μg RE	维生素 B$_1$ RNI/μg RE	维生素 B$_2$ RNI/μg RE
6	600	10	5	70	0.7	0.7
7	700	10	7	80	0.9	1.0
8	700	10	7	80	0.9	1.0
9	700	10	7	80	0.9	1.0
10	700	10	7	80	0.9	1.0
11	700	5	10	90	1.2	1.2
12	男 800 女 700	5	10	90	1.2	1.2

（6）矿物质　学龄儿童进入生长增高峰值期，需保证适宜的钙摄入量，所需矿物质容易缺乏的主要有钙、铁、锌、碘等。根据《中国居民膳食营养素参考摄入量（2013 版）》建议，学龄儿童矿物质参考摄入量见表5-20。

表 5-20　　　　　　　　　　　学龄儿童矿物质参考摄入表

年龄	钙 AI/mg	钾 AI/mg	镁 AI/mg	铁 RNI/mg	碘 RNI/μg	锌 RNI/mg
6	800	1500	150	12	90	12
7	800	1500	250	12	90	13.5
8	800	1500	250	12	90	13.5
9	800	1500	250	12	90	13.5
10	800	1500	250	12	90	13.5
11	1000	1500	350	男 16 女 18	120	男 18 女 15
12	1000	1500	350	男 16 女 18	120	男 18 女 15

3. 合理营养

（1）学龄期各器官系统尚在发育中，消化系统功能未完全成熟，此期间营养跟不上，会诱发成年期疾病。食物应易消化，数量适宜，满足营养需要。

（2）学龄儿童独立性、自主活动能力逐渐增强，是养成良好饮食习惯和饮食行为的关键时期，应注意进行平衡膳食和健康知识的启蒙及教育，培养良好作息、饮食习惯，定时、规律进餐。吃好早餐，食量占全天营养的30%，中餐、晚餐做到营养均衡。

（3）食物多样化，减少钙、铁、锌等及维生素的缺乏风险。乳和乳制品是钙的良好来源，动物血、肝脏、瘦肉、坚果、豆类、绿色蔬菜、海产品、鱼、虾皮是铁、锌等良好来源。每天所摄入食物的种类最好超过12种，保证水果、蔬菜摄入量。

（4）不挑食、偏食，零食适度；控制果汁、全糖、可乐饮料摄入量。

（三）青少年的生理与营养特点

1. 青少年的生理特点

青少年包括青春发育期及少年期，青春期是儿童到成人期的过渡期，体格与智力发育突增，是生长发育的关键时期。通常女孩11~12岁到17~18岁，男孩13~14岁到18~20岁，开始进入青春期。在此期间，青少年要经历生理和心理上的急剧变化，第二性征出现，生殖器官及内脏功能日益成熟。大脑功能和心理发育进入高峰，身体各系统逐渐发育成熟，出现人体生长发育的又一高峰。男孩身高一般每年可增长7~9cm；女孩一般每年可增长5~7cm；体重每年可增加4~5kg甚至8~10kg。这一时期的青少年，正值初中和高中学龄期，思维能力活跃，记忆力最强，每天要完成紧张的学习任务，其生长发育、学习、劳作能力和运动成绩都受营养状况的影响，因此，均衡的营养是迅速生长发育、第二性征及机体各系统特别是神经系统功能完善的物质基础。

2. 营养需求

（1）能量　青春期所需的能量比成年人多25%~50%。青少年活动量大，机体内组织合成加速，对能量的基本需要量多。如果能量供给不足，青少年体内组织的合成受阻，就会引起营养不良，导致体重下降、发育迟缓；但能量过度供给，青少年易患青春期单纯性肥胖病。根据《中国居民膳食营养素参考摄入量（2013版）》建议，青少年能量参考摄入量见表5-21。

表5-21 青少年能量参考摄入表

年龄	能量 RNI/kJ	
	男	女
13	10042	9205
14	12134	10042
15	12134	10042
16	12134	10042
17	12134	10042
18	12134	10042

（2）蛋白质　蛋白质是青少年身体组织生长和发育的基础。青少年的机体组织器官发育迅速，需要摄入充足的蛋白质和必需氨基酸，合成自身的蛋白质以满足迅速生长发育的需要，尤

其是在性成熟生长期及男孩肌肉发展过程中。青少年对蛋白质的需要量有个体差异，但总的来说，青春期男性蛋白质摄入量>35g/d，女性蛋白质摄入量>30g/d。蛋白质应以优质蛋白为主，如蛋类、乳类、肉类、鱼类、大豆等食物均含有丰富的优质蛋白，保证必需氨基酸供给，可以满足生长发育的需要。蛋白摄入不足，会导致青少年发育迟缓、消瘦。然而，摄入过多蛋白，尤其是动物性蛋白摄入过多，可能导致青少年体内胆固醇水平的升高，也会增加肾脏的负担。根据《中国居民膳食营养素参考摄入量（2013版）》建议，青少年蛋白质参考摄入量见表5-22。

表5-22　　　　　　　　　　　　青少年蛋白质参考摄入表

年龄	蛋白质 RNI/g
13	75
14	80
15	80
16	80
17	80
18	80

（3）脂肪　青少年时期一般不过度限制膳食脂肪摄入，脂肪种类要注意选择含必需脂肪酸的植物油。过多摄入动物脂肪会增加肥胖疾病的发生。根据《中国居民膳食营养素参考摄入量（2013版）》建议，青少年脂肪供能比见表5-23。

表5-23　　　　　　　　　　　　青少年脂肪供能比

年龄	脂肪占能量百分比/%
13	25~30
14	25~30
15	25~30
16	25~30
17	25~30
18	25~30

（4）碳水化合物　青少年时期碳水化合物供能占总能量的55%~65%为宜。碳水化合物摄入充足、种类应多样，同时也应注意膳食纤维含量，可预防肥胖病的发生。

（5）维生素　为了保证青少年生长发育，需要充足的维生素。青少年时期能量代谢的增加和肌肉组织生长，对B族维生素需要量增加。容易缺乏的维生素包括维生素A、维生素D、维生素C、维生素B、维生素B_2及其他维生素。根据《中国居民膳食营养素参考摄入量（2013版）》建议，青少年维生素参考摄入量见表5-24。

表 5-24 青少年儿童维生素参考摄入表

年龄	维生素 A RNI/μg RE	维生素 D RNI/μg RE	维生素 E RNI/μg RE	维生素 C RNI/μg RE	维生素 B₁ RNI/μg RE	维生素 B₂ RNI/μg RE
13	700	5	10	90	1.2	1.2
14	男 800 女 700	5	14	100	男 1.5 女 1.2	男 1.5 女 1.2
15	男 800 女 700	5	14	100	男 1.5 女 1.2	男 1.5 女 1.2
16	男 800 女 700	5	14	100	男 1.5 女 1.2	男 1.5 女 1.2
17	男 800 女 700	5	14	100	男 1.5 女 1.2	男 1.5 女 1.2
18	男 800 女 700	5	14	100	男 1.4 女 1.3	男 1.4 女 1.2

（6）矿物质 青少年所需矿物质容易缺乏的主要有钙、铁、锌、碘等。根据《中国居民膳食营养素参考摄入量（2013 版）》建议，青少年矿物质参考摄入量见表 5-25。

表 5-25 青少年儿童矿物质参考摄入表

年龄	钙 AI/mg	钾 AI/mg	镁 AI/mg	铁 RNI/mg	碘 RNI/μg	锌 RNI/mg
13	1000	1500	350	男 16 女 18	120	男 18 女 15
14	1000	2000	350	男 20 女 25	150	男 19 女 15.5
15	1000	2000	350	男 20 女 25	150	男 19 女 15.5
16	1000	2000	350	男 20 女 25	150	男 19 女 15.5
17	1000	2000	350	男 20 女 25	150	男 19 女 15.5
18	1000	2000	350	男 15 女 20	150	男 15 女 11.5

3. 合理营养

青春期饮食原则是均衡营养，并适合青少年生理和心理特点。

（1）饮食模式 青少年饮食一个显著特点是其不再依靠家庭的饮食模式，而越来越按照自己的习惯与期望饮食，替代正餐的点心及零食在饮食中占比增加、食量大。青少年的能量需求比成年人要高 1000kJ/d，因此青少年有摄入一些高热量密度食物的空间；但摄入过量的高热密度食物，会导致肥胖，对以后的健康不利，因此，饮食的调节就显得格外重要。女青少年担心超重，故节食或其他控制体重的行为在该年龄段很常见。但应避免极端方式的节食而导致能量与营养素的摄入不足或不平衡，影响健康。

（2）食物选择多样化　主食谷类为主，每日 400~500g 谷类提供 55%~60% 能量，烹调用油人均 25g/d，植物油为主；在能量充分的前提下，保证蛋白质的摄入量和提高利用率。膳食中应有充足的动物性和大豆类食物，鱼、虾类、禽、肉交替选用，每天有乳及其制品。注意主副食搭配，有荤有素或粮豆菜混食，以充分发挥蛋白质的互补作用。少吃肥肉、糖果、含糖饮料和烤、油炸食品。

（3）选择天然食品，有色蔬菜、深色食品和瓜、果，以保证各种维生素、无机盐及膳食纤维供给。

（4）膳食安排基本与成人相同。合理分配三餐，注意早餐供给蛋白质和热能的供给量，如早餐达不到要求，可在课间加餐给予补充。保证吃好早餐。

（5）培养良好的饮食习惯，不挑食、不偏食、不暴饮暴食，避免盲目节食。零食加餐要适度，不应影响正餐进食和平衡膳食。盐摄入量每日应控制食盐在 5g 以下为宜。

（6）合理安排学习、锻炼时间，积极参加体力、社会活动。

三、膳食设计

（一）案例

案例1：小学生，男，7 岁，入学体检时发现身高 110cm，体重 16kg，平时爱吃零食，不爱吃饭，无自主进餐习惯。

案例2：中学生，男，15 岁，身高 160cm，体重 70kg，平时爱吃零食、夜宵、烧烤，饭量大，平时运动较少。

请针以上案例之一，在普通人群膳食设计原则的基础上，结合该学生的实际情况，为其设计符合营养需求的一日食谱，并提出相应建议。

（二）案例 1 提示与结果

1. 确定一日能量需要量

根据表 5-17 可以确定学龄儿童的一日能量需要量。

2. 计算三大生热营养素需要量

根据表 5-18 可确定一日蛋白质的需要量。

$$\text{蛋白质供能比}(\%) = [\text{蛋白质摄入量}(g) \times 16.74(kJ/g)] / \text{总能量}(kJ) \times 100\% \tag{5-1}$$

确定脂肪供能比（%）：7~12 岁的儿童脂肪供能占比为 20%~30%。

$$\text{碳水化合物供能比}(\%) = 1 - \text{蛋白质供能比}(\%) - \text{脂肪供能比}(\%) \tag{5-2}$$

$$\text{脂肪需要量}(g) = \text{总能量}(kJ) \times \text{脂肪供能比}(\%)/37.66(kJ/g) \tag{5-3}$$

$$\text{碳水化合物需要量}(g) = \text{总能量}(kJ) \times \text{碳水化合物供能比}(\%)/16.74(kJ/g) \tag{5-4}$$

3. 计算一日主食的品种和数量

主食的品种与数量的计算要考虑两个方面的内容，一是生料，二是熟制品。谷类及制品碳水化合物的含量见表 5-26。

表 5-26　　　　　　　　　谷类及碳水化合物的含量

食物名称	可食部/%	碳水化合物/g	食物名称	可食部/%	碳水化合物/g
大米、粳米	100	76.8	花卷	100	45.6

续表

食物名称	可食部/%	碳水化合物/g	食物名称	可食部/%	碳水化合物/g
蒸米饭、粳米	100	26.0	面条、切面	100	58.0
大米粥、粳米	100	9.8	面条	100	24.2
面粉、标准粉	100	71.5	小米	100	73.5
馒头	100	45.8	小米粥	100	8.4

4. 计算副食需要量

副食包括了肉蛋、乳及豆制品，所含蛋白质较多。因此，计算时主要以蛋白质确定副食品种与数量。另外，在计算过程中应考虑到主食当中还含有一部分蛋白质，只有将主食中含有的蛋白质用总的蛋白质减去后，剩余的才是副食中蛋白质的质量，再确定副食品种与数量。计算方法为：

副食蛋白质质量(g) = 总蛋白质质量(g) − 每种主食数量 × 主食中所含蛋白质的比例(%)　(5-5)

当副食中蛋白质质量确定后，就要确定副食的品种。计算步骤如下：

（1）计算主食中蛋白质含量。

（2）计算副食中蛋白质含量。

（3）动物性原料（肉、蛋、乳）占副食中蛋白质质量2/3，植物性原料（豆制品）占副食中蛋白质质量1/3。

（4）确定蔬果的品种与数量　按照平衡膳食宝塔的要求，蔬菜全天400~500g、水果100~200g。蔬菜可与副食进行搭配，搭配的数量要根据三餐比例，即早、晚餐各占30%，午餐占40%的要求合理分配。水果要结合午餐与晚餐进行搭配。

（5）列出膳食食物组成　将配餐后菜肴与食物的种类和数量分别列出，防止个别环节遗漏，造成数据的不精确。

（6）进行营养分析　营养分析是对配餐的一个验证，营养素分析的项目越多，验证时就越容易发现问题。通过查阅《中国居民膳食营养素参考摄入量（2013版）》的相关数据作为参考值，按照查阅相关数据结合食物成分表进行配餐后，所含的全部营养素的数据为实际值，用实际值/参考值×100%最终得出百分比，以百分比的大小作为评价营养素含量高低的依据，营养分析见表5-27。

表5-27　　　　　　　　　　　　　　　　营养分析

	能量/kJ	蛋白质/g	脂肪/g	碳水化合物/g	维生素A/μg RE	维生素A/μg RE	钙/mg
实际值	4598	35	32	166	90.4	0.7	153.1
参考值	4435	33	32	159	300	0.5	400
比例/%	104	106	100	104	30	140	38

若能量相差在±10%，营养素在±5%以内，即可以认定该食物组成符合营养要求；若相差较

大，则可以根据相差较大的营养素，有目的地进行食物品种的交换。

（7）调整膳食设计　进行营养素分析之后，按照营养素需求调整食物搭配，食物搭配表见表5-28。

表5-28　　　　　　　　　　　　　　食物搭配表

餐别	食物名称	原料名称	食物重量/g
早餐			
中餐			
晚餐			

四、延伸阅读

［1］蔡威. 生命早期营养精典［M］. 上海：上海交通大学出版社，2019.

［2］苏宜香. 儿童营养与相关疾病［M］. 北京：人民卫生出版社，2014.

［3］郝志阔，李超. 营养配餐设计与评价［M］. 北京：中国标准出版社，2013.

实验五十二　老年人膳食设计

一、目的与要求

1. 了解、学习老年人的营养生理需求。

2. 掌握老年人膳食设计的基本原则和方法。

3. 学会为老年人设计合理的膳食食谱。

二、实验原理

（一）老年人的营养生理特点

人体衰老是不可逆转的发展过程。随着年龄的增加，老年人器官功能逐渐衰退，容易发生代谢紊乱，导致营养缺乏病和慢性非传染性疾病的危险性增加。

（1）老年人由于口腔、牙齿、咀嚼问题可导致食物的消化和养分吸收能力降低；味觉、嗅觉功能下降，引起食欲下降、进食量减少以及吞咽困难，均导致老年人营养不良，蛋白质、能量供给不足，免疫功能下降。

（2）老年人发生的肌肉衰减症和骨量丢失，与营养有密切关系，可直接引起患病率和致残率提高。一项调查显示美国男性中度和重度肌肉衰减症比例分别为 59% 和 10%，女性为 45% 和 7%。人体从 35 岁开始，肌肉组织逐渐减少（肌纤维量和横截面积减少），而肌间结缔组织、脂肪比例增加，肌肉蛋白量降低，肌力下降。骨组织矿物质和骨基质减少，肌肉和骨量丢失，可继发造成体内氨基酸库以及包括胶原、皮肤、免疫系统及其他组织蛋白储备量下降，使机体抵抗力降低，致使易摔倒、骨折、呼吸功能障碍等患病增加。膳食钙、维生素 D 摄入不足、脂肪摄入过多、高磷及高钠饮食、大量饮酒、过量咖啡等均为骨质疏松症的危险因素。

（3）老年人激素分泌水平如性激素、甲状腺激素、胰岛素、IGF-1、生长激素、维生素 D 等水平发生改变，使能量代谢中基础代谢率因瘦体组织的减少降低 10%~20%，而食欲降低引起的摄食量下降和活动量减少，使食后体增热降低，体温调节能力会下降 1~2℃。神经系统的糖代谢异常可导致认知、协调能力下降。由于妇女绝经后雌激素水平下降，因此比男性更容易罹患心血管疾病和骨质疏松症。绝经后妇女心脏猝死率为男性的 1/3，而高血压发生率、心肌梗死病死率高于男性；与冠心病有关的营养因素包括能量、饱和脂肪摄入过高所致的肥胖以及维生素、膳食纤维摄入不足。

（4）体质指数（Body Mass Index，BMI）和体成分随年龄发生变化。表现为身体水分减少，瘦体组织、骨矿物质减少，脂肪组织增加，中年后体脂特别是向心性分布的脂肪增加，但老年后随摄食量减少，体脂会逐步减少。研究表明，保持适宜的 BMI 有助于减缓衰老和患病，增强抵抗力而降低死亡率。老年人需饮食调理和适当锻炼结合，运动可提高机体代谢，改善肌肉组织和骨骼的营养和生理状况，减缓肌肉丢失和骨骼的损伤，有助于提高机体免疫力，提高健康水平。

（二）老年人的膳食目标与原则

1. 营养需求与膳食目标

（1）能量　膳食目标应满足老年人营养需要和消耗，老年人基础代谢率（BMR）不变或略降低，单位体重能量消耗减少，每日供给能量应达到 7113~9205kJ/d。参加社会活动或自主活动多的老年人，能量需求相对高。中国营养学会对 60 岁、70 岁、80 岁老年人细分为 3 种能量推荐量。60~70 岁又分为轻体力与中体力两大类。对于老年人个体而言，生活模式和生活质量的不同，对能量的需要又有较大的差异。根据《中国居民膳食营养素参考摄入量（2013 版）》建议，老年人能量参考摄入量见表 5-29。

表 5-29　　　　　　　　　　　　老年人能量参考摄入量

年龄	能量 RNI/kJ	
	男	女
60		
体力活动 PAL		

续表

年龄	能量 RNI/kJ	
	男	女
轻	7950	7531
中	9205	8368
70		
体力活动 PAL		
轻	7950	7113
中	8786	7950
80	7950	7113

（2）蛋白质保证数量和质量　老年人体由于能量代谢减弱，蛋白质合成能力低，而分解代谢增强，自身对蛋白质的吸收、利用率低。因此，需要提供丰富和易消化的高质量蛋白质。老年人蛋白质的摄入量应以维持氮平衡为原则。一般来说，老年人蛋白质的需要量为 1.27g/（kg·BW·d），在膳食总能量中应占 12%~15%，男性稍高于女性，因此，65 岁以上老年人膳食蛋白质的 RNI 为 65~75g/d，且摄入蛋白质应以易消化的优质蛋白为主，按我国的饮食习惯，每日所摄入蛋白质的 60%~70% 为植物性蛋白质，每日摄入一定量的鱼类等水产、蛋、乳、禽、猪、牛羊肉等动物性蛋白质，以提高蛋白质的生物学价值。但应注意避免摄入过多的红肉类，特别是加工红肉。

（3）脂肪　老年人应注意控制脂肪的摄入量，尤其是饱和脂肪酸和胆固醇。膳食脂肪的 AI 以占总能量的 20%~30% 为宜，饱和脂肪的供能不超过 10%，每日食物中的胆固醇含量控制在 300mg 以内，同时注意保证必需脂肪酸供给。

（4）碳水化合物占能量的 55%~65%，糖类是能量的主要来源，但老龄后对糖的代谢和调节能力下降，如果摄入过多的精制糖和快消化淀粉类食物容易导致血糖过高，引起心脑血管疾病和糖尿病等慢性疾病，可选用一些慢消化淀粉类。膳食碳水化合物种类应多样，应提供一定量的低聚糖、可溶性膳食纤维如果胶、β 葡聚糖等，促进短链脂肪酸如丁酸盐、乙酸盐等生产，维持胃肠道与菌群正常结构与功能。蔬菜富含不溶性膳食纤维对防治便秘、促进肠蠕动、稀释肠内有毒物质有益。

（5）老年人的维生素需要量尚无确定。由于体内代谢和免疫功能降低，老龄需要充足的各种维生素以促进代谢、延缓衰老及增强抵抗力。65 岁以上老人亚临床维生素缺乏比较普遍。老龄后肝脏清除视黄醛酯的能力降低，维生素 A 的推荐量应该减少。维生素 E 需要量不变，维生素 K 量可能会受抗生素或者一些拮抗剂的影响，注意补充。老年人随着年龄下降肾功能下降，肾脏将 25 羟维生素 D 转化为 1,25-二羟维生素 D 的能力下降，加之户外太阳光照不足或乳制品食用减少都会导致维生素 D 不足，维生素 D 需要量随年龄增大而提高。中国营养学会为老年人推荐的维生素摄入量与成年人基本一致，但老年人维生素 D 缺乏可以导致骨质丢失，因此 65 岁以后维生素 D 的 RNI 为 15μg/d，也有建议至少 17.5~25μg/d，以防摔倒和骨折的发生。水溶性维生素与成年期保持相对一致，B_{12} 和 B_6 的需要量可能增加，维生素 C 摄入量为 100mg/d，

维生素 B_1 摄入量为 1.3mg/d。

此外，不同水果、蔬菜，尤其是绿叶蔬菜，提供丰富的多种参与代谢调节的植物化合物，每日应保证摄取。

（6）老年人矿物质（钙、磷、镁、铁、铜、锰、锌、碘、铬、钼、硒、钠）需要量未改变。

①钙：钙的摄入与老龄的骨质疏松和骨折具有显著相关性，老年人对钙的吸收能力下降，易出现缺钙引起的骨质疏松、腰腿背痛等症状，尤其是老年女性，绝经后骨质丢失增加，对钙需求增加。我国营养学会推荐钙的 RNI 为 1000mg/d，应以食物钙源为主，牛乳及乳制品是最好的来源，其次为大豆及豆制品、海带、虾皮等。但钙的补充不应超过 2000mg/d。

②铁：老年人对铁的吸收利用能力下降，易发生缺铁性贫血，造成该病的原因除铁的摄入量不足、吸收利用差之外，还可能与蛋白质合成减少、维生素 B_{12}、维生素 B_6 及叶酸缺乏有关。女性绝经后，对铁的需要量较年轻女性降低，老年男性和女性铁的 RNI 均为 12mg/d，应选择血红素铁含量高的食品，如动物血、肝脏、牛肉、瘦肉等，同时还应多食用富含维生素 C 的蔬菜水果，以促进铁的吸收。长期慢性病下微量元素铁（贫血）、锌、镁等缺乏可能会比较常见，需要给予营养支持，锌摄入量为 11.5mg/d。

③饮食中高氯化钠在高血压中作用也已经引起普遍关注，饮食应低盐。

（7）水　老年人对水分的需求高于中青年人，但其对失水与脱水的反应较迟钝，此外，水的代谢有助于其他物质代谢以及排泄代谢产物。因此，65 岁以上老年人水的总摄入量 AI 男性为 3.0L/d，女性为 2.7L/d；其中饮水量 AI 男性为 1.7L/d 女性为 1.5L/d。在大量出汗、腹泻、发热等状态下必须按情况增加水的摄入量。老年人不应在感到口渴时才饮水，而应有规律地主动饮水。

2. 膳食原则

合理饮食是身体健康的物质基础，对改善和保持老年人的营养状况、增强抵抗力、预防疾病、延年益寿、提高生活质量具有重要作用。针对我国老年人生理和营养需求特点，应遵循膳食指南十条并注意食物要粗细搭配、松软、易于消化吸收；预防营养缺乏和贫血的发生；合理安排饮食，保证营养素摄入；多做户外活动，延缓肌肉衰减，维持适宜体重，提高生活质量。

（1）饮食多样、足量，多餐细软、易消化。

（2）主食中包括一定的粗粮、杂粮。

（3）每天饮用牛乳 300mL 或相应乳制品，吃少量坚果。

（4）保证优质蛋白，增加大豆或其制品比例，摄入适量动物蛋白，鱼、虾、蛋、禽、猪牛羊肉等。

（5）多吃蔬菜、水果，果、蔬种类 6~8 种。

（6）饮食清淡、少盐。

（7）主动足量饮水。

3. 食谱的编制原则

（1）保证营养平衡　食物品种要多样、数量充足，每天应至少摄入 12 种及以上的食物。食物合理搭配，主食与副食、杂粮与精粮、荤与素、蔬菜水果种类及比例等平衡搭配。

（2）三大产热营养素之间的比例　蛋白质占 10%~15%，脂肪占 20%~30%，碳水化合物占 55%~65%。

（3）优质蛋白质应占蛋白质总供给量的 1/3 以上。

（4）饱和脂肪酸　单不饱和脂肪酸、多不饱和脂肪酸适量。

（5）钙磷比、钾钠比适当，各矿物质之间也要配比适当。

（6）膳食制度合理。一般应该定时定量进餐，老人可在三餐之外加点心。膳食中能量来源及其在各餐中的分配比例要合理。

（7）摄入充足食物　通过各种办法促进食欲，增加进食量。早餐宜有 1~2 种以上主食、1 个鸡蛋、1 杯乳，另有蔬菜和水果。中餐和晚餐宜有 2 种以上主食、1~2 个荤菜、1 种豆制品、1~2 种蔬菜，保证水果和绿叶蔬菜摄入，促进铁的吸收，避免浓茶、咖啡等，影响铁的吸收。

（8）照顾饮食习惯，注意饭菜口味　在可能的情况下，既要膳食多样化，又要照顾就餐者的膳食习惯。注意烹调方法，做到色香味美、质地宜人、形状优雅。

（9）考虑季节和市场供应情况，了解营养特点，选择原料。

三、老年人食谱编制实验

（一）请在普通人群膳食设计原则的基础上，针对以下两位男性老年人

（1）年龄 65 岁，身高 170cm，体重 85kg，平素偏好猪肉、牛肉，炒菜时放油较多，喜欢饮酒（每天约 250g），抽烟（每日至少一包）。血清甘油三酯偏高，由于患糖尿病，主食摄入不多，水果也较少吃。除钓鱼外，病人无其他爱好。

（2）年龄 65 岁，身高 170cm，体重 68kg，平日喜欢运动，偏好水产品，肉食较少。血脂、血糖正常。

参见实验四十八计算法为二位老年人设计符合其营养需求的一日食谱。

在此基础上，应用食物交换份法（参见实验四十八），编制一周的食谱；

比较食谱营养供给的异同；并对其饮食习惯需要改进之处提出建议。

（二）计算法食谱编制

1. 老年人日需能量的计算及确定

（1）确定全日能量供应量　参见标准体重人群的能量需要，如果体重过轻或超重，可用表 5-30 中提供的标准计算能量的供给。

表 5-30　　　　　　　　　　　　不同体型、活动量能量需要

体型	体力活动量/ [kJ/（kg·d）]			
	极轻体力劳动	轻体力劳动	中体力劳动	重体力劳动
消瘦	126	146	167	167~188
正常	84~105	126	146	167
肥胖	63~84	84~105	126	146

标准体重的判断：根据身高体重计算，标准体重（kg）= 身高（cm）-105

判断标准：低于标准体重 10% 为体重过低；高于标准体重的 10% 为超重；高于标准体重的 20% 为肥胖。

（2）将一日总能量分配至一日三餐中　采用三餐两点或三餐三点制。早点、早餐占总能量的 25%~30%，午餐、午点占总能量的 30%~40%，晚餐、晚点占总能量的 30%~35%。

（3）计算每餐产热营养素摄入量及各餐中的供给量 蛋白质参考摄入量为男性 75g/d，女性 65g/d；脂肪供能比为 20%~30%；碳水化合物供能占总能量的 50%~70% 为宜。

2. 食物品种和数量的确定

（1）主食品种和数量的确定 碳水化合物的供给量占总能量的 50%~70%（应包括食糖、含淀粉高的块根块茎类），计算出主食的摄入量。

（2）动物性食物品种和数量确定（在主食用量的基础上决定）。

（3）蔬菜及水果的品种及数量 按每日蔬菜 400~500g，水果每日 100~200g 供给。蔬菜的品种多样，根据季节，选择比较多的品种。叶类、茎类、茄果类等蔬菜的热能不高，但淀粉含量比较高的蔬菜，如马铃薯、藕、慈姑等，如果选用，应将其碳水化合物的供给量计入总量。

（4）食用油的品种及数量 食用油的用量是一日人体脂肪的需要量减去食物中的油脂含量。因此，如果动物性食物摄入量比较高，油脂在食物的含量比较高，食用油的量就相应减少；相反，如果食物中的油脂含量比较低，食用油的量就会有所增加。一般情况下，食用油脂的量为 25g 左右。

（三）食品交换份法（一周食谱编制）

将日常食物按营养素的分布情况分类，按照每类食物的习惯常用量，确定一份适当的食物质量，列出每份食物中的三大生热营养素及热能的含量，表 5-31 对照供参考使用。根据上述就餐者的年龄、性别、劳动强度等条件，按三大生热营养素的供给比例，计算出各类食物的交换份数，选配食物，应基本能达到平衡膳食食谱编排的要求。

表 5-31　　　　　　　不同能量的饮食内容的交换份举例

| 能量/kJ | 交换份 | 主食类 | | 蔬菜类 | | 鱼肉类 | | 乳类 | | 油脂类 | |
		份	重量/g	份	重量/g	份	重量/g	份	重量/g	份	汤匙
4184	12	6	150	1	500	2	100	2	220	1	1
5021	14.5	8	200	1	500	2	100	2	220	1.5	1.5
5858	16.5	9	225	1	500	3	150	2	220	1.5	1.5
6694	18.5	10	250	1	500	4	200	2	220	1.5	1.5
7531	21	12	300	1	500	4	220	2	220	2	2
8368	23.5	14	350	1	500	4.5	225	2	220	2	2

1. 食品交换份法的食谱编制

（1）首先按类别将食物分类排序，并列出每种食物的数量。

（2）从食物成分表中查出每 100g 食物所含营养素量，算出每种食物所含营养素的量，计算公式为：食物中某营养素含量（g）= 食物量（g）×可食部分比例（%）× 100g 食物中营养素含量（g）/100。各类食物等值交换见表 5-32 至表 5-39。

（3）所用食物中的各种营养素累加，计算出一日食谱中三种能量营养素及其他营养素的量。

（4）将计算结果与《中国居民膳食中营养素参考摄入量（2013 版）》中同年龄同性别人

群的水平比较，进行评价。

（5）根据蛋白质、脂肪、碳水化合物的能量折算系数，分别计算出蛋白质、脂肪、碳水化合物三种营养素提供的能量及占总能量的比例。

（6）计算出三餐提供能量的比例。

2. 食谱评价的内容

（1）食谱中5大类食物是否齐全，是否做到食物种类多样化。

（2）各类食物的量是否充足。

（3）全天能量和营养素摄入是否适宜。

（4）三餐的能量摄入分配是否合理，早餐是否保证了能量和蛋白质的供应。

（5）优质蛋白质占总蛋白质的比例是否恰当。

（6）三种产能营养素（蛋白质、脂肪、碳水化合物）的供能比例是否得当。

表 5-32　　　　　　　　　　食物交换的四大组内容和营养价值

组别	类别	每份重/g	热量/kJ	蛋白质/g	脂肪/g	碳水化合物/g	主要营养素
谷薯组	谷薯类	25	377	2	—	20	碳水化合物 膳食纤维
蔬果组	蔬菜类	500	377	5	—	17	矿物质 维生素 膳食纤维 蛋白质
	水果类	200	377	1	—	21	
肉蛋组	大豆类	25	377	9	4	4	蛋白质 脂肪
	乳类	160	377	3	5	6	
	肉蛋类	50	377	9	6	—	
油脂组	坚果类	15	377	4	7	2	脂肪
	油脂类	10	377	—	10	—	

表 5-33　　等值谷薯类交换（每份提供蛋白质 2g、碳水化合物 20g，能量 377kJ）

食品	重量/g	食品	重量/g
大米、小米、糯米、薏米、高粱米		烧饼、烙饼、馒头	
玉米渣、面粉、米粉、玉米面		生面条、魔芋生面条	35
燕麦片、荞麦面、莜麦面		窝窝头	
挂面、混合面、龙须面、通心粉	25	咸面包	
绿豆、红豆、芸豆、干豌豆		马铃薯	100
干粉条、干莲子		湿粉皮	150
油条、油饼、苏打饼		鲜玉米	200

表 5-34　等值蔬菜类交换表（每份提供蛋白质 5g，碳水化合物 17g，能量 377kJ）

食品	重量/g	食品	重量/g
白菜、甘蓝、菠菜、油菜		白萝卜、青椒、茭白、冬笋	400
芥蓝、雪里蕻		倭瓜、南瓜、花菜	350
黄瓜、茄子、丝瓜、冬瓜		扁豆、洋葱、蒜苗	250
西葫芦、番茄、苦菜	500	胡萝卜	200
韭菜、茴香、芹菜、莴苣		山药、荸荠、藕	150
绿豆芽		茨菇、百合、芋头	100
鲜蘑菇		毛豆、鲜豌豆	70

表 5-35　　等值水果交换表（每份提供蛋白质 1g，碳水化合物 21g，能量 377kJ）

食品	重量/g	食品	重量/g
梨、桃、苹果（带皮）		柿、香蕉、鲜荔枝	150
橘子、橙子、柚子、李子、杏	200	草莓	300
猕猴桃（带皮）、葡萄（带皮）		西瓜	500

表 5-36　　　等值肉类交换表（每份提供蛋白质 9g，脂肪 6g，能量 377kJ）

食品	重量/g	食品	重量/g
鸡蛋粉	15	草鱼、鲤鱼、甲鱼、比目鱼、带鱼	80
熟火腿、香肠	20	大黄鱼、鳝鱼、黑鲢、鲫鱼	
半肥半瘦猪肉	25	虾、青虾、鲜贝、蟹肉	
熟叉烧肉（无糖）、午餐肉、熟酱牛肉、熟酱鸭	35	兔肉	100
瘦（猪、牛、羊）肉、带骨排骨、鸡肉、鸭肉、鹅肉	50	水浸鱿鱼	
鸡蛋、鸭蛋、松花蛋（1 个带壳）	60	鸡蛋清	150
鹌鹑蛋（6 个带壳）		水浸海参	350

表 5-37　等值大豆交换表（每份提供蛋白质 9g，脂肪 4g、碳水化合物 4g，能量 377kJ）

食品	重量/g	食品	重量/g
腐竹	20	北豆腐	100
大豆、大豆粉	25	南豆腐	150

续表

食品	重量/g	食品	重量/g
油豆腐	30	豆浆（1:8）	400
豆腐丝、豆腐干	50		

表 5-38　等值乳类交换表（每份提供蛋白质 5g，脂肪 5g，碳水化合物 6g，能量 377kJ）

食品	重量/g	食品	重量/g
全脂乳粉	20	无糖酸奶	130
脱脂乳粉、奶酪	25	牛乳、羊乳	160

表 5-39　　　　　等值油脂交换表（每份提供脂肪 10g，能量 377kJ）

食品	重量/g	食品	重量/g
花生油、豆油（1 汤勺）		黑芝麻、白芝麻	16
香油、玉米油、菜籽油（1 汤勺）	10	核桃、杏仁、花生米	25
猪油、牛肉、羊油、黄油		葵花籽、西瓜子（带壳）	40

四、注意事项

（1）等热能的食品可以进行交换，一般是同类食品进行交换。在四组食品内部也可互换，但若跨组进行交换将影响平衡膳食原则。水果因含糖量高，一般不可与蔬菜交换。坚果类脂肪含量高，如食用少量坚果可减少烹调油使用量。

（2）食物交换份法的关键是相同热能情况下食物的可交换性，可根据等热能的原则，在蛋白质、脂肪、碳水化合物含量相近的情况下进行食品交换，可避免摄入食物太固定化。是一种较为粗略的食谱编排方法。优点是简单、实用，从 20 世纪 50 年代开始，美国将食品交换份法用于糖尿病人的营养治疗。目前该方法已被很多国家广泛采用，但设计内容有所不同。除糖尿病外，食品交换份法也适用于其他疾病病人的营养治疗以及健康人的食谱编制。

中国老年人膳食营养素参考摄入量见表 5-40、表 5-41 和表 5-42。

表 5-40　　　　　　　中国 50~64 岁成年居民膳食营养素参考摄入量

能量或营养素	RNI 男	RNI 女	AMDR	营养素	RNI 男	RNI 女	PI	UL
能量/（MJ/d）	—	—	—	钙/（mg/d）	1000			2000
PAL（Ⅰ）	8.79[a]	7.32[a]	—	磷/（mg/d）	720		—	3500
PAL（Ⅱ）	10.25[a]	8.58[a]	—	钾/（mg/d）	2000（AI）		3600	—
PAL（Ⅲ）	11.72[a]	9.83[a]	—	钠/（mg/d）	1400（AI）		1900	—
蛋白质/（g/d）	65	55	—	镁/（mg/d）	330			

续表

能量或营养素	RNI 男	RNI 女	AMDR	营养素	RNI 男 女	PI	UL
总碳水化合物/%E	—	—	50~65	铝/（mg/d）	2200（AI）	—	—
添加糖	—	—	<10	铁/（mg/d）	12	—	42
总脂肪/%E	—	—	20~30	碘/（μg/d）	120	—	600
饱和脂肪酸	—	—	<8	锌/（mg/d）	12.5　7.5	—	40
n-6 多不饱和脂肪酸/%E	—	—	2.5~9.0	硒/（μg/d）	60	—	400
亚油酸/%E	4.0（AI）		—	铜/（mg/d）	0.8	—	8
n-3 多不饱和脂肪酸/%E	—	—	0.5~2.0	氟/（mg/d）	1.5（AI）	—	—
α-亚麻酸/%E	0.60（AI）		—	铬/（μg/d）	30（AI）	—	—
DHA-EPA/（g/d）	—	—	0.25~2.0	锰/（mg/d）	4.5（AI）	—	11
				钼/（μg/d）	100	—	900

表 5-41　　　　　　　　中国 65~79 岁成年居民膳食营养素参考摄入量

能量或营养素	RNI 男	RNI 女	AMDR	营养素	RNI 男 女	PI	UL
能量/（MJ/d）	—	—	—	钙/（mg/d）	1000	—	2000
PAL（Ⅰ）	8.58[a]	7.11[a]	—	磷/（mg/d）	700	—	3500
PAL（Ⅱ）	9.34[a]	8.16[a]	—	钾/（mg/d）	2000（AI）	3600	—
PAL（Ⅲ）	11.72[a]	9.83[a]	—	钠/（mg/d）	1400（AI）	1900	—
蛋白质/（g/d）	65	55	—	镁/（mg/d）	330	—	—
总碳水化合物/%E	—	—	55~65	铁/（mg/d）	12	—	42
添加糖	—	—	<10	碘/（μg/d）	120	—	600
总脂肪/%E	—	—	20~30	锌/（mg/d）	12.57.5	—	40
饱和脂肪酸	—	—	<8	硒/（μg/d）	60	—	400
n-6PUFA/%E	—	—	2.5~9.0	铜/（mg/d）	0.8	—	8
亚油酸/%E	4.0（AI）		—	氟/（mg/d）	1.5（AI）	—	—

续表

能量或营养素	RNI		AMDR	营养素	RNI		PI	UL
	男	女			男	女		
n-3PUFA/%E	—	—	0.5~2.0	铬/（μg/d）	30（AI）		—	—
α-亚麻酸/%E	0.60（AI）	—		锰/（mg/d）	4.5（AI）		—	11
DHA-EPA/（g/d）	—	—	0.25~2.0	钼/（μg/d）	100		—	900

表 5-42　　　　　　　　　中国 80 岁以上成年居民膳食营养素参考摄入量

能量或营养素	RNI		AMDR	营养素	RNI		PI	UL
	男	女			男	女		
能量/（MJ/d）	—	—	—	钙/（mg/d）	1000		—	2000
PAL（Ⅰ）	7.95[a]	6.28[a]	—	磷/（mg/d）	670		—	3500
PAL（Ⅱ）	9.20[a]	7.32[a]	—	钾/（mg/d）	2000（AI）		3600	
PAL（Ⅲ）	—	—	—	钠/（mg/d）	1400（AI）		1900	
蛋白质/（g/d）	65	55	—	镁/（mg/d）	310			
总碳水化合物/%E	—	—	50~65	铁/（mg/d）	12			42
添加糖	—	—	<10	碘/（μg/d）	120			600
总脂肪/%E	—	—	20~30	锌/（mg/d）	12.5　7.5			40
饱和脂肪酸	—	—	<10	硒/（μg/d）	60			400
n-6 PUFA/%E	—	—	2.5~9.0	铜/（mg/d）	0.8			8
亚油酸/%E	4.0（AI）		—	氟/（mg/d）	1.5（AI）			—
n-3PUFA/%E	—	—	0.5~2.0	铬/（μg/d）	30（AI）			—
α-亚麻酸/%E	0.60（AI）		—	锰/（mg/d）	4.5（AI）			11
DHA-EPA/（g/d）	—	—	0.25~2.0	钼/（μg/d）	100			900

注：①RNI：膳食营养素推荐摄入量；

②AMDR：宏量营养素可接受范围；

③PL：预防非传染慢性病的建议摄入量；

④UL：可耐受最高摄入量；

⑤PAL：身体活动水平，Ⅰ：轻，Ⅱ：中，Ⅲ：重；

⑥AI：适宜摄入量；

⑦a 为能量需要量；%E 为占能量的百分比；"—"表示未制定参考值。

引自：中国营养学会编著，《中国居民膳食指南（2016）》[M]，北京：人民卫生出版社，2016。

五、延伸阅读

[1] 伯恩斯坦，罗根编著．孙建琴，译．老年营养学［M］．上海：复旦大学出版社，2012.

[2] 臧少敏，王友顺．老年营养与膳食保健［M］．北京：北京大学出版社，2013.

[3] Luboš Sobotka. 临床营养基础：第4版［M］．蔡威，译．上海：上海交通大学出版社，2013.

实验五十三　2型糖尿病膳食设计

一、目的与要求

1. 学习掌握糖尿病患者的营养支持原则。

2. 通过实验学习如何制作糖尿病病人的个性化食谱。

3. 通过监测病人餐前餐后血糖测试病人饮食是否合理。

二、背景

（一）背景与原理

糖尿病（Diabetes Mellitus，DM）是临床上常见的慢性终身性疾病，影响患者的生活质量。糖尿病包括四种临床分型：①1型糖尿病，由于 β 细胞受损导致的胰岛素绝对缺乏。②2型糖尿病由胰岛素抵抗导致的慢性胰岛素分泌障碍。③其他特殊类型的糖尿病如 β 细胞功能遗传缺陷、胰岛素作用的遗传缺陷、胰腺外分泌疾病等。④妊娠期诊断为糖尿病的妊娠期糖尿病。近年2型糖尿病发病率增长迅速，并随年龄的增加而升高。研究显示，对于新发的2型糖尿病患者，通过早期的饮食辅助干预可大大降低患者微血管和大血管等并发症的发生率；而对于已发病的DM患者，通过饮食辅助治疗可合理控制患者血糖、血压、血脂，从而控制病情。因此，DM患者需要饮食辅助治疗。

（二）糖尿病膳食管理的目标

为了优化糖尿病患者长期健康，其营养保健和膳食管理的目标如下：

（1）血糖接近正常水平而没有频发低血糖的风险。

（2）减少心血管疾病的危险因素。

（3）适量摄入能量，维持正常的体质指数。

（4）预防急性和慢性糖尿病并发症，提高整体健康和生活质量。

（三）长期膳食管理中需要掌握以下原则

（1）根据能量需要制定能量供给，满足和维持理想体重。

（2）55%～60%的能量需要应主要来源于低升糖指数的粗粮。

（3）每日膳食中应该含有20～30g的膳食纤维，在胃肠道无不适症状的条件下，可以达每天30～40g的建议量。

（4）总脂肪摄入量控制在总能量的30%以下。饱和脂肪要小于总能量的7%，减少反式脂肪酸摄入，胆固醇推荐摄入量<200mg/d。建议每周至少两次鱼类以增加 ω-3脂肪酸的摄入。

（5）蛋白质摄入量0.8g/（kg·d），占总能量的15%，大豆等植物蛋白应占较高的比例。

（6）减少盐的摄入，控制饮酒。

（7）增加绿色和根茎类蔬菜和某些水果的摄入，增加维生素、抗氧化物质和膳食纤维的摄入量，但应避免食入过多含糖较高的水果。

三、标准化饮食设计实验

（一）仪器与器材

（1）体重秤；

（2）血糖仪及配套试纸。

（二）实验方法

1. 研究对象

选取 2 型糖尿病患者。纳入标准：符合 1999 年 WHO 制定的糖尿病诊断及分型标准；思维正常，具有一定的语言交流能力；签订知情同意书者。排除标准：伴恶性肿瘤者或其他严重慢性疾病者；精神病史者或意识障碍者；听力功能障碍者；无法评定疗效者。

2. 实验分组

实验设一个观察组和一个对照组。观察组每日给予测试饮食，对照组按平日生活习惯正常饮食。两组患者年龄为 40~60 岁。两组患者在一般参数等方面差异均无统计学意义（$P>0.05$）。

3. 实验步骤

（1）饮食和护理干预教育 两组病人均给予相同的治疗方法及接受相同的饮食和护理干预。开展健康讲座：由研究者组织两组患者进行每周一次的 DM 健康专题讲座，讲解内容主要包括：DM 基础知识教育、运动教育、药物教育、饮食指导、心理教育 5 个方面内容。以提高患者对 DM 的认识，促进其自主控制饮食、加强运动、自我监测血糖、遵医嘱服药及保持良好心态。

（2）标准化饮食设计 在制订糖尿病患者食谱时，既需要符合糖尿病饮食治疗的原则，又要尽可能满足患者的饮食习惯和个人爱好。

根据患者的身高，计算其标准体重按式（5-6）计算：

$$标准体重(kg) = 身高(cm) - 105 \tag{5-6}$$

根据患者体质指数，判断其属于正常、肥胖还是消瘦按式（5-7）计算：

$$体质指数(kg/m^2) = 实际体重(kg)/[身高(m)]^2 \tag{5-7}$$

体质指数（BMI）的参考值为：18.5~22.9 属正常；23~29.9 属超重；>30 属肥胖；17~18.5 属轻度慢性能量缺乏；16~16.9 属中度慢性能量缺乏；<16 属重度慢性能量缺乏，可引起消瘦。

计算患者每日所需总能量：

①患者的劳动强度，由表 5-43 和表 5-44 中可以查到其每千克标准体重每日所需的能量，再乘以标准体重，可计算出每日所需总能量，按式（5-8）计算：

$$全日能量需要量(kJ/d) = 标准体重(kg) \times 每千克标准体重每日能量需要量[kJ/(kg \cdot d)] \tag{5-8}$$

表 5-43　　　　　　　　　　　　　　　劳动强度

劳动强度	项目
轻度	步行、洗涤、下楼梯、体操、保龄球、太极拳、高尔夫、家务、购物、驾车
中度	慢跑、上楼、骑自行车、滑雪、滑冰、打排球、打羽毛球、登山、打乒乓球
重度	长跑、跳绳、打篮球、踢足球、游泳、击剑

表5-44   糖尿病患者每日每千克标准体重所需能量   单位：kJ/（kg·d）

体型	劳动强度			
	卧床	轻体力	中体力	重体力
消瘦	84~105	146	167	167~188
正常	63~84	126	146	167
肥胖	63	84~105	126	146

②计算三大产能营养素即碳水化合物、蛋白质、脂肪每日的需要量。

碳水化合物、蛋白质、脂肪分别占总量的50%~60%、11%~20%、20%~30%，每克碳水化合物产能16.8kJ，每克蛋白质产能16.7kJ，每克脂肪产能37.6kJ，3种产能营养素需要量按式（5-9）、式（5-10）、式（5-11）计算：

$$每日碳水化合物需要量 = 总能量 × 碳水化合物所占比例 ÷ 每克碳水化合物供给能量 \quad (5-9)$$
$$每日蛋白质需要量 = 总能量 × 蛋白质所占比例 ÷ 每克蛋白质供给能量 \quad (5-10)$$
$$每日脂肪需要量 = 总能量 × 脂肪所占比例 ÷ 每克脂肪供给能量 \quad (5-11)$$

③确定餐次比：三餐能量比例为早餐、午餐、晚餐各占1/3或2/5、2/5、1/5。五餐制中，可以是2/7、1/7、2/7、1/7、1/7。

（3）糖尿病膳食配餐（食物交换份法）   食物交换份法是糖尿病饮食治疗和营养教育的经典方法，简便易行，是国内外普遍采用的糖尿病膳食计算方法。

将食物按来源、性质分成几类，同类食物在一定质量内，所含蛋白质、脂肪、碳水化合物和能量相似，因此，在制定食谱时同类食品中的各种食物可以互相交换。不同类食物间每份提供的热能也是相等的，将每种食品能产生377kJ能量的重量作为一个食品交换单位的标准。一般按照等质量食品能量相等的原则，食品可以分成以下几类，见表5-45。利用食物交换份进行配餐时，同类食品可以互换，患者可根据自己的口味、习惯、嗜好进行食物的搭配。377kJ热量份各种食物重量见表5-46。不同能量糖尿病患者膳食食物分配见表5-47。

表5-45   食物交换份分类

类别	每份质量/g	热量/kJ	蛋白质/g	脂肪/g	碳水化合物/g
谷薯类	25	377	2	—	20
蔬菜类	500	377	5	—	17
水果类	200	377	1	—	21
大豆类	25	377	9	4	4
乳制品	160	377	5	5	6
肉蛋类	50	377	9	6	—
坚果类	15	377	4	7	2
油脂类	10	377	—	10	—

表 5-46　　　　　　　　　　　377kJ 热量份各种食物重量

食品种类	食品质量
谷薯及杂豆类	大米、小米、糯米、薏米、面粉、米粉、燕麦片、荞麦面、挂面、龙须面、通心粉、绿豆、红豆、芸豆、干豌豆、干粉条、干莲子、油条、油饼、苏打饼干各 25g；烧饼、烙饼、馒头、咸面包、切面各 35g；土豆 100g；玉米（带棒芯）200g
蔬菜类	白菜、甘蓝、菠菜、油菜、韭菜、莴笋、茼蒿、芹菜、西葫芦、冬瓜、苦瓜、黄瓜、豆芽、鲜蘑、茄子、丝瓜、水浸海带、苋菜各 500g；白萝卜、青椒、茭白、冬笋各 400g；南瓜、菜花各 350g；鲜豇豆、扁豆、洋葱、蒜苗各 250g；胡萝卜 200g；山药、藕 150g；百合、芋头各 100g；毛豆、鲜豌豆各 70g
水果类	柿子、香蕉、鲜荔枝、梨、桃、苹果各 150g；橘子、橙子、柚子、猕猴桃、李子、杏、葡萄各 200g；草莓 300g、西瓜 500g
肉蛋类	熟火腿、香肠各 20g；肥瘦猪肉各 25g；熟叉烧肉（无糖）、午餐肉、酱牛肉、酱鸭各 35g；瘦猪、牛、羊肉、排骨、鸭肉、鹅肉各 50g；鸡蛋清 120g；鹌鹑蛋 60g；带鱼、草鱼、鲤鱼、甲鱼、比目鱼、大黄鱼、鳝鱼、鲫鱼、对虾、青虾、鲜贝各 80g；兔肉 100g；鸡蛋、鸭蛋、松花蛋（带壳）各 60g；蟹肉、水浸鱿鱼 100g
大豆类	腐竹 20g；大豆、大豆粉 25g；豆腐丝、豆腐干、油豆腐 50g；北豆腐 100g；南豆腐 150g；豆浆 400g
乳类	乳粉 20g；脱脂乳粉 25g；乳酪 25g；牛乳、羊乳各 160g；无糖酸奶 130g
油脂类	花生油、豆油、香油、菜油、玉米油、猪油、牛油、羊油、黄油各 10g；核桃、杏仁 25g；花生米 15g；葵花籽（带壳）25g

表 5-47　　　　　　　　　不同能量糖尿病患者膳食食物分配　　　　　　　　单位：kJ

总能量	4184	5021	5858	6694	7531	8368	9205	10042
总交换单位	12	14.5	16.5	18.5	21	23.5	25.5	28
谷类单位	6	8	9	10	12	14	16	18
粳米重量/g	150	200	225	250	300	350	400	450
蔬菜类单位	1	1	1	1	1	1	1	1
青菜重量/g	500	500	500	500	500	500	500	500
瘦肉类单位	2	2	3	4	4	4.5	4.5	5

续表

牛肉重量/g	100	100	150	200	200	225	225	250
豆乳类单位	2	2	2	2	2	2	2	2
牛乳/g	220	220	220	220	220	220	220	220
油脂类单位	1	1.5	1.5	1.5	2	2	2	2
豆油重量/g	9	13.5	13.5	13.5	18	18	18	18

（4）血糖监测　病人每周一进行血糖监测，测定空腹、早餐后 2h、中餐后 2h、晚餐后 2h、睡前（22:00）血糖，并记录在血糖监测记录本中。

（5）结果评价

① 以实验开始时及干预 3 个月后为观察点，分别测量 BMI、糖化血红蛋白（HbAlc）、血脂的变化。

② 生活质量评价：采用 2 型糖尿病患者生活质量量表。该量表包括疾病、生理、社会、心理、满意度 5 个维度共 87 个条目，其中疾病维度形成 2 型糖尿病患者特异条目子量表，生理、社会、心理、满意度 4 个维度形成正常成年人群共性条目子量表，采取 5 级 Likert 等距评分法，分值越高，质量越低。

（6）数据处理及结果判定

①采用 SPSS14.0 统计学软件进行数据处理，以代表计量数据，用 t 检验，以率或构成比为计数资料，用卡方检验；$P<0.05$ 表示差异有统计学意义。

② 给予 3 个月的标准化饮食设计后，观察组患者的 BMI、HbAlc 明显下降（$P<0.05$）。

经过 3 个月的标准化饮食设计后，3 个月内观察组患者早餐、中餐及晚餐的峰值均低于对照组，而达到峰值的时间均长于对照组，差异均有统计学意义（$P<0.01$）。

同时满足①和②时，可判定该实验结果阳性。

四、注意事项

（1）观察组的饮食应符合标准化饮食要求，确保研究对象依从性良好。

（2）筛选研究对象时，确保其实验期间不会脱离实验。

（3）注意实验期间研究人员与研究对象之间的交流方式，做到观察组和对照组研究对象的饮食不互相影响。

五、思考题

1. 设定的研究对象数量多少合适？性别、年龄是否有影响？

2. 慢消化淀粉对糖尿病患者的意义，哪些谷物值得推荐？

3. 水果含有一定的糖，为什么建议每天必须食入适量水果？

六、延伸阅读

[1] Luboš Sobotka. 蔡威，译. 临床营养基础：第四版 [M]. 上海：上海交通大学出版社，2013.

［2］吴秋莲. 标准化饮食设计及护理对糖尿病患者血糖控制效果及生存质量的影响［J］. 现代诊断与治疗，2017（16）：3117-3118.

［3］陈红，刘振春，刘洋，赵玮. 糖尿病患者合理膳食的设计［J］. 食品研究与开发，2007（03）：145-149.

附录一　营养分析实验须知

一、营养实验室规则

（1）保持实验室肃静。创造整洁、安静、有序的实验环境。

（2）保持清洁。进入实验室应穿着实验服，书包物品按规定放置整齐，不随地吐痰、乱丢污物。实验结束，清洁器材及实验物品，物归原处，摆放整齐。动物实验操作后，清洁器具、环境，废弃物集中处理，不可随意丢弃。

（3）严格操作。认真预习，做好实验准备，切忌盲目，提高效率。严格遵守操作规程，实验中仔细观察、做好记录。实验结束，实验数据记录交给实验教师签字确认。认真书写实验报告。使用仪器前，需先了解仪器原理、性能，按规程操作。

（4）注意节约，爱护器材，节约试剂，节水、节电。

（5）保证安全。实验过程中不得擅自离开。使用危险及有毒易燃物品时，做好防护，严格按照规程操作，避免伤人。如有意外，立即报告、及时处置。实验结束，清洁卫生，关好门、窗、水、电等。

二、营养分析实验室常识

（1）分析实验与易燃、易爆甚至毒性较强的试剂接触，以及进行动物实验操作，应注意防护，穿实验服，戴手套、口罩等。

（2）凡有挥发、有烟、有毒、有异味气体的实验，均应在通风橱内进行。试剂用后，严密封口。

（3）使用有机溶剂时，应注意其易燃、挥发特性，如乙醚、丙酮、苯等遇明火易燃烧，操作时必须远离火源；有挥发性的含氯有机溶剂，吸入后累积于肝脏，造成损害，应在通风橱中操作，并尽可能操作迅速、减少与试剂接触时间。

（4）见光易变质的试剂，需用黑纸包裹，每次少量配置。

（5）取用试剂或标准液后，需立即将瓶塞盖放回原处；勿将未用尽的标准溶液倒回标准试剂瓶，避免掺混。

（6）不能用容量瓶等量器盛放试剂，配好的溶液贴上标签，注明溶液名称、规格浓度、配置日期、配置人。标签贴在试剂瓶 2/3 处。

（7）爱护仪器和公用器材，精密仪器使用前应先阅读使用说明书，了解性能和使用方法，合格后方可操作。

（8）保持实验室及实验台面整洁。实验结束后，玻璃仪器清洗、物品放回原处；实验的废液、枪头等废弃物放于指定地点，统一处理。

（9）进行动物实验应戴手套操作，注意安全，防止污染。实验后动物血液、组织、尸体等应收集后统一处理，不可直接倒入垃圾箱，实验完毕清洁器具和实验台面。

（10）注意节约水、电、煤气。实验中注意安全，发生事故，应及时处理并报告教师进一步处理。

三、实验室安全

（1）熟悉实验环境　进入实验室，应熟悉实验室环境，了解水电气总阀位置，灭火器、急救箱放置地点和使用方法。

（2）安全用电　严格按照电器规程操作，切忌超负荷使用电器，不得随意拆卸电器，防止电器短路、触电。使用电学仪器，注意电压、电流符合仪器要求。

（3）防止火灾　室内禁止吸烟。冰箱内不可存放可燃液体。易燃、挥发试剂应专柜存放，远离火源。若不慎洒出易燃液体，应切断所有电源，关门、开启窗户，用毛巾擦拭洒出液体，并回收到带塞瓶内。有机溶剂废液不能让直接导入下水槽，应回收到带塞的瓶内，专门处理。

（4）严防中毒　有毒物质应有专人负责管理发放，使用时应做好防护，并在通风橱内进行。避免毒物吸入或与口、眼、皮肤接触。

（5）预防生物危害　生物材料如微生物、动物血液、组织、细胞培养液和分泌物、体液都可能存在细菌和病毒感染的潜伏性危险，必须谨慎小心，防止污染环境，也注意自身防护。实验后，用肥皂消毒液充分洗涤双手。微生物诱变材料或分子操作后，被污染的物品，器皿，在清洗和高压灭菌之前，应浸泡在消毒液中。

（6）避免实验创伤、割伤　发生事故应立即采取适当急救措施。常见实验试剂使用安全见附表 1。

附表 1　　　　　　　　　　　　常见实验试剂使用安全

试剂	性质	危害	防护
浓酸，浓碱	强腐蚀性、氧化性	严重腐蚀、损伤皮肤、黏膜组织	戴口罩、手套；挥发性酸在通风橱操作
高氯酸钠	强氧化剂，与浓硫酸、有机物摩擦或撞击能引起燃烧或爆炸	对眼、黏膜、上呼吸道有刺激效应	戴手套，安全镜，在通风橱操作
丙烯酰胺，甲叉双丙烯酰胺	强神经毒素	皮肤吸收致毒（有累积作用）；多聚合丙烯酰胺毒性减低	戴口罩、手套
放线菌素 D	致胎儿畸形、致癌	皮肤接触、吸入、吞咽导致中毒	戴口罩、手套；通风橱操作

续表

试剂	性质	危害	防护
乙醚	易燃，中枢神经抑制剂	吸入有麻醉效应，对眼、黏膜、皮肤有刺激作用	戴口罩、手套；通风橱操作
三氯甲烷	易燃	对眼、黏膜、上呼吸道、皮肤有刺激作用，损伤肝肾、致癌	戴手套，安全镜，通风橱操作
焦碳酸二乙酯（DEPC）	蛋白变性剂	吸入、皮肤接触致癌	戴手套、安全镜，在通风橱操作，开盖时远离瓶口避免气溶胶飞溅
甲酰胺	致胎儿畸形诱发源	对眼、黏膜、上呼吸道皮肤有刺激作用	戴手套、安全镜，在通风橱操作
溴化乙锭	强诱变剂，中毒毒性	致癌	戴手套，避免皮肤黏膜直接接触
苯酚	强腐蚀性	腐蚀、损伤皮肤、黏膜组织，吸入、摄入损伤肺、呼吸道损伤肝肾	戴手套、安全镜，在通风橱操作
羟胺、盐酸羟胺	剧毒	对眼、黏膜、上呼吸道、皮肤危害极大	戴手套、安全镜，在通风橱操作
戊二醛	毒性	对眼、黏膜、上呼吸道、皮肤有刺激作用	戴手套、安全镜，在通风橱操作
四氧化锇	极毒，挥发性	通过吸入及皮肤吸收，气体损伤角膜、可致失明	戴手套、安全镜，在通风橱操作
甲醛	毒性	对眼、黏膜、皮肤有刺激作用，致癌	在通风橱中操作
二甲苯	易燃	引起麻醉效应，对肺有刺激作用、水肿、胸痛	戴手套，安全镜，在通风橱操作，防止吸入
甲苯	易燃	吸入、摄入对眼、黏膜、上呼吸道、皮肤有害	戴手套，口罩、安全镜，在通风橱操作
β-巯基乙醇	高浓度毒性大	对眼、黏膜、上呼吸道、皮肤危害极大	戴手套、安全镜，在通风橱操作
甲醇	挥发性	引起失明	在通风橱操作
酚	强腐蚀性	皮肤、黏膜接触严重引起烧伤	戴手套，通风橱中操作。接触后用水、肥皂水冲洗

续表

试剂	性质	危害	防护
叠氮钠	极毒	干扰细胞色素电子传递系统	戴手套操作
脱氧胆酸钠	—	对黏膜、上呼吸道有刺激作用	粉剂操作时，戴手套，安全镜，防止吸入
三氯乙酸	蛋白变性剂	损伤黏膜	戴手套，避免吸入、摄入
液氮	−196℃	直接接触冻伤	戴手套操作
紫外辐射	可作为诱变剂	损伤皮肤、眼	戴手套、防护镜操作

四、实验记录与实验报告

（1）实验记录本用于实验预习和记录实验中观察到的现象和结果，也是撰写实验报告的依据，每次试验结束，记录本由教师签字、认可。

（2）实验前应认真预习，弄清实验原理和操作方法，写出扼要的操作步骤、实验流程。

（3）实验过程中，如实记录测定的原始数据（注意测量的精度及有效数字）和观察到的现象，发现与教材描述不一致时，应尊重客观，不先入为主，记录实情，待分析讨论原因，自觉培养严谨的科学作风。

详细记录实验条件，如使用的观察仪器型号和规格、实验条件如动物来源、形态特征，健康状况、如何处理，选用组织的形态及其重量，制备样品编号、存放条件等。

（4）实验报告是做完每个实验后的总结，通过汇总实验过程和结果，分析总结实验的经验和问题，结合有关理论，进行分析讨论，加深对理论和技术的了解和掌握。撰写实验报告也是学习撰写研究论文的训练过程。

基本格式如附表2所示。

附表2　　　　　　　　　　　　实验报告格式与内容

实验名称	姓名	班级	日期

（1）目的与要求

（2）原理　简明扼要，化学反应应写出化学反应式。

（3）实验材料　主要试剂、仪器（型号、规格），使用的实验材料。

（4）实验步骤方法　如实简洁描述实验过程，使人可参照重复实验，不要单纯抄写实验指导书。

（5）实验结果与计算

①详细记录实验过程中反应过程及观察到的真实现象，对未达预期的现象也应如实报告。

②测量的实验数据表格、图等。

③结果的计算过程，以及有效数字保留和正确的数据取舍。

④结论。

（6）讨论　不应是实验结果的重述，而是以结果为基础的逻辑推论，以及对实验中观察到的结果、异常结果的分析，对实验的认识、体会和建议，对实验课的改进意见。

附录二　营养实验常用仪器和设备

一、营养分析预处理设备及器材

1. 移液器

移液器用于定量转移液体。其工作原理是活塞通过弹簧的伸缩运动，产生气压差实现吸液和放液。弹簧具有伸缩性，在吸液放液过程中，需要配合弹簧的特点，控制好压放弹簧的速度，以达到准确移液的目的。移液器有多种规格，应根据移液体积，选择合适量程的移液器和相匹配的吸头。在调整移液体积刻度时，动作轻、缓，不得旋转过快，更不可超出量程，以免卡住内部机械装置，损坏移液器。

吸液、放液过程中注意控制力度，匀速吸、放，才能达到准确移液的目的。对黏性液体的吸放速度应缓慢。吸液时，移液器垂直，放液时，吸头贴容器内壁保持10°~40°倾斜。

操作手法需要练习，可以用分析天平测量移取10~200μL 水的精密度20 次，计算均值与误差。在分子生物学实验操作中，微量加样0.1~1μL 的情况比较多，掌握好准确移液技巧尤其重要。

移液器用后应竖直悬挂与架子上，不可平放在桌面上，以免试剂污染吸液通道、腐蚀弹簧，影响移液器寿命和移液精度。一旦液体流入，应立即拆下吸液口和弹簧，进行清理，涂凡士林。

移液器使用完毕后，将量程调至最大。并应定期进行维护、校准。

2. 天平

电子分析天平是常用的称量设备，按照精度可划分为，常量天平（100~2000g，分度值小于最大称量的 10^{-5}）、半微量天平（20~100g，分度值小于最大称量的 10^{-5}）、微量天平（3~50g，分度值小于最大称量的 10^{-5}）、超微量天平（2~5g，分度值小于最大称量的 10^{-6}）见附图1。通常，半微量天平可以满足食品分析的需要。

1　　　　　　　　　　2　　　　　　　　　　3

附图 1　常规天平

1—上皿天平（1000g±0.1~0.01g）　2—分析天平（200g±0.1mg）　3—微量天平（52g±1μg）

使用哪种类型的天平（量程和精度）进行称量，取决于测量所需准确度。比如，称量 100g 试剂，用上皿天平（准确度在±0.02g 以内），称重精确到实际重量的±0.02g，误差约为 0.02%；但如果需要称量 0.1g 试剂，天平称量误差（%）= 0.02，则导致 0.02/0.1×100% =20%的误差，显然不可接受。因此，需要采用精密分析天平（精度在±0.0002g），称量误差0.2%。所以，天平的选择应根据实验准确度要求，计算给定类型的天平将引入多少相对误差（%），从而确定选择合适的天平。

天平应置于稳定的工作台上，避免振动、气流及阳光直射。使用天平前，应调整水平仪气泡至中间位置，称量不得超过天平的最大载荷。

在天平称量室内部应放置干燥剂，常用变色硅胶，应定期更换。对电子天平进行自校或定期外校。保持其称量处于最佳状态。

3. 营养分析预处理设备

营养分析预处理设备见附表3。

附表3   营养分析预处理设备

序号	设备名称	功能用途	图片
1	恒温水浴锅	恒温水浴锅主要用于实验室中蒸馏、浓缩及恒温加热如酶促反应，也用于温渍生物制品或药品及其他温度试验。温控范围：室温+5～99.9℃，不同规格水浴锅控温精度可在0.1～1℃，LED数字显示设定温度与实测温度	
2	恒温金属浴	恒温金属浴由固体金属加热、控温，温控范围：−5～100℃。可用于0.2～2mL样品管的恒温反应以及样品保存。常用在血清制备、样品低温暂存，以及抗体孵育、电泳的预变性等分子生物学操作中	
3	恒温振荡器	振荡器可将多种样品进行上下、左右振荡、回旋振荡，混合均匀的设备，恒温振荡器温度、转速可调，分为用水恒温的水浴和用空气恒温的气浴恒温振荡器，在各种液态、固态化合物的振荡、微生物培养、酶反应等试验中常用	
4	制冰机	制冰机可将水通过蒸发器由制冷系统制冷剂冷却后生成冰的制冷机械设备。制备雪花颗粒或块状冰，用于生化及生物学实验需要低温、冰浴操作中	
5	冷藏柜	冷藏柜主要用于实验样品和试剂的冷藏，温控范围2～4℃	

续表

序号	设备名称	功能用途	图片
6	低温冰箱/超低温冰箱	低温冰箱主要用于保存实验室用试剂耗材、药品、生物制品等，温控范围：−20~4℃ 超低温冰箱用于在超低温的条件下冷冻和保存实验样品，温控范围：−80~−40℃	
7	液氮罐	液氮罐一般分为液氮储存罐、运输罐两种。储存罐主要用于室内液氮的静置储存，不宜在工作状态下作远距离运输使用；液氮运输罐具防震设计，除可静置储存外，还可作运输使用。在生物医学领域内的疫苗、菌毒种、细胞株、精子以及组织都可以置于液氮罐储存的液氮中长期活性保存	
8	实验室超纯水机	实验室超纯水机通过预处理、反渗透、电渗析、超纯化以及后级处理等方法进行水处理，使超纯水中不离解的胶体物质、气体及有机物均去除至很低程度，离子含量降低到痕量水平，电阻率一般为 10~18.25MΩ。其通过 UV、超滤等技术确保超纯水中的微生物、有机物和热原满足各类实验应用需求。用于对水质中的有机物、颗粒物、细菌和热原等都有较高的要求的实验，如细胞培养、高效液相色谱、质谱分析、原子荧光分析等	
9	马弗炉	马弗炉是一种通用的加热设备，用于测定灰分、元素分析的干法灰化及水质、环境分析的样品加热处理等。温度范围：100~1200℃	
10	电热恒温鼓风干燥箱	用于食品中水分含量的测定，实验室玻璃器皿的干燥，实验样本、食品、化学物质的热变性、热硬化、热软化、水分排除，生物工程中器皿、器具的干热杀菌。控温范围：室温+10~250℃	

续表

序号	设备名称	功能用途	图片
11	真空干燥箱	真空干燥箱通过使工作室内保持一定的真空度，降低了被驱除液体的沸点，避免氧化，也使物品的干燥更加快速，并可冷凝回收被蒸发的溶媒。适于热敏性、易分解和易氧化物质的干燥。也可向内部充入惰性气体，用于对一些成分复杂的物品干燥。控温范围：室温+10~200℃或250℃，真空度<133Pa，采用智能型数字温度调节仪进行温度的设定、显示与控制	
12	真空冷冻干燥机	真空冷冻干燥机使含水物料在冰冻和低氧状态下直接升华成气态而干燥。冷冻真空干燥过程能保持物料的原有成分和结构，避免了变性、失活和氧化的影响。适用对热敏性物质如抗生素、疫苗、血液制品、酶及其他生物组织干燥	
13	匀浆机	匀浆机是把动植物组织细碎并研磨成均匀的浆状物的设备，匀浆机通过高速旋转，其刀片或研磨棒将物料粉碎、均质和乳化；动植物组织的匀浆处理，多在冰浴条件下进行，匀浆液通常用于蛋白质、RNA/DNA提取及组织酶活等测定	
14	多功能样品均质器	多功能、高通量样品均质器集研磨、均质为一体，在均质管中加入样品和磁珠，通过震动、碰撞拍打实现细胞破壁和匀浆，尤其适于动物结缔组织含量高、厚壁菌的匀浆制备，利于DNA、RNA/蛋白质等有效提取，可同时处理多个样品，低温适配器可实现液氮低温下操作	
15	高压均质机	高压均质机可以使悬浊液状态的物料在高压或超高压（最高可达413.68MPa）作用下，高速流过具有特殊内部结构的高压均质腔，使物料发生物化、结构性质等一系列变化，最终达到均质的效果。用于实验样品的细化和混匀、细胞破碎、饮品均质、制备脂质体、脂肪乳、纳米混悬剂、微乳、脂微球、乳剂等。超高压均质用于纳米级均质过程	

续表

序号	设备名称	功能用途	图片
16	超声细胞破碎仪	超声波细胞破碎仪是通过一定功率的超声波在通过液体中的空化作用，使动植物、病毒、细胞、细菌及组织细胞悬液中细胞壁和细胞器急剧震荡而破碎，实现匀浆的制备	
17	超声波提取仪	超声波提取仪通过超声波的空化作用（气泡的形成、增长和爆破压缩），产生快速机械振动，可减少溶液中目标萃取物与样品基体之间的作用力，从而实现目标物从固相转移到液相的固-液萃取分离。可用于食品、中药功能成分的提取。同时可用来乳化、纳米材料制备、裂解及加速化学反应等	
18	固相萃取仪	主要用于样品的分离，净化和富集。主要目的在于降低样品基质干扰，提高检测灵敏度	
19	快速溶剂萃取仪	快速溶剂萃取仪是在高温（室温200℃）、高压（大气压20MPa）条件下快速提取固体或半固体样品的样品前处理仪器，样品处理通量大，萃取效率高，适合现有气相色谱、液相色谱、色质联用等分析仪器样品预处理	
20	超声波清洗器	超声波清洗器可用于实验过程中样品的超声处理、溶液脱气和实验器皿的清洗等	
21	旋转蒸发仪	旋转蒸发仪通过恒温加热，蒸发瓶在负压条件下旋转，使液态物料在其内壁均匀成膜，高效蒸发，然后再冷凝回收溶媒，达到实验样品中有效成分的浓缩、干燥和回收的效果。旋转蒸发仪配备的循环水真空泵，最大真空度0.098MPa，为减压和脱气等过程提供真空条件	

续表

序号	设备名称	功能用途	图片
22	冷冻离心机（低速/高速）	冷冻离心机用于在可控温度-5~30℃条件下，利用离心力对含固形物的混合液进行分离和沉淀的专用仪器。离心机转速<10000r/min称为低速离心机，转速≥10000r/min的为高速离心机，60000r/min为超速离心机。离心机可配以不同规格转子	
23	微波消解仪	微波消解仪是产生的微波通过消解管的试样时，极性分子随微波频率快速变换取向、转动，与周围分子相互碰撞摩擦，使分子的总能量增加，试样温度上升，使试样得到快速消解。用于样品消解、萃取，如食物微量元素分析的无机化处理（湿法消化）等。微波消解仪具备微波反应时间、温度控制、显示和操作系统一体化集成	
24	真空离心浓缩仪	真空离心浓缩仪是综合利用离心力、加热和外接真空泵提供的真空作用来实现溶剂蒸发。可用于DNA/RNA、蛋白质、药物、酶或类似样品的小量浓缩合成物的溶剂去除，具有浓缩效率高、样品活性留存高、同时处理多个样品而不会导致交叉污染的特点	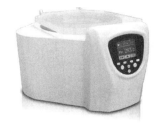
25	全自动核酸提取仪	用于动植物样品核酸的提取和纯化	
26	生物安全柜	生物安全柜是一种负压、使柜内气体不外泄的净化工作台，能够防止操作人员与受试样品交叉污染的发生。在操作原代培养物、菌毒株以及诊断性标本等具感染性的实验材料时，避免操作者、实验室环境以及实验材料暴露于上述操作过程中可能产生的感染性气溶胶和溅出物污染。是实验室生物安全中一级防护屏障的安全防护设备。安全柜分为一级、二级和三级以满足不同的生物研究和防疫要求	

续表

序号	设备名称	功能用途	图片
27	超净工作台	超净工作台用于提供局部无尘、无菌工作环境的单向流型空气净化设备。 超净工作台与生物安全柜不同。超净工作台只能保护在工作台内操作的试剂等不受污染，并不保护工作人员，而生物安全柜是负压系统，能有效保护工作人员	
28	二氧化碳培养箱	二氧化碳培养箱通过在箱体内模拟形成一个类似细胞/组织在生物体内的生长环境：以稳定的温度（37℃）、稳定的 CO_2 水平（5%）、恒定的酸碱度（pH7.2～7.4）、较高的相对饱和湿度（95%），来对细胞/组织进行体外培养的一种装置。用于细胞、组织、细菌培养，是细胞生物学、免疫学、肿瘤学、毒理学、遗传学及生物工程研究的必备设备。也用于干细胞、组织工程、药物筛选等研究领域	
29	恒温恒湿培养箱	用于兼性、好氧微生物的恒温恒湿培养；也用于检验食品、仪表、电子产品、材料等在高温或湿热环境下各性能项指标。霉菌培养箱专用于霉菌培养	
30	压力蒸汽灭菌锅	主要用于实验过程中实验样品和器材的消毒灭菌，也可作为制取高温蒸汽源设备	
31	厌氧培养箱	厌氧培养箱是一种在无氧环境条件下进行细菌培养及操作的专用装置。它能提供严格的厌氧状态恒定的温度培养条件和具有一个系统、科学化的工作区域。主要用于微生物的厌氧培养	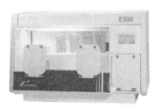

续表

序号	设备名称	功能用途	图片
32	倒置显微镜	倒置显微镜组成和普通显微镜一样，但其物镜与照明系统颠倒，前者在载物台之下，后者在载物台之上，用于观察培养的活细胞，具有相差物镜，可用于无色透明的活体观察。在细胞培养、组织培养、悬浮体和沉淀物等的观察中常用。 倒置荧光显微镜配有激光激发块，荧光光源、照明器，激发块切换装置，用于观察不经染色的透明活体，也适用于对活体细胞和细胞离体培养等活体组织的荧光显微术观察。配备摄像系统可将观察的形态拍摄下来	
33	体式显微镜	是一种具有正像立体感的目视仪器，又称实体显微镜。视场直径大，焦深大，放大倍数 20 ~ 100X，可连续变倍，便于观察被检物体的全貌，用于小动物解剖、组织分离等	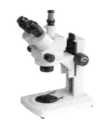

二、营养与生化分析常用仪器

营养与生化分析常用仪器见附表4。

附表4   营养与生化分析常用仪器

序号	设备名称	功能用途	图片
34	水分测定仪	用于检测各类有机及无机固体、液体和气体等样品的含水率	
35	索氏提取仪（脂肪测定仪）	用于食物样品中脂肪含量的测定，如乙醚浸出物、总脂肪含量测定；也用来进行物料的有机溶液提取、回收	

续表

序号	设备名称	功能用途	图片
36	自动/半自动凯氏定氮仪	用于粮食、乳制品、饮料及其他农副产品中粗蛋白质含量的测定。图示为半自动凯氏定氮仪（含消化炉），包含消化、蒸馏装置；全自动凯氏定氮仪还包括自动滴定装置	
37	纤维测定仪	用于植物、饲料、食品及其他农副产品中粗纤维的测定，以及洗涤纤维、纤维素、半纤维素和其他相关参数的测定	
38	全自动氨基酸分析仪	氨基酸分析仪是基于阳离子交换柱分离、柱后茚三酮衍生、光度法测定的离子交换色谱仪。由色谱柱、自动进样器、检测器、数据记录和处理系统组成。用于测定实验样品中各种氨基酸的含量。将蛋白质及肽经盐酸消解、处理后，成为单个游离氨基酸，上机操作	
39	高效液相色谱仪	高效液相色谱仪由高压输液系统、进样系统、分离系统、记检测系统、数据处理系统等几部分组成。根据在高压液流系统中，混合物中各组分在固定相、流动相中亲和力的差别而出现分离的机理，流动相在高压下快速流动，以提高分离效果与速度。可以分离热不稳定和非挥发性的、离解的和非离解的以及各种相对分子质量范围的物质。被广泛应用于生化、食品分析、医药研究、环境分析、无机分析等各种领域。高效液相色谱仪与结构仪器的联用是一个重要的发展方向	

续表

序号	设备名称	功能用途	图片
40	气相色谱仪	气相色谱仪，是指用气体作为流动相的色谱分析仪器。其原理主要是利用物质的沸点、极性及吸附性质的差异实现混合物的分离。主要用于易于挥发而不发生分解的化合物进行分离与定性和定量的分析。食物农残、油脂脂肪酸、食用油中溶剂残留、微生物代谢物有机酸、药物及人体代谢物分析	
41	原子吸收分光光度计	用于食品中矿物质微量元素如铁、镁、锰、铜、锌等含量的测定。仪器以特定光源辐射出具有待测元素特征线的光，通过样品蒸气时被蒸气中待测元素基态原子能吸收，由辐射特征谱线光被减弱的程度来测定样品中待测元素的含量	
42	荧光分光光度计	样品经荧光分光光度计的光源（高压汞灯或氙灯）照射，激发其中的荧光物质发射荧光，被光学系统接收后，以图或数字的形式显示出来。荧光分光光度计的激发波长范围是 $190 \sim 650nm$，荧光发射波长范围是 $200 \sim 800nm$。可用于经光源激发后产生荧光的物质或经化学处理后产生荧光的物质成分的定性、定量分析。定性分析是根据不同分子结构的物质具有特定的激发态能级分布，反映出其特征的荧光激发和发射光谱，通过扫描可进行物质的定性鉴定。在溶液中，荧光物质的浓度较低时，其发射荧光强度与该物质的浓度呈良好的正比关系，可用于定量分析。荧光分光光度分析具有灵敏度高、选择性强、样品用量少的特点	
43	紫外可见分光光度计	主要用于食品中各类有效成分含量测定：食品中的添加剂、防腐剂、香料分析，以及食品中的脂肪、酶、糖类、矿物质、维生素等营养成分分析	
44	多功能酶标仪	利用酶联免疫分析法，根据酶标记原理，根据呈色物光吸收强度进行定性或定量分析。酶标板96孔一次扫描完成测定，可用于酶联免疫吸附剂测定（ELISA）、单克隆抗体筛分、抗生素灵敏度检验，以及其他需要进行比色的分析工作。多功能酶标仪根据光源不同，可进行可见光、紫外光、荧光分析测定	

续表

序号	设备名称	功能用途	图片
45	超微量分光光度计	用于核酸、蛋白定性、定量以及细菌生长浓度的定量测定。检测所需样品量可低至 $1\sim2\mu L$	
46	生化分析仪	用于血液中常规生化指标的检测。配备特有的试剂，实现血液、组织液的多种酶活性、生化指标的快速、大批量测定，如血糖、血脂、肝功能、肾功能、心肌酶等多种相关指标等	
47	PCR 仪及梯度 PCR 仪	PCR 仪是利用 DNA 聚合酶对特定基因做体外或试管内的大量复制合成，通过变性-退火-延伸过程，达到 DNA 数量扩增的专用仪器。 梯度 PCR 仪是由普通 PCR 仪带有可以设置系列不同退火温度条件（12 种温度梯度）的 PCR 扩增仪。用来筛选不同 DNA 片段扩增所需的最适退火温度，以进行有效的扩增。PCR 扩增后的结果分析检测，需要配合电泳仪，凝胶成像系统/紫外分析仪进行定性和定量	
48	实时荧光定量 PCR 仪	实时荧光定量 PCR 仪（Real-Time qPCR 仪）是在普通 PCR 仪的基础上增加一个荧光信号采集系统和计算机分析处理系统，扩增时引物和荧光探针同时与模板特异性结合、扩增，可实时监测 PCR 循环过程的荧光信号，输出量化的目的基因表达产物实时结果。兼备基因扩增以及检测定量的功能。主要用于待测样品中的特定 DNA 序列的定量分析	

续表

序号	设备名称	功能用途	图片
49	紫外分析仪	紫外灯管发出 254nm 和 365nm 紫外光，可对蛋白质、核苷酸电泳及薄层、纸层析观察分析，PCR 产物检测，DNA 指纹图谱定性分析等	
50	凝胶成像仪	用于蛋白质、核酸、多肽等电泳凝胶图像的分析研究。采用数字摄像头将置于暗箱内的电泳凝胶在紫外光或白光照射下的影像导入计算机，通过相应的分析软件，可一次性完成 DNA、RNA、蛋白凝胶、薄层层析板等图像的分析，最终获得凝胶条带的峰值、相对分子质量、面积、高度、位置、体积或样品总量，也可根据灰度扫描进行相对分子质量、定量、密度定量、密度扫描和 PCR 定量等	
51	电泳槽及电泳仪	生化分析研究中应用电泳法。蛋白质、肽、核酸等带电粒子在电场中的运动，由于其所带电荷及分子量的不同，具有在电场中运动速度不同的特征，可实现对不同组分的定性或定量分析，如 Western-Blot 及核酸分析；也用于对一定混合物进行组分分析或单个组分提取制备	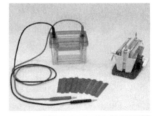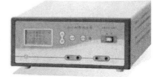
52	人体成分分析仪	测量项目：总水分，细胞内液，细胞外液，蛋白质，无机盐，体脂肪量，体重，肌肉量，去脂体重，骨骼肌肉量，身体质量指数，体脂肪率，腰臀比，内脏脂肪面积，节段肌肉量，浮肿指数（全身和节段），体重控制，体型判定，营养评估，肌肉评估等	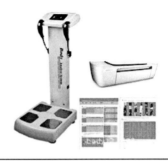

三、动物实验常用设备

动物实验常用设备见附表5。

附表 5   动物实验常用设备

序号	设备名称	功能用途	图片
53	智能型 IVC 独立送风笼架及笼具	用于 SPF、清洁级小鼠、大鼠的饲养、培育、繁殖等的饲养笼具。可实现对单个笼具的温度、空气洁净度、换气次数、气流速度、笼内外压差等控制，笼盒进风带滤膜，并防止管道污染。小鼠笼架可带 56 笼盒、大鼠笼架带 25 笼盒。笼盒材料为聚碳酸酯（PC）、聚砜（PSU）、聚醚酰亚胺（PEI），耐酸碱、可高温消毒	
54	层流柜	用于造就局部高洁净度空气环境的设备，各层放置饲养笼，可用于饲养大鼠、小鼠等试验动物。分为负压式和正压式两种	
55	小动物代谢笼（大鼠、小鼠）	主要用于大鼠或小鼠代谢试验。可定量喂食，分别收集饲养其中的动物自然排出的尿液和粪便，同时也可以测量采食量	
56	脑模具（大鼠或小鼠）	主要用于脑组织的固定、定位取样，以进行脑特定部位、核团的取样分析及切片制作等，分为冠状面、矢状面两种	

续表

序号	设备名称	功能用途	图片
57	小动物麻醉机	用于为小鼠、大鼠等小动物提供异氟烷或氟烷等药物，进行吸入式麻醉的麻醉机，可以进行中、短期的麻醉控制	
58	抓力测量仪	主要用于大鼠或小鼠的抓力测试，评价其肢体力量，也可对动物的衰老、神经损伤、骨骼、肌肉及韧带损伤程度及其恢复程度进行鉴定。仪器配备大、小鼠不同的抓力板，带有自动计算均值的功能	
59	敞开式小动物跑台	主要用于小鼠、大鼠及其他动物跑步训练和新陈代谢研究，跑道传送带速度可调，可使训练的量化更加准确，用于研究动物体能、耐力、运动损伤、运行营养药物、运动生理和病理等	
60	旷场实验	旷场实验又称敞箱实验，是评价实验动物在新异环境中自主行为、探究行为与紧张度的一种方法。以实验动物在新奇环境之中某些行为的发生频率和持续时间等，反映实验动物在陌生环境中的自主行为与探究行为，以尿便次数反映其紧张度	
61	高架十字迷宫分析系统	高架十字迷宫（High Plus Maze）系统是利用动物对新异环境的探究特性和对高悬敞开臂的恐惧形成矛盾冲突行为，来考察动物的焦虑状态。十字迷宫距离地面较高，相当于人站在峭壁上，使实验对象产生恐惧和不安心理。主要用于评价大鼠和小鼠等实验动物的焦虑状态	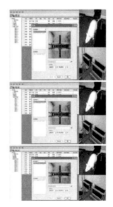

续表

序号	设备名称	功能用途	图片
62	Morris 水迷宫实验	Morris 水迷宫实验是通过让实验动物（大鼠、小鼠）游泳，学习寻找不同方位隐藏在水中平台的一种实验，主要用于测试实验动物对空间位置感和方向感（空间定位）的学习记忆能力	
63	实验动物综合监测系统（CLAMS）	用以监测实验动物（大鼠或小鼠）活体代谢水平、自主活动和热量消耗。能够实时记录动物的二氧化碳产生量和氧气的消耗量，获得呼吸交换率（RER）值，以间接测定动物体内的供能物质，如 RER 值接近 1.0 表明实验动物的主要供能物质为碳水化合物，接近 0.7 表明实验动物的主要供能物质为脂肪。CLAMS 也可以监测小鼠产热、能耗的情况，测定单位时间、单位体重实验动物消耗的卡路里。此外，CLAMS 还可以通过红外传感监测每个笼子中实验动物在 X 轴及 Z 轴方向上的活动情况，以每小时打断红外线的次数来量化实验动物的自主活动量	

附录三　蛋白质、氨基酸的物理性质及常数

一、某些蛋白质的物理性质

附表 6 所列蛋白质常用作 SDS 凝胶电泳，蔗糖密度梯度离心和凝胶层析的标准。

附表 6　　　　　　　　　　　某些蛋白质的物理性质

蛋白质（来源）	相对分子质量	沉降系数/S	偏微比容 V /（cm³/g）	A_{280}/（mg/ml）	斯托克斯半径/Å	亚基数
细胞色素 C（牛心）(Cytochrome C)	13370	1.83	0，728	2.32[②]	17，4	1
溶菌酶（鸡蛋清）(Lysozyme)	13930	1.91	0.703	2.64	20.6	1
核糖核酸酶（牛胰）(Ribonuclease)	13700	2.00	0.707	0.73	18.0	1
胰蛋白酶抑制剂（大豆）(Trypsin Inhibitor)	22460	2.3	0.735	1.00	22.5	1
碳酸酐酶（Bovine B）(Carbonic Anhydrase)	30000	2.85	0.735	1.90	24.3	1
卵清蛋白（鸡蛋）(Ovalbumin)	45000	3.55	0.746	0.736	27.6	1
血清蛋白（牛）(Serum Albumin)（Bovine[①]）	67000	4.31	0.732	0.677	37.0	1
烯醇酶（酵母）(Enolase)	90000	5.90	0.742	0.895	34.1	2
甘油醛-3-磷酸脱氢酶（兔肌肉）(Glyceraldehyde 3 - Phosphatedehy-Drogenase)	145000	7.60	0.737	0.815	43.0	4
乙醇脱氢酶（酵母）(Alcohol Dehyd-Rogenase)	141000	7.61	0.740	1.26	41.7	4
醛缩酶（兔肌肉）(Aldolase)	156000	7.35	0.742	0.938	47.4	4
乳酸脱氢酶（牛心）(Lactic Dehydro-Genase)	136000	7.45	0.747	0.970	40.3	4
过氧化氢酶（牛肝）(Catalase)	247500	11.30	0.730	64 (276Nm)	52.2	4

注：①常发现含有 5%～10%二聚体（相对分子质量 133000）；

　　②在 416nm 为 9.65。

二、氨基酸的物理常数

氨基酸的物理常数见附表 7。

附表 7 　　　　　　　　　　　　　氨基酸的物理常数

中文名称	英文名称（缩写）	相对分子质量	熔点/℃[1]	溶解度[2]	等电点	酸度系数（pKa>25℃）
DL-丙氨酸	DL-Alanline（Ala）	89.09	295d	16.6	6.00	（1）2.35 （2）9.69
L-丙氨酸	L-Alanline（Ala）	89.09	297d	16.65	6.00	—
DL-精氨酸	DL-Arginine（Arg）	174.20	238d	—	10.76	（1）2.17（COOH） （2）9.04（NH_2） （3）12.48（胍基）
L-精氨酸	L-Arginine（Arg）	174.20	244d	15.021	10.76	—
DL-天冬酰胺	DL-Asparagine（Asp-NH_2）（Asn）	132.12	213~215d	2.16	—	（1）2.02 （2）8.8
L-天冬酰胺	L-Asparagine（Asp-NH_2）（Asn）	132.12	236d （水合物）	2.989	—	—
L-天冬氨酸	L-Aspartic Acid（Asp）	133.10	269~237d	0.5	2.77	（1）2.09（α-COOH） （2）3.86（β-COOH） （3）9.82（NH_2）
L-瓜氨酸	L-Citrulline（Cit）	175.19	234~237d	易溶	—	—
L-半胱氨酸	L-Cysteine（Cys）	121.15	—	易溶	5.07	（1）1.71 （2）8.33（NH_2） （3）10.78（SH）
DL-胱氨酸	DL-Cystine（Cyss）	240.29	260	0.0049	5.05	（1）1.65；（2）2.26 （3）7.85；（4）9.85
L-胱氨酸	L-Cystine（Cyss）	240.29	258~261d	0.011	5.05	—
DL-谷氨酸	DL-Glutamicacid（Glu）	147.13	225~227d	2.504	3.22	（1）2.19 （2）4.25 （3）9.67
L-谷氨酸	L-Glutamicacid（Glu）	147.13	274~249d	0.864	3.22	—
L-谷氨酰胺	L-Glutamine（Glu-NH_2）（Gln）	146.15	184~185	4.25	—	（1）2.17 （2）9.13
甘氨酸	Glycine（Gly）	75.07	292d	24.99	5.97	（1）2.34 （2）9.6

续表

中文名称	英文名称（缩写）	相对分子质量	熔点/℃[1]	溶解度[2]	等电点	酸度系数（pKa>25℃）
DL-组氨酸	DL-Histidine（His）	155.16	285~286d	易溶	—	（1）1.82（COOH） （2）6.0（咪唑基） （3）9.17（NH₂）
L-组氨酸	L-Histidine（His）	155.16	277d	4.16	—	—
L-羟脯氨酸	L-Hydroxy-Proline（Hyp）（Pro-OH）	131.13	270d	36.11	5.83	（1）1.92 （2）9.73
DL-异亮氨酸	DL-Isoleucine（Iie）	131.17	292d	2.229	6.02	（1）2.36 （2）9.68
L-异亮氨酸	L-Isoleucine（Iie）	131.17	285~286d	4.12	6.02	—
DL-亮氨酸	DL-Leucine（Leu）	131.17	332d	0.991	5.98	（1）2.36 （2）9.60
L-亮氨酸	L-Leucine（Leu）	131，17	337d	2.19	5.98	—
DL-赖氨酸	DL-Lysine（Lys）	146.19	—	—	9.74	（1）2.18 （2）8.95（a-NH₂） （3）10.53（e-NH₂）
L-赖氨酸	L-Lysine（Lys）	146.19	224d	易溶	9.74	—
DL-甲硫氨酸（蛋氨酸）	DL-Methionine（Met）	149.21	281	3.38	5.74	（1）2.28 （2）9.21
L-甲硫氨酸	L-Methionine（Met）	149.21	283d	易溶	5.74	—
DL-苯丙氨酸	DL-Phenylalanine（Phe）	165.19	318~320d	1.42	5.48	（1）1.83 （2）9.13
L-苯丙氨酸	L-Phenylalanine（Phe）	165.19	283~284d	2.96	5.48	—
DL-脯氨酸	DL-Proline（Pro）	115.13	213	易溶	6.30	（1）1.99 （2）10.6
L-脯氨酸	L-Proline（Pro）	115.13	220~222d	162.3	6.30	—
DL-丝氨酸	DL-Serine（Ser）	105.09	246d	5.02	5.68	（1）2.21 （2）9.15
L-丝氨酸	L-Serine（Ser）	105.09	223~228d	'25³⁰	5.68	—
DL-苏氨酸	DL-Threonine（Thr）	119.12	235 分解点	20.1	6.16	（1）2.63 （2）10.43

续表

中文名称	英文名称（缩写）	相对分子质量	熔点/℃[1]	溶解度[2]	等电点	酸度系数（pKa>25℃）
L-苏氨酸	L-Threonine（Thr）	119.12	253 分解点	易溶	6.16	—
DL-色氨酸	DL-Tryptophane（Trp）	204.22	283~285	0.2530	5.89	（1）2.38 （2）9.39
L-色氨酸	L-Tryptophane（Trp）	204.22	281~282	1.14	5.89	—
DL-酪氨酸	DL-Tyrosine（Tyr）	181.19	316	0.0351	5.66	（1）2.20（COOH） （2）9.11（NH₂） （3）10.07（OH）
L-酪氨	L-Tyrosine（Tyr）	181.10	342.4d	0.045	5.66	—
DL-缬氨酸	DL-Valine（Val）	117.15	293d	7.04	5.96	（1）2.32 （2）9.62
L-缬氨酸	L-Valine（Val）	117.15	315d	8.8520	5.96	—

注：①d 代表达到熔点后分解。

②在 25℃于 100g 水中溶解的克数。特殊的温度条件则注明在右上角。

资料来源：张龙翔，张庭芳，李令媛. 生化试验方法与技术［M］. 人民教育出版社，1982。

附录四　营养实验常用试剂及其配制

一、常用缓冲溶液、电泳缓冲液的配制

缓冲液是含有相对物质的量的弱酸及其相应碱或弱碱及其相应酸的水溶液，用于保持 pH 恒定。在食品营养分析中，缓冲液是生化指标分析、酶学相关测定的常用试剂。

为了使缓冲液中带电对应物保持一定的 pH，其组分必须存在于一定的摩尔浓度比。有些盐（如 NaCl）虽然不参与缓冲过程，但其改变离子强度也会影响酸的 pKa，因此，配制缓冲液在调节 pH 之前，应合并所有缓冲液组分。

此外，温度可影响缓冲液的 pH，例如，2-［4-（2-羟乙基）哌嗪-1-基］乙磺酸［HEPES］是广泛用于细胞培养实验的缓冲组分。在 20℃时，其 pKa 为 7.55，但其从 20℃变化到 37℃时 pH 为-0.014ΔpH/℃。因此，37℃下的 pKa 为：

pKa（37℃）= pH（20℃）- △pH×（T_1-T_2），

7.55-0.014 ×（37-20）= 7.31

因此，缓冲液调节 pH 时，应注意溶液温度的影响。

1. 硼砂-氢氧化钠缓冲液（0.05mol/L 硼酸根）

XmL 0.05mol/L 硼砂 + YmL 0.2mol/L NaOH 加水稀释至 200mL，形成的缓冲液 pH 见附表 8。

附表 8　　　　　　　　　硼砂-氢氧化钠缓冲液

pH	X/mL	Y/mL	pH	X/mL	Y/mL
9.3	50	6.0	9.8	50	34.0
9.4	50	11.0	10.0	50	43.0
9.6	50	23.0	10.1	50	46.0

硼砂 $Na_2B_4O_7 \cdot 10H_2O$，（相对分子质量）为 381.43，0.05mol/L 溶液为 19.07g/L。

2. 磷酸氢二钠-柠檬酸缓冲液

pH 与组分关系见附表 9。

附表 9　　　　　　　　　磷酸氢二钠-柠檬酸缓冲液

pH	0.2mol/L Na_2HPO_4/mL	0.1mol/L 柠檬酸/mL	pH	0.2mol/L Na_2HPO_4/mL	0.1mol/L 柠檬酸/mL
2.2	0.40	19.60	5.2	10.72	9.28
2.4	1.24	18.76	5.4	11.15	8.85

续表

pH	0.2mol/L Na₂HPO₄/mL	0.1mol/L 柠檬酸/mL	pH	0.2mol/L Na₂HPO₄/mL	0.1mol/L 柠檬酸/mL
2.6	2.18	17.82	5.6	11.60	8.40
2.8	3.17	16.83	5.8	12.09	7.91
3.0	4.11	15.89	6.0	12.63	7.37
3.2	4.94	15.06	6.2	13.22	6.78
3.4	5.70	14.30	6.4	13.85	6.15
3.6	6.44	13.56	6.6	14.55	5.45
3.8	7.10	12.90	6.8	15.45	4.55
4.0	7.71	12.29	7.0	16.47	3.53
4.2	8.28	11.72	7.2	17.39	2.61
4.4	8.82	11.18	7.4	18.17	1.83
4.6	9.35	10.65	7.6	18.73	1.27
4.8	9.86	10.14	7.8	19.15	0.85
5.0	10.30	9.70	8.0	19.45	0.55

注：Na_2HPO_4，相对分子质量为 141.98，0.2mol/L 溶液为 28.40g/L。

$Na_2HPO_4 \cdot 2H_2O$，相对分子质量为 178.05，0.2mol/L 溶液含 35.61g/L。

$C_6H_8O_7 \cdot H_2O$，相对分子质量为 210.14，0.1mol/L 溶液为 21.01g/L。

3. 柠檬酸–柠檬酸钠缓冲液（0.1mol/L）

pH 与组分关系见附表 10。

附表 10   柠檬酸–柠檬酸钠缓冲液

pH	0.1mol/L 柠檬酸/mL	0.1mol/L 柠檬酸钠/mL	pH	0.1mol/L 柠檬酸/mL	0.1mol/L 柠檬酸钠/mL
3.0	18.6	1.4	5.0	8.2	11.8
3.2	17.2	2.8	5.2	7.3	12.7
3.4	16.0	4.0	5.4	6.4	13.6
3.6	14.9	5.1	5.6	5.5	14.5
3.8	14.0	6.0	5.8	4.7	15.3

续表

pH	0.1mol/L 柠檬酸/mL	0.1mol/L 柠檬酸钠/mL	pH	0.1mol/L 柠檬酸/mL	0.1mol/L 柠檬酸钠/mL
4.0	13.1	6.9	6.0	3.8	16.2
4.2	12.3	7.7	6.2	2.8	17.2
4.4	11.4	8.6	6.4	2.0	18.0
4.6	10.3	9.7	6.6	1.4	18.6
4.8	9.2	10.8			

注：柠檬酸 $C_6H_8O_7 \cdot H_2O$，相对分子质量为 210.14，0.1mol/L 溶液为 21.01g/L。

柠檬酸钠 $Na_3C_6H_5O_7 \cdot 2H_2O$，相对分子质量为 294.12，0.1mol/L 溶液为 29.41g/L。

4. 柠檬酸-氢氧化钠-盐酸缓冲液

pH 与组分关系见附表 11。

附表 11　　　　　　　　　柠檬酸-氢氧化钠-盐酸缓冲液

pH	钠离子浓度/ (mol/L)	柠檬酸 $C_7O_7H_8 \cdot H_2O$/g	氢氧化钠 NaOH (97%) /g	盐酸 HCl（浓）/mL	最终体积/L*
2.2	0.20	210	84	160	10
3.1	0.20	210	83	116	10
3.3	0.20	210	83	106	10
4.3	0.20	210	83	45	10
5.3	0.35	245	144	68	10
5.8	0.45	285	186	105	10
6.5	0.38	266	156	126	10

注：* 使用时可以每升加入 1g 酚，若最后 pH 有变化，再用少量 50% 氢氧化钠溶液或浓硫酸调节，冰箱保存。

5. 甘氨酸-盐酸缓冲液（0.05mol/L）

XmL 0.2mol/L 甘氨酸 + YmL 0.2mol/L HC1，再加水稀释至 200mL。pH 与组分关系见附表 12。

附表 12　　　　　　　　　甘氨酸-盐酸缓冲液

pH	X/mL	Y/mL	pH	X/mL	Y/mL
2.2	50	44.0	3.0	50	11.4

续表

pH	X/mL	Y/mL	pH	X/mL	Y/mL
2.4	50	32.4	3.2	50	8.2
2.6	50	24.2	3.4	50	6.4
2.8	50	16.8	3.6	50	5.0

甘氨酸，相对分子质量为 75.07，0.2mol/L 甘氨酸溶液为 15.01g/L。

6. Tris-盐酸缓冲液（0.05mol/L，25℃）

50mL 0.1mol/L 三羟甲基氨基甲烷（Tris）溶液与 XmL 0.1mol/L 盐酸混匀后，加水稀释至 100mL。pH 与盐酸组分的关系见附表 13。

附表 13　　　　　　　　　　Tris-盐酸缓冲液

pH	X/mL	pH	X/mL
7.10	45.7	8.10	26.2
7.20	44.7	8.20	22.9
7.30	43.4	8.30	19.9
7.40	42.0	8.40	17.2
7.50	40.3	8.50	14.7
7.60	38.5	8.60	12.4
7.70	36.6	8.70	10.3
7.80	34.5	8.80	8.5
7.90	32.0	8.90	7.0
8.00	29.2		

三羟甲基氨基甲烷（Tris）的结构式如下：

相对分子质量为 121.14，0.1mol/L，浓度为 12.114g/L。Tris 溶液可从空气中吸收二氧化碳，使用时注意将瓶盖严。

7. 邻苯二甲酸-盐酸缓冲液（0.05mol/L）

XmL 0.2mol/L 邻苯二甲酸氢钾+ YmL 0.2mol/L HCl，再加水稀释至 20mL。pH 与组分关系见附表 14。

附表 14　　　　　　　　　　　　　邻苯二甲酸-盐酸缓冲液

pH（20℃）	X/mL	Y/mL	pH（20℃）	X/mL	Y/mL
2.2	5	4.670	3.2	5	1.470
2.4	5	3.960	3.4	5	0.990
2.6	5	3.295	3.6	5	0.597
2.8	5	2.642	3.8	5	0.263
3.0	5	2.032			

邻苯二甲酸氢钾，相对分子质量为 204.23，0.2mol/L 邻苯二甲酸氢钾溶液为 40.85g/L。

8. 磷酸二氢钾-氢氧化钠缓冲液（0.05mol/L）

X mL 0.2mol/L KH_2PO_4 + Y mL 0.2mol/L NaOH 加水稀释至 20mL。pH 与组分关系见附表 15。

附表 15　　　　　　　　　　　　磷酸二氢钾-氢氧化钠缓冲液

pH（20℃）	X/mL	Y/mL	pH（20℃）	X/mL	Y/mL
5.8	5	0.372	7.0	5	2.963
6.0	5	0.570	7.2	5	3.500
6.2	5	0.860	7.4	5	3.950
6.4	5	1.260	7.6	5	4.280
6.6	5	1.780	7.8	5	4.520
6.8	5	2.365	8.0	5	4.680

9. 巴比妥钠-盐酸缓冲液（18℃）

pH 与组分关系见附表 16。

附表 16　　　　　　　　　　　　　巴比妥钠-盐酸缓冲液

pH	0.04mol/L 巴比妥钠溶液/mL	0.2mol/L 盐酸/mL	pH	0.04mol/L 巴比妥钠溶液/mL	0.2mol/L 盐酸/mL
6.8	100	18.4	8.4	100	5.21
7.0	100	17.8	8.6	100	3.82
7.2	100	16.7	8.8	100	2.52
7.4	100	15.3	9.0	100	1.65
7.6	100	13.4	9.2	100	1.13

续表

pH	0.04mol/L 巴比妥钠溶液/mL	0.2mol/L 盐酸/mL	pH	0.04mol/L 巴比妥钠溶液/mL	0.2mol/L 盐酸/mL
7.8	100	11.47	9.4	100	0.70
8.0	100	9.39	9.6	100	0.35
8.2	100	7.21			

巴比妥钠盐，相对分子质量为 206.18，0.04mol/L 溶液为 8.25g/L。

10. 磷酸盐缓冲液

（1）磷酸氢二钠-磷酸二氢钠缓冲液（0.2mol/L）　pH 与组分关系见附表 17。

附表 17　　　　　　　　　　磷酸氢二钠-磷酸二氢钠缓冲液

pH	0.2mol/L Na_2HPO_4/mL	0.2mol/L NaH_2PO_4/mL	pH	0.2mol/L Na_2HPO_4/mL	0.2mol/L NaH_2PO_4/mL
5.8	8.0	92.0	7.0	61.0	39.0
5.9	10.0	90.0	7.1	67.0	33.0
6.0	12.3	87.7	7.2	72.0	28.0
6.1	15.0	85.0	7.3	77.0	23.0
6.2	18.5	81.5	7.4	81.0	19.0
6.3	22.5	77.5	7.5	84.0	16.0
6.4	26.5	73.5	7.6	87.0	13.0
6.5	31.5	68.5	7.7	89.5	10.5
6.6	37.5	62.5	7.8	91.5	8.5
6.7	43.5	56.5	7.9	93.0	7.0
6.8	49.0	51.0	8.0	94.7	5.3
6.9	55.0	45.0			

注：$Na_2HPO_4 \cdot 2H_2O$，相对分子质量为 178.05，0.2mol/L 溶液为 35.61g/L。

　　$Na_2HPO_4 \cdot 12H_2O$，相对分子质量为 358.22，0.2mol/L 溶液为 71.64g/L。

　　$NaH_2PO_4 \cdot H_2O$，相对分子质量为 138.01，0.2mol/L 溶液为 27.6g/L。

　　$NaH_2PO_4 \cdot 2H_2O$，相对分子质量为 156.03，0.2mol/L 溶液为 31.21g/L。

（2）磷酸氢二钠-磷酸二氢钾缓冲液（1.15mol/L） pH 与组分关系见附表18。

附表18 磷酸氢二钠-磷酸二氢钾缓冲液

pH	1.15mol/L Na$_2$HPO$_4$/mL	1.15mol/L KH$_2$PO$_4$/mL	pH	1.15mol/L Na$_2$HPO$_4$/mL	1.15mol/L KH$_2$PO$_4$/mL
4.92	0.10	9.90	7.17	7.00	3.00
5.29	0.50	9.50	7.38	8.00	2.00
5.91	1.00	9.00	7.73	9.00	1.00
6.24	2.00	8.00	8.04	9.50	0.50
6.47	3.00	7.00	8.34	9.75	0.25
6.64	4.00	6.00	8.67	9.90	0.10
6.81	5.00	5.00	8.18	10.00	0
6.98	6.00	4.00			

注：Na$_2$HPO$_4$·2H$_2$O，相对分子质量为178.05，1/15mol/L 溶液 11.876g/L；KH$_2$PO$_4$，相对分子质量为136.09，1/15mol/L 溶液 9.078g/L。

11. 碳酸钠、碳酸氢钠缓冲液（0.1mol/L）

pH 与组分关系见附表19。Ca^{2+}，Mg^{2+} 存在时不得使用。

附表19 碳酸钠、碳酸氢钠缓冲液

pH		0.01mol/L Na$_2$CO$_3$/mL	0.1mol/L NaHCO$_3$/mL
20℃	37℃		
9.16	8.77	1	9
9.40	9.12	2	8
9.51	9.40	3	7
9.78	9.50	4	6
9.90	9.72	5	5
10.14	9.90	6	4
10.28	10.08	7	3
10.53	10.28	8	2
10.83	10.57	9	1

注：Na$_2$CO$_3$·10H$_2$O，相对分子质量为286.2，0.1mol/L 溶液浓度为28.62g/L；NaHCO$_3$，相对分子质量为84.0，0.1mol/L 溶液浓度为 8.40g/L。

12. 乙酸-乙酸钠缓冲液 （0.2mol/L）

pH 与组分关系见附表 20。

附表 20　　　　　　　　　　　乙酸-乙酸钠缓冲液

pH (18℃)	0.2mol/L NaAc/mL	0.2mol/L HAc/mL	pH (18℃)	0.2mol/L NaAc/mL	0.2moI/L HAc/mL
3.6	0.75	9.25	4.8	5.90	4.10
3.8	1.20	8.80	5.0	7.00	3.00
4.0	1.80	8.20	5.2	7.90	2.10
4.2	2.65	7.35	5.4	8.60	1.40
4.4	3.70	6.30	5.6	9.10	0.90
4.6	4.90	5.10	5.8	9.40	0.60

注：$NaAc \cdot 3H_2O$，相对分子质量为 136.09，0.2mol/L 溶液浓度为 27.22g/L。

13. 硼酸-硼砂缓冲液 （0.2mol/L 硼酸根）

pH 与组分关系见附表 21。

附表 21　　　　　　　　　　　硼酸-硼砂缓冲液

pH	0.05mol/L 硼砂/mL	0.02mol/L 硼酸/mL	pH	0.05mol/L 硼砂/mL	0.02mol/L 硼酸/mL
7.4	1.0	9.0	8.2	3.5	6.5
7.6	1.5	8.5	8.4	4.5	5.5
7.8	2.0	8.0	8.7	6.0	4.0
8.0	3.0	7.0	9.0	8.0	2.0

注：硼砂，$Na_2B_4O_7 \cdot 10H_2O$，相对分子质量为 381.43，0.05mol/L 溶液（= 0.2mol/L 硼酸根）为 19.07g/L。

硼酸，H_3BO_3，相对分子质量为 61.84，0.2mol/L 溶液浓度为 12.37g/L。

硼砂易失去结晶水，必须在带塞的瓶中保存。

14. 甘氨酸-氢氧化钠缓冲液 （0.05mol/L）

X mL 0.2mol/L 甘氨酸 + Y mL 0.2mol/L NaOH 加水稀释至 200mL。pH 与组分关系见附表 22。

附表22　　　　　　　　　　　　　　甘氨酸-氢氧化钠缓冲液

pH	X/mL	Y/mL	pH	X/mL	Y/mL
8.6	50	4.0	9.6	50	22.4
8.8	50	6.0	9.8	50	27.2
9.0	50	8.8	10.0	50	32.0
9.2	50	12.0	10.4	50	38.6
9.4	50	16.8	10.6	50	45.5

注：甘氨酸，相对分子质量为75.07，0.2mol/L溶液浓度为15.01g/L。

资料来源：张龙翔，张庭芳，李令媛. 生化实验方法与技术. 人民教育出版社［M］，1982，371-375.

15. 常用的电泳缓冲液

常用的电泳缓冲液见附表23。

附表23　　　　　　　　　　　　　　常用的电泳缓冲液

缓冲液	使用液	浓储存液（每升）
Tris-乙酸（TAE）	1×：0.04mol/L Tris-乙酸 0.001mol/L EDTA	50×：242g Tris 碱 57.1ml 乙酸 100ml 0.5mol/L EDTA（pH 8.0）
Tris-磷酸（TPE）	1×：0.09mol/L Tris-磷酸 0.002mol/L EDTA	10×：108g Tris 碱 15.5ml 85%磷酸（1.679g/mL） 40ml 0.4mol/L EDTA（pH8.0）
Tris-硼酸（TBE）[①]	0.5×：0.045mol/L Tris-硼酸 0.001mol/L EDTA	5×：54g Tris 碱 27.5g 硼酸 20mL 0.5mol/L EDTA（pH8.0）
碱性缓冲液[②]	1×：50mmol/L NaOH 1mmol/L EDTA	1×：5mL 10mol/L NaOH 2mL 0.5mol/L EDTA（pH8.0）
Tris-甘氨酸[③]	1×：25mmol Tris 250ml/L 甘氨酸 0.1% SDS	5×：15.1g Tris 碱 94g 甘氨酸（电泳级）（pH 8.3） 50mL 10% SDS（电泳级）

注：①TBE 浓溶液长时间存放后会形成沉淀物，为避免这一问题，可在室温下用玻璃瓶保存5×溶液，
出现沉淀后则予以废弃。通常都以1×TBE 作为使用液（即1∶5 稀释浓储存液）进行琼脂糖凝胶
电泳。但0.5×的使用液已具备足够的缓冲容量。目前几乎所有的琼脂糖凝胶电泳都以1∶10
稀释的储存液作为使用液。进行聚丙烯酰胺凝胶电泳使用的1×TBE，是琼脂糖凝胶电泳时使用液
浓度的2倍。聚丙烯酰胺凝胶垂直槽的缓冲液槽较小，故通过缓冲液的电流量通常较大，需要使
用1×TBE 以提供足够的缓冲容量。

②碱性缓冲液应现配现用。

③Tris—甘氨酸缓冲液用于 SDS 聚丙烯酰胺凝胶电泳。2×SDS 凝胶加样缓冲液：100mmol/L Tris·HCL（6.8），200mmol 二硫苏糖醇（DTT），4% SDS（电泳级），0.2%溴酚蓝，20%甘油。

不含二硫苏糖醇（DTT）的 2×SDS 凝胶加样缓冲液可保存于室温，应在临用前取 1mol/L 二硫苏糖醇储存液现加于上述缓冲液中。

资料来源：卢圣栋. 现代分子生物学实验技术：第 2 版［M］. 中国协和医科大学出版社，1999.

二、洗涤液种类及配制

（一）洗涤液及配制

1. 铬酸洗液

铬酸洗液是浓硫酸与饱和重铬酸钾溶液的混合液，具有很强的氧化性、腐蚀性、酸性和去污能力，是实验室最常用的洗涤液。对有机物、油污和无机物的去污能力特别强，凡能溶于酸和可被氧化物质都可以用这种清洁液除去。如进行生物细胞组织培养，必须用此清洁液，应在浸泡之后用大量流水冲洗。有机物、肥皂水，可使清洁液中铬酸迅速破坏而失效，故浸泡之前应尽可能洗净、除去有机物。

清洁液对高锰酸钾及氧化铁无清除能力。硼硅玻璃器皿吸附 $0.01\mu g/cm^2$ 的铬，故不适于铬的微量分析。如有 Hg^{2+}、Pb^{2+} 及 Ba^{2+} 离子存在时，会形成不溶的沉淀物附着在玻璃器皿壁上难以除去，用稀盐酸、稀硝酸浸泡后可除去。

在配制铬酸洗液时，将重铬酸钾放入大烧杯内用水溶解，可加热助溶，在搅拌下缓慢加入浓硫酸（切勿将重铬酸钾液倒入硫酸中！防止迸溅触及皮肤或衣物），混合液的温度升高不可超过 70~80℃，以免出危险。

常用铬酸洗液有下列 2 种：

（1）称取 50g 重铬酸钾，移入 500mL 烧杯中，加 100mL 水，搅拌下促溶，缓缓加入 200mL 浓硫酸，随加随搅拌；

（2）称取 200g 重铬酸钾，溶于 500mL 自来水中，慢慢加入 500mL 浓硫酸（边加边搅拌）。

配好的清洁液呈红棕色，极易吸水，盛装清洁液的容器应加盖。洗液用后回收，可反复使用。若已变为暗绿色（硫酸铬），表示已失效，无氧化性，不能继续再用。可倒入废液缸，集中处理。

2. 硝酸洗液

浓硝酸是一种氧化剂，是玻璃和聚乙烯塑料最好的通用清洁剂之一，对除去碳水化合物有特效。用 3%~20% 的硝酸溶液浸泡容器或物品 12~24h 常可除去某些金属污染如 Pb、Hg、Cu、Ag 等。

3. 盐酸洗液

4%~10% 的盐酸洗液中浸泡 2~6h，可除去玻璃上的游离碱及大多数无机物残渣。急用时也可加热。

4. 硫酸—硝酸洗液

适用于超纯分析的洗液。玻璃器皿也可用浓硫酸—硝酸（1:1）浸泡洗涤，并用高纯水冲洗，可除去金属和有机物。由于玻璃器皿具有微量铬吸附，该洗液在超纯分析中具有优于重铬酸钾洗液的特性。

5. 酒精与浓硝酸混合液

最适合洗净滴定管，在滴定管中加入 3mL 酒精，然后沿管壁慢慢加入 4mL 浓硝酸（相对密度 1.4），盖住滴定管管口，利用所产生的氧化氮洗净滴定管。

6. 硝酸-氢氟酸和硫酸-氢氟酸洗液

清洁玻璃和石英器皿的优良洗涤剂，清洁效力高，但由于氢氟酸会腐蚀硼硅玻璃或透明石英，故与洗液接触时间不能太久，精密量器不适用这种洗液。洗液对油脂类和有机物清除效力差。

硝酸-氢氟酸洗液配方：氢氟酸 5%、硝酸 20%~35% 和蒸馏水 60%~75% 混合而成。

硫酸-氢氟酸配方：98% 硫酸和 48% 氢氟酸以体积比 1：1 混合而成，洗液配好后应储于塑料瓶中。

7. 盐酸-乙醇洗液

3% 的盐酸-乙醇洗液可洗除玻璃器皿上的染料附着物。

8. 酸性草酸和酸性羟胺溶液

用于氧化物和大多数溶于水的无机物污染，如高锰酸钾或三价铁等器皿。

酸性草酸配方：草酸 10g，20% 盐酸 100mL。

酸性羟胺配方：盐酸羟胺 1g，20% 盐酸 100mL。

9. 乙二胺四乙酸二钠洗液

去除玻璃仪器或其他物品附着的钙、镁以及一些不溶于水的重金属盐类沉积物形成可溶性络合物，可用 5%~10% 的乙二胺四乙酸二钠溶液中加热煮沸洗去。

10. 45% 尿素洗液

尿素是蛋白质的良好溶剂。可除去粘附在玻璃容器上的血液或蛋白制剂。

11. 有机溶剂

玻璃器皿上油脂、脂溶性染料污染，以及单体原液、聚合体等有机污物，可选用汽油、甲苯、丙酮、乙醚、四氯化碳、三氯甲烷等有机溶剂浸泡洗涤。

12. 硫代硫酸钠洗液

15%~20% 硫代硫酸钠溶液可除去碘液污染，稀酸性硫代硫酸钠溶液还可除去高锰酸钾污渍。

（二）常见污渍的处理方法

常见污渍的处理方法见附表 24。

附表 24　　　　　　　　　　常见污渍的处理方法

血的污渍	稀氢氧化铵溶液/10% 硼砂或 3% 过氧化氢溶液涂抹局部，清水洗净
高锰酸钾污渍	10% 酸性草酸溶液/稀亚硫酸/稀盐酸涂抹后用清水洗净。 2% 抗坏血酸溶液清洗皮肤上的污渍
瑞氏染液的污渍	用稀盐酸清洗局部，再用清水洗净
碘的污渍	15%~20% 硫代硫酸钠溶液或氢氧化铵溶液涂抹局部，清水洗净
汞溴红的污渍	清水浸泡后拧干，稀乙酸或稀盐酸涂于污渍上，待片刻用水洗净

续表

龙胆紫的污渍	可用稀盐酸或稀亚硫酸涂抹，随后用清水洗净
油污物	5%~10%磷酸三钠（$Na_3PO_4 \cdot 12H_2O$）溶液
油漆	二甲苯，香蕉水

三、常用医学物理学单位的换算

见附表25。

附表25　　　　　　　常用医学物理学单位的换算

项目	换算关系		备注
血压	1mmHg=0.1333kPa	1kPa=7.50mmHg	—
氧分压、二氧化碳分压	1mmHg=0.333kPa	1kPa=7.5mmHg	—
频率	$1min^{-1}$=0.01667Hz	$1Hz=60min^{-1}$	—
功率	1马力=0.7366kW	1kW=1.36马力	Gy（戈瑞）
电离辐射吸收剂量	1rd=10mGy 1rd=0.01Gy	1mGy=0.1rd 1Gy=100rd	rd（拉德） Bq（贝可）
放射性活度*	1Ci=37GBq 1Ci=0.037TBq 1Rd=1×10^6核衰变/秒	1GBq=0.02703Ci 1TBq=27Ci 1Rd=1×10^6Bq	—
千卡与焦耳	1kcal=4.1855kJ	1kJ=0.23892kcal	—

注：*居里（Ci）：放射性物质1s内发生3.7×10^{10}次核衰变为1Ci；
　　贝可（Bq）：放射性物质1s内发生1次核衰变为1Bq。

四、生化指标习用单位与SI单位的换算关系

见附表26。

附表26　　　　　　生化指标习用单位与SI单位的换算关系

检验项目	习用单位	×换算系数	SI法定单位	检验项目	习用单位	×换算系数	SI法定单位
碳酸氢盐	mEg/L	1	mmoL/L	脂肪酸	mg/dL	0.0354	mmoL/L
CO_2	mEg/L	1	—	乳酸	″	0.111	—
P	″	1	—	肌酸酐	″	88.4	μmoL/L
无机磷P	mg/dL	0.323	—	肌酸	mg/%	96.3	μmoL/L

续表

检验项目	习用单位	×换算系数	SI 法定单位	检验项目	习用单位	×换算系数	SI 法定单位
非蛋白氮	mg/dL	0.714	—	肌醇	mg/100mL	55.51	μmoL/L
尿素氮	mg/dL	0.357	—	胆碱	mg/100mL	82.52	μmoL/L
氨基酸氮	mg/dL	0.357	—	乙酸胆碱	mg/100mL	0.06127	μmoL/L
钠	mEg/L	1	—	谷胱甘肽	mg/%	0.03254	mmoL/L
钾	mg/dL	0.256	—	组织胺	μg/dL	0.068	μmoL/L
钙	mEg/L	0.5	—	胆固醇	mg/dL	0.0259	mmoL/L
镁	mg/dL	0.4114	—	胆固醇酯	g/dL	10	g/L
氯	mg/dL	0.2821	—		mg/100mL	0.02586	mmoL/L
无机硫	mg/dL	0.3119	—	尿素	mg/dL	0.357	mmoL/L
有机硫	mg/dL	0.3119	—	5-羟色胺	mg/dL	0.1665	mmoL/L
碘	μg/dL	0.0788	μmoL/L	胆红素	mg/dL	17.1	mmoL/L
蛋白结合碘	μg/dL	0.0788	μmoL/L	酮戊二酸	mg/dL	97.94	mmoL/L
铁	mg/dL	0.179	mmoL/L	甘油三酯	mg/dL	0.011	mmoL/L
氟	μg/dL	0.5263	μmoL/L	磷脂	mg/dL	0.013	mmoL/L
锌	μg/dL	0.153	μmoL/L	儿茶酚胺	μg/dL	0.057	μmoL/L
铜	μg/dL	0.157	μmoL/L	维生素 A	μg/dL	0.035	μmoL/L
钴	μg/dL	169.7	nmoL/L	维生素 B_1	μg/dL	0.0269	μmoL/L
溴	mg/dL	0.1252	mmoL/L	维生素 B_2	μg/dL	0.0266	μmoL/L
葡萄糖	mg/dL	0.056	mmoL/L	维生素 B_6	μg/dL	0.05911	μmoL/L
果糖	μg/dL	0.0555	μmoL/L	维生素 B_{12}	mμg/dL	0.74	nmd/L
酮乙酸	mg/dL	97.94	mmoL/L	维生素 C	mg/dL	56.8	μmoL/L
尿酸	mg/dL	0.1665	mmoL/L	维生素 K	mEg/L	1	μmoL/L
柠檬酸	mg/dL	52.05	"	叶酸	μg/dL	2.27	μmoL/L
泛酸	μg/dL	0.04561	μmoL/L	胡萝卜素	μg/dL	1.86	μmoL/L
谷草转氨酶	mg/dL	88.4	mmoL/L				

续表

检验项目	习用单位	×换算系数	SI 法定单位	检验项目	习用单位	×换算系数	SI 法定单位
谷丙转氨酶活力	IU/L	16.67	$\mu moL \cdot S^{-1}/L$	总蛋白	g/dL	10	g/L
谷草转氨酶	IU/L	16.67	$\mu moL \cdot S^{-1}/L$	一般项目	g/dL	10	g/L
肌酸磷酸激酶	IU/L	16.67	$\mu moL \cdot S^{-1}/L$				
乳酸脱氢酶	IU/L	0.0167	$\mu moL \cdot S^{-1}/L$	白细胞	$10^3/mm^3$	10^6	$10^9/L$
碱性磷酸酶	IU/L	0.016	$\mu moL \cdot S^{-1}/L$	红细胞	$10^6/mm^3$	10^6	$10^{12}/L$
酸性磷酸酶	IU/L	16.67	$\mu moL \cdot S^{-1}/L$				

五、微量和超微量单位换算

见附表27。

附表 27　　　　　　　　　　　微量和超微量单位换算

中文名	英文名	符号	与主单位换算	备注
千米	Kilometer	km	10^3	
米	Meter	m	1	
分米	Kicimeter	dm	10^{-1}	以米计，下同
厘米	Centimeter	cm	10^{-2}	
毫米	Millimeter	mm	10^{-3}	
微米	Micrometer	μ；μm	10^{-6}	
纳米	Nanometer	nm	10^{-9}	
皮米	Picometer	pm	10^{-12}	
飞米	Femtometer	fm	10^{-15}	
阿米	Attometer	am	10^{-18}	
千升	Kiloliter	kL	10^3	以升计，下同
升	Liter	L	1	
分升	Deciliter	dL	10^{-1}	
厘升	Centiliter	cL	10^{-2}	

续表

中文名	英文名	符号	与主单位换算	备注
毫升	Millililter	mL	10^{-3}	
微升	Microliter	μL	10^{-6}	
纳升	Nanoliter	nL	10^{-9}	
皮升	Picoliter	pL	10^{-12}	
飞升	Femtoliter	fL	10^{-15}	
阿升	Attoliter	aL	10^{-18}	
千克	Hilogram	kg	10^{3}	以克计，下同
克	Gram	g	1	
分克	Decigram	dg	10^{-1}	
厘克	Centigram	cg	10^{-2}	
毫克	Millgram	mg	10^{-3}	
微克	Microgram	μg	10^{-6}	
纳克	Nanogram	ng	10^{-9}	
皮克	Picogram	pg	10^{-12}	
飞克	Femtogram	fg	10^{-15}	
阿克	Attogram	ag	10^{-18}	

附录五　部分食物营养成分含量

一、食物多酚含量

见附表 28、附表 29 和附表 30。

附表 28　部分水果中多酚含量

水果种类	总多酚含量/（mg GAE/100g）
苹果	56.89±1.42
香蕉	56.26±1.35
香瓜	56.27±0.73
樱桃番茄	64.97±0.34
柑橘（Hunan）	63.36±0.54
柑橘（Yellow）	175.94±1.24
榴莲	166.02±1.81
葡萄（黑）	77.00±0.68
葡萄（绿）	44.56±1.37
葡萄（红）	31.42±0.91
葡萄（USA）	73.31±0.42
葡萄柚	87.95±1.37
荔枝	131.45±1.25
枇杷	39.50±1.40
海南芒果	78.34±0.71
水仙芒果	126.97±1.20
山竹	77.88±0.41
油桃	36.36±0.41
橙子	126.53±1.04

续表

水果种类	总多酚含量/（mg GAE/100g）
桃	93.29±1.55
梨（香梨）	15.20±1.08
梨（蜜梨）	19.53±1.37
梨（湖北梨）	22.05±2.13
梨（皇家梨）	30.62±1.59
火龙果	17.25±1.08
李子（青李）	291.01±1.24
李子（三华李）	495.12±0.91
红杨梅	256.31±1.30
甜甘蔗（黑）	24.35±1.22
甜甘蔗（绿）	45.54±1.23
西瓜（红肉）	10.32±1.43
西瓜（黄肉）	12.70±1.21
樱桃	404.50±6.38

资料来源：Chen G L, Chen S G, Zhao Y Y, et al. Total phenolic contents of 33 fruits and their antioxidant capacities before and after in vitro digestion ［J］. Industrial Crops & Products, 2014, 57 （3）：150–157.

附表29　　　　　　　　　部分蔬菜中多酚含量

蔬菜种类	总多酚含量/（mg GAE/100g）
白萝卜	32.26±0.67
胡萝卜	25.06±0.25
四季豆	33.29±0.43
番茄	22.51±0.14
甜椒	89.49±0.84
茄子	45.12±0.19
黄瓜	14.76±0.04
冬瓜	18.27±0.52

续表

蔬菜种类	总多酚含量/（mg GAE/100g）
南瓜	41.81±0.28
黄洋葱	89.99±0.09
紫洋葱	52.51±0.13
韭菜	70.24±1.37
芹菜	12.43±0.14
生菜	13.45±0.44
油菜	53.42±0.56
白菜	28.99±0.26
甘蓝	40.41±0.25
花椰菜	55.52±0.13
西蓝花	122.35±0.10
藕	259.46±0.73
马铃薯	51.46±0.19
红甘蓝	448.50±4.56
甜菜根	305.50±6.08
菠菜	57.36±4.96

资料来源：[1] 陈玉霞，郭长江，杨继军，等. 烹调对常见蔬菜抗氧化活性与成分的影响 [J]. 食品与生物技术学报，2008，27（3）：50-56.

[2] Farcas A C, Tofana M, Socaci S A, et al. Total polyphenols from different fresh and processed fruits andvegetables [J]. Bulletin of the University of Agricultural Sciences & Veterinary, 2012：262-266.

附表30　　　　　　　　　　　食物中多酚含量

谷物种类	总多酚含量/（mg GAE/100g）
小麦	107.50±7.36
大米	33.00±3.27
米糠	92.00±8.55
大豆	69.00±6.58
荞麦	91.20±8.19

续表

谷物种类	总多酚含量/（mg GAE/100g）
藜麦	60.00±5.38
玉米（Turda 20A）	530.25±0.01
玉米（Turda STAR）	545.80±0.01
玉米（Turda 200）	703.98±0.03
玉米（Turda Favorit）	524.61±0.02
玉米（Florencia）	487.00±0.02
玉米（Fundulea）	469.79±0.03
玉米（Peru，玉米籽）	292.82±0.02
玉米（Peru，玉米芯）	750.51±0.03
高粱（LKhs 1）	229.00±11.00
高粱（LKhs 3）	305.00±18.00
高粱（LKhs 5）	270.00±13.00
高粱（LKhs 8）	233.00±15.00
高粱（LKhs 10）	266.00±22.00
高粱（LC-9）	787.00±34.00
高粱（LC-13）	652.00±25.00
高粱（LC47）	670.00±30.00
高粱（LIND）	691.00±17.00
高粱（LDeib）	590.00±24.00

资料来源：［1］Brandolini A, Castoldi P, Plizzari L, et al. Phenolic acids composition, total polyphenols content and antioxidant activity of Triticum monococcum, Triticum turgidum, and Triticum aestivum：A two-years evaluation ［J］. Journal of Cereal Science, 2013, 58（1）：123-131.

［2］Shela G, Oscarjmedina V, Nicolaso J, et al. The total polyphenols and the antioxidant potentials of some selected cereals and pseudocereals ［J］. European Food Research & Technology, 2007, 225（3-4）：321-328.

［3］Mohamed S, Ahmed1 A, Yagi S, et al. Antioxidant and Antibacterial Activities of Total Polyphenols Isolated from Pigmented Sorghum（Sorghum bicolor）Lines ［J］. Journal of Genetic Engineering and Biotechnology, 2009, 7（1）：51-58.

［4］Vicas S I, Teusdea A, Muresan M, et al. Preliminary study regarding to the total polyphenols and antioxidant capacity of yellow maize corncobs. ［J］. Analele Universitat, ii Din Oradea Fascicula Protect,ia Mediului, 2014, 179-184.

二、部分食物的草酸含量

见附表 31。

附表 31　　　　　　　　　　　　　部分食物的草酸含量

很少或不含草酸（<2mg/份）	中度草酸含量（2~10mg/份）	高草酸含量（>10mg/份）
饮料		
瓶装啤酒（色浅味淡）	咖啡（限于 227g/d）	啤酒 113.4g（色黑，味强）
碳酸可乐（限于 340g/d）	—	阿华田和其他饮料混合物
蒸馏酒	—	茶
不加维生素 C 的柠檬水或朗姆	—	巧克力乳
红葡萄酒、白葡萄酒、深红葡萄酒（85~113g）	—	可可粉
乳类		
黄油	—	—
全脂、低脂或脱脂乳	—	—
有许可的水果的酸奶	—	—
肉、鱼、蛋及蔬菜		
鸡蛋	沙丁鱼	装入番茄沙司中的烤蚕豆（1/3 杯）
乳酪	芦笋	
牛肉、羊肉、猪肉	花椰菜	豆腐（1/2 杯）
禽肉	抱子甘蓝	蚕豆、青蚕豆、干燥蚕豆、奶油豆
鱼和贝类	萝卜	
蔬菜（1/2 杯熟、1 杯生）	玉米、白甜玉米、黄玉米	甜菜、根叶
鳄梨	青豌豆（听装）	芹菜
花椰菜	莴苣	细香葱
甘蓝	棉豆	甘蓝
蘑菇	防风草	黄瓜
洋葱	番茄 1 小份或酱（113g）	蒲公英叶
豌豆、青豆（鲜豆或速冻）	芜菁	茄子
马铃薯、白色马铃薯	—	苣荬菜

续表

很少或不含草酸（<2mg/份）	中度草酸含量（2~10mg/份）	高草酸含量（>10mg/份）
小萝卜	—	羽衣甘蓝
—	—	韭葱
—	—	芥菜叶
—	—	秋葵菜
—	—	芫荽
—	—	辣椒、青椒
—	—	美洲商陆
—	—	红薯
—	—	芸苔
—	—	菠菜
—	—	夏南瓜
—	—	瑞士甜菜
—	—	水田芥

水果/果汁（1/2 杯罐装或果汁，1 中等份水果）

苹果和苹果汁	杏	黑莓
鳄梨	黑醋栗	越橘果
香蕉	樱桃、红酸果	红醋栗
樱桃饮料	蔓越莓橘汁（113g）	悬钩子果
葡萄柚水果和果汁	葡萄汁（113g）	鸡蛋果汁
青葡萄	柑橘水果和果汁（113g）	紫葡萄
芒果	桃	醋栗
香瓜甜瓜	梨	柠檬皮
蜜瓜、西瓜	菠萝	酸橙皮
油桃	紫李	柑橘皮
菠萝汁	梅	覆盆子果
绿色、黄色李子	—	大黄叶柄

续表

很少或不含草酸（<2mg/份）	中度草酸含量（2~10mg/份）	高草酸含量（>10mg/份）
—	—	草莓
—	—	蜜柑
—	—	上述水果的果汁
面包/淀粉		
面包	玉米面包（2块）	苋（1/2杯）
早餐类产品	松糕（1片）	水果甜饼
通心粉	细通心面加1/2杯番茄沙司	白玉米粗糁
面条	—	大豆饼
大米	—	麦芽、麦麸（1杯）
细通心面	—	—
脂肪/食油		
腌熏肉	—	坚果、花生、杏仁
调味酱汁	—	胡桃、腰果、核桃（1/3杯）
沙拉调味料	—	—
植物油	—	坚果黄油（6匙）
人造奶油	—	芝麻（1杯）
各样混杂物		
椰子	鸡肉面条汤（脱水后）	稻子豆或芝麻酱（3/4杯）
果冻蜜饯	—	巧克力、可可（85~113g）
柠檬、酸橙汁	—	蔬菜汤（1/2杯）
盐、胡椒粉（限制是在1匙/d）	—	番茄汤（1/2杯）
糖	—	橘子酱（5匙）

注：单种食品的草酸含量存在显著差异，生长环境、树龄、生物利用度，病人的消化道异常等因素均影响草酸的吸收。因而食物分类为低、中、高草酸含量组而不是给出精确含量，关于食物草酸含量的数据能得到者有限，且许多食品以具体商标名和多样性特点分析其草酸含量，数据可外推至包括能进行草酸含量分析的食物种类，膳食中草酸摄入量试图限制在<50mg/d。因此，高草酸含量的食物应被限制，中度草酸含量者也应有限度食用，很少或不含草酸的食品可作为理想食物食用，除非有标明部分比例。

资料来源：［1］Mayo Foundation from CM Pemberton, et al. Mayo Clinic Diet Manual: 7th ed ［M］. MO: Mosby-Year Book, Inc, 1994.

［2］Lucinda K. lysen. 霍军生 张春良 许伟等译. 简明临床膳食学 ［M］. 北京：中国轻工业出版社，2003.

三、常用食物升糖指数参考值

见附表32。

附表32　　　　　　　　　　　常用食物升糖指数参考值

食物名称	升糖指数（GI）	食物名称	升糖指数（GI）
小麦（整粒、煮）	41.0	马铃薯（煮）	66.4
面条（全麦粉、细）	37.0	马铃薯（烧烤无油脂）	85.0
面条（硬质小麦、细）	55.0	马铃薯泥	73.0
通心粉	45.0	马铃薯粉条	13.6
馒头	88.1	甘薯（红山芋、煮）	76.7
油条	74.9	苕粉	34.5
大米饭	83.2	藕粉	32.6
黏米饭（直链淀粉高）	50.0	燕麦麸	55.0
黏米饭（直链淀粉低）	88.0	黄豆（浸泡、煮）	18.0
糯米饭	87.0	豆腐（炖）	31.9
大米糯米粥	65.3	豆腐干	23.7
黑米粥	42.3	扁豆	38.0
大麦（整粒、煮）	25.0	鹰嘴豆	33.0
大麦粉	66.0	绿豆	27.2
玉米	55	蚕豆（五香）	16.9
玉米面粥	50.9	青刀豆（罐头）	45.0
玉米片	78.5	四季豆（高压处理）	34.0
小米（煮）	71.0	四季豆	27.0
荞麦（黄）	54.0	花生	14.0

续表

食物名称	升糖指数（GI）*	食物名称	升糖指数（GI）
荞麦面条	59.3	全麦面点	6.0
山药	75.0	达能闲趣饼干	47.1
芋头（蒸、芋艿）	47.7	苏打饼干	72
南瓜	75.0	全麦面点	69
魔芋	17.0	桂格燕麦片	83
甜菜	64.0	大米（即食、煮1min）	46.0
葡萄	43.0	大米（即食、煮6min）	87.0
葡萄干	64.0	酸奶（加糖）	48.0
猕猴桃	52.0	牛乳	27.6
红柚	25.0	酸乳酪（普通）	36
苹果	36.0	苏打饼干	72.0
梨	36.0	华夫饼干	76.0
桃	28.0	马铃薯片（油炸）	60.3
芒果	55.0	爆玉米花	55.0
香蕉	52.0	可乐饮料	40.3
西瓜	72.0	芬达软饮料	68.0
胡萝卜	71	橘子汁	57.0
樱桃	22.0	菠萝汁（不加糖）	46.0
李子	24.0	冰淇淋	61.0
菠萝	66.0	冰淇淋（低脂）	50.0

注：* GI＝100×（含有50g碳水化合物的食物餐后血糖应答）/50g葡萄糖（或白面包）餐后血糖应答

资料来源：杨月欣，王光亚，潘兴昌. 中国食物成分表：第2版［M］. 北京大学医学出版社，2009：309－311.

四、常见脂肪和油中所含脂肪酸

如附图2所示。

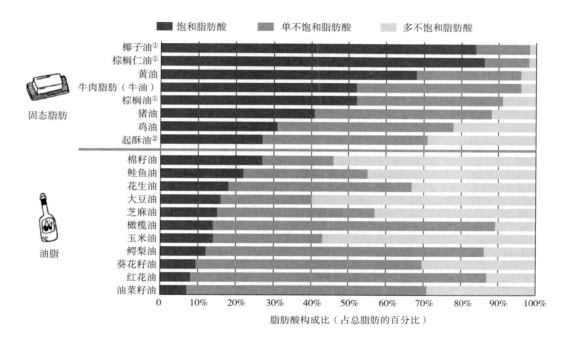

附图 2　常见脂肪和油中所含脂肪酸示意图

注：①椰子油、棕榈仁油和棕榈油因来源于植物而被称为油，然而，由于它们的短链饱和脂肪酸含量高，因此它们在室温下是固体或半固体，从营养的角度来说，它们被认为是固体脂肪。

②起酥油源于部分的氢化植物油，其中含有反式脂肪酸。

数据来源：美国农业部、农业研究服务部、营养数据实验室、美国农业部国家营养参考标准数据库（2015 年发布）.

五、食物维生素 D 含量

见附表 33。

附表 33　　　　　　　　　　食物维生素 D 含量

（按照每标准份食物维生素 D 含量和每 100g 食物维生素 D 含量排序)

食物	标准份	每标准份所含能量[1]	每标准份含维生素 D/μg[1,2]	每 100g 所含能量[1]	每 100g 含维生素 D 量/μg[1,2]
大马哈鱼，红大马哈鱼（罐装）	3oz[4]	142	17.9	167	21
人工饲养，彩虹鳟鱼（熟）	3oz	143	16.2	168	19
奇努克鲑鱼（熏制）	3oz	99	14.5	117	17.1
剑鱼（熟）	3oz	146	14.1	172	16.6

续表

食物	标准份	每标准份所含能量[1]	每标准份含维生素 D/μg[1,2]	每100g 所含能量[1]	每100g 含维生素 D 量/μg[1,2]
鲟鱼，多种类（熏制）	3oz	147	13.7	173	16.1
粉色鲑鱼（罐装）	3oz	117	12.3	138	14.5
鱼油（来自鳕鱼肝脏）	1 勺	41	11.3	902	250
思科（熏制）	3oz	150	11.3	177	13.3
大马哈鱼、红大马哈鱼（熟）	3oz	144	11.1	169	13.1
粉色鲑鱼（熟）	3oz	130	11.1	153	13
鲟鱼（多种类，熟）	3oz	115	11	135	12.9
白鱼（多种类，熏制）	3oz	92	10.9	108	12.8
鲭鱼（来自太平洋，熟）	3oz	171	9.7	201	11.4
银色三文鱼（野生，熟）	3oz	118	9.6	139	11.3
蘑菇、褐菇（暴露于紫外线，烘烤）	1/2 杯	18	7.9	29	13.1
金枪鱼（浅色，罐装油浸泡，干）	3oz	168	5.7	198	6.7
大比目鱼（大西洋和太平洋，熟）	3oz	94	4.9	111	5.8
鲱鱼（大西洋，熟）	3oz	173	4.6	203	5.4
沙丁鱼，罐装油（浸泡，干）	3oz	177	4.1	208	4.8
岩鱼（太平洋，多种类，熟）	3oz	93	3.9	109	4.6
全脂牛乳[3]	1 杯	149	3.2	61	1.3
全脂巧克力牛乳	1 杯	208	3.2	83	1.3
罗非鱼（熟）	3oz	109	3.1	128	3.7

续表

食物	标准份	每标准份所含能量[1]	每标准份含维生素 D/μg[1,2]	每100g 所含能量[1]	每100g 含维生素 D 量/μg[1,2]
比目鱼 （龙利和鳎目鱼）（熟）	3oz	73	3	86	3.5
减脂巧克力牛乳 （2%）[3]	1 杯	190	3	76	1.2
酸奶 （各种类型和口味）[3]	8oz	98~254	2.0~3.0	43~112	0.9~1.3
牛乳 （脱脂、1%和2%）[3]	1 杯	83~122	2.9	34~50	1.2
豆乳[3]	1 杯	109	2.9	45	1.2
低脂巧克力牛乳 （1%）[3]	1 杯	178	2.8	71	1.1
强化即食谷物 （多种类）[3]	$\frac{1}{3}$~$1\frac{1}{4}$杯	74~247	0.2~2.5	248~443	0.8~8.6
橙汁（强化）[3]	1 杯	117	2.5	47	1.0
杏仁乳（所有口味）[3]	1 杯	91~120	2.4	38~50	1.0
米饮料[3]	1 杯	113	2.4	47	1.0
猪肉（熟） （各切割部位）	3oz[4]	122~390	0.2~2.2	143~459	0.2~2.6
蘑菇、龙葵（生）	$\frac{1}{2}$ 杯	10	1.7	31	5.1
人造黄油（各种）[3]	1 汤匙	75~100	1.5	533~717	10.7
蘑菇、鸡油菌（生）	$\frac{1}{2}$杯	10	1.4	38	5.3
鸡蛋（熟）	1 大个	78	1.1	155	2.2

注：①资料来源：美国农业部，农业研究服务，营养数据研究室．USDA 标准参考国家营养数据库 27 版，2014.

②1μg 维生素 D＝40IU。

③强化维生素 D。

④1oz＝28.35g。

附录六　营养素消化吸收及营养评估

一、水和蛋白质在人体和一些器官（无脂肪质量）的分布

见附表 34。

附表 34　　　　水和蛋白质在人体和一些器官（无脂肪质量）的分布

年龄/岁	水/（g/kg）	蛋白质/（g/kg）	剩余/（g/kg）	钾/（mmol/kg）	钾氮比
无脂全身					
25	728	195	77	71.5	2.29
35	775	165	60	—	—
42	733	192	75	73.0	2.38
46	674	234	92	66.5	1.78
48	730	206	64	—	—
60	704	238	58	66.6	1.75
平均值	724	205	71	69.4	2.05
器官					
皮肤	694	300	6	23.7	0.45
心	827	143	30	66.5	2.90
肝	711	176	113	75.0	2.66
肾脏	810	153	37	57.0	2.33
脑	774	107	119	84.6	4.96
肌肉	792	192	16	91.2	2.99

资料来源：Catherine Geissler，Hilary Powers. Human Nutrition：13th ed..Oxford：Oxford University Press，2017.

二、消化腺酶的分泌及其产物

见附表 35。

附表 35   消化系统消化酶的分泌及其产物

分泌液来源	消化酶	激活方法和起作用的理想条件	底物	终产物或作用
食物刺激口腔唾液腺分泌唾液	唾液淀粉酶	需氯离子 pH 6.6~6.8	淀粉、糖原	麦芽糖和 1∶6 糖苷（低聚糖）和麦芽三糖
舌腺	舌脂酶	pH 2.0~7.5；4.0~4.5 最理想	ω-3 短链初级酯	脂肪酸和 1，2-二酰基甘油
胃腺 主细胞和壁细胞受胃泌素的作用与刺激分泌胃液	胃蛋白酶 A（胃底） 胃蛋白酶 B（幽门） 凝乳酶	胃蛋白酶元被盐酸转化为活性胃蛋白酶；pH 1.0~2.0； 作用需钙的存在；pH 4.0	蛋白质、肽类 乳中的酪蛋白	肽类 凝固乳
胰腺 来自胃的酸性食糜刺激十二指肠产生。 （1）分泌素，以激素方式刺激胰液流出。 （2）缩胆囊素，刺激酶的产生。	胰蛋白酶	在 pH 5.2~6.0 条件下由肠中的肠激酶将胰蛋白酶原转化为活性胰蛋白酶，在 pH 7.9 时自动催化	蛋白质 肽类	多肽、二肽
	糜蛋白酶	分泌的糜蛋白酶原在 pH 8.0 条件下由胰蛋白酶将其转化为其活性形式	蛋白质 肽类	同胰蛋白酶 凝乳作用更强
	羧肽酶	分泌的原羧肽酶由胰蛋白酶激活	链末端有自由羧基的多肽	低分子肽；游离氨基酸
	胰淀粉酶	pH 7.1	淀粉 糖原	麦芽糖和 1∶6 糖苷（低聚糖）和麦芽三糖
	胰脂酶	由胆盐、磷脂和脂肪合酶激活；pH 8.0	甘油三酯的初级酯键	脂肪酸、单酰基甘油、二酰基甘油、丙三醇
	核糖核酸酶 脱氧核糖核酸酶 胆固醇酯水解酶 磷脂酶 A2	由胆盐激活酶原形式分泌，由钙离子和胰蛋白酶激活	核糖核酸 脱氧核糖核酸 胆固醇酯 磷脂	核苷酸 核苷酸 游离胆固醇加脂肪酸 脂肪酸、溶血磷脂

续表

分泌液来源	消化酶	激活方法和起作用的理想条件	底物	终产物或作用
肝和胆囊缩胆囊素，来自肠黏膜的激素，可能是胃泌素和分泌素，刺激胆囊及肝脏分泌胆汁	胆盐和胆碱	—	脂肪、已中和酸性食糜	脂肪酸胆盐复合物、乳化的中性胆脂盐微粒以及脂质体
小肠十二指肠中的布伦内氏腺和利贝昆氏腺分泌物	氨基肽酶 二肽酶 蔗糖酶 麦芽糖酶 乳糖酶 磷酸酯酶 异麦芽糖酶或1：6糖苷酶 多核苷酸酶 核苷酶	pH 5.0~7.0 pH 5.8~6.2 pH 5.4~6.0 pH 8.6	链末游离氨基处的多肽 二肽 蔗糖 麦芽糖 乳糖 有机磷酸盐 1：6糖苷 核酸 嘌呤核苷 嘧啶核苷	低分子肽；游离氨基酸 果糖、葡萄糖 葡萄糖 葡萄糖、半乳糖 自由磷酸 葡萄糖 核苷酸 嘌呤或嘧啶基磷酸 戊糖

资料来源：RK Murray, DK Granner, PA Mayes, VW Rodwell. Harper's Biochemistry：21st ed. ［M］. New York：Appleton & Lange, 1986.

三、食物的消化与营养素的吸收部位

见附表36。

附表36　　　　　　　食物的消化与营养素的吸收部位

部位	功能	消化营养物质	吸收	
			维生素/矿物质/电解质	宏量营养素
口	细碎、滋润食物酯酶、α淀粉酶初步消化 启动饱腹感机制	少量蛋白质、淀粉	无	无
胃	食物均质化，分泌物滋润食物； 胃酸、酶消化； 排空输送食糜到小肠； 饱腹感信息反馈	蛋白质、脂质	水、酒精、铜、碘、氟化物、钼	—

续表

部位	功能	消化营养物质	吸收	
			维生素/矿物质/电解质	宏量营养素
十二指肠		蛋白质、脂类、糖类	维生素 A、维生素 D、维生素 E、维生素 K、维生素 B₁、维生素 B₂、烟酸、生物素、维生素 B₆、叶酸、维生素 C、铁、钙、镁、磷、铜、硒	单糖、双糖、氨基酸、二甘油、脂肪酸、单甘油酯
空肠（大部分营养物质于近端空肠吸收）	完成胰酶、肠道消化酶的消化；吸收碳水化合物、蛋白质、脂类的消化产物；吸收水和电解质吸收矿物质、微量营养素饱腹感信息反馈	蛋白质、脂类、糖类	整个空肠：维生素 A、维生素 D、维生素 E、维生素 K、维生素 C、叶酸、维生素 B₁、维生素 B₂、维生素 B₃、维生素 B₆、铜、锌、钾、碘、钙、镁、钠、氯化物、磷酸盐近端：维生素 A、叶酸、铁	氨基酸、葡萄糖、半乳糖、果糖、丙三醇、脂肪酸、单甘油酯近端：双糖（乳糖）远端：双糖（蔗糖、麦芽糖）、肽、二肽水
回肠（胆盐吸收处）		蛋白质、脂类、糖类	维生素 C、叶酸、维生素 B₁₂、维生素 D、维生素 K、镁、胆酸、胆盐、氯、钠、钾	胆盐回收水
结肠	水和电解质吸收黏蛋白分解胆红素转化为尿胆素原胆固醇分解代谢有机酸生成	膳食纤维（细菌消化、发酵为短链脂肪酸）	水分、维生素 K、生物素、电解质（钠、氯、钾，与脂肪酸皂化形式结合的钙和镁）	水、短链脂肪酸（乙酸盐、丙酸盐、丁酸及二羧酸）

注：镁、钴、硒、铬、铝、镉的确切吸收部位尚不完全清楚。

资料来源：［1］Pacha, J. Development of intestinal transport function in mammals［J］. Physiological Review, 2000, 80, 1633-1667.

［2］Catherine Geissler, Hilary Powers. Human Nutrition：13th edn.［M］. Oxford：Oxford University Press 2017.

［3］MD Caldwell, C Kennedy - Caldwell. Normal nutritional requirements［M］. London：WB Saunders, 1981.

四、肠道中脂溶性和水溶性维生素的吸收与代谢

见附表 37。

附表 37　　　　　肠道中脂溶性和水溶性维生素的吸收与代谢

维生素	膳食形式	吸收形式	刷状缘膜吸收		细胞质转化	基底膜外流转运蛋白	循环中的运输
			被动吸收	转运蛋白			
维生素 A	β-胡萝卜素	混合胶束	是	SR-BI	裂解成视黄醛、视黄醇或 β-胡萝卜素保持完整	未知	乳糜/乳糜微粒
	视黄醇	混合胶束	是	未知	CRBPⅡ和一些转化为视黄酯	少量	RBP4
	视黄酯	混合胶束	是	运输之前水解	CRBPII 和大部分转化为视黄酯	未知	乳糜/乳糜微粒
维生素 D	麦角钙化醇（D_2）胆钙化醇（D_3）	混合胶束	是	SR-BI NCP1L1 CD36[2]	尚未确定	ABCA1	乳糜/乳糜微粒
维生素 E	生育酚	混合胶束	是	SRBI NCP1L1[3]	尚未确定	ABCA1	乳糜/乳糜微粒
维生素 K	叶绿醌，甲萘醌	结肠，混合胶束	是	未知	未知	纳入乳糜微粒	乳糜/乳糜微粒
维生素 C	还原型抗坏血酸	水相	否	S 维生素 CT1[10]	无	S 维生素 CT2	门静脉
	氧化-脱氢-L-抗坏血酸	水相	否	GLUT1 GLUT3 GLUT4	无		门静脉
维生素 B_1	硫胺素	小肠和大肠的水相	否	THTRl/ THTR2[11]	无	THTRl	门静脉
	硫胺素磷酸盐			吸收前需要去磷酸化			
维生素 B_2	核黄素	小肠和大肠的水相	否	RFT1[7]		RFT2	门静脉
	黄素单核苷酸			在黄素被吸收之前需要水解			
	黄素腺苷核苷酸						

续表

维生素	膳食形式	吸收形式	刷状缘膜吸收		细胞质转化	基底膜外流转运蛋白	循环中的运输
			被动吸收	转运蛋白			
维生素 B$_3$（烟酸）	烟酸	小肠和大肠的水相	否	OAT10④	没有		
维生素 B$_5$（泛酸）	泛酸	水相	否	SMVT⑧	没有	未知	门静脉
维生素 B$_6$	吡哆醛，吡哆醇和吡哆胺	小肠和大肠的水相	否	未知	未知	未知	门静脉
	磷酸吡哆醛	水相	否	吸收前需要去磷酸化			
维生素 H/B$_7$（生物素）	生物素	小肠和大肠的水相	否	SMVT	没有	未知	门静脉
	蛋白质结合的生物素		吸收前需要生物素酶释放膳食蛋白质				
	叶酸聚谷氨酸	小肠的水相	否	需要在吸收之前去除聚谷氨酸作为单谷氨酸盐			
维生素 B$_9$（叶酸）	还原型叶酸单谷氨酸	小肠和大肠的水相	否	RFC⑥	未知	未知	门静脉
	氧化型叶酸单谷氨酸盐	小肠和大肠的水相	否	PCFT⑤	未知	未知	门静脉
维生素 B$_{12}$	钴胺素	水相	钴胺素与胃黏膜释放的触珠蛋白或内因子结合。复合物与回肠上皮细胞刷状缘膜上的立方蛋白结合并被内吞作用吸收		消化内因，释放钴胺素	未知	门静脉

注：①ABCA1（ATP-结合盒，亚家族 A，成员 1）；②CD36（簇决定子 36）；③NCP1L1（Niemann-Pick Cl-like 1）；④OAT10（有机阴离子转运蛋白 10）；⑤PCFT（质子偶联的叶酸转运蛋白）；⑥RFC（还原叶酸载体）；⑦RFT1（核黄素转运蛋白 1）；⑧SMVT（钠依赖性多种维生素转运蛋白）；⑨SR-BI（清道夫受体 B 类，I 型）；⑩S 维生素 CT1/S 维生素 CT2（维生素 C 转运蛋白 1/2）；⑪THTR1/THTR2（维生素 B$_1$ 转运蛋白 1/2）。

资料来源：Begg, D. P., Woods, S. C. The endocrinology of food intake［J］. National Review of Endocrinology, 2013, 9, 584-97.

五、营养不良或过剩的体征

见附表38。

附表38 营养不良或过剩的体征

营养素	缺乏	过剩
第一部分　脂溶性维生素		
维生素 A	夜盲 角膜软化 比托氏斑 干燥症、皮肤、角膜和/或结膜 毛囊角化过度 味觉改变	瘙痒 角化过度 脱发 痛状骨肿大 头痛、昏睡 肝肿大、皮肤（手掌、足底） 呈橘色、厌食、呕吐
维生素 D	无痛性肋骨及肋软骨串珠 肌力下降 骨质疏松 驼背（终生性） O 形腿 鸡胸和哈里逊沟 易于骨折 儿童佝偻病 成人骨质疏松	急性高钙血症 恶心 厌食 腹痛 腹泻
维生素 E	感觉缺失（R） 振动觉减退（R） 位置觉受损（R） 感觉性共济失调步态（R） 反射受损（R）	凝血障碍（维生素 E 增加维生素 K 需求） 恶心、胃肠胀气和腹泻
维生素 K	瘀斑 瘀点 紫癜	—
第二部分　水溶性维生素		
维生素 C	淤点和紫癜 囊周炎	

续表

营养素	缺乏	过剩
维生素 C	伤口愈合延迟 褥疮 结膜出血、齿龈出血 痛性肋骨及肋软骨串珠 囊周出血 伤口愈合障碍	草酸结石（R） 胃积热 胃肠胀气 腹泻
维生素 B_1	水肿 肌肉消耗 肌张力高、痉挛 精神混乱 威尼克–柯萨可夫综合征 振动觉减退（#） 感觉异常（#） 口睑下垂（#） 畏光（#） 角化性睑结膜炎（#） 弱视（#） 皮脂障碍（#） 脚气病（干性、湿性）	无文献报道
维生素 B_2	剥脱性皮炎、鳞屑皮炎 角化性睑结膜炎 品红舌 彝唇脂溢性皮炎 角膜化血管化 角化口炎 唇病 丝状乳头萎缩或增生 舌炎	无文献报道
维生素 B_3 （烟酸）	糙皮病、皮炎、腹泻、痴呆 红/褐色鳞屑皮炎 头照皮肤红肿（呈 Caisal 项链手套和袜子区域分布） 牛肉红/猩红舌 精神混乱 抑郁/易积热 舌下乳头萎缩 舌水肿开裂 鼻唇脂溢性皮炎 角膜血管化	无文献报道

续表

营养素	缺乏	过剩
维生素 B₃ （烟酸）	角化口炎 唇病 丝状乳头萎缩或增生 舌炎	无文献报道
维生素 B₆	鼻唇脂溢性皮炎 萎缩性胃炎 舌炎 抑郁 感觉异常 周围神经病	感觉神经病变
维生素 B₁₂	巨幼红细胞性贫血 皮肤苍白 眩晕 过度色素沉着 早灰（仅与恶性贫血有关） 文森特氏口炎（牙龈） 角化性睑结膜炎 猩红舌 苍白腹面舌面 丝状乳头萎缩或增生 舌下乳头萎缩 舌炎 精神混乱 痴呆 感觉缺乏，感觉异常、振动觉主动感知 下降或引起感觉性共济失调步态	无文献报道
维生素 B₉ （叶酸）	巨幼红细胞贫血 皮肤苍白 下眼睑苍白或外翻 文森特氏口炎（牙龈） 丝状乳头萎缩 猩红舌 Apthous 样损害（R） 舌下乳头萎缩 舌炎感觉缺失（R）	无文献报道
维生素 B₇ （生物素）	剥脱性鳞屑皮炎 毛干出现色素减少带 脱发	无文献报道

续表

营养素	缺乏	过剩
维生素 B₇（生物素）	毛发粗糙 舌面苍白 感觉缺失	无文献报道
常量元素		
钙	束臂加压症 驼背（终生） 骨折 O 型腿	很少见：高钙血症会导致软组织矿化，肌张力下降，近端肌病
镁	束臂加压症 搐搦 意识水平下降 虚弱，肌肉痉挛 眩晕	意识水平下降
磷	骨质疏松 肌肉无力 身体不适	高磷血症会导致意识水平下降，肾功能不全者可发生继发性甲状旁腺机能亢进
钠	低钠血症 惊厥 腹泻 焦虑	水钠潴留，导致水肿
钾	低钾血症 活动功能减弱 肌动力下降 心律失常	焦虑
微量元素		
铁	皮肤苍白 匙状甲 下眼睑苍白 角化炎 丝状乳头萎缩 舌旗面苍白 舌炎	血色素沉着症 灰褐色、青铜色、蓝灰色皮肤

续表

营养素	缺乏	过剩
锌	弥散性红舌斑 干燥症 剥脱性鳞屑皮炎 伤口愈合延迟 褥疮 脱发 夜盲 味觉改变	—
铬	匙状甲	—
铜	皮肤苍白 毛干色素减少（可能呈带状）	肝豆状核变性 蓝色弧带 （Kayser- Fldsher）色素怀
碘	外部第三眼眉缺失 甲状腺肿大	—
氟	龋齿 可能发生骨质疏松	氟中毒 瘫痪 惊厥 消化道积热症 无文献报道
宏量营养素		
蛋白质	满月脸 头发脆，易掉发 头发细，呈丝状 脱发 伤口愈合延迟 褥疮 肌无力和耗竭 头发颜色变浅 梅尔卡氏氏线（指甲） 水肿 皮肤色素加深（日晒皮肤） 剥落皮炎或严重层叠性皮炎	无文献报道
必需脂肪酸	干燥症，剥脱性鳞状皮炎， 毛囊角化过度，头发干燥无光泽	脂肪组织积聚

续表

营养素	缺乏	过剩
蛋白质/能量	消瘦 头发干燥无光泽 脸颊长、龋齿 黄褐色斑牙 腹水 力受损，肌肉无力，位置觉缺失	—

注：①带 "#" 号者与复合维生素 B 缺乏有关；

②"R" 表示很少见。

资料来源：[1] Rombeau et al.. Atlas of nutritional support techniques [M]. Boston/Toronto：Little, Brown and Company，1989.

[2] Lucinda K. lysen. 霍军生，张春良，许伟，等译. 简明临床膳食学 [M]. 北京：中国轻工业出版社，2003：279-283.

六、矿物质和微量元素营养评价

见附表 39。

附表 39　　　　　　　　　矿物质和微量元素营养评价

营养物质	需要量	推荐摄入量	评估方法	缺乏时表现	缺乏的治疗	中毒表现
钙	3mg/kg体重	肠内： 800~1200mg/d* 肠外： 400~600mg/d	尿钙：主要反映钙吸收 24h 尿羟脯氨酸/肌酐比值 血钙： 总血钙：受白蛋白水平影响 离子钙：为生理活性形式 修正： 调整后=[4.0-白蛋白(g/dL)]×0.8+Ca^{2+}含量（mg/dL）骨活检	骨质疏松 佝偻病 骨软化 抽搐	1000~2500mg/d	骨和软组织过度钙化 肾结石 甲状旁腺激素抑制 低磷血症 消化道疾病 胰腺炎 恶心
磷	3mg/kg体重	肠内： 800~1200mg/d* 肠外： 15~30mg/(kg·d)	血磷 尿排泄量 热量测量分析	心衰 中枢神经系统功能紊乱 骨质溶解 代谢性疾病 红细胞功能紊乱 呼吸衰竭	800~1500mg/d	高磷血症 感觉异常 表情淡漠 精神混乱 高血压 心律失常

续表

营养物质	需要量	推荐摄入量	评估方法	缺乏时表现	缺乏的治疗	中毒表现
镁	200mg/d	肠内：300~360mg/d 肠外：3.65~6.00mg/(kg·d) RDA：280~350mg/d	血镁（受白蛋白水平影响）尿中排泄修正：调整后镁（mmol/L）－尿中镁（mmol/L）+ 0.005［40-白蛋白（g/L）］	厌食 心脏不稳定 低钾血症 低钙血症 呕吐	口服：0.6~2.4g/d 肠外：第1天：12mg/(kg·d) 第3~8天：6mg/(kg·d) 5天以上：2.5mg/(kg·d)	恶心 呕吐 精神神态改变 呼吸变慢
铁	0.7~2.3mg/d	肠内：10~15mg/d* 肠外：0.5~1.0mg/d	血：血清铁蛋白 总铁结合力（TIBC）游离红细胞原卟啉 血清铁 血清运铁蛋白受体 RBC-红细胞 MCV-平均红细胞体积 RDW 红细胞体积分布宽度 HB-血红蛋白 MCHC-平均红细胞血红蛋白浓度 外周血涂片	小细胞性贫血 疲乏无力 萎缩性鼻炎 匙状甲 表情淡漠 舌痛角化口炎	肠外：仅于不能耐受或不能吸收口服右旋糖酐；静脉血红蛋白缺乏量（g/dL）×体重 + 1000（mg）肠内：200~240mg/d	昏睡 昏迷 呕吐 腹部痉挛
锌	15mg/d	肠内：12~15mg/d* 肠外：正常时 2.5~4.9mg/d 急性分解代谢时：4.5~6.0mg/d 消化道丢失过多时：12~7mg/d 排出量	血液：血清、红细胞锌 汗液/发/指甲锌 血清碱性磷酸酶、肌酸激酶活性 血清锌结合容量百分比 尿：24h 尿锌 功能指标：同位素流转 黑暗适应性 味觉敏度 氮潴留 伤口愈合	伤口愈合迟缓 性机能减退 精子减少 脱发 皮疹 免疫力下降 夜盲	40mg/d	25mg/d 剂量：恶心 呕吐 金属味觉 225~450mg/d

续表

营养物质	需要量	推荐摄入量	评估方法	缺乏时表现	缺乏的治疗	中毒表现
铜	—	肠内：30mg/（kg·d）肠外：正常时0.3mg/d 消化道液丢失过多时：0.5mg/d 无RDA	血清铜：不能准确反映铜储存 血浆铜蓝蛋白 红细胞/白细胞超氧化物歧化酶 细胞色素C氧化酶活性	（很少见）小细胞性贫血 中性白细胞减少 骨骼异常 皮肤毛发色素脱失 弹力纤维形成缺陷：动脉瘤肌张力低	2mg/d（补充物：硫酸铜）	5~10mg剂量：肝脏损害 中枢神经系统病变 肾小管、心肌变性 骨增生、软化 恶心呕吐 上腹痛
硒	0.05~0.2mg/d	肠内：0.05~0.2mg/d 肠外：正常时20~40μg/d 长期TPN缺乏时：150mg/d RDA：55~70mg/d	血浆 红细胞 谷胱甘肽过氧化物酶活性 血硒蛋白P（SEP-P）	肌肉紧张 肌痛 心衰	—	牙齿缺陷 脱发 皮炎 外周血管破裂 呼吸有大蒜味 指甲易碎
铬	0.05~0.20mg/d	肠内：50~200mg/d 肠外：短期：无 长期：10~15μg/d 消化道丢失增加时：20μg/d 无RDA	组织血清/血浆：不能反映体内储量 24h尿：摄入>40μg/d时 头发：不可靠	糖耐量异常 空腹血糖升高 周围神经病 有糖尿 血胆固醇与甘油三酯升高 胰岛素抵抗	—	皮肤损伤，皮肤斑贴试验阳性 呼吸道鼻黏膜损伤 消化系统损害，味觉下降，皮肤癌、肺癌

续表

营养物质	需要量	推荐摄入量	评估方法	缺乏时表现	缺乏的治疗	中毒表现
锰	2.5~5.0 mg/d	肠内：2.5~5.0mg/d 肠外：0.4~0.8mg/d（患有胆固醇肝病者除外）	血清锰、全血锰反映组织锰储备 锰-超氧化物歧化酶活性	软骨受损 骨骼畸形 贫血 糖尿病 不孕 畸形胎 雄性激素分泌减少，性功能下降	推荐摄入量	早期：神经衰弱综合征、植物神经功能紊乱。中毒明显：锥体外系症状 中毒性精神病 骨髓瘤
钼	0.15~0.50 mg/d	肠内：1.15~0.5mg/d 肠外：25~75μg/d 无 RDA	血、头发：钼含量 蛋氨酸水平 尿：亚硫酸盐水平（钼为辅因子的亚硫酸盐氧化酶缺乏）	尿中尿酸、黄嘌呤、次黄嘌呤排泄增加 头痛 夜盲 贫血 易刺激 昏睡	推荐摄入量	影响铜、磷对骨的代谢 贫血 痛风综合症 腹泻 铜排泄增加：每天摄入1.5mg

注：*范围与 RDA 相同。

资料来源：M. M. MGottschlich, L. Matarese, E. P. Shxonts, eds. Nutrition Support Dietetics：2nd ed [M]．New York：Hopkins, B. Assessment of nutritional status. In 1993.

七、维生素营养评估

见附表 40。

附表 40

维生素营养评估

维生素	需要量	推荐摄入量	评估方法	缺乏时表现	缺乏治疗	中毒表现
维生素 B_1	0.084 μg/kJ	肠内: 1~1.5mg/d* 肠外: 3mg/d	尿中排泄: 反映摄入量，不反映储量 摄入不足时尿中排泄减少 血: 全血维生素 B_1 红细胞转酮酶活性: 估计体内储量缺乏之程度 当缺乏时其升高	胸气病: 神志混乱 虚弱 周围神经病 心脏病 水肿（湿性） 肌肉瘦削（干性） 韦尼克脑病	盐酸维生素 B_1 韦尼克脑病: 50mg 食团量 50mg/d 直至储量充足 有限度摄入: 1~2mg/d	（很少见） 易积热 头痛 失眠 干扰维生素 B_2 和维生素 B_6
维生素 B_2	1~12μg/kJ	肠内: 1.2~1.8mg/d* 肠外: 3.6mg/d	尿中排泄: 与摄入相关，与体储无关; 摄入有限时尿中排泄减少 出现负氮平衡时其量增加 血: 红细胞维生素 B_2 谷胱甘肽还原酶+二核苷酸黄嘌呤 可反映体内储存不足，兴奋性增加	角化性口炎 唇裂 舌炎 阴囊或外阴的皮炎	每天摄入 RDA 量的 5 倍	尚未知
烟酸	8.8~12.3mg 烟酸等植物 (NE) /d	肠内: 12~20mg/d 肠外: 40mg/d RDA: 13~19mg/d	尿排泄量: 反映摄入量，不反映储量 α-吡啶酮-n'-甲基尼克酰胺排泄 量随摄入量下降而降低 血清: 缺乏时色氨酸降低 反映体内储备	糙皮病、腹泻、皮炎、痴呆、猩红舌、舌裂、死亡	每天 40~200mg 烟酸或烟酸胺	肝损害 血管扩张 脸红 易积热

续表

维生素	需要量	推荐摄入量	评估方法	缺乏时表现	缺乏治疗	中毒表现
维生素 B_6	0.2mg/g 蛋白	肠内: 1.6~2.0mg/d*; 肠外: 4mg/d	尿: 4-吡哆酸含量反映近期摄入量, <1.0mg 为缺乏; 血浆: 5-磷酸吡哆醛（PLP）含量; 转氨酶活力: 反映体内储备情况; 色氨酸负荷试验: 色氨酸转为烟酸依赖维生素 B_6, 色氨酸代谢物黄尿酸 24h 尿排出高于 65μmol 为缺乏	多发神经炎; 鼻唇皮脂溢; 舌炎小细胞贫血; 草酸结石; （除有维生素 B_6 拮抗剂外, 其缺乏症很少见）	盐酸吡哆酸 5mg/d	未知
泛酸	4~7mg/d	肠内: 5~10mg/d; 肠外: 15mg/d; 无 RDA	体内储备: 无; 血清水平: 红细胞含量对膳食含量改变有反应; 尿中排泄: 与摄入量有关	（很少见）昏睡; 腹痛; 恶心; 呕吐; 胃肠胀气	10~100mg	腹泻
生物素	11.9μg/1000kJ	肠内: 150~300pg/d; 肠外: 正常量 60μg/d 充足量 30μg/d; 无 RDA	体内储备: 无; 摄入量评价: 全血, 红细胞, 血浆, 尿中排泄	皮疹; 脱发; 嗜睡; 厌食; 感觉异常	10~300μg/d	不清楚

营养素	需要量	评价指标	缺乏症状	治疗量	毒性
叶酸	100μg/d 肠内：200～400μg/d 肠外：0.4～10mg/d RDA：180～200μg/d	尿： 去亚基谷氨酸 组氨酸 负荷缺乏时排泄增加 含量不准确 血： 血清叶酸反映膳食改变，但受低白蛋白血症影响 红细胞叶酸：最精确 与血清叶酸一起评价叶酸情况	（叶酸储备在叶酸摄入停止后持续3～6个月） 巨细胞性贫血 神经病变 口炎 舌炎 昏睡 厌食 腹泻	0.5～1.0mg/d	不清楚
维生素 B_{12}	血液中能检测到的最小摄入量为0.1μg/d，最大摄入量为1.0μg/d 肠内：3μg/d* 肠外：5μg/d，RDA：2μg/d	尿甲基丙二酸： 维生素 B_{12} 缺乏的功能标志物，缺乏时其分泌增多， 血清全反式氰钴胺：早期维生素 B_{12} 缺乏式降低；而伴甲基丙二酸 高表示存在维生素 B_{12} 缺乏的代谢升异常 血清维生素 B_{12}：晚期下降 <100μg/mL 为缺乏，吸收实验 试验：评估维生素 B_{12} 吸收	巨幼红细胞贫血 神经病变 胃炎 舌炎 厌食 腹泻	膳食缺乏： 1μg/d 吸收不足： 1μg/d 肠外营养： 100μg/月	不清楚

续表

维生素	需要量	推荐摄入量	评估方法	缺乏时表现	缺乏治疗	中毒表现
维生素 C	100mg/d 可预防坏血病，但不能提供充足的储备	肠内：600mg/d 可保持体内储备为 1500mg 肠外：正常 100mg/d 分解代谢应激：500mg/d	血液：血浆及全血：评估摄入量而非缺乏状况 血块黄层：抗凝离心处理的全血，取白细胞含量，能血小板层测定维生素 C 含量，能较好反映临床症状 白细胞抗坏血酸盐：与储备量密切相关 放射性标记维生素 C：精确的测量储备量 毛细血管脆性试验阳性	出血：皮下 鼻 齿龈出血 炎症：虚弱 易积热	减轻坏血病：10mg/d 补足储备：60~100mg/d	干扰尿糖测试可能 导致渗透性腹泻和草酸结石形成 干扰抗凝血治疗 在热环境中使维生素 B_{12} 失活或破坏
维生素 A	500~600 视黄醇当量（RE）/d (1RE=1μg/RE)	肠内：800~1000RE/d* 肠外：1000RE/d	血：血清维生素 A：在体内储备很低时数值降低 生理盲点扩大 暗适应下降 视黄醇酯（禁食后）：反应过量毒性	视力改变 暗适应差 夜盲 比托氏斑 干燥症 不可逆性角膜溃疡，角膜软化和瘢痕 男性不育	37500~45000RE/d	急性（200000RE/d）：恶心，呕吐，头痛，脑脊髓压升高，眩晕，复视 慢性（10000RE/d）：皮肤脱屑，牙龈炎，脱发，骨肿大，肝肿大，脾肿大，厌食

维生素	需要量	推荐供给量	实验室检查	缺乏表现	治疗用量	过量表现
维生素 D	未确定确切需要量，2.50μg/d 维生素 D₃ 可防止佝偻病，促进生长，保证充足的钙的吸收，维生素 D₃ 促进钙更好吸收，加快生长速度	肠内：5~10μg/d 肠外：5μg/d	血： 血清 25-羟维生素 D：维生素 D 缺乏时降低 乏时降低 血清磷：当维生素 D 缺乏时降低 血钙：当维生素 D 缺乏时降低 碱性磷酸酶：维生素 D 缺乏时升高 1,25-二羟维生素 D：与功能有关，与摄入或储备量无关 骨 X 射线检查	体内钙磷储备减少 佝偻病 骨质疏松 骨软化	根据缺乏的原因，其治疗用量有所差异：1250~2500μg/维生素 D₃	骨钙化过度 僵硬 软组织钙化 肾结石 高钙血症
维生素 K	30μg/d	肠内：50~200μg/d 肠外：150μg/d RDA：65~80μg/d	凝血时间 血清凝血素 血清维生素 K	原发性维生素 K 缺乏少见 易碰青肿 紫癜 出血	取决于缺乏的原因	黄疸
维生素 E	2mg/d α-生育酚	肠内：8~10mg α-生育酚 肠外：10mg α-生育酚	血清维生素 E 红细胞过氧化溶血：非特异性，如正常则可排除缺乏；血清生育酚酯；色谱法 高效液相色谱法	溶血 贫血 视网膜退化 神经元轴索病变 肌病	180mg/d α-生育酚	300mg α-生育酚 凝血时间延长

注：*同 RDA。

资料来源：M. M, Gottschlich, L. Matarese, E. P .Shronts, eds. Nutritton Support Dietetics, 2nd ed [M] . New York; Hopkins, B, Assessment of nutritional status. In., 1993.

八、用于营养评估的实验室检查

（一）血液学检查

见附表 41。

附表 41 血液学检查

检验项目	生物合成部位	正常值	半衰期/d	功能	升高	降低
白蛋白	肝细胞	73.5g/dL	14~20	保持血浆胶体渗透压；转运小分子（即 FFA）；40%在血管内，60%在血管外	脱水，静脉输白蛋白	身体含水过多；严重肝病；肾和消化道丢失；急性分解代谢状态蛋白质摄入不足
转铁蛋白	肝细胞	0.2~0.4g/dL	8~9	结合血浆中的铁并将其转运至骨骨；大约 1/3 与铁结合；几乎全在血管内；可用总铁结合力（TIBC）评价	脱水；缺铁性贫血	严重肝病；急性分解代谢状态；身体含水过多
白蛋白原（甲状腺素结合前白蛋白）	肝细胞	20~50mg/dL	2~3	转运甲状腺素所需蛋白，可与视黄醇结合蛋白形成复合体，转运维生素 A	肾衰；脱水	急性分解代谢状态；甲亢；蛋白摄入不足；严重肝病；身体含水量过多
视黄醇结合蛋白	肝细胞	(0.0372±0.0073) g/L	0.5	当与白蛋白原结合时，可转运维生素 A	肾脏疾病	维生素 A 缺乏；急性分解代谢状态；甲亢；缺锌；严重肝病

项目	来源	参考值	功能/意义		
纤维结合蛋白	由许多细胞合成，特别是肝细胞，内皮细胞和成纤维细胞	尚未很好研究其参考值范围 0.5~1.0	见于许多组织的一种糖蛋白，在细胞基质反应，细胞黏附，伤口愈合，巨噬细胞功能中起重要作用	—	急性分解代谢状态弥漫性血管内凝血（DIC）
生长激素 C	肝细胞及其他组织	0.55g/L 0.1~0.3	生长促进肽	甲状腺功能减退；肾衰；肝硬化	蛋白质能量营养不良；生长激素缺乏
总淋巴细胞计数（TLC）	—	占白细胞的 20%～40% 或 > 2750 个/mm³	—	—	急性分解代谢状态；感染性赘生物
迟发性皮肤超敏试验	—	健康人当再次接触进入皮内的抗原时，将发生 T 细胞增殖并释放炎性介质在注射处；当营养不良时皮肤炎症反应降低	—	—	感染；尿毒症；肝病；炎性肠道病；病质；类固醇；使用类固醇激素；免疫抑制剂；华法林，西咪替丁；恶

(二) 尿检验

见附表42。

附表42 尿液检验

检验项目	目的	计算	正常范围	影响因素
肌酐升高指数 (CHI)	健康成人的瘦型体质的合理评估。来自磷酸肌酸的分解代谢,磷酸肌酐是主要存在于肌肉中的一种代谢产物	见注脚的计算公式[2]	蛋白质缺乏 <40%:重度[1] 40%~50%:中度 60%~80%:轻度	检验要求:肾功能正常;水状况正常;尿量正常 (不用利尿药);无长时卧床或剧烈运动;最近未摄入肌酐或肌氨酸酐 (肉类)
甲基组氨酸 (一种氨基酸)	测骨骼肌蛋白的储备和转化量,因其主要来自骨骼肌蛋白 (肌动蛋白、肌凝蛋白) 的分解,不经进一步代谢即可排泄	收集24h尿液	—	年龄不能太偏 (如<2个月);无急性分解代谢疾病;膳食和肾功能会显著地改变结果;去除外源性来源 (肉类);增加肌肉转化的任何状态 (即脓毒症、创伤、饥饿) 均可使此检验无法预测骨骼肌状态,年龄、性别、营养、运动、激素状况及损伤对检验结果的影响仍未确定
氮平衡 (NB)	确定24h净蛋白质分解量	见表注计算公式[3]	-2~+2:平衡 >+2:正平衡 <-2:负平衡	尿液收集不完全 (<24h) 或尿液收集>24h。保证24h尿完全收集;平时肌酐排泄量为10~25mg/kg
分解代谢指数 (CI)	评估应激程度或分解代谢程度	见表注计算公式[4]	≤0:无应激 0~5:中度应激 ≥5:重度应激	

注:[1]低值,用于诊断蛋白能量营养不良;

[2]CHI(%)= 24h尿肌酐 (mg) ×100/正常24h尿肌酐相应身高排泄量;

[3]氮平衡 (NB) = [蛋白质摄入 (g/24h) /6.25] -氮排出 (g/24h)

其中氮排出等于试验期间尿素氮 (UUN)、未觉察丢失 (4g)、腹泻 (2.5g)、消化道瘘管流失 (1.0g) 和血尿素氮 (BUN) 的和。如果UUN>30,则未察觉丢失估计为6g;

[4]CI= [UUN (1) +BUN的变化值 (g) -3] - [0.5 * 氮摄入 (g)]。

资料来源:Bistrian BR. A simple technique to estimate University of stress [J]. Surg Gyneool Obstet. 1979;148:675-678.

九、营养评估中的尿常规化验

见附表43。

附表 43   营养评估中的尿常规化验

化验内容	正常	异常/偏差
颜色	草黄或淡琥珀色	无色由胆系疾病导致（尿胆素）、血红蛋白尿、血卟啉病药物、食物（甜菜可致红色尿）
清亮度	清亮	尿浑浊可能是由于尿中有血、脓、磷、细菌、脂肪、维生素 C
pH	4.6~8.0（平均6.0）	尿 pH（酸性）：糖尿病酮症酸中毒、饥饿、尿毒症、肾性酸中毒、高蛋白高脂肪膳食酸性药物，细胞内酸中毒尿 pH（碱性）：代谢性碱中毒，高通气呕吐，服用碱性药物 UTI 继发于变形杆菌感染
蛋白质	无到甚微量	蛋白质：肾小球肾炎、肾病综合征、药物化学物质的肾毒性、妊娠、前列腺炎
葡萄糖	无	糖尿：糖尿病或葡萄糖再吸收的肾糖阈低（如血糖在正常范围内）
酮体	阴性	酮尿、酮症酸中毒、饥饿、长期间呕吐、毒血症、肝肾型糖原病，高脂或低碳水化合物膳食、发热、甲状腺毒症
尿沉淀（红细胞、白细胞、管型、结晶）	无或很少（肾滤过膜是有效的过滤器）	红细胞：结石，肿瘤，血尿出血性膀胱炎；白细胞：感染肾盂肾炎；管型：感染或肾小管损害、结晶、草酸钙、高钙血症
尿相对密度	1.008~1.030	相对密度升高：发热、急性肾小球肾炎、肾病、毒血症、充血性心衰（CHF）液体摄入 相对密度降低：慢性肾小球肾炎或肾盂肾炎系统性红斑狼疮（SLE）胃肠外营养、液体摄入、低温、糖尿病、无味

十、人体测量数据、体质指数（BMI）

（1）体质指数（BMI）   按式 1 计算：

$$BMI = \frac{体重(kg)}{身高^2(m^2)} \tag{式1}$$

19~25：适当体重（19~34 岁）；

21~27：适当体重（>35 岁）；

>27.5：肥胖；

27.5~30：轻度肥胖；

30~40：中度肥胖；

>40：重度肥胖或病态肥胖。

（2）来自膝高的身长（对年龄 65~90 岁者）   按式 2 和式 3 计算：

$$男性 = (2.02 \times 膝高) - (0.04 \times 年龄) + 64.19 \tag{式2}$$

$$女性 = (1.83 \times 膝高) - (0.24 \times 年龄) + 84.88 \qquad (式3)$$

（3）通过 Hamwi 方法确定理想体重　按式4和式5计算：

$$女性：100lb + 5lb \times 高于5ft的英寸数(in) \qquad (式4)$$

$$男性：106lb + 6lb \times 高于5ft的英寸数(in) \qquad (式5)$$

如骨架大再加上 10%；如骨架小再减去 10%。

（1lb = 0.45kg；1ft = 0.305m；1in = 2.54cm）

（4）体重评估　按式6计算：

$$平时体重百分比(\%) = \frac{实际体重(kg)}{平时体重(kg)} \times 100 \qquad (式6)$$

85% ~ 90%：轻度营养不良；

75% ~ 84%：中度营养不良；

<74%：重度营养不良。

（5）实际体重占理想体重（IBW）百分比　按式7计算：

$$IBW 百分比(\%) = \frac{实际体重(kg)}{IBW} \times 100 \qquad (式7)$$

>200%：病态肥胖；

>130%：肥胖；

110% ~ 120%：超重；

80% ~ 90%：轻度营养不良；

70% ~ 79%：中度营养不良；

<69%：重度营养不良。

（6）体重下降百分比　按式（式8）计算：

$$体重下降百分比(\%) = \frac{平时体重(kg) - 实际体重(kg)}{平时体重(kg)} \times 100 \qquad (式8)$$

显著体重下降：一个月 5%；两个月 7.5%；三个月 10%。

十一、贫血

见附表44。

附表44　　　　　　　　　　　贫血

	血红蛋白	红细胞积压	平均红细胞体积	血清铁	总铁结合力	转铁蛋白	网状细胞
缺铁	↓	↓	↓	↓	↑	↑	↔
维生素 B_{12}，叶酸缺乏	↓	↓	↑	↑	↓	↓	↔
铁加巨幼红细胞	↓	↓	↔	↔	↑	↑	↔
脱水	↑	↑	—	—	↑	↑	↔
营养不良	↓*	↓*	↔	↓	↓↔	↓	↔
吸收不良	↓	↓	↑	↔	—	—	↔
肝脏病	↓*	↓*	↑	↑	↑	↓↔	↔

续表

	血红蛋白	红细胞积压	平均红细胞体积	血清铁	总铁结合力	转铁蛋白	网状细胞
肾脏病	↓*	↓*	↔	↓	↓	↓↔	↓
胃切除	↓	↓	↑↔	↔	↑	↑	↔
小肠手术	↓	↓	↑	↑	↓↔	↓↔	↔
失血	↓↓	↓↓	↓↓	↓	↑	↑	↑
脓毒症	↓*	↓	↔	↓	↓↔	↓	↔

注：*轻度减少；↔为持平。

十二、实验动物血清生化指标值

见附表45。

附表45　　　　　　　　　　　　　实验动物血清生化指标值

项目	小鼠			大鼠		
	雄性	雌性	变动范围	雄性	雌性	变动范围
胆红素/ （mg/100mL）	0.75±0.05	0.60±0.04	0.10~0.90	0.35±0.02	0.24±0.07	0.00~0.55
胆固醇/ （mg/100mL）	63.3±11.8	65.5±21.1	26.0~82.4	28.3±10.2	24.7±9.62	10.0~54.0
肌酐/ （mg/100mL）	0.84±0.19	0.67±0.17	0.30~1.00	0.46±0.13	0.49±0.12	0.20~0.80
葡萄糖/ （mg/100mL）	92.2±10.5	85.0±9.50	62.8~176	78.0±14.0	71.0±16.0	50.0~135
尿素氮/ （mg/100mL）	20.8±5.86	17.9±4.50	13.9~28.3	15.5±4.44	13.8±4.15	5.0~29.0
尿酸/ （mg/100mL）	4.12±1.10	3.90±0.95	1.20~5.00	1.99±0.25	1.79±0.24	1.20~7.50
钠/ （mEg/L）	138±2.90	134±2.60	128~145	147±2.65	146±2.50	143~156
钾/（mEg/L）	5.25±0.13	5.40±0.15	4.85~5.85	5.82±0.11	6.60±0.12	5.40~7.00
氯/（mEg/L）	108±0.60	107±0.55	105~110	102±0.85	101±0.95	100~110
重碳酸盐/ （mEg/L）	26.2±2.10	24.8±2.30	20.2~31.5	24.0±3.80	20.8±3.60	12.6~32.0

续表

项目	小鼠			大鼠		
	雄性	雌性	变动范围	雄性	雌性	变动范围
无机磷/（mg/100mL）	5.60±1.61	6.55±1.30	2.30~9.20	7.56±1.51	8.26±1.41	3.11~11.0
钙/（mg/100mL）	5.60±0.40	7.40±0.50	3.20~8.50	10.16±0.72	12.13±0.89	8.9~14.2
镁/（mg/100mL）	3.11±0.37	1.38±0.28	0.80~3.90	3.14±0.19	1.23±0.16	0.82~4.13

注：①mg/100mL 为每 100mL 血清中所含的 mg 数。

②mEg/L 为每 1L 血清中所含的 mg 当量数。

十三、健康小白鼠血清酶与血清蛋白参数（ICR 系）

见附表 46。

附表 46　　　　　健康小白鼠血清酶与血清蛋白参数（ICR 系）

成分	单位	雄性	雌性	文献报告变动范围
淀粉酶	Somogyi 单位/dL	160±22.0	140±17.0	95.0~204
碱性磷酸酶	IU/L	21.6±4.56	16.8±5.37	10.5~27.6
酸性磷酸酶	IU/L	14.7±3.50	11.8±2.70	4.5~21.7
谷丙转氨酶	IU/L	13.5±5.30	12.6±4.40	2.10~23.8
谷草转氨酶	IU/L	36.2±6.13	35.4±6.10	23.2~48.4
肌酸磷酸激酶	IU/L	3.70±1.45	2.50±1.52	0.50~6.80
乳酸脱氢酶	IU/L	149±19.0	119±21.0	750~185
总蛋白	g/100mL	6.25±0.75	6.10±0.68	4.00~8.62
白蛋白	g% %	3.14±0.36 50.2±6.50	2.92±0.32 47.9±5.90	2.52~4.84 35.0~62.7
α_1-球蛋白	g% %	0.53±0.12 8.50±1.60	0.48±0.10 7.80±1.50	0.22~0.78 4.30~11.8
α_2-球蛋白	g% %	0.91±0.10 14.6±3.10	1.02±0.10 16.8±2.54	0.65~1.30 8.20~23.0
β-球蛋白	g% %	1.04±0.19 16.7±4.80	0.98±0.25 16.0±4.20	0.40~1.58 6.50~26.6

续表

成分	单位	雄性	雌性	文献报告变动范围
γ-球蛋白	g%	0. 61±0. 11	0. 70±0. 09	0. 38~0. 90
	%	9. 80±1. 90	11. 5±1. 45	5. 80~15. 5
白蛋白/球蛋白	—	0. 98±0. 22	0. 92±0. 23	0. 56~1. 30

十四、健康大白鼠血清酶与血清蛋白参数（Wistar 株系）

见附表 47。

附表 47　　　　健康大白鼠血清酶与血清蛋白参数（Wistar 株系）

成分	单位	雄性	雌性	文献报告变动范围
淀粉酶	Somogyi 单位/dL	245. 0±32. 0	196±34. 0	128~313
碱性磷酸酶	IU/L	81. 4±14. 8	93. 9±17. 3	56. 8~128
酸性磷酸酶	IU/L	39. 0±4. 30	37. 5±3. 70	28. 9~47. 6
谷丙转氨酶	IU/L	25. 2±2. 05	22. 5±2. 50	17. 5~30. 2
谷草转氨酶	IU/L	62. 5±8. 40	64. 0±6. 50	45. 7~80. 8
肌酸磷酸激酶	IU/L	5. 60±1. 30	6. 80±2. 40	0. 80~11. 6
乳酸脱氢酶	IU/L	92. 5±13. 9	90. 0±14. 5	61. 0~121
总蛋白	g%	7. 61±0. 50	7. 52±0. 32	4. 70~8. 15
白蛋白	g%	3. 73±0. 53	3. 62±0. 52	2. 70~5. 10
	%	49. 0±7. 10	48. 1±7. 40	33. 3~63. 8
α_1-球蛋白	g%	1. 03±0. 22	0. 89±0. 25	0. 39~1. 60
	%	13. 5±2. 20	11. 9±3. 80	4. 30~21. 1
α_2-球蛋白	g%	0. 71±0. 14	1. 40±0. 32	0. 20~2. 10
	%	9. 3±1. 80	8. 60±2. 70	3. 20~14. 7
β-球蛋白	g%	1. 07±0. 35	1. 31±0. 26	0. 35~2. 00
	%	14. 10±4. 70	17. 4±3. 60	5. 70~26. 8
γ-球蛋白	g%	1. 05±0. 21	1. 18±0. 21	0. 62~1. 60
	%	13. 8±2. 70	14. 0±2. 80	10. 0~19. 8
白蛋白/球蛋白	—	0. 96±0. 24	0. 93±0. 25	0. 72~1. 21

附录七　膳食营养参考摄入量

一、不同年龄、性别和活动强度人群每日能量需要量

见附表 48。

附表 48　　　　　　　不同年龄、性别和活动强度人群每日能量需要量

男性			女性[4]			
年龄	久坐[1]	中等强度 身体活动[2]	重强度 身体活动[3]	岁数	久坐[1]	中等强度 身体活动[2]	重强度 身体活动[3]
2	1000	1000	1000	2	1000	1000	1000
3	1000	1400	1400	3	1000	1200	1400
4	1200	1400	1600	4	1200	1400	1400
5	1200	1400	1600	5	1200	1400	1600
6	1400	1600	1800	6	1200	1400	1600
7	1400	1600	1800	7	1200	1600	1800
8	1400	1600	2000	8	1400	1600	1800
9	1600	1800	2000	9	1400	1600	1800
10	1600	1800	2200	10	1400	1800	2000
11	1800	2000	2200	11	1600	1800	2000
12	1800	2200	2400	12	1600	2000	2200
13	2000	2200	2600	13	1600	2000	2200
14	2000	2400	2800	14	1800	2000	2400
15	2200	2600	3000	15	1800	2000	2400
16	2400	2800	3200	16	1800	2000	2400
17	2400	2800	3200	17	1800	2000	2400
18	2400	2800	3200	18	1800	2000	2400

续表

男性				女性[4]		
年龄	久坐[1]	中等强度身体活动[2]	重强度身体活动[3]	岁数	久坐[1]	中等强度身体活动[2]	重强度身体活动[3]
19~20	2600	2800	3000	19~20	2000	2200	2400
21~25	2400	2800	3000	21~25	2000	2200	2400
26~30	2400	2600	3000	26~30	1800	2000	2400
31~35	2400	2600	3000	31~35	1800	2000	2200
36~40	2400	2600	2800	36~40	1800	2000	2200
41~45	2200	2400	2800	41~45	1800	2000	2200
46~50	2200	2400	2800	46~50	1800	2000	2200
51~55	2200	2400	2800	51~55	1600	1800	2200
56~60	2200	2400	2600	56~60	1600	1800	2200
61~65	2000	2400	2600	61~65	1600	1800	2000
66~70	2000	2200	2600	66~70	1600	1800	2000
71~75	2000	2200	2600	71~75	1600	1800	2000
≥76	2000	2200	2400	≥76	1600	1800	2000

注：①久坐是指仅包括独立生活所需的身体活动。

②中等强度身体活动是指独立生活所需的身体活动的基础上，以 4.8~6.4km/h 的速度 2.4~4.8km/d 的活动量。

③高强度身体活动是指独立生活所需的身体活动的基础上，以 4.8~6.4km/h 的速度 4.8km/d 以上的活动量。

④女性估计值不包括孕妇或乳母。

资料来源：医学研究所. 能量、碳水化合物、纤维、脂肪、脂肪酸、胆固醇、蛋白质和氨基酸的膳食参考摄入量［M］. 华盛顿（特区）：美国国家科学院出版社，2002.

二、根据膳食参考摄入量和膳食指南制定的各年龄、性别组每日营养目标

见附表49。

附表49　根据膳食参考摄入量和膳食指南制定的各年龄、性别组每日营养目标

营养素	目标来源[1]	儿童 1~3 岁	女 4~8 岁	男 4~8 岁	女 9~13 岁	男 9~13 岁	女 14~18 岁	男 14~18 岁	女 19~30 岁	男 19~30 岁	女 31~50 岁	男 31~50 岁	女 ≥50 岁	男 ≥50 岁
估计能量水平/kcal	—	1000	1200	1400 1600	1600	1800	1800	2200 2800 3200	2000	2400 2600 3000	1800	2200	1600	2000
宏量营养素														
蛋白质/g	RDA	13	19	19	34	34	46	52	46	56	46	56	46	56
蛋白质/%kcal	AMDR	5~20	10~30	10~30	10~30	10~30	10~30	10~30	10~35	10~35	10~35	10~35	10~35	10~35
碳水化合物/g	RDA	130	130	130	130	130	130	130	130	130	130	130	130	130
碳水化合物/%kcal	AMDR	45~65	45~65	45~65	45~65	45~65	45~65	45~65	45~65	45~65	45~65	45~65	45~65	45~65
膳食纤维/g	14g/1000kcal	14	16.8	19.6	22.4	25.2	25.2	30.8	28	33.6	25.2	30.8	22.4	28
添加糖/kcal	DGA	<10%	<10%	<10%	<10%	<10%	<10%	<10%	<10%	<10%	<10%	<10%	<10%	<10%
总脂肪/%kcal	AMDR	30~40	25~35	25~35	25~35	25~35	25~35	25~35	20~35	20~35	20~35	20~35	20~35	20~35
饱和脂肪酸/%kcal	DGA	<10%	<10%	<10%	<10%	<10%	<10%	<10%	<10%	<10%	<10%	<10%	<10%	<10%
亚油酸/g	AI	7	10	10	10	12	11	16	12	17	12	17	11	14
亚麻酸/g	AI	0.7	0.9	0.9	1	1.2	1.1	1.6	1.1	1.6	1.1	1.6	1.1	1.6
矿物质														
钙/mg	RDA	700	1000	1000	1000	1000	1000	1000	1000	1000	1000	1000	1000	1000[2]
铁/mg	RDA	7	10	10	8	8	15	11	18	8	18	8	8	8
镁/mg	RDA	80	130	130	240	240	360	410	310	400	320	420	320	420

续表

营养素	目标来源[1]	儿童 1~3 岁	女 4~8 岁	男 4~8 岁	女 9~13 岁	男 9~13 岁	女 14~18 岁	男 14~18 岁	女 19~30 岁	男 19~30 岁	女 31~50 岁	男 31~50 岁	女 ≥50 岁	男 ≥50 岁
磷/mg	RDA	460	500	500	1250	1250	1250	1250	700	700	700	700	700	700
钾/mg	AI	3200	3800	3800	4500	4500	4700	4700	4700	4700	4700	4700	4700	4700
钠/mg	UL	1500	1900	1900	2200	2200	2300	2300	2300	2300	2300	2300	2300	2300
锌/mg	RDA	3	5	5	8	8	9	11	8	11	8	11	8	11
铜/mcg	RDA	340	440	440	700	700	890	890	900	900	900	900	900	900
锰/mg	AI	1.2	1.5	1.5	1.6	1.9	1.6	2.2	1.8	2.3	1.8	2.3	1.8	2.3
硒/mcg	RDA	20	30	30	40	40	55	55	55	55	55	55	55	55
维生素														

维生素

营养素	目标来源	儿童 1~3 岁	女 4~8 岁	男 4~8 岁	女 9~13 岁	男 9~13 岁	女 14~18 岁	男 14~18 岁	女 19~30 岁	男 19~30 岁	女 31~50 岁	男 31~50 岁	女 ≥50 岁	男 ≥50 岁
维生素 A/mg 视黄醇当量	RDA	300	400	400	600	600	700	900	700	900	700	900	700	900
维生素 E/mg α-生育酚	RDA	6	7	7	11	11	15	15	15	15	15	15	15	15
维生素 D/IU	RDA	600	600	600	600	600	600	600	600	600	600	600	600[3]	600[3]
维生素 C/mg	AI	15	25	25	45	45	65	75	75	90	75	90	75	90
维生素 B_1（硫胺素）/mg	AI	0.5	0.6	0.6	0.9	0.9	1	1.2	1.1	1.2	1.1	1.2	1.1	1.2
维生素 B_2（核黄素）/mg	RDA	0.5	0.6	0.6	0.9	0.9	1	1.3	1.1	1.3	1.1	1.3	1.1	1.3
烟酸/mg	RDA	6	8	8	12	12	14	16	14	16	14	16	14	16
维生素 B_6/mg	RDA	0.5	0.6	0.6	1	1	1.2	1.3	1.3	1.3	1.3	1.3	1.5	1.7

续表

营养素	目标来源[1]	儿童 1~3 岁	女 4~8 岁	男 4~8 岁	女 9~13 岁	男 9~13 岁	女 14~18 岁	男 14~18 岁	女 19~30 岁	男 19~30 岁	女 31~50 岁	男 31~50 岁	女 ≥50 岁	男 ≥50 岁
维生素 B_{12}/mcg	RDA	0.9	1.2	1.2	1.8	1.8	2.4	2.4	2.4	2.4	2.4	2.4	2.4	2.4
胆碱/mg	AI	200	250	250	375	375	400	550	425	550	425	550	425	550
维生素 K/mcg	AI	30	55	55	60	60	75	75	90	120	90	120	90	120
叶酸/mcg（膳食叶酸当量）	RDA	150	200	200	300	300	400	400	400	400	400	400	400	400

注：①RDA＝每日膳食中营养供给量，AI＝适宜摄入量，UL＝可耐受最高摄入量。

AMDR＝宏量营养素可接受范围；DGA＝2015—2020 膳食指南推荐限量；

14g 膳食纤维/1000Kcal＝基于膳食纤维的适宜摄入量；

②71 岁以上男性钙推荐每日供给量为 1200mg；

③71 岁以上男、女性维生素 D 推荐每日供给量 800IU。

资料来源：[1] 医学研究所. 营养膳食参考摄入量：营养需求的基本指南 [M]. 华盛顿（特区）：美国国家学术出版社，2006.

[2] 医学研究所. 钙和维生素 D 膳食参考摄入量 [M]. 华盛顿（特区）：美国国家学术出版社，2010.

三、健康地中海饮食模式：12 种能量级下各类食物推荐摄入量

见附表 50。

附表 50　　　　健康地中海饮食模式：12 种能量级下各类食物推荐摄入量

能量级[1]	1000	1200	1400	1600	1800	2000	2200	2400	2600	2800	3000	3000
食物组[2]	每组食物每日推荐量[3]（蔬菜和蛋白质食物亚组是每周的推荐量）											
蔬菜	1 杯当量	1.5 杯当量	1.5 杯当量	2 杯当量	2.5 杯当量	2.5 杯当量	3 杯当量	3 杯当量	3.5 杯当量	3.5 杯当量	4 杯当量	4 杯当量
深绿色蔬菜（杯当量/周）	0.5	1	1	1.5	1.5	1.5	2	2	2.5	2.5	2.5	2.5
红色及橙色蔬菜（杯当量/周）	2.5	3	3	4	5.5	5.5	6	6	7	7	7.5	7.5

续表

能量级[①]	1000	1200	1400	1600	1800	2000	2200	2400	2600	2800	3000	3000
豆类（大豆和杂豆）（杯当量/周）	0.5	1.5	1.5	1	1.5	1.5	2	2	2.5	2.5	3	3
淀粉类蔬菜（杯当量/周）	2	3.5	3.5	4	5	5	6	6	7	7	8	8
其他蔬菜（杯当量/周）	1.5	2.5	2.5	3.5	4	4	5	5	5.5	5.5	7	7
水果	1杯当量	1杯当量	1.5杯当量	2杯当量	2杯当量	2.5杯当量	2.5杯当量	2.5杯当量	2.5杯当量	3杯当量	3杯当量	3杯当量
谷物	3盎司当量	4盎司当量	5盎司当量	5盎司当量	6盎司当量	6盎司当量	7盎司当量	7.5盎司当量	7.5盎司当量	8盎司当量	8盎司当量	8盎司当量
全谷物[④]（盎司当量/d）	1.5	2	2.5	3	3	3	3.5	4	4.5	5	5	5
精制谷物（盎司当量/d）	1.5	2	2.5	3	3	3	3.5	4	4.5	5	5	5
乳制品[⑤]	2杯当量	2.5杯当量	2.5杯当量	2杯当量	2杯当量	2杯当量	2杯当量	2.5杯当量	2.5杯当量	2.5杯当量	2.5杯当量	2.5杯当量
蛋白质食品	2盎司当量	3盎司当量	4盎司当量	5.5盎司当量	6盎司当量	6.5盎司当量	7盎司当量	7.5盎司当量	7.5盎司当量	8盎司当量	8盎司当量	8盎司当量
海产品[⑥]（盎司当量/周）	3	4	6	11	15	15	16	16	17	17	17	17
肉类、肌肉、蛋（盎司当量/周）	10	14	19	23	23	26	28	31	31	33	33	33
坚果、果实、大豆制品（盎司当量/周）	2	2	3	4	4	5	5	5	5	6	6	6

注：①食物摄取模式在1000kcal、1200kcal和1400kcal是专为满足2~8岁儿童的营养需求设计的。模

式从 1600~3200kcal 是专为满足 9 岁及以上的成年人的营养需求设计的。4~8 岁的孩子需要更多的能量，因此，遵循 1600kcal 或更多能量的模式，他/她的乳制品推荐量是每天 2.5 杯。9 岁及以上的成年人不应该使用 1000kcal、1200kcal 或 1400kcal 模式。

②每组和亚组的食物：蔬菜：深绿色蔬菜：所有新鲜、冷冻和罐装的深绿叶蔬菜，花椰菜，熟的或生的，例如西蓝花、菠菜、莴苣、甘蓝、羽衣甘蓝、芜菁、芥菜。

红色和橙色蔬菜：所有新鲜、冷冻和罐装的红色、橙色蔬菜或果汁，熟的或生的，例如番茄、番茄汁、红辣椒、胡萝卜、甘薯、笋瓜、南瓜。豆类（大豆和杂豆）：干燥或熟的豆类（罐装），例如芸豆、白豆、黑豆、小扁豆、鹰嘴豆、班豆、豌豆、毛豆（绿色大豆）。不包括绿豆和青豆。淀粉类蔬菜：所有新鲜的、冷冻的、罐装的淀粉类蔬菜，例如白土豆、玉米、绿豆、青豆、大蕉、木薯。其他蔬菜：所有其他新鲜、冷冻和罐装蔬菜，熟或生的，例如卷心莴苣、绿豆、洋葱、黄瓜、白菜、芹菜、西葫芦、蘑菇、青椒。

水果：所有新鲜的、冷冻的、罐装、水果干和果汁，例如橘子和橙汁、苹果和苹果汁、香蕉、葡萄、西瓜、草莓、葡萄干。

谷物：全谷物：所有全谷物产品和用作配料的全谷物，例如全麦面包、全谷物食品和饼干、燕麦片、藜麦、爆米花和糙米。

精制谷物：所有精制谷物产品和用作配料的精制谷物，例如白面包、精制谷物食品和饼干、意大利面和白米饭。应该选择强化的精制谷物。

乳制品：所有的牛乳，包括无乳糖或低乳糖产品、大豆饮料（如豆乳）、酸奶、冰冻酸奶、乳制甜点和乳酪。大多数应选择无脂或低脂。奶油、酸奶油、奶油乳酪由于钙含量低，不包括在内。

蛋白质食物：所有的海产品、肉类、家禽、鸡蛋、豆制品、坚果和种子。肉类和家禽应是瘦、低脂的类型，坚果应是无盐的类型。豆类（大豆和杂豆）被归在这组，或者归到蔬菜组，但只应在一个组计算。

③食物组以杯（c）或盎司当量（oz-eq）作为单位。油的单位是 g。每个食物组的量化标准：

a. 蔬菜和水果 1 杯当量是指：1 杯生的或熟的蔬菜或水果，1 杯蔬菜或果汁，2 杯绿叶蔬菜沙拉，1/2 杯干果或蔬菜。

b. 谷物 1 盎司当量是指：1/2 杯的熟米饭、面食或麦片；1 盎司面粉或大米；1 中等切片面包（1 盎司）；1 盎司的即食麦片（约 1 杯薄片谷物）。

c. 乳制品 1 杯当量是指：1 杯牛乳，酸奶或强化豆乳；$1\frac{1}{2}$ 盎司天然奶酪，如切达干酪或 2 盎司加工奶酪。

d. 蛋白质食物 1 盎司当量是指：1 盎司的瘦肉、家禽或海产品；一个鸡蛋；1/4 杯的熟豆子或豆腐；1 汤匙花生酱；1/2 盎司坚果或种子。

④在这个饮食模式中，儿童全谷物的推荐量应小于成人推荐量的最小值 3 盎司当量。

⑤儿童和青少年每日推荐量（不考虑能量水平）：2 岁，2 杯当量/d；3~8 岁，$2\frac{1}{2}$ 杯当量/d；9~18 岁：3 杯当量/d。

⑥孕妇、哺乳期妇女及少儿的海产品类食品摄入指南参见美国食品药品监督管理局或美国环境保护局网页。

⑦所有的食物都被假设为高营养密度形式，瘦或低脂的，不添加脂肪、糖、精制淀粉、盐。如果选择的食物符合食物组建议的高营养密度形式，那么在总能量范围内还有小部分的能量剩余（如能量限制下的其他食物），它的数量取决于模式的总体能量限制和符合食物组营养目标的食物的量。1200kcal 至 1600kcal 模式较 1000kcal 模式的营养目标更高，所以 1200kcal 至 1600kcal 模式对于"能量限制下其他食物"的卡路里限制较低。能量到达指定的限制后，剩余的能量可以

添加糖、精制淀粉、固体脂肪、酒精，或者多吃食物组内推荐的食物。但在整体饮食模式中添加糖不应超过总能量的 10%，饱和脂肪酸不应超过总能量的 10%，在大部分能量水平下，允许调整的能量数量都不会超过这些限制。到法定饮酒年龄的成年人，女性每天饮酒不超过一杯，男性每天饮酒不超过两杯，计算在"能量限制下的其他食物"中；从蛋白质、碳水化合物、总脂肪来源的能量应在"宏量营养素可接受范围（AMDR）"内。

⑧所有值经过四舍五入取整。

⑨盎司当量：与 1 盎司谷物或蛋白类食物组成相当的食物量。浓缩食物或水分含量低的食物（如坚果、干肉、面粉、花生酱），其 1 盎司当量通常比实际称量的 1 盎司要少。相反，含水量多的如豆腐、熟米饭、豆子或意大利面，其盎司当量通常比实际称量的 1 盎司多 1/16bl，或约等于 28.3495g。

⑩杯当量：是指食物或饮料数量与 1 倍来自乳制品或水果蔬菜的食物相当。实际上，由于含水量、浓缩程度不同，如葡萄干、番茄酱与蔬菜沙拉 1 杯的体积其杯当量不同。

四、健康素食饮食模式：12 种能量水平各类食物的推荐摄入量

见附表 51。

附表 51　　　　健康素食饮食模式：12 种能量水平各类食物的推荐摄入量

能量级[1]	1000	1200	1400	1600	1800	2000	2200	2400	2600	2800	3000	3200
食物组[2]	每组食物每日推荐量[3]（蔬菜和蛋白质食物亚组是每周的推荐量）											
蔬菜	1 杯当量	1.5 杯当量	1.5 杯当量	2 杯当量	2.5 杯当量	2.5 杯当量	3 杯当量	3 杯当量	3.5 杯当量	3.5 杯当量	4 杯当量	4 杯当量
深绿色蔬菜（杯当量/周）	0.5	1	1	1.5	1.5	1.5	2	2	2.5	2.5	2.5	2.5
红色及橙色蔬菜（杯当量/周）	2.5	3	3	4	5.5	5.5	6	6	7	7	7.5	7.5
豆类（大豆和杂豆）[4]（杯当量/周）	0.5	0.5	0.5	1	1.5	1.5	2	2	2.5	2.5	3	3
淀粉类蔬菜（杯当量/周）	2	3.5	3.5	4	5	5	6	6	7	7	8	8
其他蔬菜（杯当量/周）	1.5	2.5	2.5	3.5	4	4	5	5	5.5	5.5	7	7
水果	1 杯当量	1 杯当量	1.5 杯当量	1.5 杯当量	1.5 杯当量	2 杯当量	2 杯当量	2 杯当量	2 杯当量	2.5 杯当量	2.5 杯当量	2.5 杯当量
谷物	3 盎司当量	4 盎司当量	5 盎司当量	5.5 盎司当量	6.5 盎司当量	6.5 盎司当量	7.5 盎司当量	8.5 盎司当量	9.5 盎司当量	10.5 盎司当量	10.5 盎司当量	10.5 盎司当量

续表

能量级[1]	1000	1200	1400	1600	1800	2000	2200	2400	2600	2800	3000	3200
全谷物[5]（盎司当量/d）	1.5	2	2.5	3	3.5	3.5	4	4.5	5	5.5	5.5	5.5
精制谷物（盎司当量/d）	1.5	2	2.5	2.5	3	3	3.5	4	4.5	5	5	5
乳制品[5]	2盎司当量	2.5盎司当量	2.5盎司当量	3盎司当量	3盎司当量	3盎司当量	3盎司当量	3盎司当量	3盎司当量	3盎司当量	3盎司当量	3盎司当量
蛋白质食品	1盎司当量	1.5盎司当量	2盎司当量	2.5盎司当量	3盎司当量	3.5盎司当量	3.5盎司当量	4盎司当量	4.5盎司当量	5盎司当量	5.5盎司当量	6盎司当量
鸡蛋（盎司当量/周）	2	3	3	3	3	3	3	3	3	4	4	4
豆类（大豆和杂豆）[4]（盎司当量/周）	1	2	4	4	6	6	6	8	9	10	11	12
大豆制品（盎司当量/周）	2	3	4	6	6	8	8	9	10	11	12	13
坚果类（盎司当量/周）	2	2	3	5	6	7	7	8	9	10	12	13
油类	15g	17g	17g	22g	24g	27g	29g	31g	34g	36g	44g	51g
剩余能量[6][7]（占能量级百分比）	190（19%）	170（14%）	190（14%）	180（11%）	190（11%）	290（15%）	330（15%）	390（16%）	390（15%）	400（14%）	440（15%）	550（17%）
总豆类（大豆和杂豆）摄入量（杯/周）	1	1	1.5	2	3	3	3.5	4	5	5	6	6

注：①②③参见美国农业部食物模式：健康素食饮食模式中附录 7.3 注释 a. b. c.

④约一半大豆视为蔬菜类（以杯计算），一半大豆视作蛋白质类（以盎司计算），而总的大豆推荐量以杯计算的话，则分别将视作蔬菜的豆类及视作蛋白质（盎司当量）的豆类综合除以 4。1oz=28.35g。

⑤在这个饮食模式中，儿童全谷物的推荐量应小于成人推荐量的最小值 3 盎司当量。

⑥所有的食物都被假设为高营养密度形式，瘦或低脂的，不添加脂肪、糖、精制淀粉、盐。如果选择的食物符合食物组建议的高营养密度形式，那么在总能量范围内还有小部分的能量剩余

（如能量限制下的其他食物），它的数量取决于模式的总体能量限制和符合食物组营养目标的食物的量。1200~1600kcal 模式较 1000kcal 模式的营养目标更高，所以 1200~1600kcal 模式对于"能量限制下其他食物"的热量制较低。能量到达指定的限制后，剩余的能量可以添加糖、精制淀粉、固体脂肪、酒精，或者多吃食物组内推荐的食物。但在整体饮食模式中添加糖不应超过总能量的10%，饱和脂肪酸不应超过总能量的10%，在大部分能量水平下，允许调整的能量数量都不会超过这些限制。

到法定饮酒年龄的成年人，女性每天饮酒不超过一杯，男性每天饮酒不超过两杯，计算在"能量限制下的其他食物"中；从蛋白质、碳水化合物、总脂肪来源的能量应在"宏量营养素可接受范围（AMDR）"内。

⑦所有值经过四舍五入取整。

资料来源：美国卫生公共服务部、美国农业部.2015—2020 美国居民膳食指南（第八版），2015。

参考文献

［1］Geissler C.，Powers H. 2017. Human Nutrition：13th ed ［M］. Oxford：Oxford University press.

［2］J. Zempleni，H. Danid. 分子营养学 ［M］. 罗绪刚，吕林，李爱科，主译. 北京：科学出版社，2008.

［3］Luboš Sobotka. 临床营养基础：第 4 版 ［M］. 蔡威，译. 上海：上海交通大学出版社，2013.

［4］Lucinda K. lysen. 简明临床膳食学 ［M］. 霍军生，张春良，许伟，等，译. 北京：中国轻工业出版社，2003.

［5］Nielsen S. S，2017. Food analysis Laboratory Manual：3th ed ［M］，New York：Springer.

［6］Sizer F. S，Whitney E N. 营养学：概念与争论：第 13 版 ［M］. 王希成，王蕾，译. 北京：清华大学出版社，2017.

［7］Theodorou M. K. Feeding Systems and feed Evalution Models ［M］. London：. CAB publition，1999.

［8］伯恩斯坦·罗根. 老年营养学 ［M］. 孙建琴等，译. 上海：复旦大学出版社，2012.

［9］蔡威. 临床营养学 ［M］. 上海：复旦大学出版社，2012.

［10］蔡威. 生命早期营养精典 ［M］. 上海：上海交通大学出版社，2019.

［11］邓泽元，乐国伟. 食品营养学 ［M］. 南京：东南大学出版社，2007.

［12］邓泽元. 食品营养学 ［M］. 北京：中国农业出版社，2016.

［13］黄国钧，黄勤挽. 医药实验动物模型——制作与应用 ［M］. 北京：化学工业出版社，2008.

［14］金邦荃. 营养学实验与指导 ［M］. 南京：东南大学出版社，2008.

［15］刘志皋. 食品营养学：第 2 版 ［M］. 北京：中国轻工业出版社，2017.

［16］卢圣栋. 现代分子生物学实验技术：第 2 版 ［M］. 北京：中国协和医科大学出版社，1999.

［17］卢宗藩. 家畜及实验动物生理生化参数 ［M］. 北京：农业出版社，1983.

［18］陈德富. 现代分子生物学实验原理与技术 ［M］. 北京：科学出版社，2010.

［19］凌诒萍，俞彰. 细胞超微结构与电镜技术-分子细胞生物学基础 ［M］. 上海：上海医科大学出版社，2004.

［20］苗明三. 实验动物和动物实验技术 ［M］. 北京：中国中医药出版社，1997.

［21］秦川，魏泓. 实验动物学：第 2 版 ［M］. 北京：人民卫生出版社，2010.

［22］孙秀发. 凌文华. 临床营养学 ［M］. 北京：科学出版社，2018.

［23］韦平和. 生物化学实验与指导 ［M］. 北京：中国医药科技出版社，2007.

［24］吴晓晴. 动物实验基本操作技术手册 ［M］. 北京：人民军医出版社，2008.

［25］杨月欣，王光亚，潘兴昌. 中国食物成分表：第 2 版 ［M］. 北京：北京大学医学出版社，2009.

［26］臧少敏，王友顺. 老年营养与膳食保健 ［M］. 北京：北京大学出版社，2013.

［27］张龙翔，张庭芳，李令媛. 生化实验方法与技术 ［M］. 北京：人民教育出版

社，1982.

[28] 张水华. 食品分析实验［M］. 北京：化学工业出版社，2010.

[29] 张经济. 消化道生理学［M］. 广州：中山大学出版社，1990.

[30] 张均田. 现代药理实验方法［M］. 北京：中国协和医科大学出版社，2012.

[31] 张悦红，李林. 生物化学与分子生物学实验指导：第3版［M］. 北京：人民卫生出版社，2015.

[32] 郑伟娟. 现代分子生物学实验［M］. 北京：高等教育出版社，2010.

[33] 中国营养学会. 中国居民膳食指南：2016［M］. 北京：人民卫生出版社，2016.

[34] 周建新. 现代医学生物学实验基础教程［M］. 北京：中国协和医科大学出版社，2008.

[35] 周吕. 胃肠生理学［M］. 北京：科学出版社，2000.

[36] 周新，府伟灵. 临床生物化学与检验：第四版［M］. 北京：人民卫生出版社，2007.

[37] 周芸，张爱珍. 临床营养学［M］. 北京：人民卫生出版社，2017.

[38] 林晓明. 高级营养学：第2版［M］. 北京：北京大学医学出版社，2017.